中国科学院大学研究生教学辅导书系列

集成电路技术丛书

计算光刻与版图优化

韦亚一　栗雅娟　董立松
张利斌　陈　睿　赵利俊　著

電子工業出版社
Publishing House of Electronics Industry
北京 • BEIJING

内 容 简 介

光刻是集成电路制造的核心技术，光刻工艺成本已经超出集成电路制造总成本的三分之一。在集成电路制造的诸多工艺单元中，只有光刻工艺可以在硅片上产生图形，从而完成器件和电路三维结构的制造。计算光刻被公认为是一种可以进一步提高光刻成像质量和工艺窗口的有效手段。基于光刻成像模型，计算光刻不仅可以对光源的照明方式做优化，对掩模上图形的形状和尺寸做修正，还可以从工艺难度的角度对设计版图提出修改意见，最终保证光刻工艺有足够的分辨率和工艺窗口。本书共 7 章，首先对集成电路设计与制造的流程做简要介绍，接着介绍集成电路物理设计（版图设计）的全流程，然后介绍光刻模型、分辨率增强技术、刻蚀效应修正、可制造性设计，最后介绍设计与工艺协同优化。

本书内容紧扣先进技术节点集成电路制造的实际情况，涵盖计算光刻与版图优化的发展状态和未来趋势，系统介绍了计算光刻与刻蚀的理论，论述了版图设计与制造工艺的关系，以及版图设计对制造良率的影响，讲述和讨论了版图设计与制造工艺联合优化的概念和方法论，并结合具体实施案例介绍了业界的具体做法。本书不仅适合集成电路设计与制造领域的从业者阅读，而且适合高等院校微电子相关专业的本科生、研究生阅读和参考。

图书在版编目（CIP）数据

计算光刻与版图优化/韦亚一等著. —北京：电子工业出版社，2021.1
（集成电路技术丛书）
ISBN 978-7-121-40226-5

Ⅰ. ①计…　Ⅱ. ①韦…　Ⅲ. ①集成电路工艺－电子束光刻　Ⅳ. ①TN405.98

中国版本图书馆 CIP 数据核字（2020）第 250998 号

责任编辑：李树林　文字编辑：底　波
印　　刷：北京捷迅佳彩印刷有限公司
装　　订：北京捷迅佳彩印刷有限公司
出版发行：电子工业出版社
　　　　　北京市海淀区万寿路 173 信箱　　邮编：100036
开　　本：787×1 092　1/16　印张：15.5　字数：396.8 千字
版　　次：2021 年 1 月第 1 版
印　　次：2025 年 3 月第 9 次印刷
定　　价：79.00 元

凡所购买电子工业出版社图书有缺损问题，请向购买书店调换。若书店售缺，请与本社发行部联系，联系及邮购电话：（010）88254888，88258888。

质量投诉请发邮件至 zlts@phei.com.cn，盗版侵权举报请发邮件至 dbqq@phei.com.cn。

本书咨询和投稿联系方式：（010）88254463，lisl@phei.com.cn。

前　言

集成电路（芯片）是技术发展的产物，也是现代信息社会的基础。当前，人工智能、无线通信、虚拟现实、物联网等热点技术与应用，无不是依靠高性能芯片来实现的，因此芯片的设计与制造能力是衡量一个国家技术实力的重要指标。为实现自主创新发展，根据《国家中长期科学和技术发展规划纲要（2006—2020年）》，“极大规模集成电路制造装备及成套工艺”专项于2008年开始启动实施。从此，我国吹响了集成电路制造装备、成套工艺和材料技术攻关的号角，掌握了一系列核心技术，实现了产业自主技术创新。2014年，国务院印发《国家集成电路产业发展推进纲要》，提出要从国家层面部署，充分发挥国内市场优势，实现创新、产业、资金的三链融合，加快追赶和超越国际先进水平的步伐，努力实现集成电路产业跨越式发展。

为了尽快满足国家集成电路产业发展对高素质人才的迫切需求，教育部等六部门于2015年发布了关于支持有关高校建设示范性微电子学院的通知，要求加快培养集成电路设计、制造、封装测试及其装备、材料等方向的工程型人才。作为第一批示范性微电子学院，中国科学院大学微电子学院率先开设了“集成电路先进光刻与版图设计优化”研讨课。这门课紧密结合集成电路制造的实际，比较深入系统地介绍版图设计是如何转移到衬底上的。经过几届师生的共同努力，该课程的内容和形式逐步趋于成熟。

光刻是集成电路制造的核心技术，超过芯片制造成本的三分之一花费在光刻工艺上。在集成电路制造的诸多工艺单元中，只有光刻能在硅片上产生图形，从而完成器件和电路的构造。光刻技术的发展，使得硅片上的图形越做越小、版图（layout）密度不断提高，实现了摩尔定律预期的技术节点。随着技术节点的进步，光刻技术的内涵和外延也不断演变。在0.35μm技术节点之前，光刻工艺可以简单地分解为涂胶、曝光和显影（设计版图直接被制备在掩模上），光刻机具有足够高的分辨率，把掩模图形投影在涂有光刻胶的晶圆上，显影后得到与设计版图一致的图形。到了0.18μm及以下技术节点，光刻机成像时的畸变需要加以修正，设计版图必须经过光学邻近效应修正（optical proximity correction，OPC）后，才可以制备在掩模上。这种掩模图形修正有效地补偿了成像时的畸变，最终在晶圆表面得到与版图设计尽量一致的图形。随着技术节点的进一步变小，邻近效应修正演变得越来越复杂，例如，90nm技术节点开始在掩模上添加亚分辨率的辅助图形（sub-resolution assist feature，SRAF）；20nm及以下技术节点，仅对版图修正已经不能满足分辨率和工艺窗口的要求，还必须对曝光时光源照射在掩模上的方式（如光照条件）做优化，即只有对光源与掩模图形协同优化（source mask co-optimization，SMO）才能保证光刻工艺的质量。

光刻工艺的目的是把版图设计高保真地体现在衬底上，但是，由于光刻机分辨率、对准误差等一系列技术条件的限制，光刻工艺无法保证所有图形的工艺窗口，有些复杂图形应避免在版图上出现。此外，对版图设计的限制，还源自对制造成本的考虑。这些对版图设计的限制，最早是由制造工厂通过设计规则（design rules）的方式传递给版图设计部门的。这些规则体现为一系列几何参数，它们规定了版图上图形的尺寸及其相对位置。设计完成的版图必须通过设计规则的检查（design rule check）才能发送给制造部门做邻近效应修正。随着技术节点的变小，尽管使用的规则越来越多，但是设计规则的检查仍然无法发现版图上所有影响制造良率的问题，这是因为很多复杂的二维图形难以用一组几何尺寸来描述。于是，业界提出了可制造性设计（design for manufacture）的概念，它通过对设计版图做工艺仿真，从中发现影响制造良率的部分，从而提出修改建议。面向制造的设计缩短了工艺研发的周期，保证了制造良率的快速提升，极大地减少了制造成本。65～40nm 技术节点工艺能快速研发成功并投入量产，可制造性设计是关键因素之一。

当集成电路发展到 14 nm 及以下技术节点时，光刻技术从过去的一次曝光对应一层设计版图，发展到了使用多次曝光来实现一层版图。这种多次曝光还存在不同的实现方式，例如，光刻-刻蚀-光刻-刻蚀（litho-etch-litho-etch，LELE）、自对准双重与多重成像技术（self-aligned double or multiple patterning，SADP 与 SAMP）等。不同的光刻技术路线所能支持的版图设计规则不尽相同。过去那种由光刻工程师确定光刻工艺，设计工程师按给定的光刻工艺来进行版图设计的做法已经无法满足设计及工艺的优化需求。设计工程师必须与光刻工程师合作确定光刻方案，共同确保版图设计既能满足技术节点的要求又具有可制造性。为此，一种新的技术理念，即设计与制造技术协同优化（design and technology co-optimization，DTCO）被提了出来，并迅速在业界得以应用。设计与制造协同优化架起了设计者和制造厂之间双向交流的桥梁，在技术节点进一步变小、设计和工艺复杂性进一步提高的情况下，对提升集成电路制造的工艺良率具有十分重要的意义。

本书根据上述技术演进的思路来安排内容。第 1 章是概述，对集成电路设计与制造的流程做简要介绍。为了给后续章节做铺垫，还特别阐述了设计与制造之间是如何对接的。第 2 章介绍集成电路物理设计，详细介绍集成电路版图设计的全流程。第 3 章和第 4 章分别介绍光刻模型和分辨率增强技术。版图是依靠光刻实现在晶圆衬底上的，所有的版图可制造性检查都是基于光刻仿真来实现的。这两章是后续章节的理论基础。第 5 章介绍刻蚀效应修正。刻蚀负责把光刻胶上的图形转移到衬底上，在较大的技术节点中，这种转移的偏差是可以忽略不计的；在较小的技术节点中，这种偏差必须考虑，而且新型介电材料和硬掩模（hard mask）的引入又使得这种偏差与图形形状紧密关联。掩模上的图形必须对这种偏差做预补偿（retargeting）。第 6 章介绍可制造性设计，聚焦于与版图相关的制造工艺，即如何使版图设计得更适合光刻、化学机械研磨（chemical mechanical polishing，CMP）等工艺。第 7 章介绍设计与工艺协同优化，介绍如何把协同优化的思想贯彻到设计与制造的流程中。

集成电路设计与制造是一个国际化的产业，其中的专业词汇都是"舶来品"，业界也习惯直接用英文交流。如何把这些专业词汇准确翻译成中文是一个挑战。例如，出现频率很高的词"版图"，英文是"layout"，我们定义为物理设计完成后的图形，而不是掩模上的图形，即还没有做邻近效应修正的"GDS"文件（pre-OPC）。为了避免歧义，本书采用两种做法：一种是在出现专业词汇的地方用括号标注出其对应的英文；另一种是在本书最后添加一个中英文对照的专业词语检索，以便于读者查阅。为了满足读者进一步学习的需求，本书每章末都提供了参考文献。这些参考文献都是经过筛选的，基本上是业界比较经典的资料。

本书是在中国科学院大学微电子学院和中国科学院微电子研究所的支持下完成的。特别感谢叶甜春研究员，本书的成文和出版离不开他对先进光刻重要性的肯定和对本课题组研发工作的长期支持。感谢周玉梅研究员、赵超研究员、王文武研究员对作者工作的支持，没有他们的帮助，本书就不可能这么快与读者见面。感谢中国科学院微电子研究所先导工艺研发中心的各位同事，正是与他们在工作中良好的互动和合作，为本书提供了灵感和素材。

本书是中国科学院微电子研究所计算光刻研发中心的老师共同努力的成果。第 1 章由韦亚一研究员和张利斌副研究员共同编写；第 2 章由赵利俊博士编写；第 3 章由董立松副研究员编写；第 4 章除 4.2.2 节多重图形成像技术由张利斌副研究员编写外，其余部分由董立松副研究员编写；第 5 章由陈睿副研究员编写，孟令款博士参与了初期策划；第 6 章由韦亚一研究员编写；第 7 章由粟雅娟研究员编写。全书的统稿和校正由韦亚一研究员完成。随着集成电路技术节点的不断推进，计算光刻与版图设计优化的内涵与外延也在不断演化，作者诚挚地希望读者批评指正，以便于再版时进一步完善。

目　录

第1章

概　述

集成电路（芯片）生产的全过程可分为设计（design）、制造（manufacturing）和封装测试（packing and testing）。集成电路设计根据电路功能和性能的要求，在正确选择系统配置、电路形式、器件结构、工艺方案和设计规则的情况下，应尽量减小芯片面积和功耗，设计出满足性能要求的集成电路。集成电路设计的最终输出结果是版图（layout）。集成电路制造是按照设计的要求，经过氧化（oxidation）、光刻（lithography）、刻蚀（etch）、扩散（diffusion）、外延（epitaxy）、薄膜沉积（film deposition）、电镀（electroplating）等半导体制造工艺，把构成具有一定功能的电路所需的半导体、电阻、电容等元器件及它们之间的连接导线全部集成在一块硅片上。集成电路制造中最关键、最复杂，也是花费最多的工艺是光刻，光刻负责把设计版图精确地实现在硅片上。正是光刻技术的发展，才使得器件的尺寸可以越做越小，芯片的集成度越来越高，集成电路得以按照摩尔定律（Moore's Law）不断缩小。制造完成的硅片（晶圆）通过划片被切割成为小的晶片（die），然后对其进行封装。集成电路封装不仅起到集成电路芯片内部与外部进行电气连接的作用，也为集成电路芯片提供了一个稳定可靠的工作环境，对集成电路芯片起到机械或环境保护的作用，从而集成电路芯片能够发挥正常的功能，并保证其具有高稳定性和可靠性。封装后的芯片需要做电学测试，以保证其符合设计性能的要求。

图 1-1 是集成电路设计和制造全流程示意图，图中标出了每个生产环节对应的代表性公司。业务仅涉及设计的公司通常称为“fab-less”或“design house”，如美国的高通；业务仅涉及制造的公司通常称为代工厂（foundry），如中芯国际（SMIC）和中国台湾的台积电（TSMC）。当然这些设计、制造、封装测试也可以在一个公司内部完成，如美国的 Intel 和韩国的 Samsung，此类公司称为垂直整合制造（integrated design and manufacture，IDM）企业。台积电除有芯片制造外，还可以做封装测试。即使是这种设计和制造一体化的公司，也可以将其制造能力对外开放，为纯设计公司提供制造服务。

集成电路的种类很多，按其衬底材料的不同可分为硅（Si）器件、砷化镓（GaAs）器件、碳化硅（SiC）器件等；根据其功能、结构的不同，又可以分为模拟集成电路、数字集成电路，以及数模混合的集成电路。模拟集成电路用来产生、放大和处理各种模拟信号（指幅度随时间连续变化的信号），而数字集成电路用来产生、放大和处理各种数字信号（指幅度随时间离散变化的信号）。按导电类型不同，还可以把集成电路分为双极型（bipolar junction transistor，BJT）和单极型。在双极型集成电路中，多数载流子和少数载流子（空穴和电子）都参与有源器件的导电，即晶体管的结构是 NPN 或 PNP，如晶体管-晶体管逻辑电路（transistor-transistor-logic，TTL）。单极型电路中的晶体管只有一种载流子参与导电。场效应晶体管（field-effect transistor，FET）中只有多数载流子参加导电，故称单极晶体管。由这种单极晶体管组成的集成电路就是单极型集成电路，也就是常说的金属-氧化物-半导体（metal oxide semiconductor，MOS）集成电路。按用途分类， 集成电路又可以分为通用的和专用的（application specific IC，ASIC），通用集成电路是指按照标准输入输出模式，完成常见的一些功能的集成电路，如计算机中的存储器芯片；而专用集成电路是为特定用户或特定电子系统制作的集成电路，它实现特定的、不常见的功能。

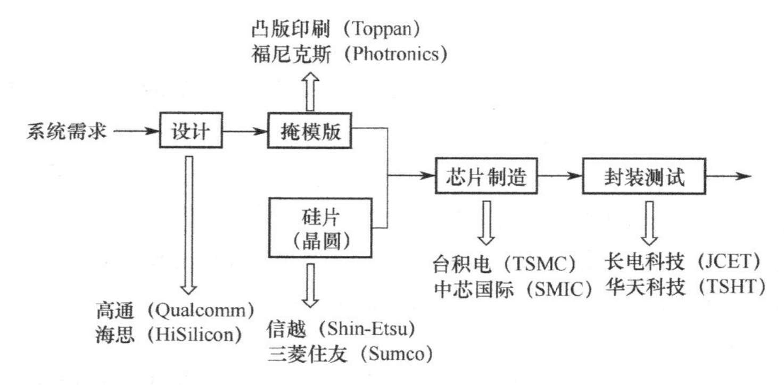

图 1-1 集成电路设计和制造全流程示意图（每个生产环节对应的代表性公司也列在图中）

基于 Si 衬底的互补金属氧化物半导体（complementary MOS，CMOS）是目前集成电路中应用最广泛的材料之一。CMOS 是由一个 N 沟道 MOS 管和一个 P 沟道 MOS 管构成的，如图 1-2 所示。两管的栅极相连作为输入端，两管的漏极相连作为输出端；两管正好互为负载，处于互补工作状态。当输入低电平时，PMOS 管导通，NMOS 管截止，输出高电平；当输入高电平时，PMOS 管截止，NMOS 管导通，输出为低电平。CMOS 的静态功耗近乎为 0，远优于其他器件，可以实现更高的集成密度。考虑到大规模集成电路大多数都是基于 CMOS 结构实现的，本书中很多内容都是围绕 CMOS 展开的。掌握了 CMOS 集成电路的工作原理和制造过程，其他集成电路就很容易理解了。

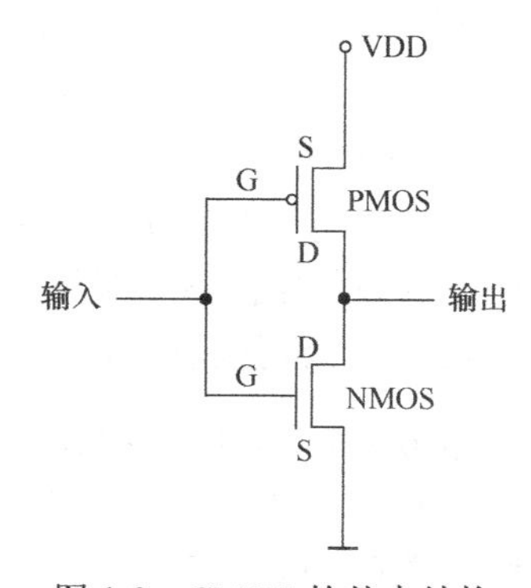

图 1-2 CMOS 的基本结构

本章简要概述集成电路的设计流程、集成电路制造的工艺流程，以及设计和制造之间的关系。

1.1 集成电路的设计流程和设计工具

1.1.1 集成电路的设计流程

集成电路有两种设计思路。一种是自底向上（bottom up），即从工艺开始，先进行单元设计，逐步进行功能块、子系统设计，直至最终完成整个系统设计。模拟集成电路和较简单的数字集成电路，大多采用“自底向上”的设计方法。另一种是自顶向下（top down）。设计者首先进行行为设计，其次进行结构设计，接着把各子单元转换成逻辑图或电路图，最后将电路图转换成版图，用于制造。目前大多数先进数字集成电路都是采用这种“自顶向下”的设计方法。读者可以参考设计方面的专著来深入学习设计知识，如参考文献[1，2]。

“自顶向下”的设计流程可分成三个主要阶段：系统功能设计、逻辑和电路设计、版图设计。整个设计过程中需要使用各种数据库（library），各个阶段的设计都需要验证，包括系统设计验证、逻辑验证、电路验证、版图验证等。系统功能设计的目标是实现系统功能，满足基本性能要求。其过程有功能块划分、行为级描述和行为级仿真。功能块划分的原则是：第一，功能块规模合理，便于各个功能块各自独立设计；第二，功能块之间的连线尽可能少，接口清晰。行为级仿真（pre-sim）是为了验证总体功能和时序是否正确。逻辑和电路设计的任务是确定满足上述系统功能的逻辑或电路结构，其输出是RTL（register transfer level）文件，即采用硬件描述语言（HDL）描述的寄存器传输级电路，它又叫电路网表（net list）。集成电路设计流程中提到的 RTL 一般是指 Verilog/VHDL 设计文件。数字电路和模拟电路的设计流程在这里就不完全一样了。数字电路的设计是通过调用单元库（standard cell library）来完成的。单元库是一组单元电路（如反相器、逻辑门、存储器）的集合，它是由集成电路制造公司（foundry）提供的。单元库中的电路经过反复的工艺验证，具有很好的可制造性，即比较容易被工厂制造出来。这种单元电路的组合又叫逻辑综合（logistic synthesis），数字电路的逻辑综合一般依靠专用软件来完成，而模拟电路并没有良好的逻辑综合软件。图 1-3 是数字集成电路逻辑设计的流程图，其中，Verilog/VHDL 仿真器用来检验输出的 RTL 文件（网表）的正确性；时序分析和优化（static timing analysis，STA）提取整个电路的所有时序路径，计算信号在路径上的传播延时，找出违背时序约束的错误。

这里要特别解释一下电路设计中的“综合”概念，综合（synthesis）是指将高抽象层次的描述自动地转换到较低抽象层次的一种方法。通常，综合可分为三个层次：高层次综合（high-level synthesis）、逻辑综合（logic synthesis）、版图综合（layout synthesis）。其中，版图综合是指将系统电路层的结构描述转化为版图层的物理描述；逻辑综合是指将系统寄存器传输级（register transfer level，RTL）描述转化为门级网表（netlist）的过程；高层次综合是指将系统算法层的行为描述转化为寄存器传输级描述。

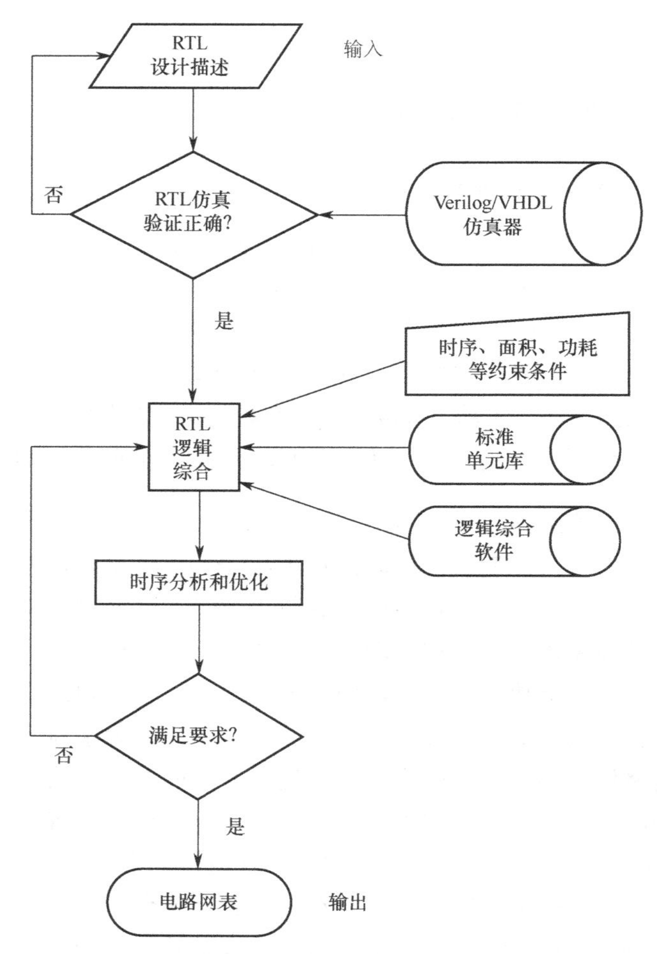

图 1-3　数字集成电路逻辑设计的流程图

版图设计又称后端设计，它是把门级网表转换成版图，并验证其正确性和可制造性的过程。读者可以参考后端设计方面的专著（如参考文献[3]）来进一步学习后端设计的知识。数字电路的版图设计实际上就是基于标准单元库的版图设计，主要是布局布线过程。布局（placement）是把模块布置在芯片适当的位置，即把功能块按连接关系放置好，使芯片面积尽量小。布线（routing）是根据电路的连接关系，在指定的区域完成连线。图 1-4 是标准单元库中两个单元的版图。模拟电路的版图设计则比较复杂，它是一种全人工的版图设计，首先是人工布局规划每个单元的位置，然后人工布线。这一过程从下向上，从小功能块到大功能块进行。图 1-5 是采用原理图输入的模拟电路设计流程图。因为没有标准单元库的支撑，所以其版图必须依靠人工生成，即全定制的布局和布线。对于数模混合的电路，可以采用全定制和标准单元混合的设计流程。版图设计完成后，必须要经过一系列的检查和验证，才能发送给集成电路制造厂。这种检查的目的是保证版图的正确性和可制造性。

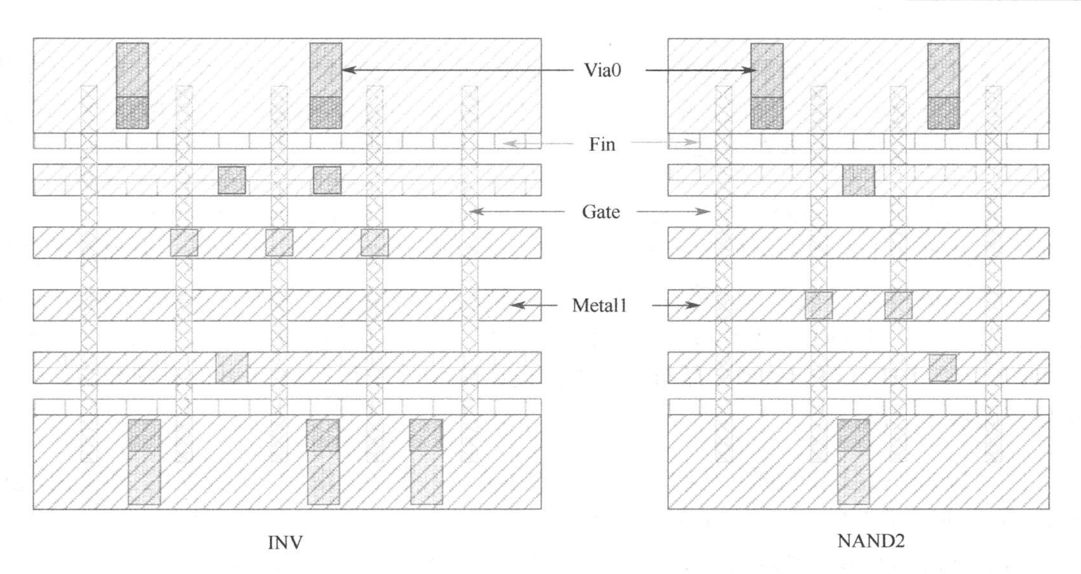

图 1-4　标准单元库中两个单元（左边 INV，右边 NAND2）的版图（不同深浅的颜色/图例表示不同的光刻层）

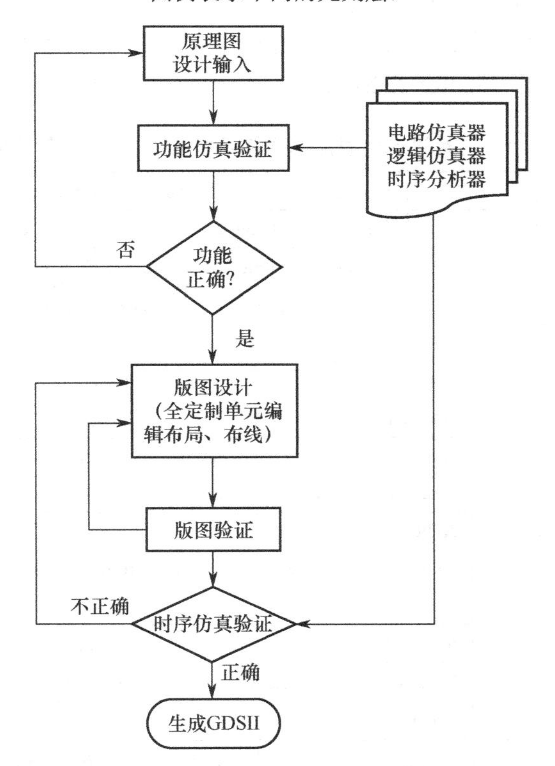

图 1-5　采用原理图输入的模拟电路设计流程图（其版图必须依靠人工生成）

1.1.2　设计工具（EDA tools）

集成电路的整个设计过程都是在 EDA 软件平台上进行的，用硬件描述语言 VHDL 完成设计文件，然后由计算机自动地完成逻辑编译、化简、分割、综合、优化、布局、布线和仿真，直至对于特定目标芯片的适配编译、逻辑映射和编程下载等工作。EDA 工具极大地提高了电路设计的效率和可操作性，减轻了设计者的劳动强度，降低了设计成本。

目前业界使用的 EDA 工具主要由 Cadence、Mentor、Synopsys 三家公司提供。表 1-1 归纳了芯片设计主要流程中使用的 EDA 工具及其功能。EDA 公司提供的一般都是全套工具，因此 EDA 集成度高的公司产品更有优势。这三家公司基本上都能提供全套的芯片设计 EDA 解决方案。Cadence Virtuoso 目前使用较为广泛，可作为全流程开发平台。Synopsys 有 DC、VCS、ICC 等一系列产品组成完整的设计流程。关于 EDA 工具的详细介绍，读者可以查阅参考文献[4]。

（1）Synopsys 比较全面，它的优势在于数字前端、数字后端和 PT signoff。模拟前端的 XA、数字前端的 VCS、后端的 sign-off tool，还有口碑极好的 PT、DC 和 ICC 功能都很强大。Synopsys 有市场 90%的 TCAD 器件仿真和 50%的 DFM 工艺仿真。

（2）Cadence 的强项在于模拟或混合信号的定制化电路和版图设计，功能很强大，PCB 相对也较强，但是 Sign off 的工具偏弱。

（3）Mentor 也是在后端布局布线这部分比较强，在 PCB 上也很有优势。Calibre signoff 和 DFT 使用非常广泛，但 Mentor 在集成度上难以与前两家抗衡。

表 1-1　芯片设计主要流程中使用的 EDA 工具及其功能

<table>
<tr><td rowspan="4">数字前端</td><td colspan="2">RTL 设计与前仿真</td><td>Synopsys 的 VCS、Mentor 的 Modelsim/QuestaSim、Cadence 的 NCsim/Incisive</td></tr>
<tr><td colspan="2">综合</td><td>Synopsys 的 Design complier 占主导地位，Cadence 的 Genus</td></tr>
<tr><td colspan="2">静态时序分析（STA）</td><td>Synopsys 的 Prime Time、Cadence 的 Tempus</td></tr>
<tr><td colspan="2">形式验证</td><td>Synopsys 的 Formality、Cadence 的 Encounter Conformal</td></tr>
<tr><td rowspan="9">数字后端</td><td colspan="3">Synopsys 的 ICC/ICC2 与 Cadence 的 Innovus 平台目前业内使用较多</td></tr>
<tr><td rowspan="4">DFT
（design for testability）</td><td>BSCAN
(Boundary Scan)</td><td>Mentor 的 Tessent BoundaryScan、Synopsys 的 TestMAX Advisor/SpyGlass DFT</td></tr>
<tr><td>BIST
(Built in Self Test)</td><td>Mentor 的 Tessent LBIST、Tessent MBIST Synopsys 的 TestMAX</td></tr>
<tr><td>ATPG
(automatic test pattern generation)</td><td>Mentor 的 TestKompress、Synopsys 的 TetraMAX（ATPG）</td></tr>
<tr><td>Scan Chain</td><td>Synopsys 的 TestMax DFT</td></tr>
<tr><td>布局布线</td><td colspan="2">Synopsys 的 ICC/ICC2/Astro、Cadence 的 Innovus NanoRoute</td></tr>
<tr><td>寄生参数提取</td><td colspan="2">Synopsys 的 Star-RCXT</td></tr>
<tr><td rowspan="2">Signoff</td><td>时序验证</td><td>Synopsys PT、Nanotime 占主导地位，Cadence tempus 也有一部分客户在用</td></tr>
<tr><td>物理验证</td><td>Mentor Calibre 占主导地位，Synopsys 的 ICV、Cadence 的 PVS 也占有一定的市场份额</td></tr>
</table>

此外，除销售 EDA 工具的使用许可（license）外，EDA 企业还可以提供 IP 授权（硬

核和软核），这对于很多中小规模的设计公司是很有吸引力的。目前 Synopsys 的 IP 业务全球领先，Cadence 的 IP 业务销售额也在逐年增加，Mentor 在 IP 业务上和 Synopsys、Cadence 相比几乎没有竞争力。

我国也开发了自己的 EDA 工具，如华大九天的 Zeni EDA 软件，它包括：

（1）可以支持语言和图形输入的设计工具 ZeniVDE；
（2）交互式物理版图设计工具 ZeniPDT；
（3）版图正确性验证工具和 CAD 数据库 ZeniVERI。

目前国内 EDA 工具的第一个短板就是产品不够全，尤其在数字电路方面；第二个短板是与先进工艺结合比较弱。

1.1.3 设计方法介绍

下面简要介绍几种集成电路主要的设计方法。

全定制方法（full-custom design approach），即在晶体管的层次上进行每个单元的性能、面积的优化设计，每个晶体管的布局/布线均由人工设计，并需要人工生成所有层次的掩模。这样设计得到的芯片具有性能最佳、芯片最小、功耗最低的特点。这种全定制方法适合于设计集成度极高且具有规则结构的 IC（如各种类型的存储器芯片）、对性价比要求较高且产量大的芯片（如 CPU、通信 IC 等），以及模拟 IC 和数模混合 IC。模拟和数模混合的电路因为受设计软件的限制，通常也采用全定制设计。

半定制方法（semi-custom design approach），即设计者在厂家提供的半成品基础上（半成品硅片又被称为母片）继续完成最终的设计，只需要生成诸如金属布线层等几个特定层次的掩模。根据电路的需求可以采用不同的半成品类型，如门阵列（gate array）方法：在一个芯片上将预先制造完毕的形状和尺寸完全相同的逻辑门单元以一定阵列的形式排列在一起，每个单元内部都含有多个器件，阵列之间有规则的布线通道，用以完成门与门之间的连接。

定制方法，它包括标准单元（standard cell，SC）法和积木块法（building block layout，BB）。SC 法是从标准单元库中调用事先经过精心设计的逻辑单元，排列成行，行间留有可调整的布线通道。基本单元具有等高不等宽的结构。再按功能要求将各内部单元以及输入/输出单元连接起来，形成所需的专用电路。芯片中心是单元区，输入/输出单元和压焊块在芯片四周。图 1-6（a）是用 SC 法设计的版图结构示意图。SC 法看起来与门阵列法类似，但有若干个基本的不同之处：门阵列法是基于门阵列所具有的单元，而 SC 法是基于标准单元库中的标准单元；门阵列设计只需要定制部分掩模，而 SC 法设计后需要定制所有掩模。积木块法又称通用单元设计法，它与 SC 法不同之处是：第一，它既不要求每个单元（或称积木块）等高，也不要求等宽，每个单元可根据最合理的情况单独进行版图设计，因而可获得最佳性能，设计好的单元存入库中备调用；第二，它没有统一的布线通道，而是根据需要加以分配。图 1-6（b）是 BB 法设计的版图结构示意图。用 BB 法设计出来的单元一般是较大规模的功能块，如 ROM、RAM、ALU、模拟电路等。

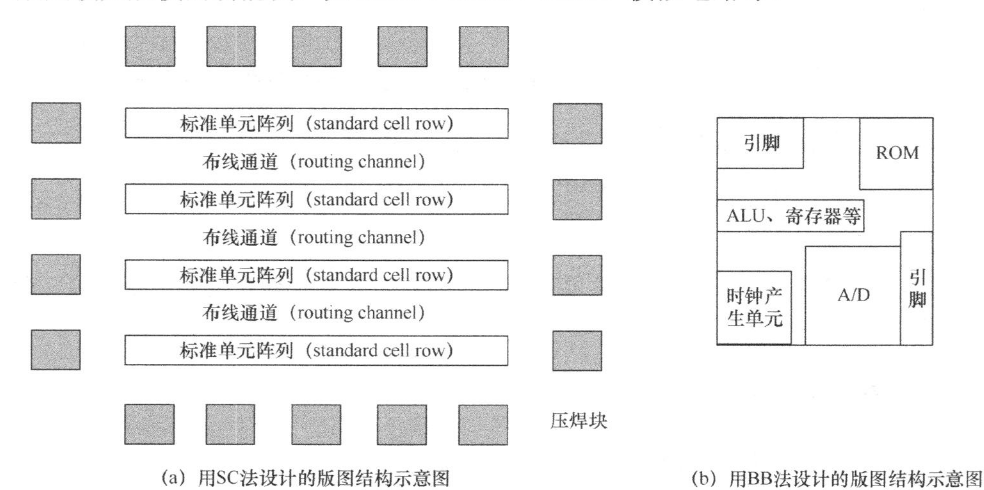

(a) 用SC法设计的版图结构示意图　　(b) 用BB法设计的版图结构示意图

图 1-6　版图结构示意图

可编程逻辑器件（programmable logic device，PLD）设计方法。可编程逻辑器件（PLD）实际上是没有经过布线的门阵列电路通用器件，用户通过对其可编程的逻辑结构单元进行编程来实现特定的功能。这种用户编程的过程就是利用浮栅（floating gate）来实现熔断或电写入进行现场电路改变，而不需要微电子工艺。有些 PLD 可多次擦除，易于系统设计和修改。PLD 器件主要有 EPROM、FPGA 等几种类型。在集成度相等的情况下，其价格昂贵，只适用于产品试制阶段或小批量专用产品。

实际上，在专用集成电路（ASIC）系统的设计中，以上方法可以混合使用。把较大规模的功能块（如 ROM、RAM 或模拟电路单元）像积木一样放置在版图上。每个单元内部仍可以用门阵列、标准单元方法或全定制方法设计，如图 1-7 所示。

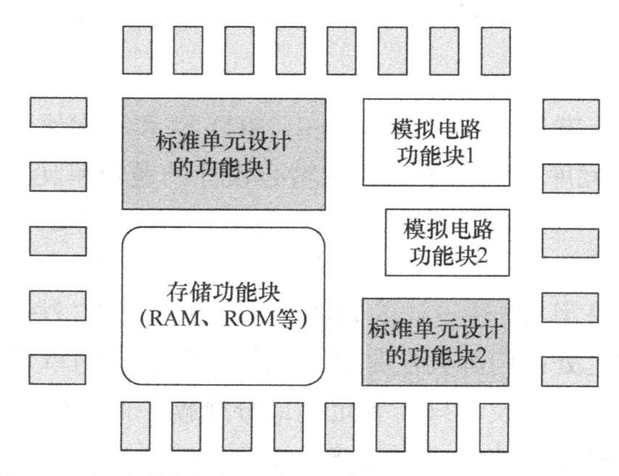

图 1-7　混合使用不同设计方法得到的芯片结构示意图

在设计过程中还要考虑将来芯片的可测试性，即要求这种设计使得能够对制造出的芯片做性能测试，并能定位出电路的故障。可测性设计的挑战是：芯片的引脚（PIN）数目有限，大量芯片内部的信息无法访问。所以，必须在尽可能少地增加附加引线脚和附加电路，并使芯片在性能损失最小的情况下，满足电路可控制性和可观察性的要求。

1.2 集成电路制造流程

本书所称的集成电路制造（如 CMOS 制造工艺）特指从芯片的平面设计成功转移到物理实体的工艺过程。本节仅对硅基集成电路工艺进行学习和讨论，更详细的工艺介绍可查阅参考文献[5]。

集成电路制造技术或工艺技术包括了当今人类精度最高、复杂度最大、工艺最严格的工艺工序。按照工艺模块划分，集成电路制造工艺包括四类：添加工艺、移除工艺、图形化工艺和热处理工艺。按照模块单元划分，集成电路制造工艺包括薄膜生长、薄膜沉积、化学机械抛光、光刻、刻蚀、剥离清洗、离子注入、热退火、合金化、回流等。其中，添加工艺主要有薄膜生长、薄膜沉积、离子注入等；移除工艺主要有化学机械抛光、刻蚀、剥离清洗等；图形化工艺包括光刻及部分刻蚀工艺等；热处理工艺包括热退火、合金化和回流等。

集成电路制造流程框架示意图如图 1-8 所示。首先需要在晶圆表面生长或沉积薄膜层，若在已有图形结构的晶圆表面生长或沉积薄膜涂层，则一般需要使用表面平整化工艺（特别是化学机械抛光工艺），满足先进节点光刻工艺对薄膜平整度和工艺控制的要求。随后将表面平整、薄膜层均匀的晶圆导入到光刻工序。光刻是实现图形从掩模版转移到晶圆的图形化工艺，光刻工艺步骤按顺序包括：光刻胶旋涂、烘焙、晶圆对准、晶圆曝光、曝光后烘焙、显影、显影后烘焙等操作。光刻之后，需要进行图形尺寸测量、对准偏差测量、缺陷检测等，只有符合要求的晶圆才会被下放到下一个工序，若不符合参数范围要求，则需要查找原因、洗掉晶圆表面光刻胶再重新进行光刻工序。光刻工序是唯一允许返工的工序。光刻之后，晶圆进入刻蚀或离子注入模块，将光刻胶图形转移到目标薄膜材料，或者对光刻胶未覆盖区域进行离子注入。之后，晶圆上残留的光刻胶等薄膜材料将被剥离清洗。若使用离子注入工艺，则后续一般需要使用热处理工艺，使离子处于激活状态。但是，需要注意的是，热处理带来了材料薄膜的应力释放，将导致薄膜层的局部变形或错位。

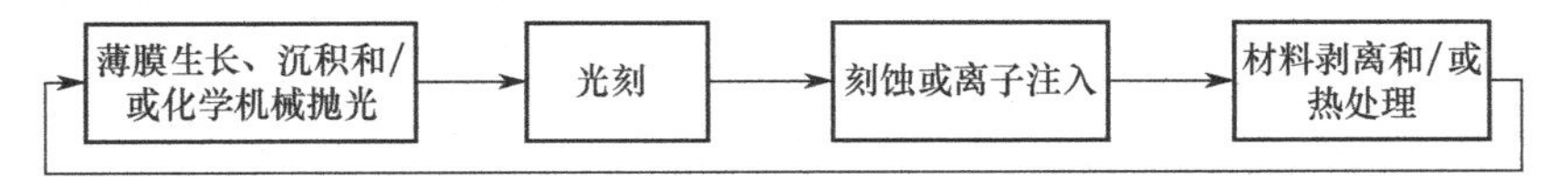

图 1-8 集成电路制造流程框架示意图

在 CMOS 工艺过程中，通常按照工艺模块分为前道工艺（front end of line，FEOL）、中道工艺（middle of line，MOL）和后道工艺（back end of line，BEOL）。前道工艺包括制造有源区、阱区、栅极、源极和漏极等；后道工艺包括制造金属互连线及金属通孔，目前的先进节点（0.18 μm 及更先进节点）大多选用铜作为导电金属，而不再使用铝作为导电金属；中道工艺特指将栅极、源极和漏极与后道金属线相连的接触孔工艺，通常使用金属钨作为接触互连金属。这样划分的一个重要原因在于避免工艺之间的交叉污染，特别是后道工艺使用了金属工艺，导致刻蚀机台、化学机械抛光机台等一定不能用于前道工艺中。

根据摩尔定律，芯片关键尺寸和单位芯片面积不断减小，为保证芯片电学性质和工艺可制造，新器件结构、新工艺、新材料和新设备等相继被发明并应用。例如，当技术节点发展到 28 nm 时，集成电路制造企业使用了更先进的浸没式光刻设备和一系列的分辨率增强技术（光学邻近效应修正、亚分辨率辅助图形、离轴照明、光源掩模联合优化等），并且开始采用金属栅极和高介电常数介质材料来代替多晶硅栅结构，使用应变硅技术提高源极和漏极之间电子或空穴的迁移率等。

图 1-9 是两种不同节点的标准芯片结构侧面示意图。其中，左图为 SOI 衬底的芯片结构，它使用了 Cu 和低 κ 材料作为互连导线和绝缘材料，右图为 28 nm 节点的 HKMG 芯片结构，其主要突破点在于使用了高 κ 材料取代传统的栅极氧化层，使用金属取代了多晶硅，源极和漏极采用了应变硅技术（SiGe 或 SiC 等材料），以增强电子和空穴的迁移率等。

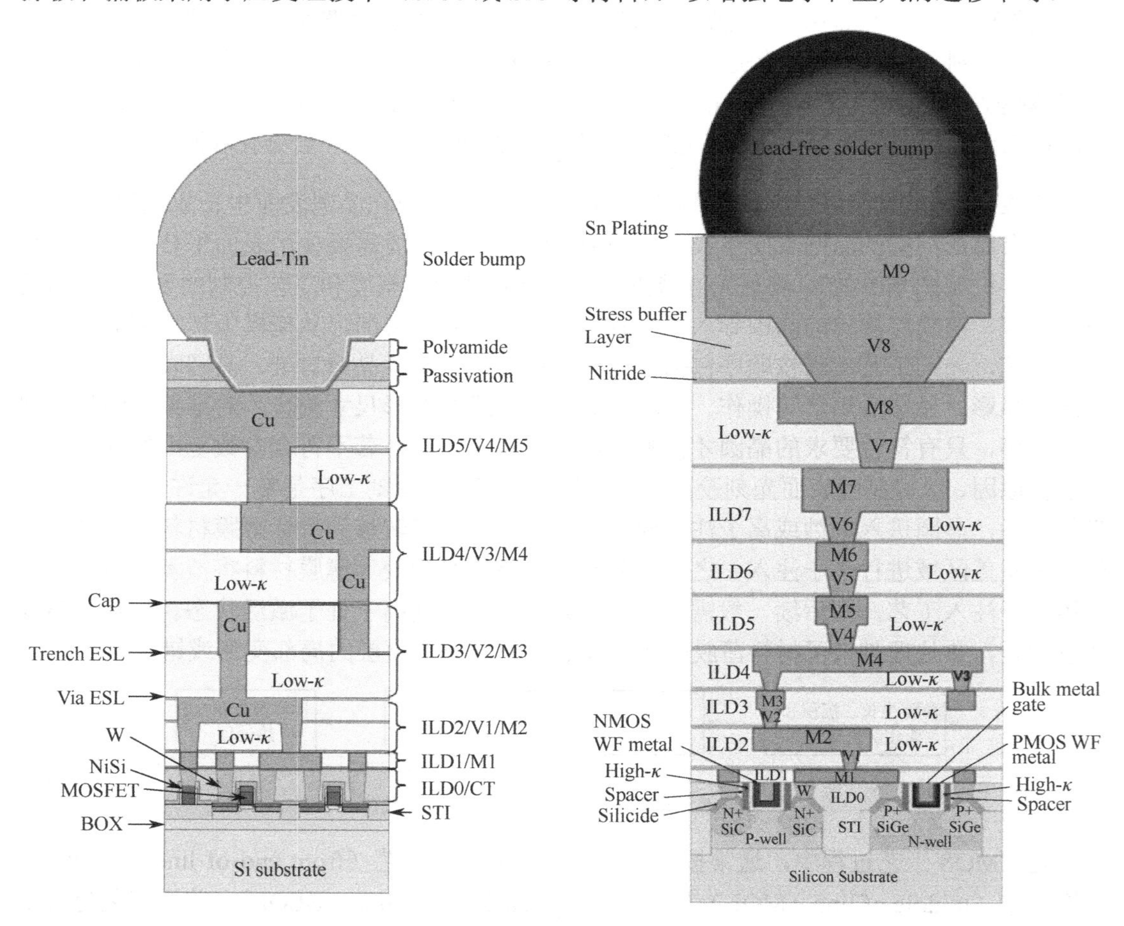

图 1-9　两种不同节点的标准芯片结构侧面示意图[5]

我们以 28 nm 节点的 HKMG 为例，简要给出工艺制造流程，以便了解和学习芯片工艺过程，以及光刻工艺在整个芯片研发和制造过程中的位置和作用。

步骤1，浅沟槽隔离工艺（STI process）

浅沟槽隔离（shallow trench isolation，STI）工艺是目前集成电路先进节点用于隔离有源区的重要隔离技术，其代替了大节点下的硅局部氧化 LOCOS 技术，以消除后者所形成的“鸟嘴”效应。对于 28 nm 节点，STI 结构的最小设计宽度已经低至 35 nm，最小周期只有 110 nm 左右，因此必须使用浸没式光刻工艺。另外，使用浸没光刻工艺可以极大地保证光刻图形位置的准确度，因为该层是后续多个核心图层的套刻对准参考图层。对于 14 nm 节点通用的鳍形晶体管（FinFET），使用鳍形结构作为有源结构，将鳍形结构的间隙作为沟槽隔离结构，以实现尺寸压缩和性能提升。

浸没式光刻使用了更复杂的薄膜涂层组合，一个推荐的薄膜涂层组合为三涂层（tri-layer）技术，它由有机平整层（organic planarizing layer，OPL，通常选用旋涂无定形碳 spin-on carbon，SOC）、含硅抗反射层（SiARC）和光刻胶（PR）层组成。之所以采用三种材料涂层，主要是由于浸没式光刻的最小尺寸降低，要求光刻胶的厚度降低至 100 nm 左右，对光刻胶的转移刻蚀性带来了极大挑战；OPL 层的加入，一方面提高了薄膜平整度，降低了光刻聚焦深度变化对成像质量的影响，另一方面有助于转移刻蚀，并有效降低图像边缘粗糙度，从而提高转移刻蚀后的纳米结构线条边缘质量。

- 去除晶圆表面屏蔽氧化硅；
- 晶圆清洗；
- 生长垫底氧化硅；
- 沉积氮化硅；
- 旋涂 OPL（如无定形碳层）/SiARC/光刻胶薄膜，如图 1-10（a）所示；
- STI 掩模版对准及光刻（AA 图层，使用浸没式 ArF 光刻），如图 1-10（b）所示；
- 光刻后质量检测；
- 刻蚀 OPL、氮化硅、垫底氧化硅、硅衬底；
- 去除光刻胶、SiARC 层和 OPL；
- 氮化硅适当横向刻蚀（pull back），如图 1-10（c）所示；
- 高温热沉积线性氧化硅薄膜；
- 致密氧化硅薄膜沉积；
- 高高宽比（HARP）沟槽氧化硅沉积，填充满 STI；
- 退火；
- CMP 氧化硅；
- 增强高高宽比（EHARP）沟槽退火，形成致密 STI 结构；
- 刻蚀氮化硅、垫底氧化硅，如图 1-10（d）所示。

步骤2，阱区注入和功能区离子注入工艺

阱区注入包括 P 阱注入、N 阱注入、不同功能区的离子注入等。在该过程中，由于 STI 的自对准效应，通常使用波长为 248 nm 的 KrF 光刻技术。部分区域采用波长为 193 nm 的 ArF 干式光刻，主要目的是获得更高的图形套刻精度。

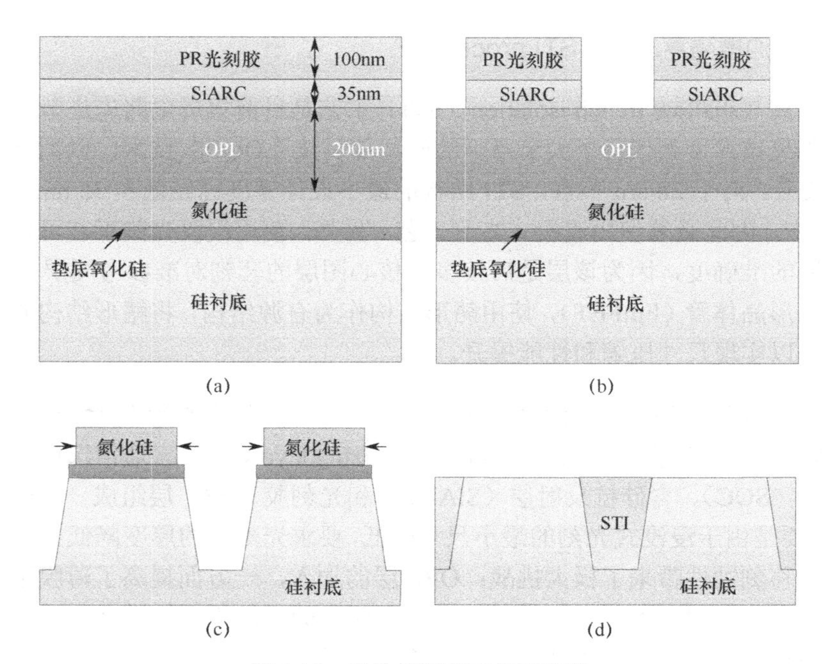

图 1-10　浅沟槽隔离工艺示意图

- 硼离子注入，形成 P 型衬底，如图 1-11（a）所示；
- 清洗；
- N 阱光刻（旋涂光刻胶，KrF 光刻）；
- N 阱离子注入，如图 1-11（b）所示；
- 去除光刻胶并清洗；
- P 阱光刻（旋涂光刻胶，KrF 光刻）；
- P 阱离子注入，如图 1-11（c）所示；
- 去除光刻胶并清洗；
- 针对不同功能、不同离子浓度的注入工艺，涂胶并光刻（KrF 光刻，部分区域采用干式 ArF 光刻）；
- 阱区离子注入；
- 光刻胶剥离、牺牲氧化硅剥离、清洗；
- 离子注入后阱区热退火。

步骤 3，HKMG 工艺

HKMG 工艺使用了 HfO 等高 κ 介质层代替栅极氧化硅，并使用了金属材料作为栅极。按照工艺顺序的不同，HKMG 工艺包括 Gate-first 工艺和 Gate-last 工艺。两者的最大区别在于前者在源极和漏极工艺之前已经制作好了金属栅极，后者需要在源极和漏极工艺之前首先生长传统的多晶硅栅极，在源极和漏极工艺结束之后再刻蚀掉栅极多晶硅，重新沉积高 κ 材料、栅极金属材料。

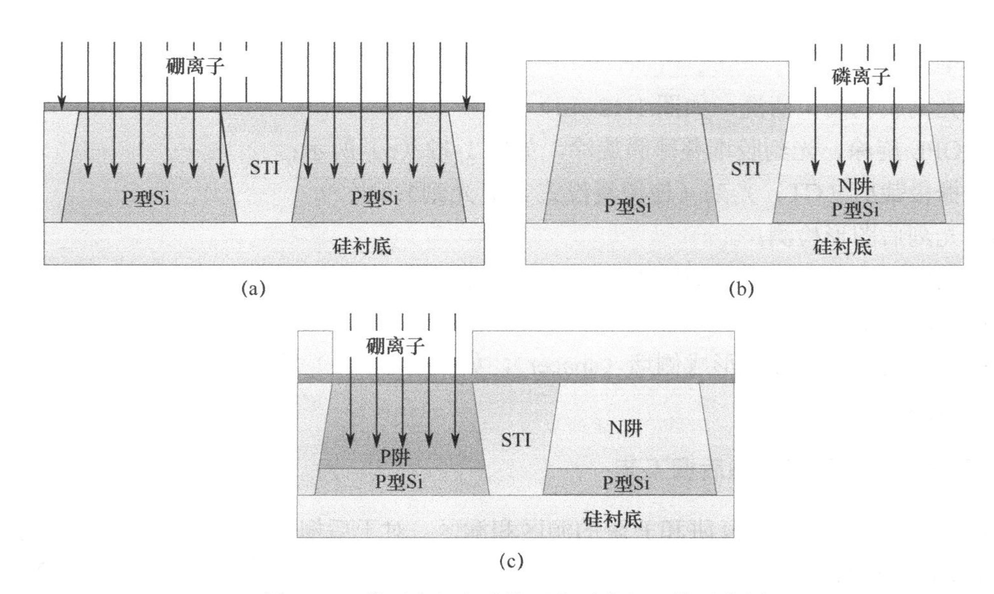

图 1-11 阱区注入和功能区离子注入工艺示意图

在本步骤中，首先以 Gate-first 为例进行简要工艺流程说明。对于 Gate-last 工艺，将在步骤 4 中进行简要说明。

- 晶圆传递到高 K 区域；
- 原子层沉积（ALD）工艺沉积 HfO；
- 沉积 P 型金属薄膜层，如图 1-12（a）所示；
- 清洗；
- N 型金属栅沉积区光刻（KrF 光刻）；
- P 型栅极金属刻蚀；
- 光刻胶剥离并清洗；
- 沉积 N 型金属薄膜层，如图 1-12（b）所示；
- 高温沉积多晶硅；
- 快速热退火；
- 退火后湿法清洗多晶硅和未反应的 N 型、P 型栅极金属；
- 沉积 TiN 薄层；
- 高温沉积多晶硅；
- 清洗（晶圆回转到 FEOL 区）；
- 沉积薄层牺牲氧化硅；
- 沉积致密氮化硅和氧化硅；
- OPL 旋涂、光刻胶堆叠薄膜旋涂，如图 1-12（c）所示；
- 栅极（PC）光刻（使用浸没式 ArF 光刻）；
- 光刻后图形检测；

- 刻蚀；
- 光刻胶剥离、清洗，如图 1-12（d）所示；
- OPL 旋涂、光刻胶堆叠薄膜旋涂，如图 1-12（e）所示；
- 栅极裁剪（CT）光刻（使用浸没式 ArF 光刻）；
- 光刻后图形检测；
- 刻蚀、剥离、清洗，如图 1-12（f）所示；
- 侧墙沉积氮化硅；
- 垂直刻蚀氮化硅，形成侧墙（spacer），如图 1-12（g）所示；
- 清洗。

步骤 4，源漏区工艺和后栅工艺

源漏区工艺用于实现 N 阱和 P 阱的源区和漏区。对于后栅 Gate-last 工艺，在源区和漏区工艺之后，光刻并刻蚀掉多晶硅和氧化硅材料，之后生长 HfO 高 κ 材料薄膜、P/N 区各自的栅极金属叠层。Gate-last 工艺的电学性质更好，因此被 Intel、TSMC 等企业广泛采用。

- 沉积氧化硅和氮化硅薄膜，如图 1-13（a）所示；
- P 阱区 SiGe 外延工艺光刻（KrF 光刻）；
- 湿法刻蚀 Si，形成规则结构，如图 1-13（b）所示；
- 外延生长 P 阱区 SiGe 源区和漏区；
- 退火、刻蚀、清洗，如图 1-13（c）所示；
- 不同区域选择最佳光刻方法（KrF、ArF 光刻）；
- 硅表面浅层离子注入（大角度 Halo 注入工艺）；
- 源区和漏区离子注入（延伸超浅结注入工艺）；
- 光刻胶剥离、清洗；
- Halo/Ext 之后激光退火、清洗，如图 1-13（d）所示；
- （若采用 Gate-last 后金属栅工艺，则需要对 Gate 相关工艺进行调整，在步骤 4 之后进行如下操作）；
- 沉积氧化硅介质层并 CMP；
- 栅极区域光刻（KrF 光刻）；
- 刻蚀多晶硅；
- 沉积高 κ 介质薄膜；
- N 阱和 P 阱分别光刻（KrF 光刻）；
- 分别沉积不同的金属栅极材料；
- 刻蚀和 CMP，形成金属栅结构。

步骤 5，连接工艺

连接工艺也称中道工艺（middle of line，MOL），即使用通孔将栅极、源极和漏极与后道工艺的金属线连接。

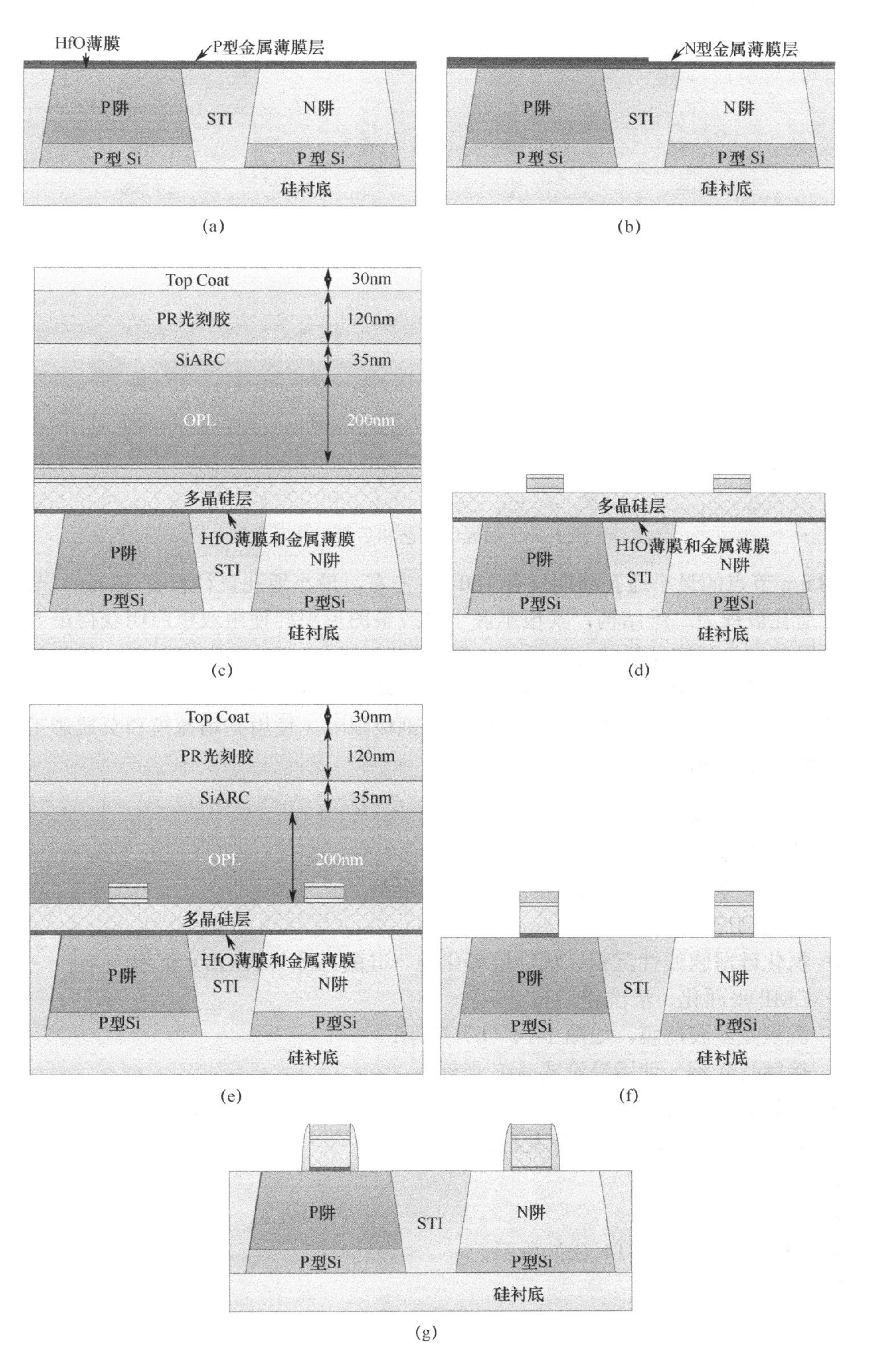

图 1-12　HKMG 工艺示意图

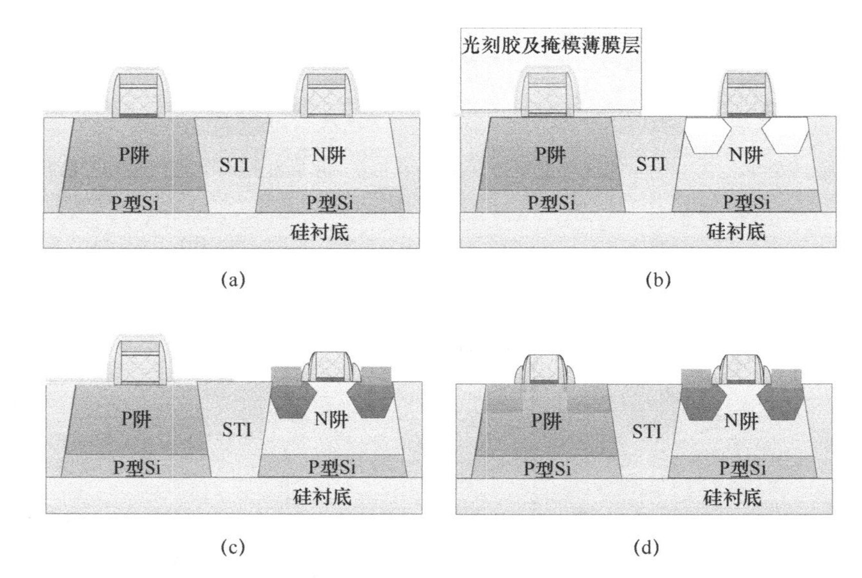

图 1-13　源漏区工艺和后栅工艺示意图

28 nm 节点的最小通孔周期只有 100 nm 左右，最小通孔直径只有 36 nm。与线条结构不同，通孔被视为二维结构，其很难像一维线条图形那样使用双极照明获得最大的光学分辨率。因此，为了实现最佳光刻质量，需要同时使用专门的光刻胶材料、优化最佳的环形照明或四极照明光源、使用光学邻近效应修正对掩模进行修正等。对于更小技术节点孔形结构的光刻工艺，特别是周期接近浸没式光刻极限时，使用亮场掩模和负显影工艺来提高孔形结构的光刻后图形质量。

- 薄膜沉积镍；
- 快速热退火；
- 剥离多余的镍合金，如图 1-14（a）所示；
- 刻蚀侧墙；
- 氮化硅薄膜线性沉积、牺牲层氧化硅、硅酸乙酯（TEOS）沉积；
- CMP 平面化、清洗；
- 沉积光刻胶薄膜，如图 1-14（b）所示；
- 接触孔光刻（使用浸没式 ArF 光刻）；
- 光刻后图形检测；
- 刻蚀 TEOS、氧化硅、氮化硅；
- 氮化钛薄膜沉积；
- 沉积金属钨；
- CMP 钨，如图 1-14（c）所示；
- 晶圆清洗。

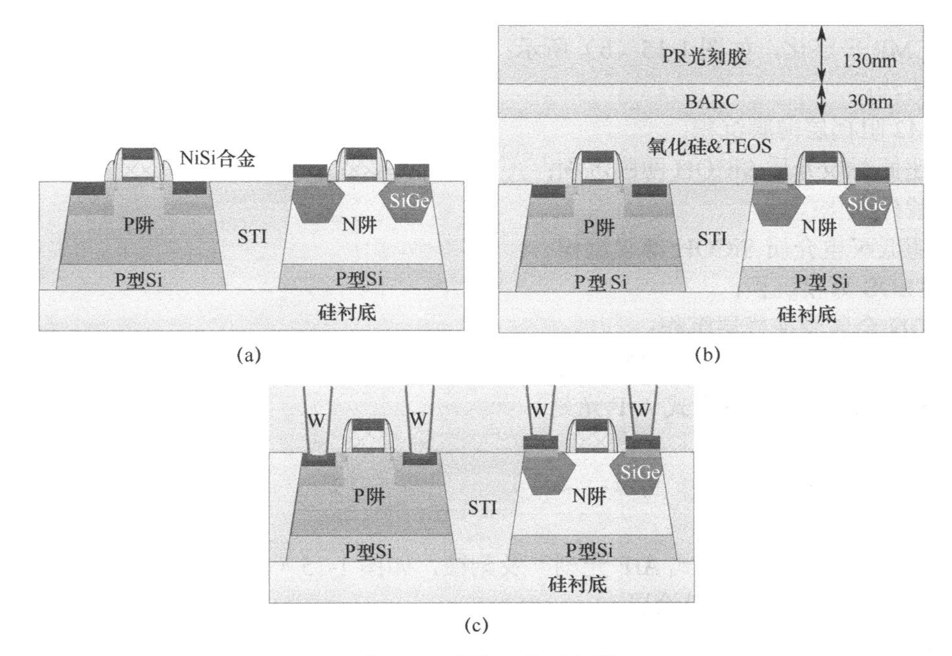

图 1-14　连接工艺示意图

步骤 6，后道铜互连工艺（back end of line，BEOL）

后道铜互连工艺是指将特定功能结构进行连线，包括两大类工艺：金属线条工艺（metal）和金属孔互连工艺（又称通孔，via）。第一金属层（M1）是后道工艺的起始工艺，也是最复杂的工艺之一，其线条排布呈现准二维图形特点，从而要求必须对工艺和设计规则进行综合计算，对于 28 nm 及更先进节点，光源、掩模等协同优化已经成为必需的。此外，一次光刻往往难以实现 M1 的功能布线，这就要求设计者对 M1 布线进行有利于光刻实现的最佳布线分配，如有利于图形拆分，或者采用准一维的布线设计。

第一通孔层（V1）和第二金属层（M2）通常采用双大马士革（dual-damascus）工艺，即首先光刻形成 M2 图形，转移刻蚀到硬掩模上，之后进行 V1 光刻，并经过一次转移刻蚀，实现 V1 和 M2 两种图形。这种工艺采用了自对准原理，即 V1 金属孔图形必须在 M2 金属线条所覆盖的范围内，因此可以有效提高工艺对准质量、降低光刻控制难度、减少工艺步骤。

- M1 阻挡层薄膜沉积；
- SiCOH 薄膜沉积；
- TEOS 氧化硅沉积；
- OPL 旋涂、光刻胶堆叠涂层旋涂，如图 1-15（a）所示；
- M1 光刻（使用浸没式 ArF 光刻）；
- 光刻后图形检测；
- 刻蚀、清洗；
- Cu 金属填充（阻挡层薄膜沉积、Cu 籽晶层、Cu 电镀层）；
- CMP 金属 Cu、退火；

- CMP 平整化，如图 1-15（b）所示；
- 清洗；
- M2 阻挡层薄膜沉积；
- 超低 κ 电介质 SiCOH 薄膜沉积；
- 紫外固化；
- 超低 κ 电介质 SiCOH 薄膜沉积；
- TEOS 薄膜沉积；
- TiN 金属硬掩模层沉积；
- OPL 旋涂、光刻胶堆叠涂层旋涂；
- M2 光刻（使用浸没式 ArF 光刻）；
- 光刻后图形检测；
- 刻蚀，如图 1-15（c）所示；
- V1 OPL 旋涂；
- V1 光刻（使用浸没式 ArF 光刻）及刻蚀，如图 1-15（d）所示；
- 刻蚀低介电常数材料涂层；
- 清洗；
- Cu 金属填充（阻挡层薄膜沉积、Cu 籽晶层、Cu 电镀层）；
- CMP Cu；
- Cu 金属退火；
- CMP 平整化，如图 1-15（e）所示；
- 其余金属层和通孔层工艺，步骤与上述 M2、V1 相似。

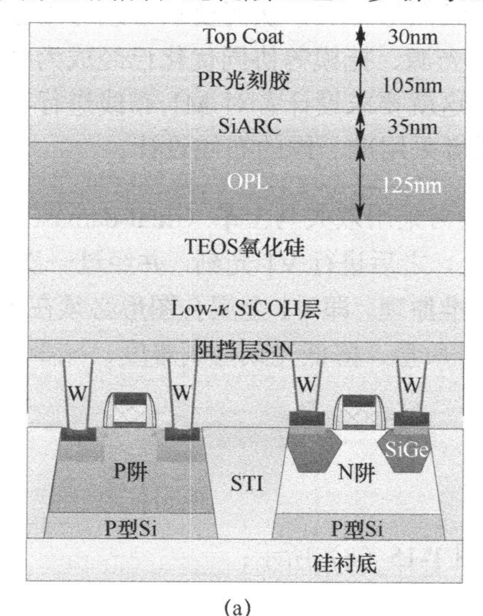

(a)

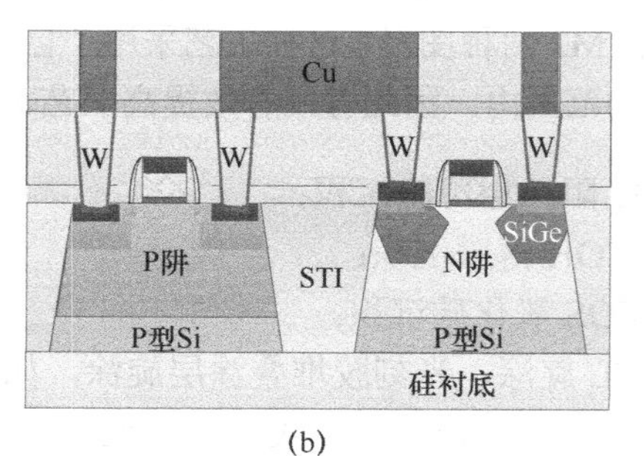

(b)

图 1-15　铜互连工艺示意图

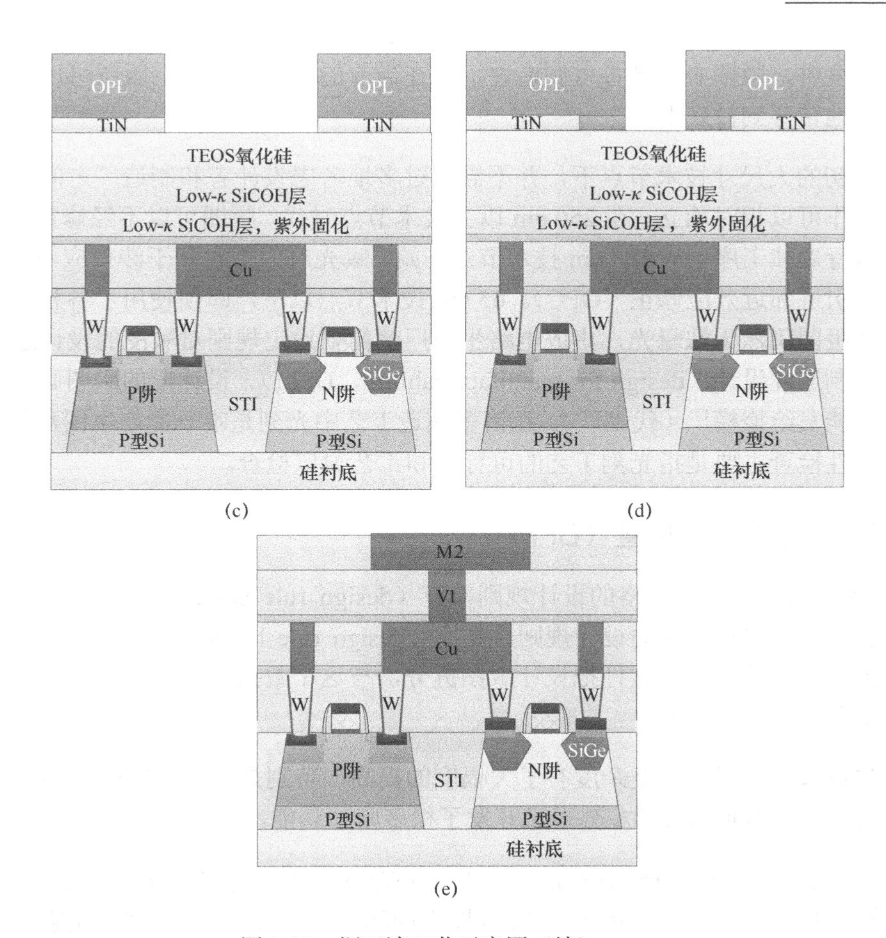

图 1-15　铜互连工艺示意图（续）

随着工艺节点变小，光刻工艺复杂性逐渐增加。实现更小周期、更小尺寸的图形成像，需要调集更多的资源、探索更新的光刻技术。在新产品研发阶段，光刻工艺往往是芯片研发成败的关键工艺，原因有多个方面：芯片设计是否满足光刻工艺要求，即按照新节点设计规则而绘制的芯片版图中是否存在光刻工艺窗口的限制图形；计算光刻（computational lithography），特别是光学邻近效应修正（optical proximity correction，OPC）模型是否匹配芯片设计版图的所有关键图形；光刻所需的新设备、新材料和新工艺是否达到或满足最小图形尺寸、最小套刻误差、最小缺陷数量和最佳图形形貌的要求等[6]。因此，学习并熟悉工艺流程，对于我们深入理解版图设计和光刻工艺具有非常重要的帮助作用。

1.3　可制造性检查与设计制造协同优化

集成电路生产分成设计和制造两部分。设计公司完成电路设计，并把完成后的版图发送给代工厂；代工厂根据版图制备掩模，完成芯片的制造。掩模也可以由其他独立的掩模公司制备完成后，发送给代工厂用于流片。设计与制造之间最重要的交互件就是版图。从设计公司的角度讲，版图必须正确地对应设计电路，以保证实现设计所需要的功能；从代工厂的角度讲，版图必须具备可制造性，即在当前的工艺水平下，版图可以通过光刻和刻蚀被忠实地转移到衬底上。

在最初的大尺寸技术节点下，并不需要过多地考虑设计者和制造厂之间交流的问题，两者的工作可以相对独立。在250 nm以上技术节点时代，版图可以不经修正，直接发送给掩模厂进行后续工序。从180 nm技术节点开始，曝光时的衍射和干涉效应不能被忽略，必须对版图引进邻近效应修正（OPC）。65 nm技术节点以下，即使使用了各种分辨率增强技术，有些版图仍然无法曝光，集成电路生产厂就需要设定规则对版图的设计进行限定和要求，即可制造性设计（design for manufacturability，DFM）。设计出的版图必须通过可制造性检查才能发给掩模厂（代工厂）。在诸多制造工艺中光刻是唯一能产生图形的工艺，所谓的可制造性检查主要是指光刻工艺的可行性和工艺窗口检查。

1.3.1 可制造性检查（DFM）

DFM主要是依托于严格的设计规则检查（design rule correction，DRC）。代工厂向设计公司提供一个比较完善的设计规则数据库（design rule library），这个库里面包含有各种不适合光刻工艺的图形。软件把设计版图拆分，与这个数据库里的图形对照，从而发现并标注出不适合制造的部分。

在先进节点，版图的复杂度有了大幅度的提高，特别是二维（2D）图形较多。为此，在传统DRC的基础上，EDA公司又开发了很多附加功能。

（1）图形匹配（pattern matching）又叫DRCplus。该软件在版图中找2D的图形，根据DRC，检查其可制造性。它可以发现2D图形的坏点（hotspots），但缺点是它只能检查出有规则设定的2D图形。

（2）光刻工艺检查（litho-friendly design，LFD）是在版图发送到掩模厂之前（tapeout）的一个验证工具（verification tool），它帮助确定版图对工艺变化的灵敏度，即计算工艺变化的带宽（PV-band）。它用于计算的模型（model）是由OPC提供的。

（3）可制造程度分析（manufacturing analysis and scoring，MAS），它根据规则对版图做评估，统计出违反某个特定规则的比例和在版图上的分布。

（4）提高工艺良率的工具（yield enhancement suite，YES）。这个软件根据有关的规则在版图上添加一些有利于工艺和器件可靠性的图形，如增加多余的通孔（redundant via）、把方形的通孔改变成长形（via bar）的、增大金属层图形的面积等。

1.3.2 设计与制造技术协同优化（DTCO）

随着技术节点的进一步缩小，设计和工艺愈加复杂。在可制造性设计的基础之上，集成电路制造提出了一种新的技术理念，即设计与制造协同优化（design and technology co-optimization，DTCO）[7]。作为DFM思想的发展进化，DTCO综合考虑设计与制造各方面的情况，架起了设计者和代工厂之间双向交流的桥梁，对提升集成电路制造的工艺良率具有十分重要的意义。

DFM 是基于成熟的设计规则，即其所依赖的工艺技术基本研发完成；而 DTCO 主要用于早期的研发，并延伸到良率提升（yield learning）阶段。另外，DFM 的规则是代工厂的工艺工程师提供给设计工程师的，它是一个方向的交流，DTCO 则提供了双向的信息交流。

图 1-16 是一个保证光刻工艺可行性的 DTCO 流程，由 Mentor 公司提供。首先对各种设计图形做光刻工艺难度评估，产生一个尽量完备的坏点库（hotspots library）。这个坏点库将来用于检查版图，图形匹配软件检查版图中的各部分，并与坏点库中的图形进行

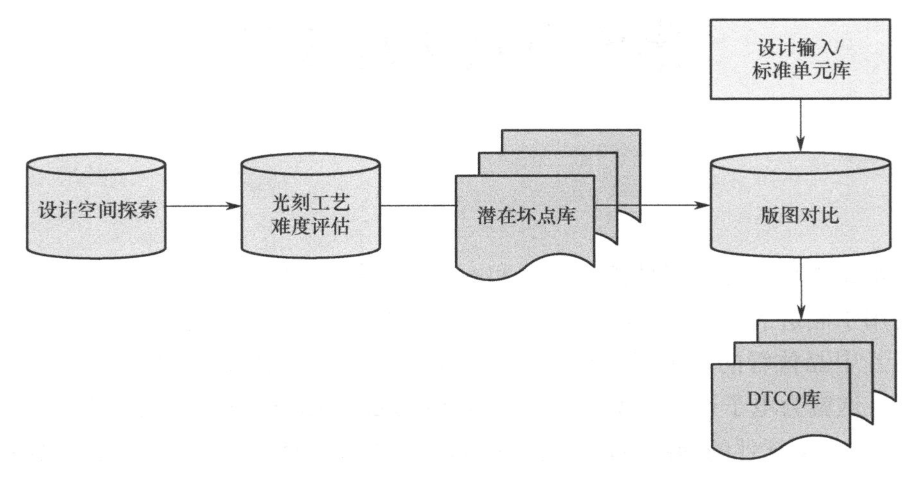

图 1-16 一个保证光刻工艺可行性的 DTCO 流程

对比，找出可制造性差的部分。这个流程中的“设计空间探索”是指使用一种专门的图形生成软件（layout schema generator，LSG）基于基本设计规则（ground design rule）生成各种图形（clips）。 这一软件使用 Monte Carlo 算法，像搭积木一样生成各种图形，图形的宽度则由基本设计规则确定。流程中的“光刻工艺难度评估”就是光刻仿真软件，它对 LSG 生成的图形做光刻仿真计算，以确定其可制造性。

本章参考文献

[1] 拉贝艾，钱德卡桑，等. 数字集成电路：电路、系统与设计[M]. 2 版. 北京：电子工业出版社, 2010.

[2] 韦斯特. CMOS 超大规模集成电路设计[M]. 北京：电子工业出版社, 2012.

[3] 陈春章，艾霞，王国雄. 数字集成电路物理设计（国家集成电路工程领域工程硕士系列教材）[M]. 北京：科学出版社, 2008.

[4] 韩雁. 集成电路设计制造中 EDA 工具实用教程[M]. 杭州： 浙江大学出版社, 2007.

[5] XIAO H. Introduction to Semiconductor Manufacturing Technology [M]. 2nd ed. Bellingham: SPIE Press, 2012.

[6] 韦亚一. 超大规模集成电路先进光刻理论与应用[M]. 北京：科学出版社, 2016.

[7] LIEBMANN L, CHU A, GUTWIN P. The daunting complexity of scaling to 7 nm without EUV: Pushing DTCO to the extreme[C]. Proc SPIE, 2015, 9427, 942702.

第 2 章

集成电路物理设计

集成电路物理设计是以性能、功耗和面积为考量指标，将电路网表文件及约束文件转换为可用于制造的版图文件的过程。在早期，芯片的物理设计可以通过人工定制完成，但随着芯片中晶体管的规模越来越大，尤其是数字电路的物理设计是基于标准单元的层次化设计，这就为电子设计自动化（electronic design automation，EDA）软件提供了良好的环境。在 EDA 软件的辅助下，工程师的精力不必放在每一个标准单元的位置摆放上，尤其是那些非关键的时序路径；工程师可以更有针对性地关注芯片的整体布图，规划电源网络，以及提供给 EDA 软件有效约束之后指导软件自动布局布线（place and route），分析关键的时序路径，给出定制化的方案，从而使得芯片的物理设计能够更快地收敛，缩短整个设计过程的周期，降低芯片的设计成本。物理设计中最为关心的三个参数是性能（performance）、功耗（power）和面积（area），简称 PPA。

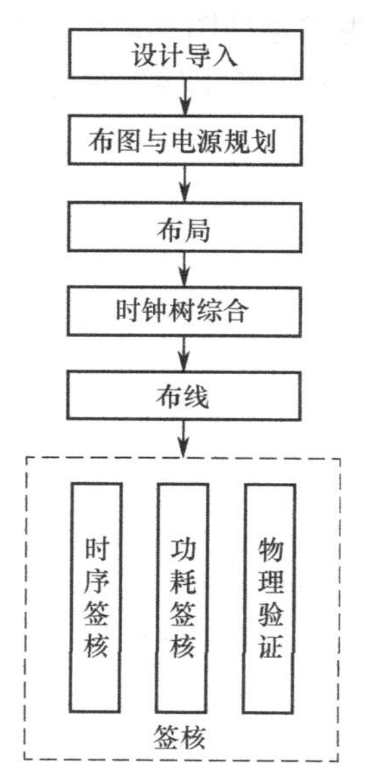

图 2-1　数字电路物理设计流程

数字电路物理设计流程如图 2-1 所示，包括了设计导入、布图（floorplan）与电源规划、布局、时钟树综合（clock tree synthesis，CTS）、布线和签核（时序签核、功耗签核和物理验证）。本章在简单介绍各个步骤的基础上，将着重介绍实际的设计过程中各阶段所采用的方法，如电源网络的设计、静态随机存取存储器（static random-access memory，SRAM）相关锁存器的位置摆放、有用时钟偏差（useful skew）、非常规设计规则、减少串扰的方法等。

常见的物理设计 EDA 软件包括物理设计工具、时序签核工具、功耗签核工具和物理验证签核工具等，见表 2-1。

表 2-1　常见的物理设计 EDA 软件

物理设计工具	Innovus Implementation System, IC Compiler II, Empyrean ClockExplorer
时序签核工具	Tempus Timing Signoff Solution, PrimeTime
功耗签核工具	Voltus IC Power Integrity Solution
物理验证签核工具	Calibre, IC Validator

2.1　设计导入

设计导入（design in）阶段主要包括将设计前端的网表文件、时序约束文件、功耗约束文件及相应 PDK 文件导入到物理设计的软件中，建立初步的工程文件；进而分析在没有布局和布线等物理信息时该模块的时序，并与设计前端中得到时序结果进行对比。

2.1.1　工艺设计套件的组成

工艺设计套件（process design kits，PDK）文件包括工艺文件、设计规则文件、集成电路仿真程序（simulation program with integrated circuit emphasis，SPICE）模型及网表、标准单元库和时序库。

工艺文件（technology file）是 Fab 提供给设计公司的文件，其中记录了工艺的相关信息，包括各层的层标号、掩模名称、图形标识信息、图形周期（pitch）、最小线宽（minimum width）、最小边距（minimum space）、最小面积、厚度、各类通孔的定义和较复杂图形（线到端的间距、端到端的间距、图形密度）的设计规则。设计规则文件则详细、完整地定义了每一层版图的规则，用于指导布图、布局和布线，并在物理验证中进行设计规则检查，确保签核的完成。

SPICE 模型是由 Foundry 提供的仿真模型文件，定义了晶体管的模型方程和相应参数。一个较优的元器件模型，应当既能正确反映元器件的电学特性，又能适于在计算机上进行数值求解。SPICE 网表定义了每个标准单元内部的拓扑结构和元器件参数，由元器件描述语句、模型描述语句、电源语句等组成。

标准单元库包含了标准单元的图形设计系统（graphic design system，GDS）格式、库交换格式（library exchange format，LEF）、时序库（timing library）。GDS 文件是标准单元的版图，定义了各层的图形，包括层号（layer number）和数据编号（data number）。LEF 文件是标准单元版图的简化，包含了标准单元的大小和各个端口的信息。标准单元大小用于整个物理设计阶段中标准单元位置的摆放和优化。各个端口的信息，用于电源网络连接和绕线时所需的端口处金属层、大小和位置。LEF 文件作为一个黑盒子，内部器件层是不可见的，但其包含了签核前各个阶段所需的信息，有利于提升软件的效率。时序库包含了各个标准单元的建立时间和保持时间、功耗等信息，用于整个物理设计过程中的时序仿真和功耗仿真。

2.1.2 标准单元

标准单元通常分为组合单元和时序单元。组合单元又称组合电路，特点是任意时刻的输出信号与信号作用前电路的状态无关，仅取决于当前时刻的输入信号。常见的组合标准单元包括反相器、缓冲器、与非门、或非门等。

反相器是组合单元中最基本的单元，由一个 NMOS（n-channel MOS）和一个 PMOS（p-channel MOS）构成，NMOS 和 PMOS 均为金属氧化物半导体场效应晶体管（metal-oxide-semiconductor field effect transistor，MOSFET）。根据输入信号电平的不同，PMOS 和 NMOS 分别在相应电平下开启及关断。例如，当输入为高电平时，NMOS 的源漏导通，PMOS 的源漏关断，输出被下拉到低电平；相反，当输入为低电平时，NMOS 的源漏关断，PMOS 的源漏导通，输出被上拉到高电平，最终起到反相的作用。反相器电路图如图 2-2 所示。反相器版图如图 2-3 所示。对于 CMOS（complimentary MOS）构成的标准单元，PMOS 位于上方，NMOS 位于下方。电源线的宽度通常大于信号线的宽度，进而保证电源网络的稳定性。

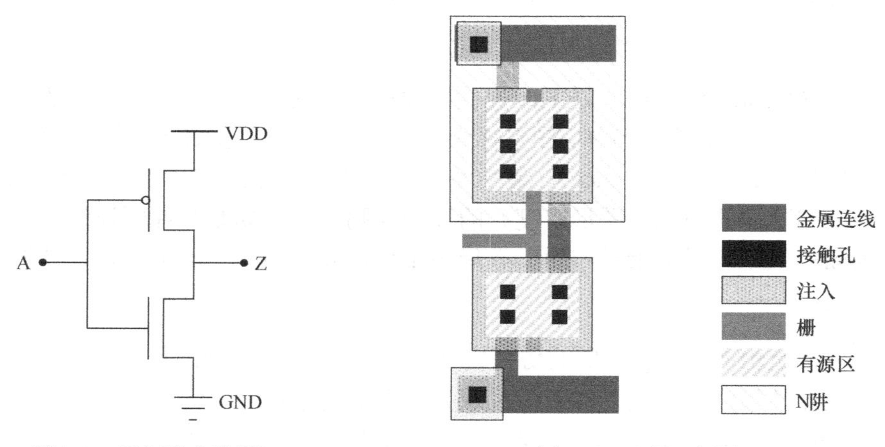

图 2-2　反相器电路图　　　图 2-3　反相器版图

与非门由两个 NMOS 和两个 PMOS 构成，其中，两个 NMOS 串联，两个 PMOS 并联，电路图如图 2-4 所示。与门的构成为与非门和反相器的串联，电路图如图 2-4（a）所示。类似地，或非门两个 NMOS 和两个 PMOS 构成，其中，两个 NMOS 并联，两个 PMOS 串联，电路图如图所示。或门的构成为或非门和反相器的串联，电路图如图 2-4（b）所示。

时序单元又称时序电路，其特点是任意时刻的输出信号不仅与当前时刻的输入信号有关，还取决于信号作用前电路的状态。时序单元包括锁存器、寄存器等。锁存器是一个电平敏感电路，当不存在锁存信号时，输出端的信号随输入信号变化，就像信号通过一个缓冲器一样，此时锁存器处于透明模式；当锁存信号输入时，数据被锁住，输入信号不起作用，此时锁存器处于保持模式[1]。与锁存器的电平触发不同，寄存器为边沿触发，即只在时钟翻转时采样输入，可分为正沿触发寄存器和负沿触发寄存器。锁存器与寄存器的差异如图 2-5 所示。可以看出，锁存器输出端 Q 在时钟信号输入端 Clk 为 1 的时候随输入端 D 的变化而变化，寄存器输出端 Q 仅在 Clk 为上升沿触发的时刻采集 D 的信号。

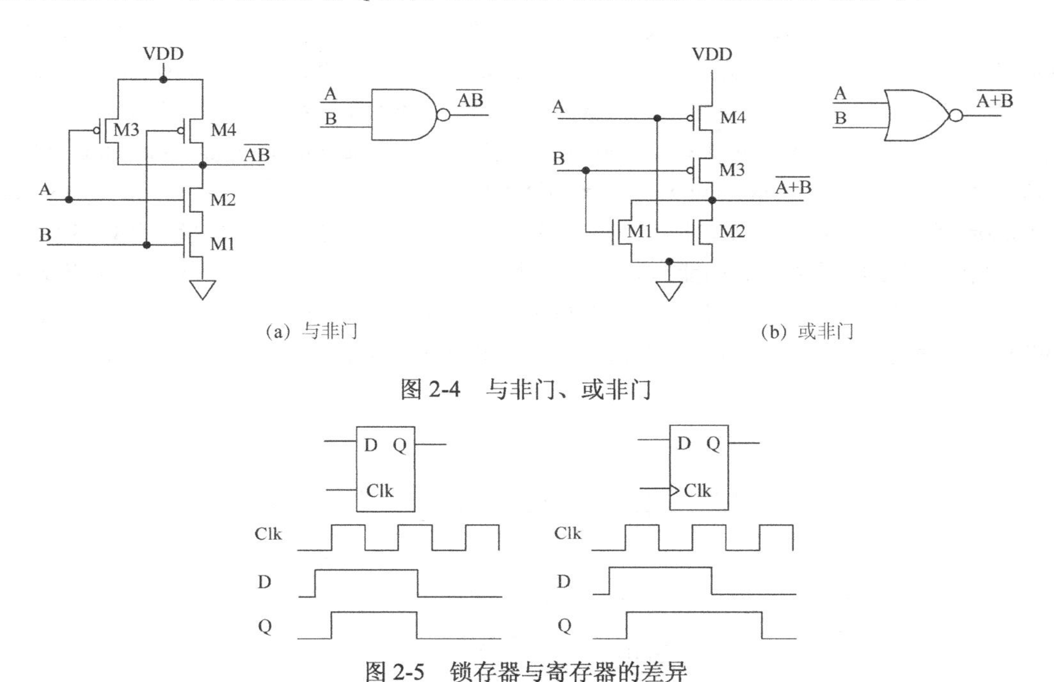

图 2-4 与非门、或非门

图 2-5 锁存器与寄存器的差异

2.1.3 设计导入流程

设计导入流程如图 2-6 所示。输入文件包括：网表文件、标准设计约束（standard design constraints，SDC）文件、PDK 文件。网表文件是由设计前端给出的寄存器传输级（register transfer level，RTL）文件根据所采用的工艺文件及标准单元库综合得到的。标准约束文件包括时钟信号的定义、输入和输出信号的延迟、输入信号的转换时间、输出信号的负载及时钟有用偏差的定义。

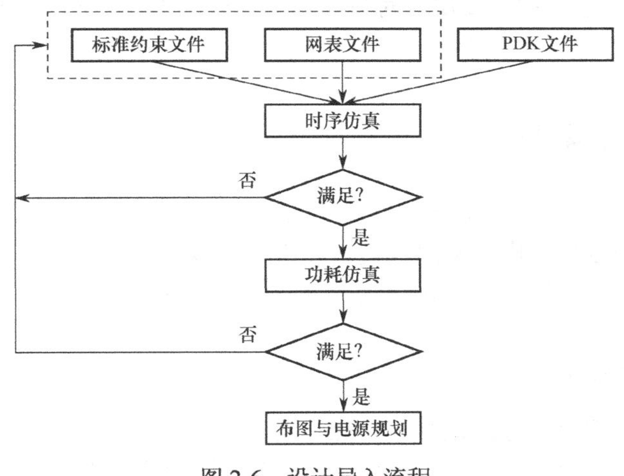

图 2-6 设计导入流程

2.1.4 标准单元类型选取及 IP 列表

对于初始的标准单元类型进行设置，保证各种类型的所占比例，从而平衡整个模块的功耗和时序。常见的分类标准为沟道掺杂类型、沟道长度和驱动能力。以 40 nm 工艺库为例，沟道掺杂类型可分为超低阈值电压晶体管（ultra-low voltage transistor，ULVT）、低阈值电压晶体管（low voltage transistor，LVT）、标准阈值电压晶体管（standard voltage transistor，SVT）、高阈值电压晶体管（high voltage transistor，HVT）和超高阈值电压晶体管（ultra-high voltage transistor，UHVT）；沟道长度包括 40 nm、45 nm、50 nm；驱动能力分为 1X、2X、4X、8X、16X（其中，2X 代表 2 倍驱动能力）。通常，随着阈值电压的升高，功耗降低，速度变慢；随着沟道长度的增加，速度变慢。不同类型单元的性能功耗分布如图 2-7 所示。可以看出，SVT50（采用标准电压的沟道长度为 50 nm 的标准单元）比 HVT40 的功耗低、速度快。

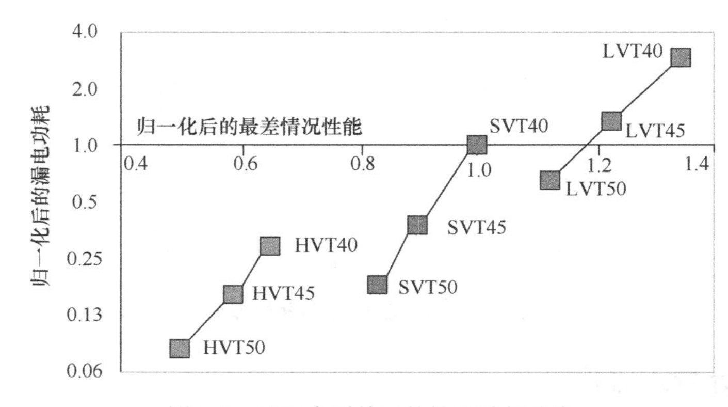

图 2-7 不同类型单元的性能功耗分布

在设计领域，经常听到的一个词是 IP 核，IP 是知识产权（intellectual property）的英文缩写。IP 核是指由专业公司开发的一段具有特定功能的电路模块。设计人员能够以 IP 核为基础进行专用集成电路系统的设计，以减少设计所需的时间。为了对设计所使用的 IP 有全面的把握，通常会建立一个 IP 列表，列明所用 IP 的类型、端口数量等信息。同时，根据物理设计中 IP 端口所选用的金属层，对每一个 IP 进行 LEF 的抽取，便于后续电源网络的连接和绕线。

2.2 布图与电源规划

布图与电源规划阶段主要根据整个芯片规范中定义的芯片大小及封装中对应凸块位置，进行芯片大小的规划、电源网络的规划和设计，以及顶层模块的位置分布，以保证电源网络的稳健性和绕线的拥塞（congestion）程度满足要求。

2.2.1 芯片面积规划

物理设计的三个重要指标是性能、功耗和面积。芯片的面积和成本直接相关，较小的芯片面积能够使得在一片晶圆上切割出更多的芯片，从而有效降低芯片的成本。同时芯片的面积也和物理设计收敛相关。芯片面积过小，会使得绕线过于拥塞，进而带来时序难以收敛的问题。芯片面积和所采用的金属层数有关，通常情况下，增加金属层数可以缩小芯片面积。增加金属层数，等同于把互连线的维度沿垂直于芯片表面的方向发展。芯片面积和芯片的端口数量有关，如果端口数量过多，则芯片面积受限于端口；反之，则受限于标准单元的数量及绕线的拥塞程度。因此，芯片面积的规划应当折中考虑这四个因素。

2.2.2　电源网络设计

电源网络的设计首先要考虑所采用的金属连线的层数。不同的金属层数电源网络的规划也有所不同。如常见 1P7M5X1Z 具有 7 层金属连线，包含了 6 层 X 金属和 1 层 Z 金属。这里的 X 和 Y 分别代表金属的不同厚度，同时设计规则中的宽度也有所不同。此时，采用的电源网络常为第 1 层和第 3 层形成的底层电源网络，第 6 层和第 7 层形成的高层电源网络，并通过中间几层的金属层和通孔层构成的叠层通孔层连接底层电源网络和高层电源网络。如 1P9M5X2Y1Z 具有 9 层金属连线，包含了 6 层 X 金属、2 层 Y 金属和 1 层 Z 金属。对应的电源网络常为第 1 层和第 3 层形成的底层电源网络，第 6 层形成的中层电源互连，第 8 层和第 9 层形成的高层电源网络，并通过中间几层的金属层和通孔层构成的叠层通孔层连接底层电源网络和高层电源网络。

电源网络应当在满足电压降的情况下占用较少的绕线资源。首先，从凸块连接至标准单元电源端口的各层金属和通孔应当满足各自的电压降的需求，电流自上而下均匀地流下。其次，IP 模块和标准单元的耗电不同，应根据 IP 模块和标准单元分布的不同，来确定电源网格的密度。最后，电源网络并不是越密越好，对于固定面积的芯片，绕线资源是一定的，因此需要合理地分配电源网络和信号绕线。对于电源网络的指标主要为电压降和地弹（ground bounce），通常为不能超过电源电压的 5%，从而保证所连接的每一个标准单元包括 IP，工作和关断时的电压稳定。电源网络如图 2-8 所示，其中右斜线区域为第 2 层金属连线，左斜线区域为第 3 层金属连线，左斜线区域中的方格为第 2 层通孔，共同组成了电源网络。点画线区域为标准单元内部的第 1 层金属连线，是标准单元的信号线。

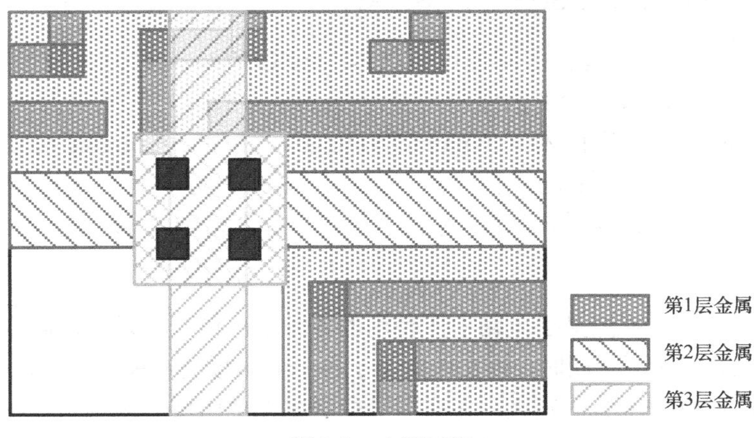

图 2-8　电源网络

2.2.3 SRAM、IP、端口分布

布图阶段的主要工作之一是完成 SRAM、IP 和端口的位置摆放。由于 SRAM 和 IP 的大小相对于标准单元大很多，是模块级中功能较为复杂的单个模块，决定了大致的数据流走向，所以这类模块不是交给工具去完成，而是采用人工定制的方法，在布图阶段完成位置摆放及相应供电网络的连接。在位置摆放时，会参考各个子模块的大致位置分布，避免后续绕线发生拥塞的情况。端口分布需要结合顶层凸块（bump）的位置和子模块的位置分布，来确保整个连线的通畅。在布图阶段会根据系统层面给定的凸块位置分布，设计凸块的电路网络，以及这些凸块和对应端口的信号连线，这些信号连线多采用顶层金属完成。SRAM、IP 和端口位置摆放后的芯片示意图如图 2-9 所示。

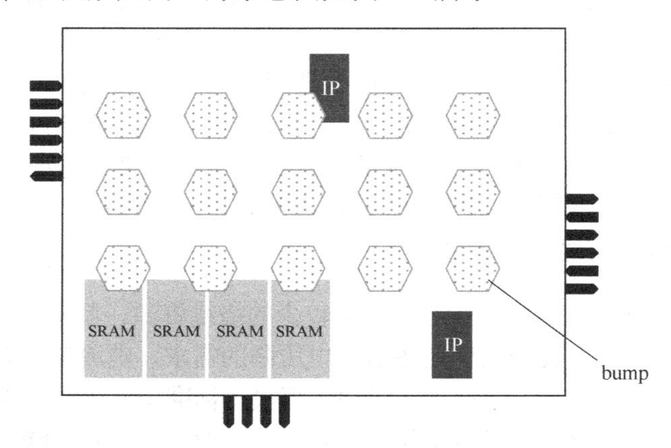

图 2-9 SRAM、IP 和端口位置摆放后的芯片示意图

如果是顶层设计，则需要考虑各个模块的位置，相邻的模块之间应当预留出绕线通道和放置特定标准单元的位置。该特定标准单元是用于连接不同电压域的低功耗单元、用于满足时序要求的缓冲器单元等。

2.2.4 低功耗设计与通用功耗格式导入

常见的降低功耗技术包括多阈值电压技术（multi-Vt）、时钟开关技术（clock gating）等。先进的降低功耗技术包括多供电电压技术（multi-voltage）、区域电源关断技术（power shut off）、动态电压调频技术（dynamic voltage frequency scaling）、衬底偏置技术（body-biasing）等[2]。各种低功耗技术的对比如图 2-10 所示。可以看出，在性能指标方面，低功耗技术在降低功耗的同时，对时序及面积都会造成影响，是 PPA 相互平衡的过程。

低功耗约束文件主要定义了电路中所使用的各种电压信号，以及由此划分的电压域和所采用的各种低功耗单元。同时，该文件定义了各个电压域的可关断状况，如常开电压域、可关断电压域。根据电压域的定义，在布图阶段中完成电压域的区域划分和相应低功耗单元的位置摆放，进而形成完整的电源网络。常见的低功耗约束文件有 Cadence 公司的通用功耗格式（common power format，CPF）文件和 Synopsys 公司的统一功耗格式（unified power format，UPF）文件。

低功耗技术	漏电功耗	动态功耗	时序	面积	对物理设计的影响	对逻辑设计的影响	对验证的影响
多阈值电压技术	6X	0%	2%	−2%～2%	低	无	无
时钟开关技术	0X	20%	0%	2%	低	低	无
多供电电压技术	2X	40%～50%	0%	<10%	中	中	低
区域电源关断技术	10X～50X	约0%	4%～8%	5%～15%	中高	高	高
动态电压调频技术	2X～3X	40%～70%	0%	<10%	高	高	高
衬底偏置技术	4X	约0%	3%	2%	高	高	高

图 2-10　各种低功耗技术的对比

常见的低功耗单元包括电源关断单元、隔离单元、常开单元、电平转换单元、可记忆的寄存器等。电源关断单元（power gating cell）包括控制信号的输入端口 NSI 及输出端口 NSO、供电电压端口 TVDD 和输出电压端口 VDD，如图 2-11 所示。通过控制信号的电平变化控制 VDD 端口是否和 TVDD 端口接通，进而实现控制某区域的电源供电情况。

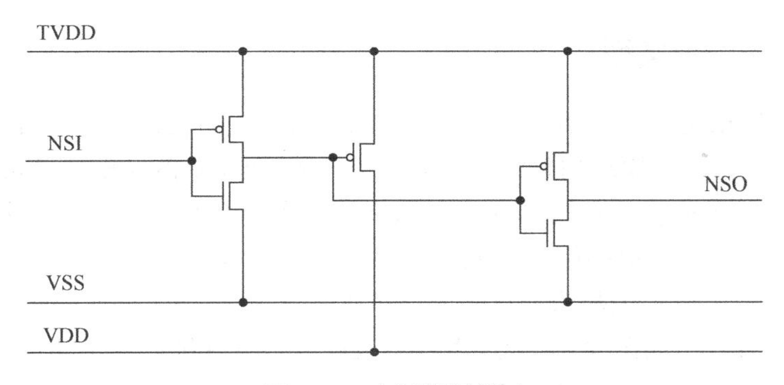

图 2-11　电源关断单元

隔离单元（isolation cell）用于控制不同电压域之间信号通路的开关状态。常开单元（always-on cell）能够在可关断的电压域中连接常开电源网络处于开启状态，不会受到当前电压域开关状态的影响。

电平转换单元（level shifter cell）包括输入信号 INL 及输出信号 OUTH、关联的两个电压域的电压端口 VDDH 和 VDDL、接地端口 VSS。该单元用于转换不同电压域的信号供电电压，包括高压域到低压域的电平转换单元和低压域到高压域的电平转换单元，其电路图如图 2-12 所示。可记忆的寄存器（state-retention power-gated register）用于当前电压域关断时，该寄存器记忆输出能够持续保存，当前电压域再次开启时，该寄存器能够在更短时间内恢复，进而缩短系统的启动时间。

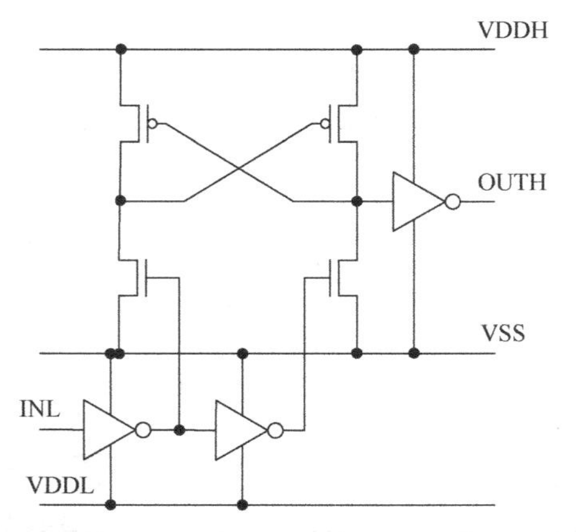

图 2-12　低压域到高压域的电平转换单元电路图

2.3　布局

布局（place）阶段主要根据布图及电源规划进行模块约束规划，设置有用时钟偏差，制定 latch 的放置区域，同时制定不可修改单元（don't touch cell）和不可使用单元（don't use cell），然后进行布局。布局后，进行时序分析并考量标准单元的图形密度。

2.3.1　模块约束类型

常见的模块约束定义了控制模块的位置摆放的约束。类型包括模块指导约束（guide）、模块区域约束（region）、模块栅栏约束（fence）三种。guide 指导相关模块进行位置摆放，是一种软约束，相关模块的标准单元尽量放在指定的区域内，也可以根据连接关系放在区域的外面，同时其他模块的标准单元也可以放在该区域内，如图 2-13（a）所示。region 是一种强约束，相关模块的标准单元必须放在指定的区域内，同时其他模块的标准单元也可以放在该区域内，如图 2-13（b）所示。fence 是一种硬约束，相关模块的标准单元必须放在指定的区域内，同时其他模块的标准单元不可以放在该区域内，如图 2-13（c）所示。

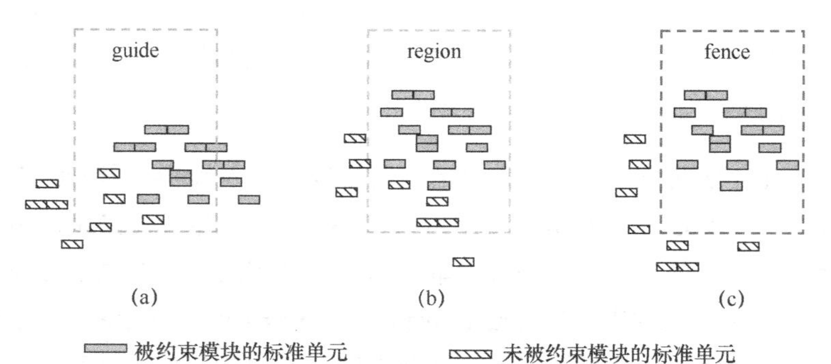

图 2-13　guide、region、fence 的区别

2.3.2 拥塞

拥塞表征了在绕线前预估的连线的紧密程度及可实现性。较大的拥塞会导致在绕线阶段，无法完成绕线或形成最为致密的连线，增加了线与线之间的耦合电容，进而增加了连线的延时，造成时序违例。

对于部分低功耗单元的第二电源端口通常在绕线阶段完成，如常开缓冲器的第二电源端口。这是由于这些单元依赖于与其相连的标准单元的位置，需要在布局阶段才能确定位置。其所连接的第二电源会在绕线阶段根据绕线通道和最近的电源网络相连接。

1．拥塞的表征

拥塞在物理设计过程中通常使用拥塞标记来表征，如图 2-14 所示。在实际布线中多采用水平或竖直方向走向，因此根据方向的不同，拥塞分为水平拥塞和竖直拥塞，分别用 H 和 V 表示。其中，拥塞的程度用不同的颜色表示。每个单位区域包含了 10 个全局单元。图 2-14 中上面的单位区域的竖直拥塞程度为 1 级拥塞，即该区域可供走线的轨道数量为 50，而实际中需要有 51 条绕线从这里通过，进而形成了拥塞。下面的单位区域的竖直拥塞程度更为严重，需要额外的 2 条轨道才能满足要求。将整个版图划分为多个单位区域，计算每个单位区域的拥塞程度，最终形成了整个版图的拥塞分布，可以较为直观地反映出局部拥塞的程度，如图 2-15 所示。

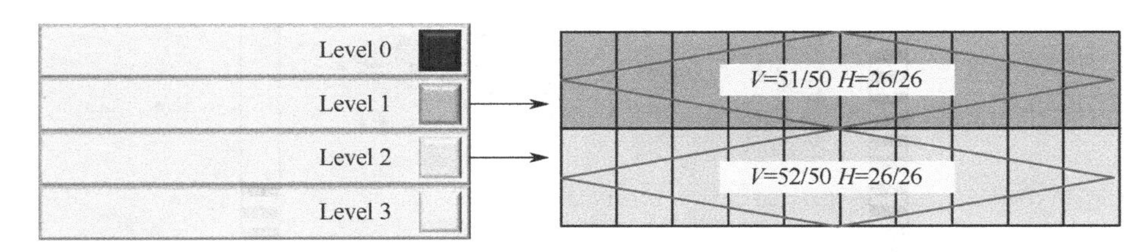

图 2-14 拥塞标记

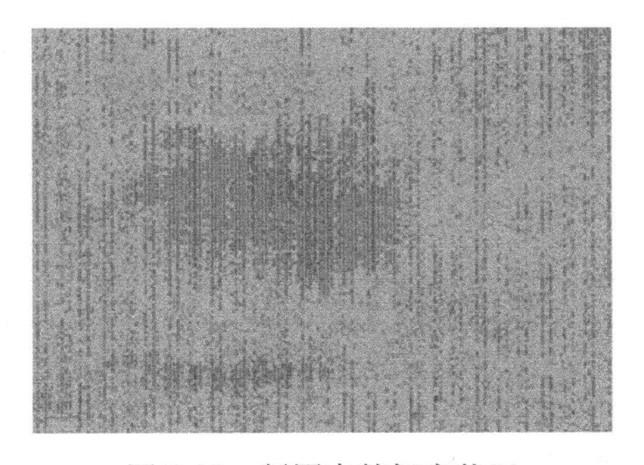

图 2-15 版图中的拥塞状况

2．拥塞的解决办法

拥塞的出现和布图、布局有较为直接的关系。因此在布图和电源规划的阶段，就需要考虑拥塞。在引脚位置指定时引入拥塞的计算，是因为引脚的位置决定了整个芯片或模块的数据流向。错误的引脚摆放，往往会导致输入信号和输出信号在某一区域形成大幅重叠，形成严重的拥塞。在布图阶段中解决拥塞的办法是控制该区域及邻近区域的标准单元的密度，从而降低通过该区域的绕线数量。另外，对于时序约束易满足的绕线，可以通过添加引导缓冲器（guide buffer）来控制这些绕线的走向，尽量避开拥塞较为严重的通道。

2.3.3 图形密度

标准单元的图形密度和绕线的拥塞程度直接相关。较高的标准单元图形密度往往会导致绕线拥塞，进而使得时序难以收敛。较低的图形密度使得芯片的利用率较低，从而增加了芯片的成本。同时，图形密度和所采用的标准单元库的端口密度有关，较高的端口密度需要对应较低的图形密度，为端口访问预留充足的空间。因此，需要在绕线拥塞和利用率之间做折中考虑，业界常用的图形密度为60%～80%。标准单元的图形密度的计算公式为

$$\text{标准单元图形密度}=\frac{\text{标准单元总面积}}{\text{芯片内部面积}-\text{硬核面积}-\text{空洞(halo)面积}} \tag{2-1}$$

如图2-16所示，标准单元总面积为5个标准单元模块的面积之和，芯片内部面积为除端口外的内部矩形的面积，硬核面积为SRAM和IP的面积之和，空洞面积为图中右斜线矩形的面积之和。

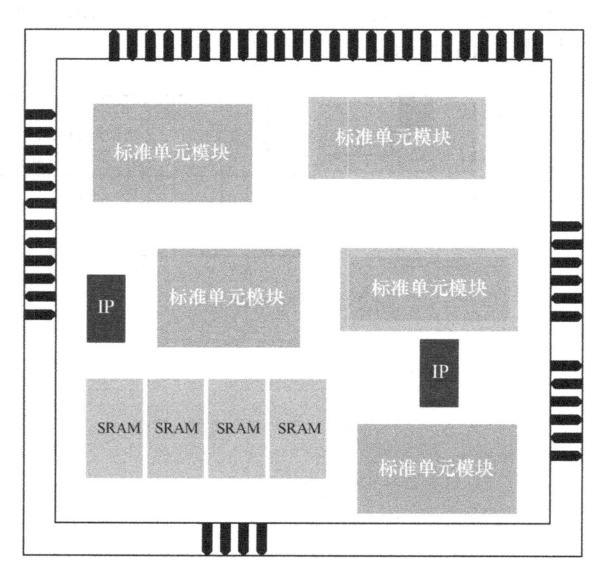

图2-16　标准单元分布及图形密度计算

2.3.4 库交换格式优化

在布局阶段，标准单元根据数据流向、时序约束、模块的物理位置约束、功耗约束进行摆放。一般情况下，标准单元在发布之后，标准单元内部不存在设计规则违例的情况。然而，在软件完成自动布局后的标准单元之间存在设计违例的可能性，主要来自两方面：一方面是代工厂发布标准单元没有充分考虑标准单元的任意组合：另一方面是在电路物理设计中需要对标准单元的库交换格式（library exchange format，LEF）进行修改。当两个标

准单元被放置在相邻的位置上时就会导致这两个标准单元内部的某层出现设计违例，如图 2-17 所示的第一个金属层。

对于这种违例的解决办法是，在相应的标准单元的一侧添加最小的填充单元，使得出现在设计中的该类标准单元全部被有效隔离，避免设计违例的出现，如图 2-18 所示。

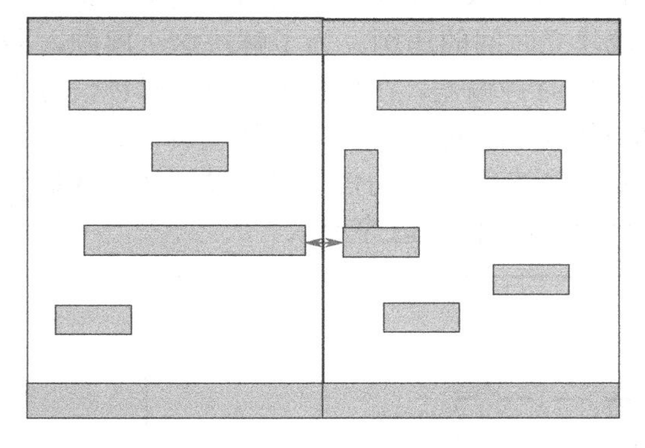

图 2-17　标准单元之间的内部金属层出现设计违例

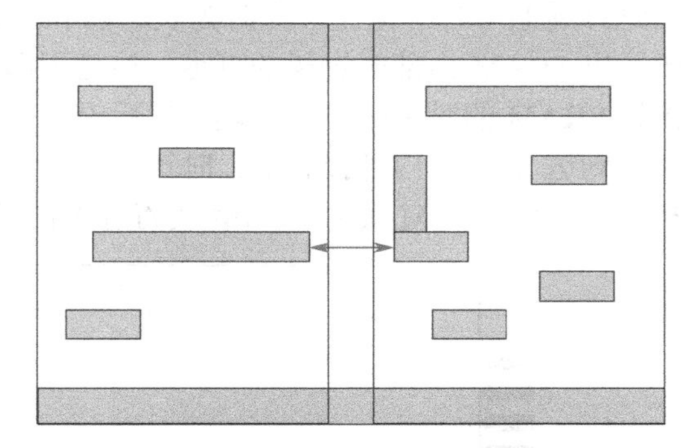

图 2-18　添加填充单元后有效避免了设计违例的发生

2.3.5　锁存器的位置分布

通常情况下，和 SRAM 相关的数据路径中会包含锁存器（latch）用于锁存数据。默认无约束时，latch 通常会由工具自动摆放，如图 2-19（a）所示，这种情况下的摆放容易产生较多的拥塞，不利于后期的绕线，产生时序上的违例。此时就需要人工干预，通常会通过写脚本的办法，根据 SRAM 和 latch 连接的端口的位置，将 latch 吸附在对应的端口附近，如图 2-19（b）所示，这样保证了数据路径在物理连线上不会出现相互交叉的情况，减少了拥塞。

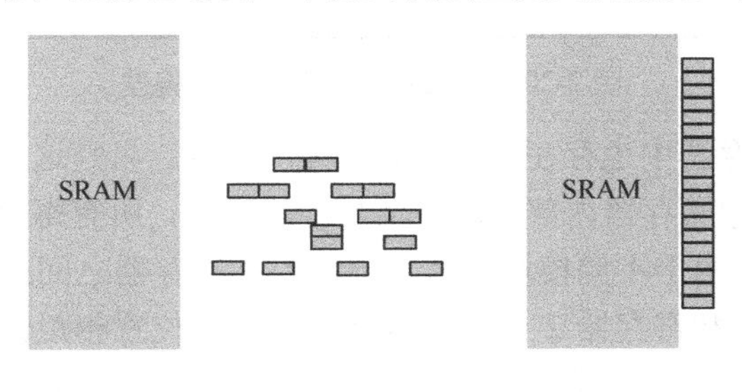

图 2-19　和 SRAM 相关的 latch

另一种解决办法是增加相应连线的权重。对于权重较大的连线，在布局时会着重考虑该连线上所连接的标准单元之间的距离，进而达到拉近单元之间的距离或单元与端口之间距离的目的。

2.3.6　有用时钟偏差的使用

时钟树延迟（latency）是指从时钟信号输入端到寄存器、SRAM 和 IP 的时钟信号输入端的时间。在布局阶段，时钟树通常被认为是理想情况，即所有时钟树延迟相同，为实际时钟树的预估延迟，如图 2-20 所示。然而，在 SRAM 中通常已经完成内部时钟信号的布线，从 SRAM 的时钟信号输入端到内部单元时钟信号接收端已经存在一个固定的延迟。这就意味着，从顶层时钟信号输入端到 SRAM 内部单元时钟信号接收端的延迟要大于从顶层时钟信号输入端到寄存器时钟信号接收端的延迟。进而导致从寄存器到 SRAM 的数据路径延时小于时钟周期与时钟偏差（此时为正）的和；而从 SRAM 到寄存器的数据路径延时大于时钟周期与时钟偏差（此时为负）的和，造成建立时间的违例。为了解决这一问题，需要给出 SRAM 内部时钟树的延迟，该延迟即为有用时钟偏差。在理想情况下，时钟信号先到达 SRAM 的时钟信号输入端，然后沿着内部时钟树到达内部时钟信号接收端，随着时钟信号到达 SRAM 内部接收端，时钟信号同时到达了所有寄存器的信号接收端，从而保证了从寄存器到 SRAM 及从 SRAM 到寄存器的数据路径同时满足时序要求。

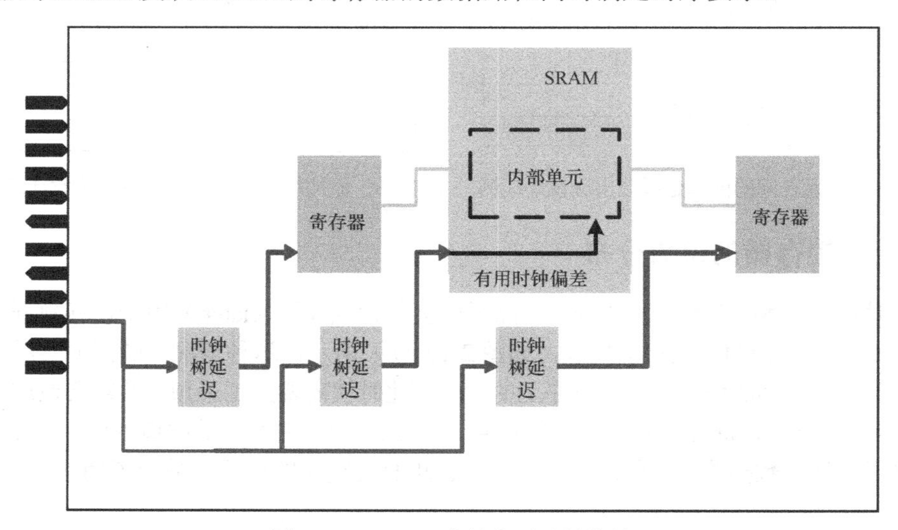

图 2-20　SRAM 中的有用时钟偏差

同样，在普通的寄存器中也存在有用时钟偏差的情况。只是这种情况不是由寄存器内部时钟树延迟引起的（普通寄存器内部的时钟信号绕线很短，所有寄存器的内部时钟信号的延迟可以视为相等），而是由于不同模块位置不同导致了寄存器之间的数据路径长短不一致。如图 2-21 中，寄存器 1 和寄存器 2 由于模块（module）位置相距较远，因此需要加入更多的缓存器来控制数据信号的上升及下降时间，使得从寄存器 1 的 Q 端到寄存器 2 的 D 端的

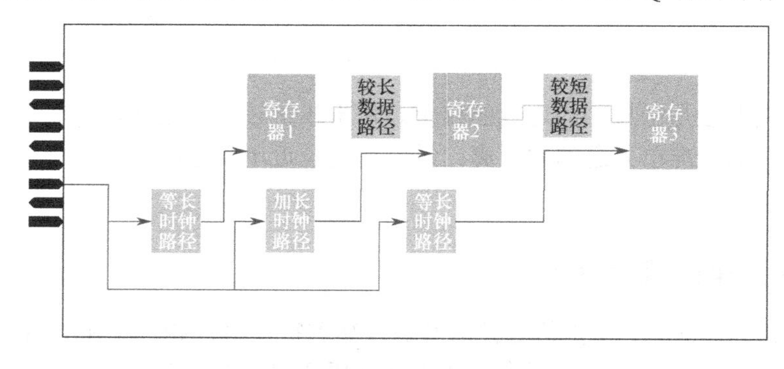

图 2-21　普通寄存器中的有用时钟偏差

数据路径延时大于一个信号周期。同时因为寄存器 2 和寄存器 3 的物理位置相距较近，需要的缓冲器较少，因此从寄存器 2 的 Q 端到寄存器 3 的 D 端的数据路径延迟时间（延时）小于一个信号周期。此时，可以把寄存器 2 的时钟信号延迟加长，使得从寄存器 1 的 Q 端到寄存器 2 的 D 端的数据路径和从寄存器 2 的 Q 端到寄存器 3 的 D 端的数据路径同时满足时序要求。其中，寄存器 2 的时钟信号延迟加长的部分即为有用时钟偏差。

2.4 时钟树综合

时钟树综合阶段首先要确定时钟树所采用的标准单元类型及驱动能力，以及期望的时钟偏差。对于关键的时钟树电源进行指定位置的放置[3]。完成时钟树综合后，先针对全局时钟偏差（global skew）进行时钟树优化，再针对局部时钟偏差（local skew）进行时钟树优化，最后给出时钟偏差的分析。生成时钟树之后，对时序给出分析并进行优化，此时的时序优化可称为时钟树后时钟优化。

2.4.1 CTS Specification 介绍

CTS Specification 包括了 clock 的定义和绕线类型的定义，并针对主树和叶子端采用不同的绕线规则，其中会采用非常规设计规则。另外，会设定 clock group、exclude pin、through pin 和 leaf pin 等。同时，会指定时钟树的最小长度和最大长度、时钟偏差的最大值，以及时钟树的扇出设置和转换时间（transition）等。

2.4.2 时钟树级数

时钟树由时钟输入端、缓冲器和寄存器组成。时钟树级数是指最长时钟路径中从时钟输入端口到寄存器时钟输入引脚的缓冲器的数量，常见的时钟树级数如图 2-22 所示。

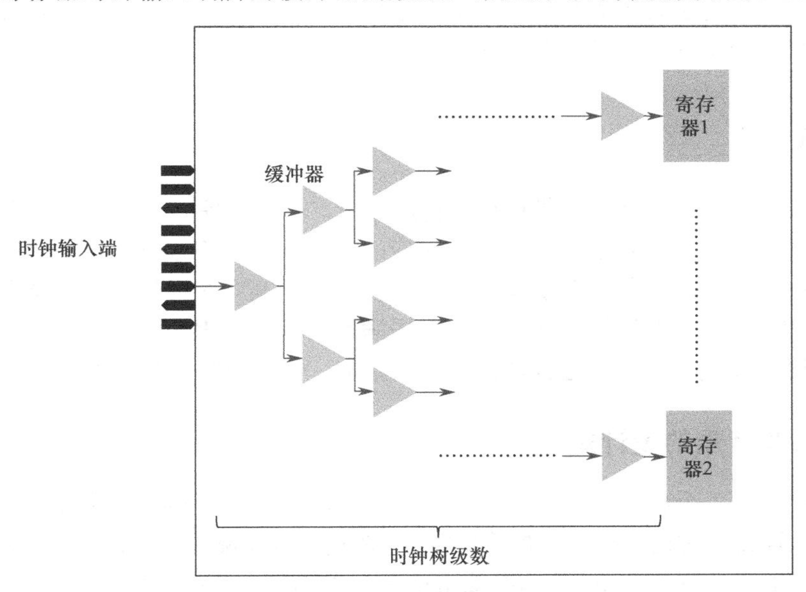

图 2-22 时钟树级数

2.4.3 时钟树单元选取及分布控制

时钟树综合采用的缓冲器或反相器和普通的缓冲器或反相器不同，该类缓冲器或反相器在普通的缓冲器或反相器的基础上添加了去耦合功能，从而保证在高速的时钟信号传输中，降低耦合电容，减少连线延时。

常见的时钟树单元的驱动能力分为 1X、2X、4X、8X、16X。通常在主时钟树上采用较大驱动能力的单元，保证足够的驱动能力和减小时钟树级数，在叶子端（leaf）采用驱动能力较小的单元，保证整个时钟树的延迟平衡。

2.4.4 时钟树的生成及优化

时钟树的生成及优化分为时钟树综合、全局时钟偏差优化和局部时钟偏差优化三个步骤。优化后生成的时钟树报告如图 2-23 所示。其中，skew 指两条时序路径上的延时偏差；Global skew 是指同一棵时钟树上，任意时钟路径上最大的 skew；Local skew 是指同一棵时钟树上，有逻辑关联关系的最大的 skew；Group skew 是指不同的时钟树上，任意时钟路径上最大的 skew。

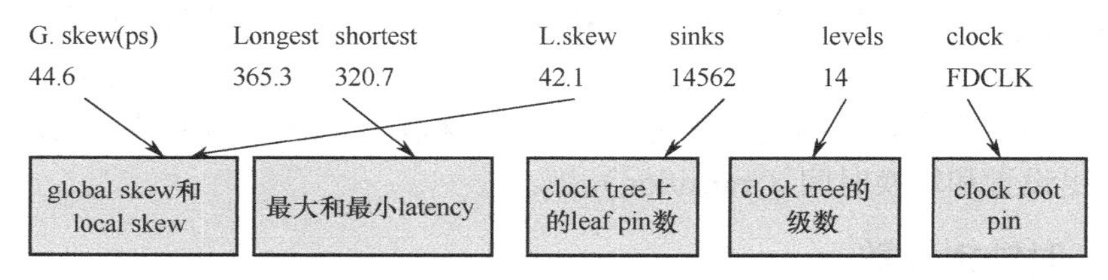

图 2-23 优化后生成的时钟树报告

新兴的时钟树时序协同优化（clock concurrent optimization，CCopt）技术在时钟树综合的基础上，同时考虑了时序的要求，即在原有 CTS 之上引入时序约束，从而能够有效利用时钟偏差来优化全局时序，使得时序能够加速收敛。

2.5 布线

布线阶段主要完成绕线、时序优化、物理验证，具体流程图如图 2-24 所示。首先设置非默认的设计规则，对特定的信号线指定对应的设计规则。完成绕线后，进行时序优化。对于不满足时序要求的路径，分析其原因并进行修复。其中时序优化的步骤分为两步，先不考虑串扰的问题，对时序进行优化；在时序满足要求后考虑信号间的串扰，进行时序的二次优化。时序满足要求后，进行填充单元的添加，然后进行初步的物理验证。

2.5.1 非常规的设计规则

通常信号线在各个金属层的宽度都采用默认的最小宽度，保证了充足的绕线资源。但在特定情况下，连线延时过大时，需要通过减小电阻的方式来减少延时，并且需要针对这类连线采用非常规的设计规则（non-default design rule，NDR）。或者，如果连线之间的耦合电容过大，则需要通过增加线与线的间距来减小耦合电容，并且也需要类似的非常规的设计规则。

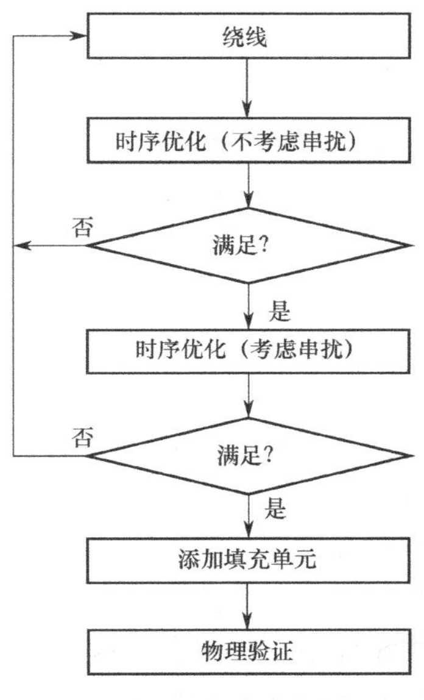

图 2-24　布线流程图

2.5.2　屏蔽

在时序违例的很多情况中，由于信号之间发生串扰导致信号传输产生延迟，进而导致时序违例。为了能够有效解决串扰的问题，通常会在关键信号的绕线两边添加屏蔽（shielding），如图 2-25 所示。屏蔽线的宽度通常为每层金属的最小线宽。屏蔽线和关键信号绕线的间距由设计规则决定。屏蔽线一般连接地信号。在绕线之前，提前设置需要屏蔽的关键信号以及屏蔽的基本属性；在绕线时根据关键信号的绕线走向在其两边留出绕线资源供屏蔽线使用，并将屏蔽线和最近的电源网络连接起来。

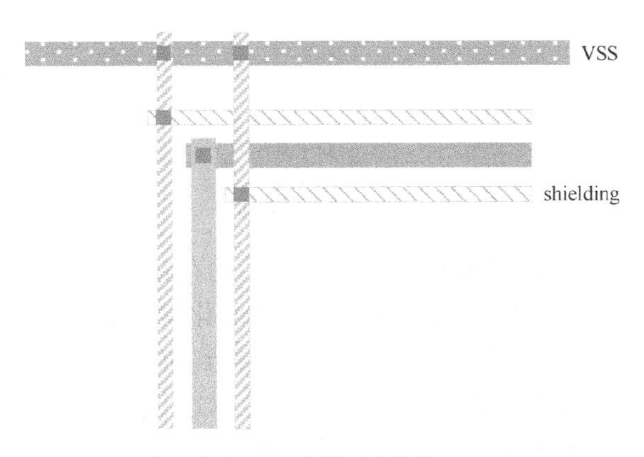

图 2-25　添加屏蔽线

2.5.3　天线效应

1．天线效应的定义

在深亚微米集成电路加工工艺中，刻蚀是图形转移的关键步骤之一。常用的刻蚀技术为基于等离子技术的离子刻蚀工艺，如反应离子刻蚀。在刻蚀过程中会产生游离电荷，当刻蚀用于导电的层（金属或多晶硅）时，裸露的导体表面就会收集游离电荷。通常所积累的电荷多少与其暴露在等离子束下的导体面积呈正比。如果积累了电荷的导体直接连接到器件的栅极上，就会在多晶硅栅下的薄氧化层形成 F-N 隧穿电流的泄放电荷，当积累的电荷超过一定数量时，这种 F-N 电流会损伤栅氧化层，从而使器件甚至整个芯片的可靠性严重降低，寿命大大缩短。

2. 天线效应的解决办法

（1）跳线。跳线即打断存在天线效应（antenna effect）的金属层，通过通孔连接到上下层，再连接到当前层。通常分为“向上跳线”和“向下跳线”两种方式，如图 2-26 所示。这种方法通过改变金属布线的所在金属层来解决天线效应，但同时增加了通孔，由于通孔的电阻很大，会直接影响到芯片的时序和串扰问题，所以在使用此方法时要严格控制布线层次变化和通孔的数量。在版图设计中，在低层金属里出现天线效应，一般可采用向上跳线的方法消除。但当最高层出现天线效应时，通常采用反偏二极管。

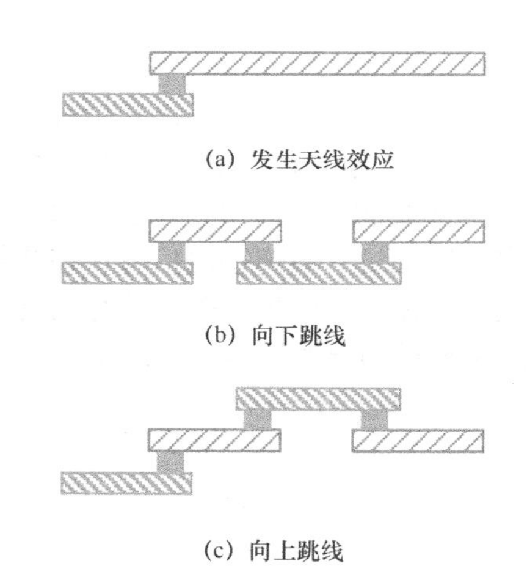

图 2-26 跳线

（2）添加反偏二极管。通过给直接连接到栅极的存在天线效应的金属层接上反偏二极管，形成一个电荷泄放回路，累积电荷就不会对栅氧化层构成威胁，从而消除了天线效应。当金属层位置有足够空间时，可直接加上二极管，遇到布线阻碍或金属层位于禁止区域时，就需要通过通孔将金属线延伸到附近有足够空间的地方，插入二极管。

（3）插入缓冲器。对于较长走线上的天线效应，可通过插入缓冲器切断长线来消除天线效应。

在实际设计中，考虑到性能和面积及其他因素要求的折中，常常将这三种方法结合使用来消除天线效应。

2.6　签核

签核阶段作为物理设计的最后一步，主要完成整个模块的签核（signoff），包括时序、功耗、物理验证均能达到规范中的要求。对于违反时序、设计规则、电学可靠性的部分，应根据具体情况进行自动或手动修复。通常，在现有布局布线的情况下，如果只是极少部分出现违例，那么会只针对违例的单元或连线进行小范围的修改，确保对整个芯片的影响降至最小，也成为工程变更指令（engineering change order，ECO）。该阶段中的任何一次修改，都需要重新签核，直至满足要求为止。在最终把版图交给代工厂之后，代工厂根据版图中各层的逻辑关系生成相应的可制造层，并由物理设计工程师通过 ejobview 的方式进行确认，以保证是最终的提交版本。

2.6.1　静态时序分析

当前的时序分析主要针对静态时序分析（static timing analysis）[4]。本节主要介绍建立时间与保持时间、时序路径、串扰、时序分析模式及类型、时序收敛。

1．建立时间与保持时间

寄存器有三个重要的时序参数：建立时间（setup time）、保持时间（hold time）和传播延时。在时钟作用沿到达之前，同步输入信号必须保持稳定一段时间使信号不至于丢失，这段时间就叫建立时间（t_{setup}）。在时钟作用沿到达之后，同步输入信号必须保持稳定一段时间使信号不至于丢失，这段时间叫作保持时间（t_{hold}）[5]。传播延时 t_{c-q} 是指寄存器 Clk 端到 Q 端的延迟。寄存器的建立时间与保持时间如图 2-27 所示。

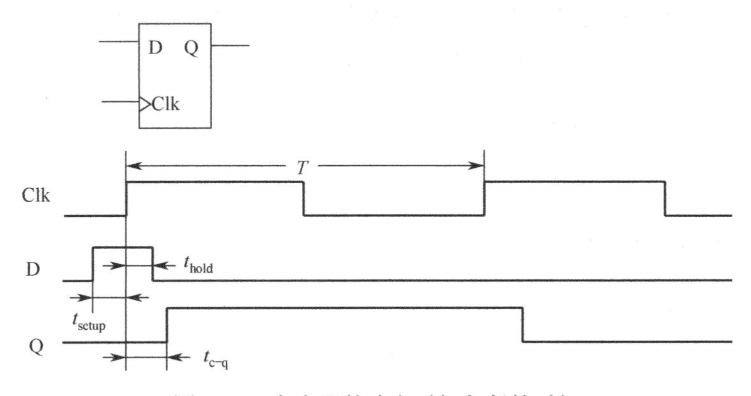

图 2-27　寄存器的建立时间与保持时间

2．时序路径

时序路径（timing path）由起点（startpoint）、连线延迟、单元延迟和终点（endpoint）组成。起点是数据被时钟沿载入的那个时间点，而终点则是数据通过了组合逻辑被另一个时间沿载入的时间点。其中，从时钟端到起点的路径称为发射时钟路径，从时钟端到终点的路径称为捕获时钟路径，从起点到终点的路径称为数据路径。

按照信号到达的先后，时序路径可以分为最快路径和最慢路径。最快路径（early path）指在信号传播延时计算中调用最快工艺参数的路径，根据信号的分类可以分为最快时钟路径和最快数据路径。最慢路径（late path）指在信号传播延时计算中调用最慢工艺参数的路径，分为最慢时钟路径和最慢数据路径。

常见的时序路径如图 2-28 所示，包含了四种时序路径：Path 1 为从输入端口到寄存器的时序路径；Path 2 为从寄存器到寄存器的时序路径；Path 3 为从寄存器到输出端口的时序路径；Path 4 为从输入端口到输出端口的时序路径。按照信号类型的不同，时序路径可以分为数据路径和时钟路径。上述的 Path 1 到 Path 4 这 4 条路径为数据路径，相应通过的时钟树路径为时钟路径。如 Path 1 中的数据路径为 A→D，时钟路径为与端口 A 相关的时钟路径和 Clk→Regl/Clk 的时钟路径。

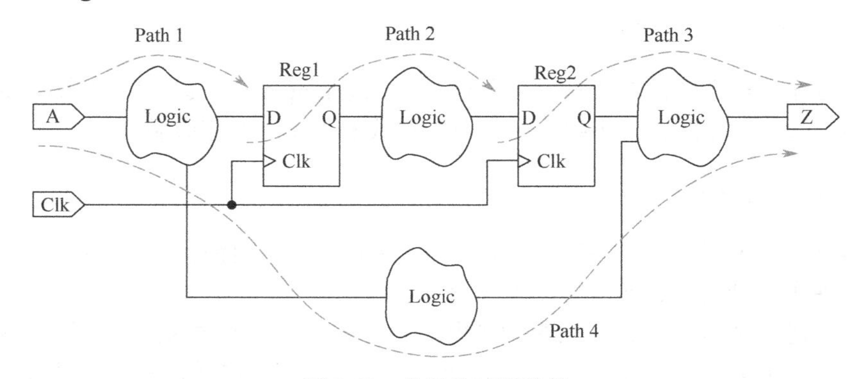

图 2-28　常见的时序路径

slack 为时序裕量，表征时序路径是否满足约束指标，即若 slack 大于或等于 0，则设计满足要求，否则不满足要求。建立时间的时序报告如图 2-29 所示。

clock SYS_2x_Clk (rise edge)	4.00	4.00
clock networl delay (propagated)	0.47	4.47
clock uncertainty	−0.10	4.37
I_RISC_CORE/I_ALU/Zro_Flag_reg/Clk (secrq)	0.00	4.37 r
library setup time	−0.37	4.00
data required time		4.00
data required time		4.00
data arrival time		−3.99
slack (MET)		0.01

图 2-29　建立时间的时序报告

3．串扰

串扰（crosstalk）是指由于两根信号线并行且距离较近而导致它们之间产生耦合电容进

而产生噪声的一种现象。串扰噪声在不同外部条件下主要有两种表现形式：串扰噪声导致的毛刺（glitch）和延迟变化。

当受害者线处于静态时，如果攻击者线的信号变化所产生的串扰噪声大于受害者线的阈值电压，则能够改变受害者线的逻辑状态，导致功能错误，如图 2-30 所示。

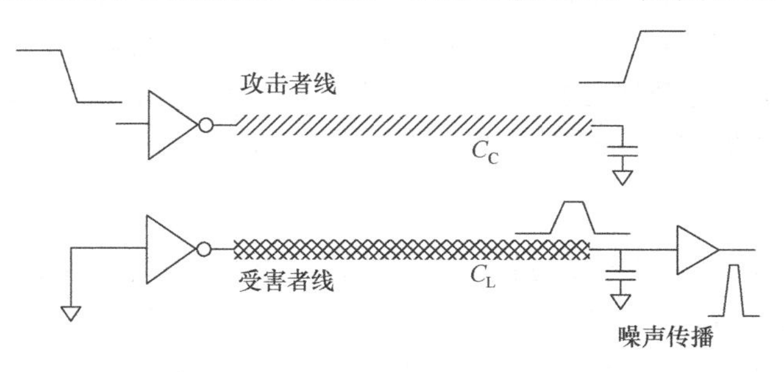

图 2-30　串扰噪声导致的信号毛刺

当攻击者线和受害者线的信号同时变化时，由于耦合电容的存在，串扰噪声将导致受害者线的延迟变化，如图 2-31 所示。攻击者线和受害者线的信号变化有多种组合，因此该延迟变化与二者的信号变化方向相关。如果变化方向相反，则延迟增大，可能导致触发器或锁存器建立时间违例；反之，则延迟减小，可能导致触发器或锁存器保持时间违例。

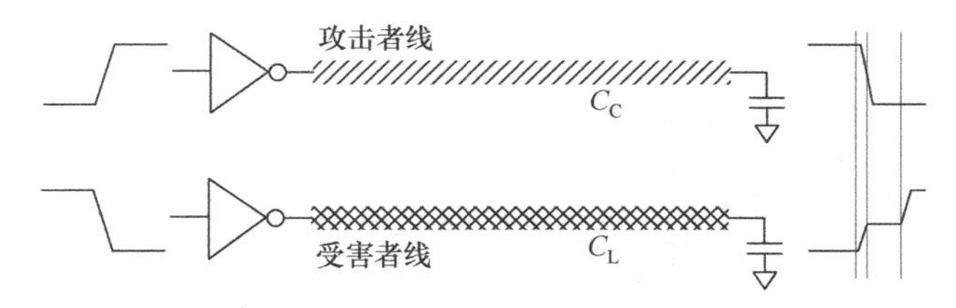

图 2-31　串扰导致的信号延迟变化

串扰的解决方法包括：

（1）增大信号线之间的距离；
（2）通过跳线或插入缓冲器，使耦合长度尽量短；
（3）加入屏蔽线；
（4）减小相关信号线的阻抗。

4. 时序分析模式及类型

时序分析的模式包括单一分析模式（single mode）、最好-最坏分析模式（best corner & worst corner mode，BC-WC mode）、全芯片变化分析模式（on-chip variation mode，OCV mode）。单一分析模式只考虑一种工艺电压温度（process voltage temperature，PVT）模式下的时序。最好-最坏分析模式考虑最坏 PVT 模式下的建立时间和最好 PVT 模式下的保持时间。全芯片变化分析模式则会考虑芯片制造过程中的工艺偏差导致时序路径存在不一致的情况。在计算建立时间时，发射时钟路径和数据路径都采用最坏 PVT 模式下的延时，捕获时钟路径采用最好 PVT 模式下的延时。反之，计算保持时间时，发射时钟路径和数据路径都采用最好 PVT 模式下的延时，捕获时钟路径采用最坏 PVT 模式下的延时。

时序分析分为基于图形的时序分析（graph based analysis，GBA）和基于路径的时序分析（path based analysis，PBA）两种类型。在静态时序分析中，需要折中考虑运行时间和准确度。基于图形分析的时序分析选择最差的输入转换时间（input transition）来计算标准单元的延时，因而具有相对较短的运行时间，但计算结果的准确度和实际情况相比较差。通常情况下，时钟树不会受到 GBA 的影响，因为时钟树上的单元都是单输入标准单元。基于路径的时序分析根据实际路径中通过的输入端口的转换时间来计算标准单元的延时，因此具有较高的准确性。

图 2-32 中，左图给出了一个三输入与门的延时查找表。根据输入端的 input transition 和输出端 Z 的 output load 查表即可得到相应的延时。右图给出了与门各个输入端的 input transition 和输出端的 output load。以此为例，计算在 PBA 和 GBA 中延时计算的差异。在 GBA 中，A 端的 input transition 采用三个输入端的最差值，即 C 端的 50ps，Z 端的 output load 为 0.2pF，查表得到 A-Z 的延时为 60ps。同理，B-Z 和 C-Z 的延时均为 60ps。在 PBA 中，按照实际路径计算延迟，即 A 端的 input transition 为 20ps，输出端的 output load 为 0.2pF，查表得到 A-Z 的延时为 30ps。同理，B-Z 的延时为 50ps，C-Z 的延时为 60ps。可以看出，PBA 的计算结果较为准确。GBA 计算 A-Z 和 B-Z 的延时计算并不准确。

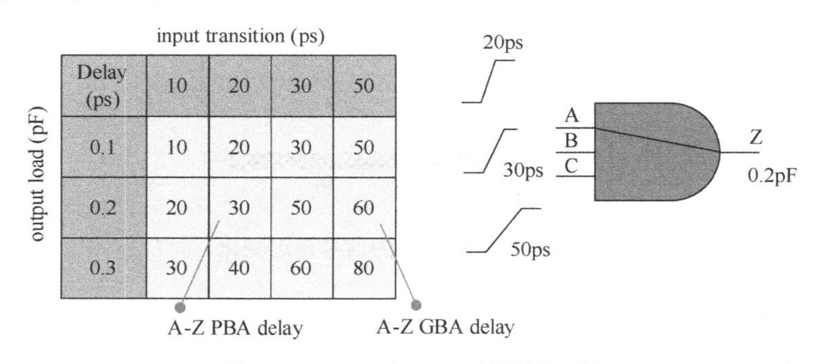

图 2-32　PBA 和 GBA 差异的示例

由于考虑了标准单元中实际路径的延时，PBA 会耗费大量的计算时间，所以综合考虑计算时间和准确度，首先采用 GBA 计算所有的时序路径，对于 slack 为正且较大的时序路径予以通过，对于 slack 为正且较小或者为负的时序路径进行 PBA 计算，并进行后续的时序修复，这样在保证准确度的情况下，有利于缩短时序收敛的时间。

5．时序收敛

时序收敛是指所有的时序路径均满足时序约束文件中的要求。为了在签核阶段实现时序收敛，通常会对物理设计中各个阶段的时序进行预算，规定每个阶段的建立时间裕量（margin）。例如，在设计导入阶段，需要考虑布局、时钟偏差、实际绕线延时、串扰、时钟不确定性的影响；在布局阶段，需要考虑时钟偏差、实际绕线延时、串扰、时钟不确定性的影响；在绕线阶段，需要逐步考虑实际绕线延时和串扰、时钟不确定性的影响。将这些因素带来的影响预估并求和，设置为时钟的不确定性。实际中 PPA 所涉及的建立时间裕量如表 2-2 所示。

表 2-2　建立时间裕量

阶　段	建立时间裕量/ns	最差负裕量/ns		
		寄存器	SRAM	内核
布局	0.225			
时钟树综合	0.175	−0.198		
时钟树综合后优化	0.175	−0.073	−0.058	−0.107
绕线	0.15	−0.117	−0.069	−0.127
绕线后优化	0.12	−0.141	−0.053	−0.11

在时序收敛的过程中，不能满足时序约束的情况称为时序违例。这就需要工程师根据时序报告进行分析，分析各个因素对 slack 的影响，主要包括时钟偏差（skew）、连线延迟（net_delay）及信号完整性（signal integrity，SI）。然后通过采用有用时钟偏差、优化布局布线、添加屏蔽等方法，使得时序逐步收敛。其中，时序报告汇总包含了各个时序路径组的最差负裕量、总负裕量、违例时序路径数量，以及最大电容、最大转换时间、最大扇出和最大线长的违例情况，如图 2-33 所示。

建立时间	所有类型	寄存器到寄存器	输入到寄存器	寄存器到输出	输入到输出
最差负裕量/ns	-0.271	0.004	-0.271	-0.047	N/A
总负裕量/ns	-26.310	0.000	-25.549	-0.232	N/A
违例时序路径数量	159	0	123	13	N/A
总路径数量	1.31e+05	1.16e+05	8029	2750	N/A

规则违例	实际值		总数
	连线数(端口数)	最差违例值	连线数(端口数)
最大电容/pF	2(2)	-0.015	252(252)
最大转换时间/ns	121(225)	-0.477	134(260)
最大扇出	8(8)	-13	956(956)
最大线长/μm	120(120)	-348	120(120)

密度：51.63%

绕线溢出：0.02%（水平方向）和 0.40%（竖直方向）

图 2-33　时序报告汇总

常见的时序违例的修复方法如下：

（1）先修复 without SI 情况下的违例路径，再修复 with SI 情况下的违例路径；

（2）设置不能使用的标准单元，进而较为精确地修复违例；

（3）添加延时单元修复 hold 违例；

（4）更换标准单元的阈值电压类型及沟道长度类型；

（5）时序借用：针对时序路径中存在 latch 的前级路径和后级路径可采用时序借用

（timing borrow）的方法；

（6）有用时钟偏差；

（7）NDR 绕线；

（8）分 group 优化。

2.6.2 功耗

本节主要介绍功耗（power）的构成，以及功耗签核的主要标准：功耗的组成、电压降和地弹、电迁移效应。

1. 功耗的组成

CMOS 电路的功耗为

$$\begin{aligned} P &= P_{\text{switching}} + P_{\text{short-circuit}} + P_{\text{leakage}} \\ &= \alpha f C_{\text{L}} V_{\text{DD}}^2 + I_{\text{mean}} V_{\text{DD}} + I_{\text{leakage}} V_{\text{DD}} \end{aligned} \tag{2-2}$$

式中，P 为电路的功耗；$P_{\text{switching}}$ 为开关功耗；$P_{\text{short-circuit}}$ 为短路功耗或内部功耗；P_{leakage} 为静态功耗或漏电流功耗。其中，开关功耗是指逻辑门在开关过程中，对负载电容进行充放电所带来的功耗。短路功耗是指当 CMOS 逻辑门被有限上升沿与下降沿的输入电压来驱动时，在开关过程中 PMOS 和 NMOS 就会在短时间内同步导通，从而在电源和地之间形成一条直流通路所产生的功耗。静态功耗是指电路处于等待或不激活状态时泄漏电流所产生的功耗。

一个模块的功耗除了按照功耗类型来划分，还可以按照单元类型来划分，如时序逻辑单元、组合逻辑单元、宏模块、端口、时钟单元等。根据这两种分类，我们可以将总功耗划分为二维表格，行为功耗类型，列为单元类型，进而分析出功耗占比及可能存在问题的区域。功耗分布如表 2-3 所示。

表 2-3 功耗分布

单元类型	功耗类型				百分比
	内部功耗/ mW	开关功耗/ mW	静态功耗/ mW	总功耗/ mW	
时序逻辑单元	27.71	6.14	3.07	36.92	29.02%
宏模块	24.54	2.37	1.63	28.54	22.43%
端口	0.00	0.30	0.00	0.30	0.24%
组合逻辑单元	17.80	27.20	0.23	45.23	35.55%
时钟单元（组合部分）	0.85	14.94	0.01	15.80	12.42%
时钟单元（时序部分）	0.34	0.10	0.00	0.44	0.34%
总和	71.24	51.05	4.94	127.23	100.00%

2. 电压降和地弹

由于在实际电路中导线是有电阻的，因此电流通过导线时会产生电压降的一种现象。对于电源信号来说是电压降（IR drop），对于地信号来说是地弹（ground bounce）。电压降和地弹的存在，使得连接在电源网络上的单元所获的电源信号和标准电源信号出现偏差，直接影响标准单元的时序，造成时序违例。通常，一个设计的电压降和地弹都不能超过电源电压的 1.5%。

3. 电迁移效应

电迁移效应（electro-migration effect）是指金属导线中的电子在大电流的作用下，产生电子迁移的现象，可能会引起电路的开路现象。电迁移效应主要发生在高电流密度和高频率变化的连线上，如电源线、时钟线等。在芯片的正常寿命时间中，电源网络中的大电流会引起电迁移效应，进而使得电源网络的金属线性能变差，最终影响芯片的可靠性。避免电迁移效应的主要方法为增大金属线宽。

2.6.3 物理验证

物理验证（physical verification）阶段主要包括设计规则检查（design rule check）、版图电路一致性检查、电学可靠性检查。

1. 设计规则检查

该部分主要介绍了设计规则所包含的基本内容和常见的设计规则违例及修复方法。

设计规则（design rule）是由代工厂提供给设计公司的一个技术文档，定义了物理设计中版图所需要满足的规则。满足设计规则是可制造的前提，也是保证良率的必要条件。设计规则的制定主要取决于制造水平，特别是光刻技术的水平，如光刻机的分辨率和对准精度、图形线宽和边缘粗糙度的工艺控制水平。在一层版图中允许的最小线宽和周期又被称为基本规则（ground rule），它是该技术节点的标志性参数之一。设计规则通常包括了以下几项内容。

（1）通用的版图信息。包括掩模版的基本信息、各层的层号和数据号、金属层的命名规则、器件的电路图及真值表等通用信息。

（2）常规推荐的规则如图 2-34 所示。该部分定义了每一层的基本规则。对于金属层，包括了最小线宽、最大线宽、最小面积、最小长度、不同投影长度下所允许的图形间距，以及针对通孔层包边的大小规定等。针对通孔层，包括了方孔和矩形孔的尺寸及孔与孔的间距、孔的位置约束等信息。

（3）针对器件效应的设计规则。包括阱邻近效应（well proximity effect）、LOD（length of OD region）效应、OSE（OD space effect）和 MBE（metal boundary effect）。

（4）填充图形的设计规则。定义了需要填充的层和各层填充的规则，也包括填充单元、片内套刻误差标记、IP 密度的规则。

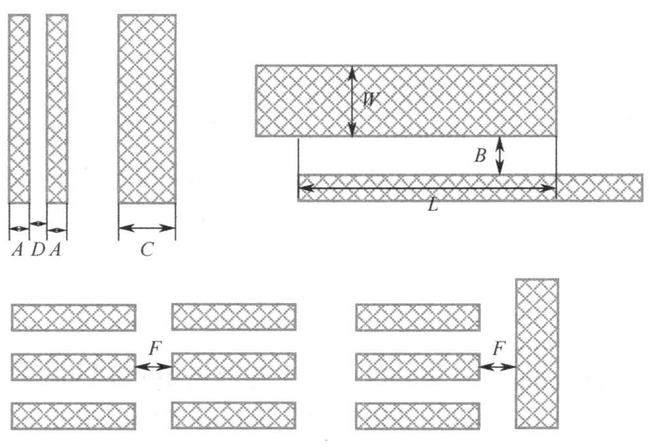

图 2-34　常规推荐的规则

（5）可制造性设计规则。为了提升良率，需要设定的相应可制造性设计（design for manufacturability，DFM）规则，包括推荐的设计规则、DFM 的解决方案。

（6）可靠性设计规则。包括前道工艺和后道工艺所涉及的可靠性规则和相应的模型，以及电迁移、失效机制和准则等。

（7）模拟电路版图设计规则。定义了 MOS 管、双极型晶体管、电容等器件的指导意见和推荐规则。

（8）针对闩锁效应和静电放电的设计规则。

常见的设计规则违例包括间距违例、密度违例，如图 2-35 所示。设计规则违例的修复方法通常为工具自动修复和人工干预修复。解决间距违例的办法通常是分段平移违例的连线，这样带来的问题是会出现拐点。解决密度违例的办法为添加填充单元来增加密度，或者引导绕线来降低密度。

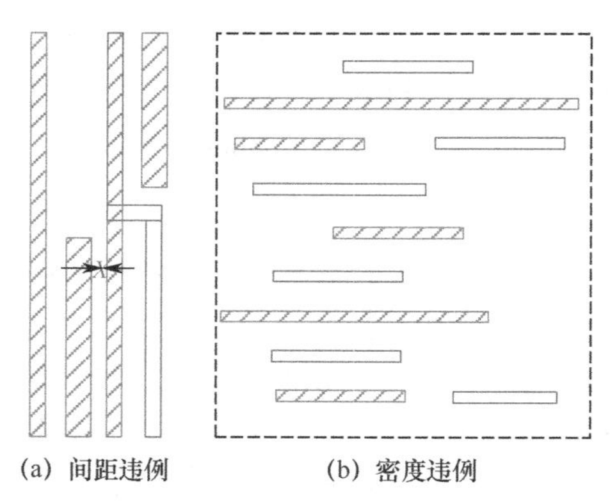

（a）间距违例　　（b）密度违例

图 2-35　设计规则违例

2．版图电路一致性检查

除设计规则检查外，还需要对版图和电路图是否一致进行检查，即 LVS（layout versus schematic）。首先，根据最终的版图进行电路图抽取，然后和网表文件进行比对。比对的结果会给出使用的单元数量和绕线名称，以及存在不一致的具体信息。如果不一致，则需要查明其中的原因并加以调试，直至 LVS 通过后，进行签核。对于连线和单元数量不一致的情况，造成的原因包括电路图中存在悬空的端口、电路图中存在空的模块等。

3．电学可靠性检查

电学可靠性检查主要包括电学规则检查（electricity rule check，ERC）和静电放电（electro-static discharge，ESD）检查。

电学规则是在版图设计过程中检查电气连接是否存在问题，并通过 ERC 对存在的错误进行定位，便于设计者更正版图。通常，ERC 在 LVS 的连接关系提取步骤中执行。电学规则检查的对象主要包括节点断路、短路、接触点浮空、特定区域未接触。

ESD 检查主要针对输入/输出端口、电源线与晶体管或 ESD 保护电路中晶体管的连接检查。造成 ESD 失效的根本原因有大瞬态电流造成的热击穿、大过载电压造成的栅氧化层的电介质击穿等，这些因素能直接导致芯片的失效，或者导致电路功能的加速老化。ESD 模型包括人体放电模型（human body model，HBM）、机器放电模型（machine model，MM）、器件充电模型（charged device model，CDM）、电场感应模型（field induced model，FIM）[5]。

本章参考文献

[1] Rabaey J M, Chandrakasan A, Nikolic B.数字集成电路:电路、系统与设计[M]. 周润德，等译. 北京：电子工业出版社, 2004.

[2] Keating M, Flynn D, Aitken R, et al. Low Power Methodology Manual: For System-on-Chip Design[M]. New York: Springer US, 2007.

[3] Kahng A B, Lienig J, Markov I L, et al. VLSI Physical Design: From Graph Partitioning to Timing Closure[M]. Berlin: Springer Netherlands, 2011.

[4] Bhasker J, Chadha R. Static Timing Analysis for Nanometer Designs[D]. New York: Springer US, 2011.

[5] 陈春章, 艾霞, 王国雄. 数字集成电路物理设计[M]. 北京：科学出版社, 2008.

第 3 章

光 刻 模 型

光刻工艺过程可以用光学和化学模型，借助数学公式来描述。光照射在掩模上发生衍射，相应级次的衍射光被投影透镜收集并会聚在光刻胶表面，这一成像过程是一个光学过程；投影在光刻胶上的图像激发光化学反应，烘烤后导致光刻胶局部可溶于显影液，这是化学过程。我们可以使用计算机来模拟、仿真这些光学和化学过程，从理论上探索增大光刻分辨率和工艺窗口的途径，指导工艺参数的优化。

计算机仿真的准确性取决于光刻数学模型的准确性。模型的基础是光学成像理论、光化学理论、热扩散理论，以及溶解动力学。此外，模型中还引入大量待校正的参数。光刻工程师使用一些专用的测试图形曝光，收集晶圆上的线宽数据，来校正模型里的参数，使之计算出的结果和实验尽量吻合。光刻模型是所有光刻仿真的核心，光源掩模的协同优化（source mask optimization，SMO）、光学邻近效应修正（optical proximity correction，OPC）和辅助图形修正等都是建立在光刻模型基础上的。

3.1 基本的光学成像理论

3.1.1 经典衍射理论

自然界中，衍射现象是普遍存在的，只是由于光的波长很短，光通过小孔或狭缝时才能明显观察到衍射现象。虽然光波是一种矢量波，但是当满足以下条件时，可以使用标量理论分析光通过孔径的衍射现象：

（1）衍射孔径比波长大得多；
（2）衍射场的观察面距离衍射孔径很远。

惠更斯于 1678 年提出了子波的概念，将波前上的每个点都看作球面子波的波源，由这些子波的波前构成下一时刻的波前形状。1818 年，菲涅耳补充了惠更斯原理，认为空间光场应是子波干涉的结果。对于在真空中传播的单色光波，惠更斯-菲涅耳的数学表达式 [1] 是

$$U(P)=C\iint_{\Lambda}U(P_0)K(\theta)\frac{\mathrm{e}^{\mathrm{j}kr}}{r}\mathrm{d}s \tag{3-1}$$

式中，Λ 为光波的一个波面；$U(P_0)$ 为波面上任意一点 P_0 的复振幅；$U(P)$ 为光场中任意一个观察点 P 的复振幅；r 为从 P 到 P_0 的距离；θ 为 $\overline{P_0P}$ 和过 P_0 点的元波面法线 n 的夹角，这里用倾斜因子 $K(\theta)$ 表示子波源 P_0 对 P 的作用与角度 θ 有关；C 为常数。

衍射理论所要解决的问题是：光场中任意一点 P 的复振幅能否用光场中其他各点的复振幅表示出来。显然，这是一个根据边界值求解波动方程的问题。

计算 $U(P)$ 所使用的格林定理如下所述。

当 $U(P)$ 和 $G(P)$ 是空间位置坐标的两个任意复函数时，S 为包围空间某体积 V 的封闭曲面。若在 S 面内和 S 面上，$U(P)$ 和 $G(P)$ 均单值连续，且具有单值连续的一阶和二阶偏导数，则有

$$\iiint_{V}(G\cdot\nabla^2U-U\cdot\nabla^2G)\mathrm{d}V=\iint_{S}\left(U\cdot\frac{\partial G}{\partial n}-G\cdot\frac{\partial U}{\partial n}\right)\mathrm{d}S \tag{3-2}$$

式中，$\partial/\partial n$ 表示 S 上任一点沿向外的法线方向上的偏导数。

1882 年，基尔霍夫利用格林定理求解波动方程，结合了亥姆霍兹方程的特点，得到了亥姆霍兹和基尔霍夫积分定理

$$U(P)=\frac{1}{4\pi}\iint_{S}\left[\frac{\partial U}{\partial n}\cdot\frac{\mathrm{e}^{\mathrm{j}kr}}{r}-U\cdot\frac{\partial}{\partial n}\left(\frac{\mathrm{e}^{\mathrm{j}kr}}{r}\right)\right]\mathrm{d}S \tag{3-3}$$

式中，r 表示 P 指向任意点 P_0 的矢量 $\boldsymbol{r}$ 的长度。上述定理的意义在于，衍射场中任意一点 P 的复振幅分布 $U(P)$，可以用包围该点的任意封闭曲面 S 上各点扰动的边界值 U 和 $\partial U/\partial n$ 计算得到。

对于无限大不透明屏上的一个孔径的衍射问题，利用亥姆霍兹-基尔霍夫积分定理可以计算出孔径后方任意一点 P 处的复振幅分布。

如图 3-1 所示，假定光波从左侧照射屏和孔径，要计算孔径后面一点 P 处的光场。封闭曲面由两部分组成，即由紧靠屏后的平面 S_1，以及中心在观察点 P、半径为 R 的球面 S_2 组成，根据积分定理有

$$U(P)=\frac{1}{4\pi}\iint_{S_1+S_2}\left(G\cdot\frac{\partial U}{\partial n}-U\cdot\frac{\partial G}{\partial n}\right)\mathrm{d}S \tag{3-4}$$

式中，G 代表球面波，$G=\mathrm{e}^{\mathrm{j}kr}/r$。

在基尔霍夫边界条件下：

（1）在孔径 Σ 上，场分布 U 及其偏导数 $\partial U/\partial n$ 与没有屏幕时是完全相同的；
（2）在 S_1 位于屏幕几何阴影区的那一部分上，场分布 U 及其偏导数 $\partial U/\partial n$ 恒为零。

任意一点 P 处的光场分布为

$$U(P)=\frac{A}{\mathrm{j}\lambda}\iint_{\Sigma}\frac{\mathrm{e}^{\mathrm{j}kr'}}{r'}\cdot\left[\frac{\cos(\boldsymbol{n},\boldsymbol{r})-\cos(\boldsymbol{n},\boldsymbol{r}')}{2}\right]\cdot\frac{\mathrm{e}^{\mathrm{j}kr}}{r}\mathrm{d}S \tag{3-5}$$

式（3-5）称为菲涅耳-基尔霍夫衍射公式，可以改写为

$$U(P)=\frac{1}{\mathrm{j}\lambda}\iint_{\Sigma}U(P_0)\cdot K(\theta)\cdot\frac{\mathrm{e}^{\mathrm{j}kr}}{r}\mathrm{d}S \tag{3-6}$$

虽然这里仅讨论单个球面波照明孔径的情况，但是该衍射公式适用于更普遍的任意单色光波照明的情况。波动方程的线性允许对单个球面波分别应用上述原理，再把它们在 P 点产生的贡献叠加起来。

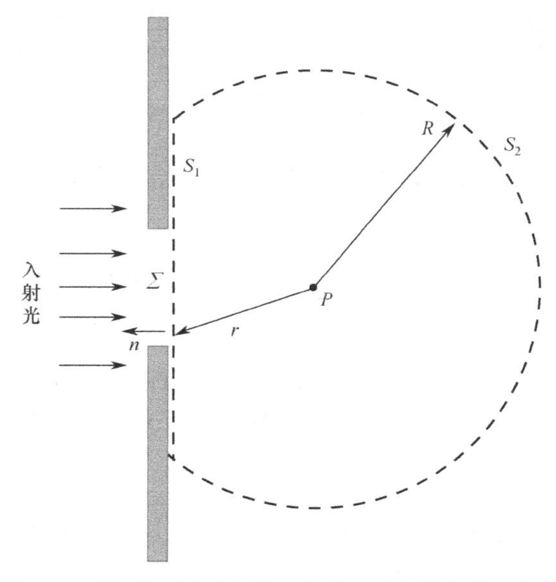

图 3-1　无限大不透明屏上一个有限孔径的衍射示意图

根据基尔霍夫对平面屏幕假定的边界条件，孔径以外的阴影区内 $U(P_0)=0$，因此式（3-6）中的积分限可以扩展到无穷。从而有

$$U(P)=\frac{1}{\mathrm{j}\lambda}\iint_{-\infty}^{\infty}U(P_0)\cdot K(\theta)\cdot\frac{\mathrm{e}^{\mathrm{j}kr}}{r}\mathrm{d}S \tag{3-7}$$

令

$$h(P,P_0)=\frac{1}{\mathrm{j}\lambda}\cdot K(\theta)\cdot\frac{\mathrm{e}^{\mathrm{j}kr}}{r} \tag{3-8}$$

则

$$U(P)=\iint_{-\infty}^{\infty}U(P_0)\cdot h(P,P_0)\mathrm{d}S \tag{3-9}$$

假如孔径位于 x_0y_0 平面，观察点位于 xy 平面，则式（3-9）又可以表示为

$$U(x,y)=\iint_{-\infty}^{\infty}U(x_0,y_0)\cdot h(x,y;x_0,y_0)\,\mathrm{d}x_0\mathrm{d}y_0 \tag{3-10}$$

从式（3-10）可以得出以下推论：光波的传播现象可以看作一个线性系统，系统的脉冲响应 $h(x,y;x_0,y_0)$ 正是位于点 (x_0,y_0) 的子波源发出的球面子波在观察平面上产生的复振幅分布。

条件（1），当点光源 P' 足够远，而且入射光在孔径面上各点的入射角都不大；条件（2），观察平面与孔径的距离 z 远大于孔径，而且观察平面上仅考虑一个对孔径上各点张角不大的范围下，脉冲响应具有空间不变的函数形式。也就是说，无论孔径平面上子波源的位置如何，所产生的球面子波的形式都是一样的。这样，式（3-10）可以改写为

$$U(x,y)=\iint_{-\infty}^{\infty}U(x_0,y_0)\cdot h(x-x_0,y-y_0)\,\mathrm{d}x_0\mathrm{d}y_0 \tag{3-11}$$

式（3-11）表明孔径平面上透射光场 $U(x_0,y_0)$ 和观察平面上光场 $U(x,y)$ 之间存在着一个卷积积分所描述的关系。这样我们在忽略了倾斜因子的变化后，就可以把光波在衍射孔径后的传播现象看作线性不变系统，系统的空间域的特性唯一地由其空间不变的脉冲响应所确定。这一脉冲响应就是位于孔径平面的子波源发出的球面子波在观察平面所产生的复振幅分布。$U(x_0,y_0)$ 可以看作不同位置的子波源所赋予球面子波的权重因子。将所有球面子波的相干叠加，就可以得到观察平面的光场分布。

实际的衍射现象可以分为两种类型：菲涅耳衍射和夫琅和费衍射。为了得到这两类衍射图样，通常都要对衍射理论给出的结果做出某种近似，而对菲涅耳衍射和夫琅和费衍射所采用的近似方法是不同的。

如前述理论，观察平面上复振幅分布为

$$U(x,y)=\iint_{-\infty}^{\infty}U(x_0,y_0)\cdot h(x-x_0,y-y_0)\,\mathrm{d}x_0\mathrm{d}y_0 \tag{3-12}$$

式中

$$h(x-x_0,y-y_0)=\frac{\mathrm{e}^{\mathrm{j}kr}}{\mathrm{j}\lambda r} \tag{3-13}$$

通常假定观察平面和孔径所在平面之间的距离 z 远大于孔径 Σ 及观察区域的最大尺寸，即采用傍轴近似。这时式（3-13）分母中的 r 可以用 z 来近似，但因 k 值很大，为避免产生大的位相误差，复指数中的 r 必须进行更为精确的近似。

当 z 大于某一尺度时，计算 r 的根式时，展开式内二次方以上的项可以忽略，即采用菲涅耳近似

$$r=\sqrt{z^2+(x-x_0)^2+(y-y_0)^2}\approx z\left[1+\frac{1}{2}\left(\frac{x-x_0}{z}\right)^2+\frac{1}{2}\left(\frac{y-y_0}{z}\right)^2\right] \tag{3-14}$$

于是脉冲响应为

$$h(x-x_0,y-y_0)=\frac{1}{\mathrm{j}\lambda r}\exp(\mathrm{j}kz)\exp\left\{\mathrm{j}\frac{k}{2z}\left[(x-x_0)^2+(y-y_0)^2\right]\right\} \tag{3-15}$$

可见，菲涅耳近似的物理实质是用二次曲面来代替球面的惠更斯子波。把菲涅耳近似式代入平面的复振幅分布，可以得到菲涅耳衍射的计算公式

$$U(x,y)=\frac{\mathrm{e}^{\mathrm{j}kz}}{\mathrm{j}\lambda r}\iint_{-\infty}^{\infty}U(x_0,y_0)\cdot\exp\left\{\mathrm{j}\frac{k}{2z}\left[(x-x_0)^2+(y-y_0)^2\right]\right\}\mathrm{d}x_0\mathrm{d}y_0 \tag{3-16}$$

若使观察平面距离衍射孔径的距离 z 进一步增大，使其不仅满足菲涅耳近似，而且满足

$$z>>\frac{k}{2}(x_0^2+y_0^2)_{\max} \tag{3-17}$$

则观察平面所在区域可称为夫琅和费区。为简单起见，夫琅和费的条件可以规定为

$$z>>\frac{d^2}{\lambda} \tag{3-18}$$

这样，r 的计算式中可以进一步忽略 $\dfrac{(x_0^2+y_0^2)}{2z}$ 项，故

$$r\approx z+\frac{x^2+y^2}{2z}-\frac{xx_0+yy_0}{z} \tag{3-19}$$

这一近似即为夫琅和费近似。将式（3-19）代入脉冲响应表达式中，则平面的复振幅分布为

$$\begin{aligned}U(x,y)&=\frac{\mathrm{e}^{\mathrm{j}kz}}{\mathrm{j}\lambda r}\cdot\mathrm{e}^{\frac{\mathrm{j}k(x^2+y^2)}{2z}}\iint_{-\infty}^{\infty}U(x_0,y_0)\cdot\exp\left[-\mathrm{j}2\pi\left(x_0\cdot\frac{x}{\lambda z}+y_0\cdot\frac{y}{\lambda z}\right)\right]\mathrm{d}x_0\mathrm{d}y_0\\&=\frac{\mathrm{e}^{\mathrm{j}kz}}{\mathrm{j}\lambda r}\cdot\mathrm{e}^{\frac{\mathrm{j}k(x^2+y^2)}{2z}}\cdot F\left\{U(x_0,y_0)\right\}_{f_x=\frac{x}{\lambda z},f_y=\frac{y}{\lambda z}}\end{aligned} \tag{3-20}$$

式（3-20）表明，观察平面上的场分布正比于孔径平面上透射光场分布的傅里叶变换。

3.1.2 阿贝成像理论

对于一个一般的成像系统，它可能由多个透镜或者反射镜组成，最终系统将给出一个像。

一般的成像系统示意图如图 3-2 所示。由此可见，任何成像系统都可以分成三部分：第一部分为物面到入瞳；第二部分为入瞳到出瞳；第三部分为出瞳到像面。入瞳和出瞳分别为系统孔径光阑在物空间和像空间的几何像。光波在第一部分和第三部分内的传播可以按照菲涅耳衍射或夫琅和费衍射处理，而第二部分可以看作一个黑箱，而不考虑其内部结构的细节。为了确定系统的脉冲响应，有必要获得黑箱对一点光源发出球面波的响应。一般来说，实际的光学系统都是有像差的，因此黑箱的特征可以表征为：点光源发出的发散球面波投射到入瞳上，而出瞳处的波前由于像差存在，经过透镜组变换的会聚球面波，其会聚点可能同理想像点存在差异。

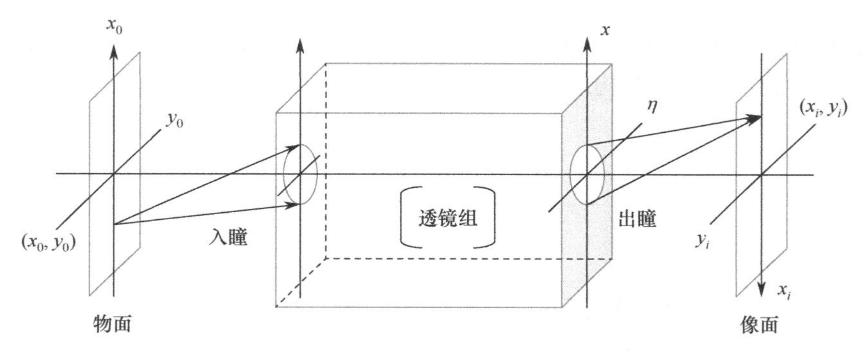

图 3-2 一般的成像系统示意图

阿贝基于对显微镜成像的研究，1873 年提出了衍射成像理论。他认为成像过程包含了两次衍射过程。这两次衍射过程也就是两次傅里叶变换的过程：由物面到后焦面，物体衍射光波分解为各种频率的角谱分量，即不同方向传播的平面波分量，在后焦面上得到物体的频谱，这是一次傅里叶变换过程。由后焦面到像面，各角谱分量又合成为物体的像，这是一次傅里叶逆变换过程。

当不考虑光学系统有限光瞳的限制时，物体所有频谱分量都参与成像，所得的像应十分逼近物体。但是实际上，由于物镜光瞳尺寸的限制，物体的频率分量只有一部分参与成像。一些高频成分被丢失，因而产生像的失真，即影响像的清晰度或分辨率。若高频分量具有的能量很弱，或者物镜光瞳足够大，丢失的高频分量的影响就较小，像也就更接近于物。因此，光学系统的作用类似于一个低通滤波器，它滤掉了物体的高频成分，而只允许一定范围内的低频成分通过系统，这正是任何光学系统不能传递全面细节的根本原因。阿贝认为衍射效应是由有限的入瞳引起的，1896 年瑞利提出衍射效应来自有限的出瞳。由于一个光瞳只不过是另一个光瞳的几何像，这两种看法是等效的。衍射效应可以归结为有限大小的入瞳（或出瞳）对成像光波的限制。

3.2 光刻光学成像理论

当前超大规模集成电路制造中通常采用投影式光刻系统，将掩模版上的电路结构图形复制到硅片上表面的光刻胶上。投影式光刻系统的光学成像过程可以定性地描述为：照明光源发出的光波经过照明系统，以一定的照明方式（传统照明或离轴照明）、一定的能量均匀照明掩模版，照明光波通过掩模版上的图形和结构时发生衍射，一部分带有掩模版图形信息的衍射光被投影物镜接收，并在硅片上表面的光刻胶中发生干涉，形成掩模图形的像[2]。

3.2.1 光刻系统的光学特征

1. 部分相干照明与部分相干成像

在投影光学光刻系统中，对掩模版的均匀照明是通过采用科勒照明系统来实现的[3]。光刻系统中使用的科勒照明结构示意图如图 3-3 所示。

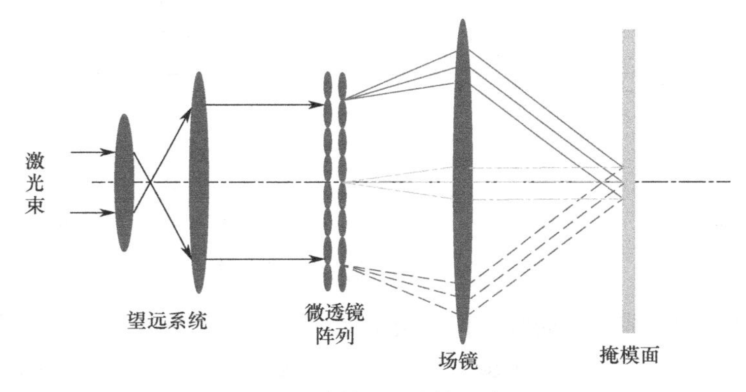

图 3-3 科勒照明结构示意图

光源发出的光波经过望远系统，在微透镜阵列的后组上形成照明光源的分布。照明光源被场镜成像到无限远处的照明系统出瞳上，照明系统出瞳与投影物镜入瞳重合。从图 3-4 中可以看出，掩模版平面被来自多个角度的平行光照射，此时即使各束平行光之间的强度不同，掩模版平面上的每个点接收的能量也是相同的。由于每束平行光来自光源上不同的光源点，所以它们之间是不相干的。当掩模版被来自不同角度而不是一个角度的平行光照射时，这种照明方式可以称为部分相干照明[4]。描述部分相干照明的入射角度分布的方法有很多，其中最常用的参数是部分相干因子。需要指出的是，这里的部分相干因子有别于经典光学理论中的相干因子。在经典光学理论中，相干因子与两束光之间的相干度直接相关，而在光刻成像领域，部分相干因子仅表征掩模版上表面接收到的入射角的角度分布范围。部分相干因子定义为入射到掩模上的平面波波矢量与光轴最大夹角的正弦同投影物镜物方数值孔径（NA）的比值。

$$\sigma = \frac{n\sin(\theta_m)}{n\sin(\theta)} = \frac{\text{有效光源半径}}{\text{投影物镜入瞳半径}} \tag{3-21}$$

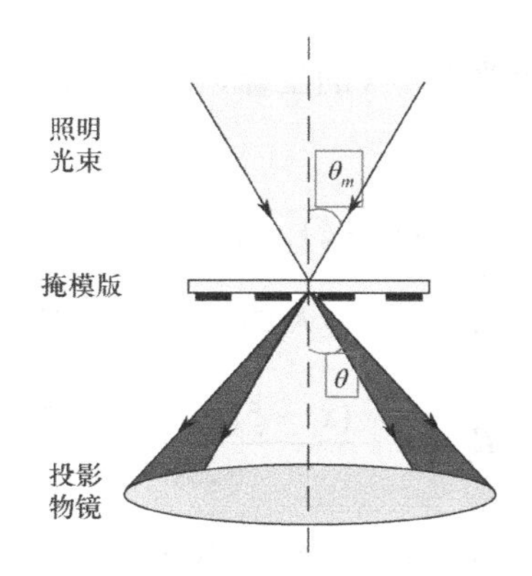

图 3-4 光源部分相干因子示意图[5]

当掩模版上表面的入射光角度分布范围为−90°～90°，即入射光填充了掩模版上表面的空间，这种照明方式称为非相干照明。从部分相干因子的定义可以看出，如果部分相干因子大于 1，那么大于 1 部分的入射光并不会被投影物镜接收，因此在光刻系统中，当部分相干因子大于 1 即称为非相干照明。在当前的先进技术节点中，投影光刻机常用的部分相干照明类型如图 3-5 所示。

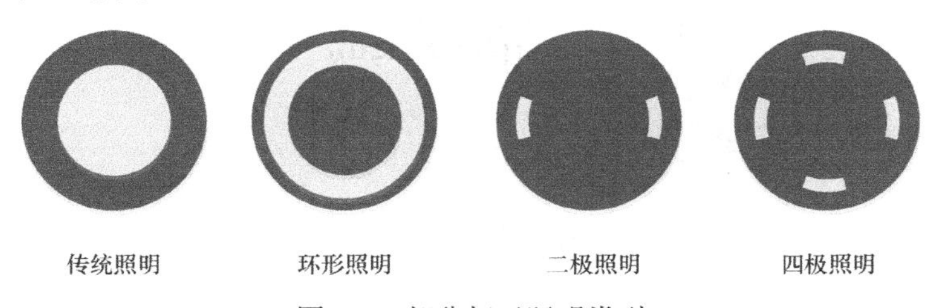

图 3-5 部分相干照明类型

由科勒照明的原理可知，部分相干光源对掩模的均匀照明可以看作一系列不相干的平面波以不同的角度入射到掩模面，因此光源的形状可以看作光源点的非相干集合。

由上述内容可知，光刻系统中采用的扩展光源在发光面上的各点是互不相干的、发光强度均匀的。采用准单色光作为光源，可以根据范西特−泽尼克定理，计算出在观察屏（掩模面）上 P_1 和 P_2 两个受照射点之间的复相干度 j_{12}。

扩展光源上一点对观察屏（掩模面）上两点的照明示意图如图 3-6 所示。

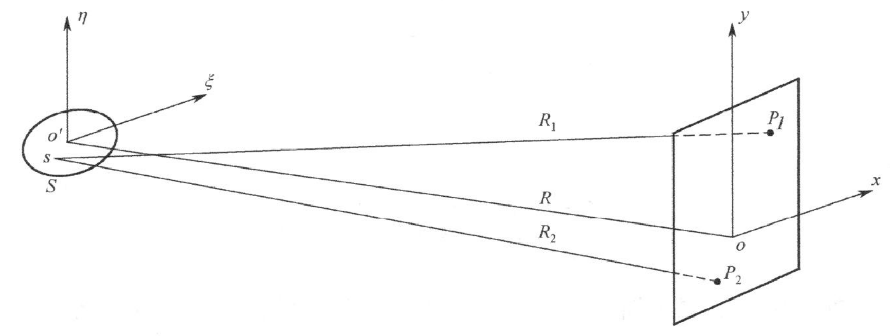

图 3-6 扩展光源上一点对观察屏（掩模面）上两点的照明示意图

假设(ξ,η)为扩展光源面上光源点s的坐标，且P_1和P_2点坐标分别为(x_1,y_1)和(x_2,y_2)，则由图 3-6 中的几何关系可知

$$R_1^2=(x_1-\xi)^2+(y_1-\eta)^2+R^2 \tag{3-22}$$

只保留到的x_1/R、y_1/R、ξ/R和η/R的一次项，则有

$$R_1\approx R+\frac{(x_1-\xi)^2+(y_1-\eta)^2}{2R} \tag{3-23}$$

相似地，对光源点到观察点P_2的距离R_2采取相同的近似，可以得到

$$R_1-R_2\approx\frac{(x_1^2+y_1^2)-(x_2^2+y_2^2)}{2R}-\frac{(x_1-x_2)\xi+(y_1-y_2)\eta}{R} \tag{3-24}$$

因此，P_1和P_2两个受照射点之间的复相干度j_{12}可以表示为

$$j_{12}=\frac{\mathrm{e}^{\mathrm{j}\varphi}\iint\limits_S I(\xi,\eta)\mathrm{e}^{-\mathrm{j}k(p\xi+q\eta)}\mathrm{d}\xi\mathrm{d}\eta}{\iint\limits_S I(\xi,\eta)\mathrm{d}\xi\mathrm{d}\eta} \tag{3-25}$$

其中

$$p=\frac{x_1-x_2}{R}，\quad q=\frac{y_1-y_2}{R}$$

$$\varphi=k\frac{(x_1^2+y_1^2)-(x_2^2+y_2^2)}{2R}$$

根据复相干度的定义，当复相干度的模值为 1 时，表示完全相干；当复相干度的模值为 0 时，表示完全不相干；当复相干度的模值介于 0 和 1 时，表示部分相干。由式（3-25）可知，如果光源的线性尺度和P_1、P_2的间距比P_1和P_2到光源的距离小得多，则相干度等于光源强度函数的归一化傅里叶变换的绝对值。

如果光源的形状是一个半径为a的均匀的圆，则式（3-25）积分的结果是

$$j_{12}=\left(\frac{2J_1(\vartheta)}{\vartheta}\right)\mathrm{e}^{\mathrm{j}\phi} \tag{3-26}$$

式中

$$\vartheta=\frac{2\pi}{\lambda}\frac{a}{R}\sqrt{(x_1-x_2)^2-(y_1-y_2)^2} \tag{3-27}$$

在式（3-26）中，J_1是一阶第一类贝塞尔函数，其宗量ϑ等于 0 时，$|2J_1(\upsilon)/\upsilon|$的值为 1，$\vartheta$约等于 3.83（$1.22\pi$）时，$|2J_1(\vartheta)/\vartheta|$的值为 0。可见，随着$P_1$和$P_2$之间的距离逐渐增

加，相干度将逐渐减小，直至完全不相干，此时可以根据ϑ的值计算出P_1和P_2之间的距离。

函数$|2J_1(\vartheta)/\vartheta|$的值从$\vartheta$等于0时的1持续下降，到$\vartheta$等于1时其值降至0.88，这时$P_1$和$P_2$之间的距离为$0.16R\lambda/a$。如果假定可容许的最大偏差为12%（与理想值1的差值），则可以得到如下结果：一个准单色的、均匀的、不相干或半径为a的圆形光源，在距离R处的受照射面上可产生一个近乎完全相干的圆形照明区，其直径为$0.16R\lambda/a$。

由式（3-26）和式（3-27）可知，对于光刻工艺，当光源的半径等于0时（a=0），掩模面上任意两点之间的相干度为1，此时的照明方式称为相干照明；当光源的半径等于无穷大时（a=∞），掩模面上任意两点之间的相干度为0，此时的照明方式称为非相干照明；当光源半径在0和无穷大之间时，掩模面上任意两点的相干度介于0和1，此时的照明方式称为部分相干照明。由式（3-21）可知，光刻系统中照明光源的部分相干因子σ是一个比例值，当σ等于1时，即可看作非相干照明；当σ在0和1时，即为部分相干照明。

以上从复相干度的角度介绍了部分相干照明，下面介绍部分相干成像的特征及相关理论。

考虑如图3-7所示的成像系统，利用互强度的概念及其传播特性来描述部分相干成像过程。在单色光照明条件下，假定图3-7中物点与几何光学理想像点坐标数值相同，物平面内两点之间的互强度为$J_o(x_o,y_o;x_o',y_o')$，$h(x_o,y_o;x_i,y_i)$为系统的响应函数。根据互强度的传播特性，像平面上两点之间的互强度为

$$J_i(x_i,y_i;x_i',y_i')=\iiint_{-\infty}^{\infty}\int J_o(x_o,y_o;x_o',y_o') \\ h(x_o,y_o;x_i,y_i)\cdot h^*(x_o',y_o';x_i',y_i')\mathrm{d}x_o\mathrm{d}y_o\mathrm{d}x_o'\mathrm{d}y_o' \tag{3-28}$$

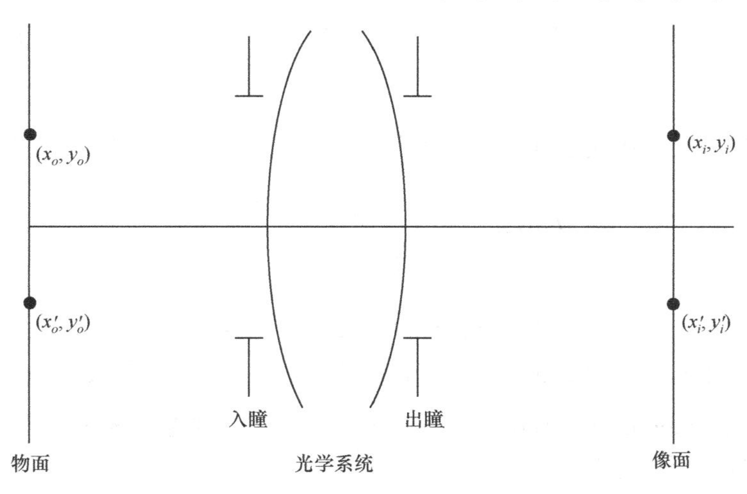

图3-7 成像系统

对于整个物平面，可以分割成多个等晕区，在一个等晕区内，可以使用$h(x_i-x_o,y_i-y_o)$来近似表示$h(x_o,y_o;x_i,y_i)$，进而得到

$$J_i(x_i,y_i;x_i',y_i')=\iiint_{-\infty}^{\infty}\int J_o(x_o,y_o;x_o',y_o')\, h(x_i-x_o,y_i-y_o)\cdot h^*(x_i'-x_o',y_i'-y_o')\mathrm{d}x_o\mathrm{d}y_o\mathrm{d}x_o'\mathrm{d}y_o' \tag{3-29}$$

这是一个四维卷积积分，成像系统像面的互强度等于系统在空间域对相干性传播的响应函数同物面互强度的卷积。当像面上两点合二为一时，可得到像面光强分布为

$$I_i(x_i,y_i)=\iiint_{-\infty}^{\infty}\int J_o(x_o,y_o;x_o',y_o')\, h(x_i-x_o,y_i-y_o)\cdot h^*(x_i'-x_o',y_i'-y_o')\mathrm{d}x_o\mathrm{d}y_o\mathrm{d}x_o'\mathrm{d}y_o' \tag{3-30}$$

当物平面（掩模面）上的物体对入射光透射率为t，且照明光的互强度为J_S时，物面上的互强度改变为

$$J_o(x_o,y_o;x_o',y_o')=t(x_o,y_o)\cdot t^*(x_o',y_o')\cdot J_S(x_o,y_o;x_o',y_o') \tag{3-31}$$

这样，像面上某一点的光强分布为

$$I_i(x_i,y_i)=\iiint_{-\infty}^{\infty}\int t(x_o,y_o)\cdot t^*(x_o',y_o')\cdot J_S(x_o,y_o;x_o',y_o')\, h(x_i-x_o,y_i-y_o)\cdot h^*(x_i'-x_o',y_i'-y_o')\mathrm{d}x_o\mathrm{d}y_o\mathrm{d}x_o'\mathrm{d}y_o' \tag{3-32}$$

对互强度和系统响应函数分别进行傅里叶变换，可以得到准单色光照明时成像系统的部分相干传递函数Υ_P，它描述了系统对于互强度在频域的传递特定，部分相干传递函数同相干传递函数的关系为

$$\Upsilon_P(f_x,f_y;f_x',f_y')=H_c(f_x,f_y)\cdot H_c^*(-f_x',-f_y') \tag{3-33}$$

式中，$H_c(f_x,f_y)$为相干照明下，成像系统的传递函数，它和系统的响应函数h呈傅里叶变换对的关系。

相似地，在非相干照明条件下，成像系统的非相干传递函数可以表示为

$$\Upsilon_N(f_x,f_y)=\frac{H_c(f_x,f_y)\bigstar H_c(f_x,f_y)}{\iint\limits_{\infty}\left|H_c(x_i,y_i)\right|^2\mathrm{d}x_i\mathrm{d}y_i} \tag{3-34}$$

式中，★表示自相关运算；$\Upsilon_N(f_x,f_y)$也称为系统的光学传递函数。上式表示对于同一系统，光学传递函数等于相干传递函数的归一化自相关函数。光学传递函数$\Upsilon_N(f_x,f_y)$的模值常称为调制传递函数（modulated transfer function，MTF）。以成像系统的截止频率为横坐标，三种不同相干模式下的MTF曲线如图3-8所示。

在图3-8中，f_c为成像系统的截止频率，对于数值孔径为NA的光刻成像系统，其截止频率可以表示为f_c=NA/λ。对于波长为193 nm，数值孔径为1.35的浸没式光刻系统，其截止频率的等效光栅周期约为143 nm，2倍截止频率位置处的等效光栅周期约为71.5 nm。

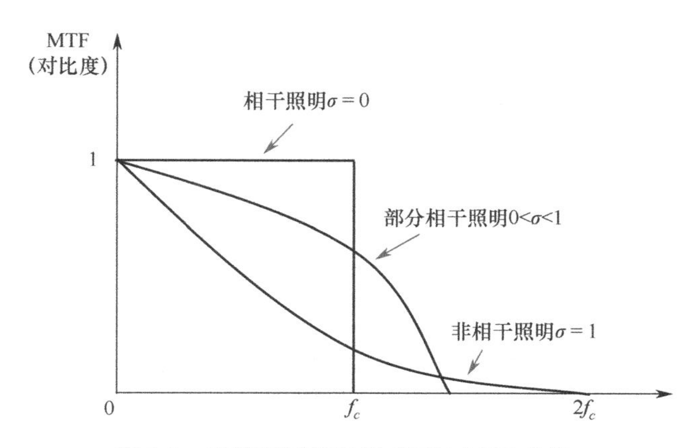

图 3-8　三种不同相干模式下的 MTF 曲线

2．薄掩模近似和三维掩模效应

掩模版是光刻成像系统中的“物”，掩模版上的图形分布直接决定了硅片上“像”的分布。掩模结构主要由基底、图形层和保护膜组成，基底主要起承载作用，图形层是掩模版的关键部分，由各种方向的透光和阻光区域构成，保护膜用于阻挡颗粒等污染源对掩模版的污染。在投影光刻系统中，常用的掩模有二元掩模和相移掩模两种类型。二元掩模上的电路图形由完全不透光部分和透光部分组成，而相移掩模是在二元掩模的不同位置制作或添加了不同类型相移层的掩模。几种典型的掩模结构如图 3-9 所示。

当掩模上透光区和阻光区的宽度远大于照明光的波长时，可以利用薄掩模近似来分析掩模的衍射近场分布，即假设掩模上图形区域（图 3-9 中的铬层或相移层）的厚度可近似为 0，此时掩模的近场分布可以表示为掩模结构的透过率函数与入射电场的乘积。

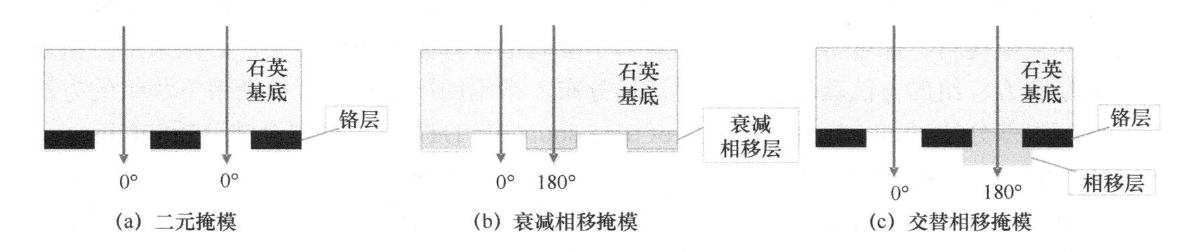

图 3-9　几种典型的掩模结构

设掩模的透过率函数为 $O(x,y)$，则掩模衍射近场分布为

$$\boldsymbol{E}_{\text{near-field}} = \boldsymbol{M}(x,y)\cdot\boldsymbol{E}_i = \begin{bmatrix} O(x,y) & 0 \\ 0 & O(x,y) \end{bmatrix}\cdot\boldsymbol{E}_i \tag{3-35}$$

在薄掩模近似条件下，图 3-9 所示的几种掩模结构在单位振幅平面波照明下的衍射近场分布如图 3-10 所示。

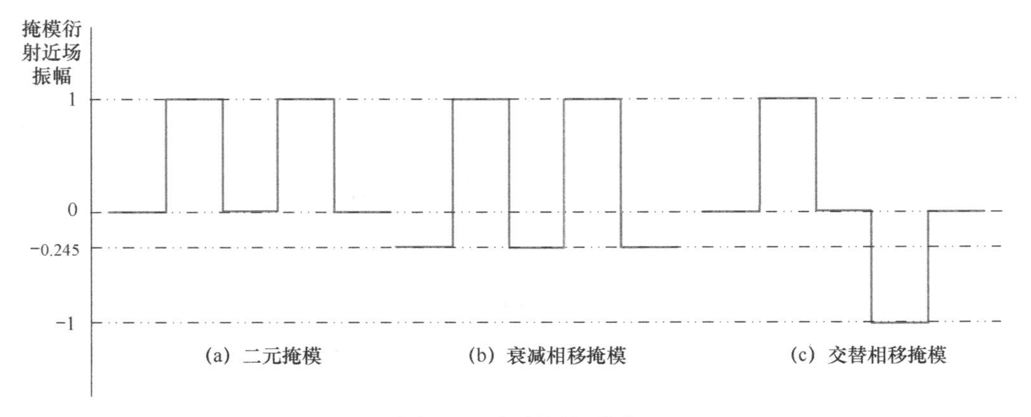

图 3-10 衍射近场分布

可以看出，薄掩模近似下，掩模的衍射近场由一系列门函数构成，此时其夫琅和费衍射远场的分布可以根据门函数的傅里叶变换得到。假设掩模上透光区和阻光区的周期为 p，阻光区域的宽度为 d，二元掩模的频谱分布为

$$F_{\mathrm{BM}}=\frac{(p-d)}{p}\operatorname{sinc}[f(p-d)]\sum_{n=-\infty}^{+\infty}\delta\left(f-\frac{n}{p}\right) \qquad n\in \tag{3-36}$$

式中，f 为光瞳坐标，n 为衍射级次。而变替相移掩模的频谱分布为

$$F_{\mathrm{Alt}}=\frac{(p-d)}{p}\operatorname{sinc}[f(p-d)]\sin(\pi fp)\sum_{n=-\infty}^{+\infty}\delta\left(f-\frac{n}{2p}\right) \qquad n\in \tag{3-37}$$

对于 45 nm 及以下技术节点的投影光学光刻系统，掩模上电路图形的特征尺寸与照明波长在一个量级甚至小于波长，此时薄掩模近似不再成立，掩模的衍射近场分布受到透光区边界和掩模材料、厚度等参数的影响。为了准确地计算光刻成像结果，必须采用严格求解麦克斯韦方程组的方法获取掩模衍射近场分布。常用的严格求解麦克斯韦方程组的方法有时域有限差分法（finite decomposition of time domain，FDTD）、严格耦合波分析法（rigorous coupled wave analysis，RCWA）、有限元法（finite element method，FEM）和波导法（wave guide，WG）等。需要指出的是，这些方法的性质决定了由这些方法计算的掩模衍射近场分布是数值化的，并且近场分布随着掩模上照明光波入射角度和偏振类型的不同而不同。此时掩模衍射近场的分布可以表示为

$$\boldsymbol{E}_{\text{near-field}}=\boldsymbol{M}(x,y)\cdot\boldsymbol{E}_i=\begin{bmatrix} m_{XX}(x,y) & m_{XY}(x,y)\\ m_{YX}(x,y) & m_{YY}(x,y)\end{bmatrix}\cdot\boldsymbol{E}_i \tag{3-38}$$

图 3-11 给出了利用基尔霍夫近似和 RCWA 方法得到的掩模衍射近场分布，二者计算的衍射近场振幅和相位均存在较大变化，这说明对于 45 nm 及以下技术节点的掩模结构，只有采用严格电磁场仿真的方法才能准确分析掩模的衍射场分布[6]。

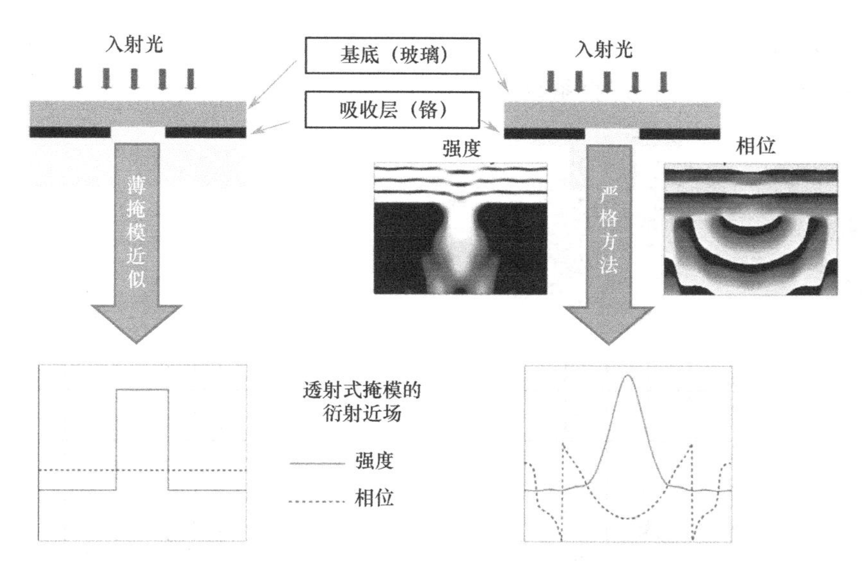

图 3-11　利用基尔霍夫近似和 RCWA 方法得到的掩模衍射近场分布[6]

3. 光刻投影物镜的波像差与像面离焦

在投影光刻系统中，投影物镜的作用体现为接收有限数目的掩模衍射级次，这些衍射级次对应的平面光在像面（硅片）上发生干涉，形成掩模版上电路图形的像，这个光学像结合光刻胶、显影、刻蚀等工艺实现了电路图形的复制。因此，投影物镜是投影光刻系统的核心部件，它的成像质量直接决定了光刻成像的性能。理想的投影物镜是一个衍射受限成像系统，物面上的一个点发出的光线经过低通滤波后，完全汇聚到像面处的一个点上。在投影物镜设计、制造使用过程中，有多种因素使得像面上汇聚光线的波前偏离了理想波前分布，表现为相位的改变或传播方向的变化，这种实际波前与理想波前的差值称为波像差，如图 3-12 所示。

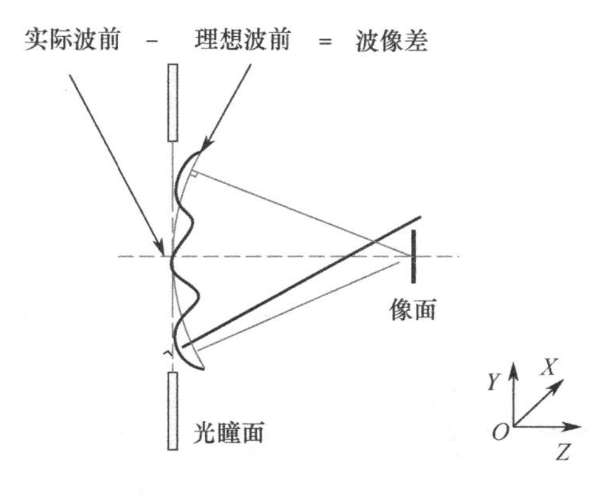

图 3-12　波像差定义为实际波前与理想波前的差值

波像差可以用在单位圆内正交的泽尼克多项式表征，即

$$W(r,\theta)=\sum_{n=1}^{N} z_n \cdot R_n(r,\theta) \tag{3-39}$$

式中，$R_n(r,\theta)$ 为泽尼克多项式；z_n 为泽尼克系数。典型的波像差分布及其前 37 项（第 1 项和第 37 项的值为 0）泽尼克系数如图 3-13 所示。

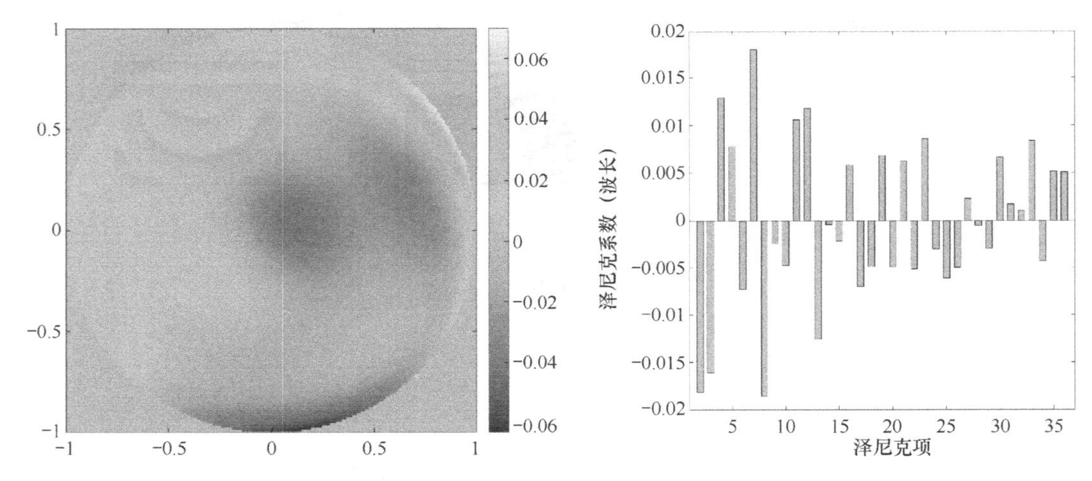

图 3-13　典型的波像差分布及其泽尼克系数

由于泽尼克多项式的各项均有明显的物理意义，所以很容易从波像差中分离出各种几何像差，如 Z9 表示球差等。泽尼克多项式按各项编号方法的不同，可分为标准泽尼克多项式和条纹泽尼克多项式[7]。由于大多数成像光学系统中，低阶像差占据主要部分，高阶像差要小得多，而条纹泽尼克多项式完全按照各项的控件频率由小到大排列，因此在像差分析及光学检测领域中常使用条纹泽尼克多项式表征像差。前 36 项条纹泽尼克多项式的波面分布如图 3-14 所示。

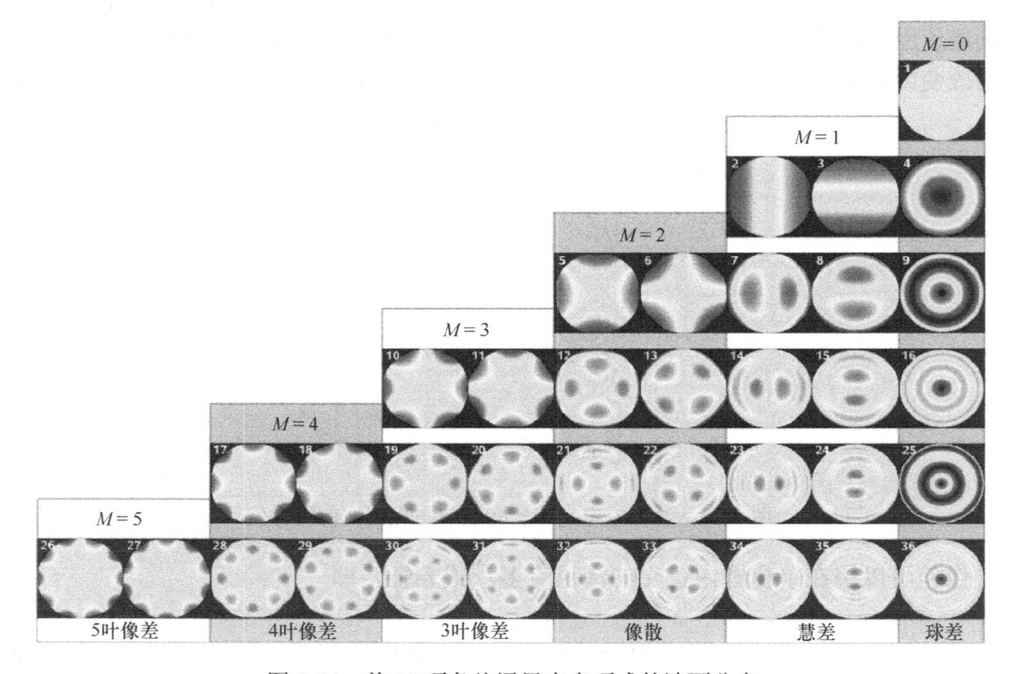

图 3-14　前 36 项条纹泽尼克多项式的波面分布

可以看出，在 $M=0$ 和偶数时，该单项像差为偶像差，当 M 为奇数时，该单项像差为奇像差。

在投影光刻系统中，为了确定光刻曝光的最佳焦面位置，需要移动工件台使成像位置偏离理想焦面位置，这种情形称为离焦。在光刻成像理论中，一般将离焦量偏差对光刻空间像的影响描述为像差。如图 3-15 所示，考察一束汇聚到硅片上一点处的球面波，当硅片与理想像点所在的平面共面时，此时的离焦量为 0。而当硅片与理想像点所在的平面存在 δ 的位置差时，此时硅片上的一点理想的波前分布如图 3-15（b）中的虚线所示。此时的离焦量为 δ，理想波前与实际波前的差异可以表示为 OPD，如图 3-15（b）所示。

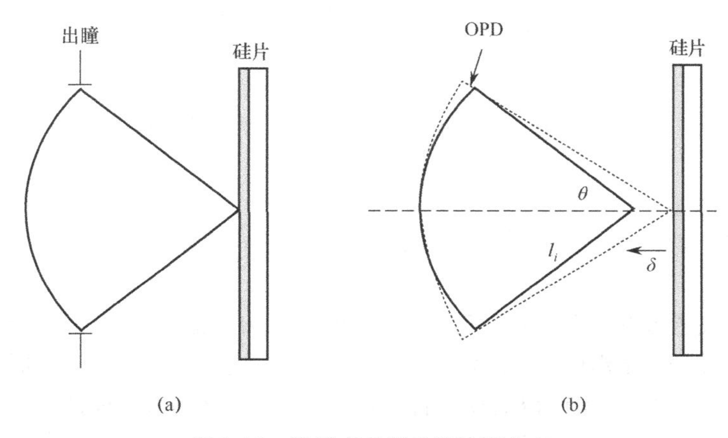

图 3-15 泽尼克多项式的波面分布

OPD 的影响因素有离焦量和汇聚光束在波前上的位置，当 δ 远小于 l_i 时，OPD 可以表示为

$$\text{OPD} = n\delta(1-\cos\theta) \tag{3-40}$$

式中，n 为物镜到硅片之间介质的折射率。考虑到离焦量对光刻成像的影响，离焦量引起的光瞳面上某个角度光线的相位变化可以表示为

$$P_{\text{defocus}}(f_x, f_y) = P_{\text{ideal}}(f_x, f_y)\text{e}^{\text{j}2\pi\text{OPD}/\lambda} \tag{3-41}$$

4．偏振成像与偏振像差

随着光刻投影物镜像方数值孔径的增加，像面处干涉光线之间的夹角也越来越大，例如，对于数值孔径为 1.35 的浸没式光刻投影物镜，像面上干涉光线之间的夹角最大可将近 140°。此时考察两束光的干涉时，除波矢量以外，还需要考虑光波的电场方向，这是因为在大角度干涉的情况下，光波电场中 TM 分量的干涉会对成像结果产生负面效应。

如图 3-16 所示，根据双光束干涉的性质，可以得到 TE 偏振光和 TM 偏振光干涉对应的光强和对比度：

对于 TE 偏振光：
$$I_{\text{TE}} = I_{\text{I}} + I_{\text{II}} + 2\sqrt{I_{\text{I}}I_{\text{II}}}\cos\left(\frac{4\pi x}{\lambda}\sin\theta\right) \tag{3-42}$$

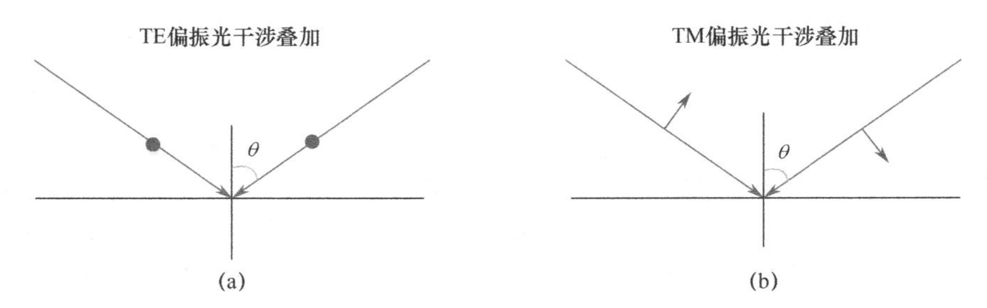

图 3-16　TE 偏振光和 TM 偏振光的干涉

对于 TE 偏振光：

$$\text{Contrast}_{\text{TE}}=\frac{I_{\max}-I_{\min}}{I_{\max}+I_{\min}}=\frac{2\sqrt{I_{\text{I}}I_{\text{II}}}}{I_{\text{I}}+I_{\text{II}}} \tag{3-43}$$

对于 TM 偏振光：

$$I_{\text{TM}}=I_{\text{I}}+I_{\text{II}}+2\sqrt{I_{\text{I}}I_{\text{II}}}\cos 2\theta\cdot\cos\left(\frac{4\pi x}{\lambda}\sin\theta\right) \tag{3-44}$$

对于 TM 偏振光：

$$\text{Contrast}_{\text{TM}}=\frac{2\sqrt{I_{\text{I}}I_{\text{II}}}}{I_{\text{I}}+I_{\text{II}}}\cos 2\theta \tag{3-45}$$

从以上四个式子可以看出，无论双光束干涉的夹角如何变化，TE 偏振光干涉的对比度始终不变，而 TM 偏振光干涉的对比度随着夹角的改变而改变，且当$\theta=\pi/4$时，TM 偏振光干涉的对比度为 0。因此为了保证得到较好的光刻成像结果，必须采用偏振照明。研究表明，当入射偏振光电场的振动方向与掩模上图形的取向一致时，可以得到较好的成像结果。在投影光学光刻系统中，常用的偏振照明方式有 X 偏振光、Y 偏振光、TM 偏振光和 TE 偏振光，这四种偏振光在有效光源面上的振动方向及其电场的琼斯矢量表征如图 3-17 所示。

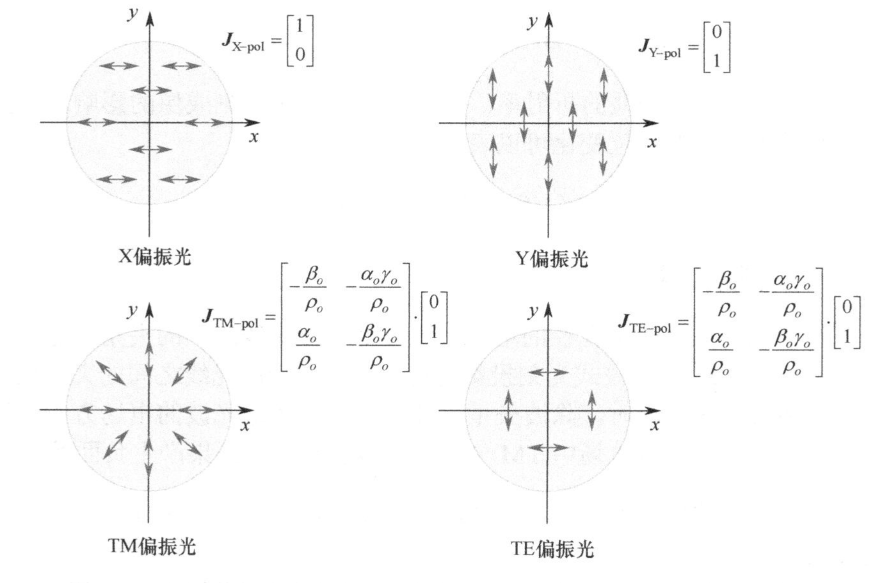

图 3-17　四种偏振光在有效光源面上的振动方向及其电场的琼斯矢量表征

由此可见，偏振照明是高数值孔径的投影光刻系统中经常采用的一种提升分辨率的技术，ASML 公司在 NA0.93 以上的光刻机中均提供了偏振照明的模块。

然而，在高数值孔径的投影物镜中，光线在光学元件表面的入射角很大，根据菲涅耳系数可知，光线的偏振态也会发生变化。另外，光学薄膜、材料的本征双折射和应力双折射等因素也会改变出射光的偏振态。此时波像差已经不足以描述投影物镜的性能，需要引入偏振像差的概念。偏振像差是指不同方向的光通过光学系统时，光的振幅、相位、偏振及相位延迟的变化，它是几何光学中波像差的扩展。目前，表征偏振像差的方法有以下几种：琼斯光瞳、物理光瞳、泡利光瞳[8]。

（1）琼斯光瞳。

矢量成像时，投影物镜入瞳和出瞳处的电场分布均可以表示为琼斯矢量的形式，这样可以使用琼斯矩阵来表示投影物镜对入射光振幅、相位及偏振态的影响。

$$\begin{pmatrix} E_x^{\text{out}} \\ E_y^{\text{out}} \end{pmatrix} = \begin{pmatrix} J_{xx} & J_{xy} \\ J_{yx} & J_{yy} \end{pmatrix} \cdot \begin{pmatrix} E_x^{\text{in}} \\ E_y^{\text{in}} \end{pmatrix} \tag{3-46}$$

对于投影物镜光瞳内的每一点，均有一个二维复数矩阵来表示投影物镜对入射光的影响，这些二维矩阵的集合称为琼斯光瞳。从式（3-46）的形式可知，琼斯光瞳是复数形式，共有 8 个分量：$\text{Re}\{J_{xx}\}$，$\text{Im}\{J_{xx}\}$，$\text{Re}\{J_{xy}\}$，$\text{Im}\{J_{xy}\}$，$\text{Re}\{J_{yx}\}$，$\text{Im}\{J_{yx}\}$，$\text{Re}\{J_{yy}\}$，$\text{Im}\{J_{yy}\}$，其中 $\text{Re}\{\}$ 和 $\text{Im}\{\}$ 分别表示实部和虚部。

（2）物理光瞳。

对琼斯光瞳所包含的信息按照物理含义进行分解，可以将琼斯光瞳中每点的琼斯矩阵表示成标量变迹（apodization）、波像差（aberration）、相对强度衰减（diattenuation）和相对相位延迟（retardance）乘积的形式：

$$\boldsymbol{J}(f,g) = A_{\text{P}}(f,g) \cdot \mathrm{e}^{\mathrm{j}W(f,g)} \begin{pmatrix} 1+d\cos 2\theta & d\sin 2\theta \\ d\sin 2\theta & 1-d\cos 2\theta \end{pmatrix} \cdot \begin{pmatrix} \cos\phi - \mathrm{j}\sin\phi\cos 2\theta & -\mathrm{j}\sin\phi\sin 2\theta \\ -\mathrm{j}\sin\phi\sin 2\theta & \cos\phi - \mathrm{j}\sin\phi\cos 2\theta \end{pmatrix} \tag{3-47}$$

式中，(f,g) 表示光瞳坐标；标量变迹（A_{P}）描述光强在两个特征向量方向具有相同的衰减；波像差（W）描述两个特征向量方向具有相同的波面变形。相对强度衰减是指光强的变化在两个特征向量方向的差异，用两个量描述：衰减量 d 和特征偏振方向（用快轴角 θ 表示）。相对相位延迟是指传播相位在两个特征向量方向上的差异，用两个量描述：延迟量 ϕ 和特征偏振方向（用快轴角 θ 表示）。可以看出，标量变迹和相对强度衰减描述了投影物镜对透射光振幅的影响，而波像差和相对相位延迟描述了投影物镜对透射光相位的影响。

（3）泡利光瞳。

对琼斯光瞳进行泡利分解，可以将琼斯矩阵表示成单位矩阵和泡利矩阵相组合的形式

$$\boldsymbol{J} = p_0\delta_0 + p_1\delta_1 + p_2\delta_2 + p_3\delta_3 = \begin{pmatrix} p_0 + p_1 & p_2 - \mathrm{j}p_3 \\ p_2 + \mathrm{j}p_3 & p_0 - p_1 \end{pmatrix} \tag{3-48}$$

$$\delta_0=\begin{bmatrix}1&0\\0&1\end{bmatrix},\ \delta_1=\begin{bmatrix}1&0\\0&-1\end{bmatrix},\ \delta_2=\begin{bmatrix}0&1\\1&0\end{bmatrix},\ \delta_3=\begin{bmatrix}0&-\mathrm{j}\\ \mathrm{j}&0\end{bmatrix} \tag{3-49}$$

$$p_0=\frac{J_{xx}+J_{yy}}{2},p_1=\frac{J_{xx}-J_{yy}}{2},p_2=\frac{J_{xy}+J_{yx}}{2},p_3=\frac{J_{xy}-J_{yx}}{-2\mathrm{j}} \tag{3-50}$$

单位矩阵表示琼斯矩阵中非偏振部分，泡利矩阵和的特征向量分别是 *x*/*y* 方向线偏振、45°/135°方向线偏振及左/右圆偏振。

5. 工艺叠层的光学传输矩阵

在光刻成像中，光线通过掩模版的衍射，再经过投影物镜系统的会聚后，干涉成像的接收面并不是另一个光学系统或光学接收器，而是一种光化学材料——光刻胶。为了提高光刻胶中成像的对比度，以及良好的转移刻蚀效果，实际光刻工艺中会使用由多个不同材料形成的多层膜结构，统称为工艺叠层。典型的工艺叠层包括顶层抗反膜、光刻胶、双层的底层抗反膜及基底等，如图 3-18 所示。

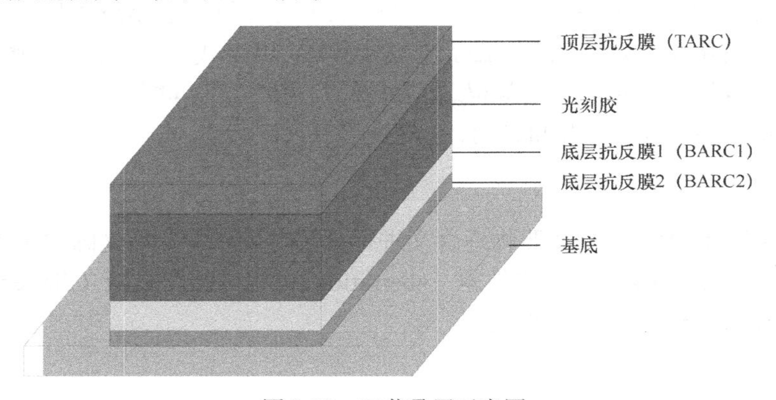

图 3-18 工艺叠层示意图

在先进节点的工艺叠层中，绝大多数膜层的厚度在 100 nm 左右。光线通过膜层时均会在界面处发生反射和透射，这些反射和透射的光波最终会影响光刻胶中的光强分布。因此，为了准确反映光刻胶中光强分布的实际情况，需要在成像仿真中考查这些膜层的影响。

工艺叠层可以看作一个各向同性的多层膜结构，如图 3-19 所示，光线在工艺叠层中的传播可以利用传输矩阵方法进行模拟。

对于一个各向同性的单层膜结构，当一个与 z 轴夹角为 θ 的 TE 偏振光在该膜层中传播时，该膜层的特征矩阵可以表示为

$$\boldsymbol{U}_{\mathrm{TE}}(z)=\begin{bmatrix}\cos(k_0\cdot n_r\cdot z\cdot\cos\theta) & \dfrac{\mathrm{j}}{\cos\theta}\sqrt{\dfrac{\mu_m}{\varepsilon_e}}\sin(k_0\cdot n_r\cdot z\cdot\cos\theta)\\ \mathrm{j}\cos\theta\sqrt{\dfrac{\varepsilon_e}{\mu_m}}\sin(k_0\cdot n_r\cdot z\cdot\cos\theta) & \cos(k_0\cdot n_r\cdot z\cdot\cos\theta)\end{bmatrix} \tag{3-51}$$

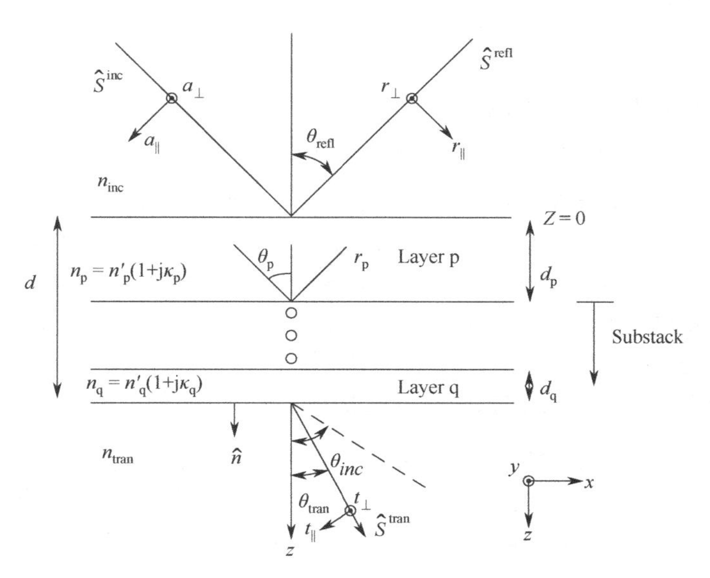

图 3-19　多层膜结构示意图

其中，n_r 和 z 分别表示这个单层膜结构的折射率和厚度。相似地，当入射偏振光为 TM 时，该膜层的特征矩阵为

$$\boldsymbol{U}_{\text{TM}}(z)=\begin{bmatrix} \cos(k_0\cdot n_r\cdot z\cdot\cos\theta) & \dfrac{-\text{j}}{\cos\theta}\sqrt{\dfrac{\varepsilon_e}{\mu_m}}\sin(k_0\cdot n_r\cdot z\cdot\cos\theta) \\ -\text{j}\cos\theta\sqrt{\dfrac{\mu_m}{\varepsilon_e}}\sin(k_0\cdot n_r\cdot z\cdot\cos\theta) & \cos(k_0\cdot n_r\cdot z\cdot\cos\theta) \end{bmatrix} \tag{3-52}$$

对于一个含多层各向同性膜层的结构，其总的特征矩阵可以通过单个膜层的特征矩阵相乘获得，即

$$\begin{aligned}\boldsymbol{U}_{\text{total}}(d)&=\begin{bmatrix} u_{11} & u_{12} \\ u_{21} & u_{22} \end{bmatrix}=\prod_{t=1}^{q}\boldsymbol{U}_t(d_t) \\ &=\boldsymbol{U}_1(d_1)\cdot\boldsymbol{U}_2(d_2)\cdot\boldsymbol{U}_3(d_3)\cdots\boldsymbol{U}_q(d_q)\end{aligned} \tag{3-53}$$

对于 TE 偏振光和 TM 偏振光可以分别利用上式求出各自对应的膜层特征矩阵。

3.2.2　光刻成像理论

当投影物镜的 NA 小于 0.6 时，采用标量成像理论即可准确地描述投影光学光刻系统的成像过程。在标量模型中，投影光学光刻系统中的每部分都可以用一个标量函数来表示，即：

（1）光源表示为标量的强度函数；

（2）照明系统对掩模的均匀照明效应表示为不同方向平面波的等强度非相干叠加；

（3）掩模对照明光波的衍射过程服从基尔霍夫近似，掩模的衍射近场分布可表示为掩模结构的二维振幅透过率函数；

（4）投影物镜的相干传递函数表示为含有辐射度修正因子和波像差的标量函数；

（5）采用驻波表示光波在光刻胶中的干涉效应。

标量成像理论具有模型简洁、计算简便的优点，在投影物镜 NA 小于 0.6 的投影光学光刻成像领域可以得到准确的结果。但是当 NA 大于 0.6 时，标量理论中采用的傍轴近似不再成立；并且标量成像理论中忽略的光波的矢量特性对光刻成像性能的影响逐渐显著，此时需要对标量成像理论进行改进，即考虑光波的矢量特性。同标量理论相比，矢量成像理论采用偏振光入射，考虑了投影物镜像方电场分布的矢量特性，并采用薄膜干涉理论分析光波在光刻胶中的干涉成像[9,10,11]等。下面按照阿贝成像的过程，分析矢量成像理论的过程。

根据投影光学光刻系统的特征，用于浸没式光刻系统的投影物镜是由几十片光学元件（包括透射和反射）组成的。从物理光学的角度，我们不考虑透镜物镜内部的具体结构，只使用光瞳面及相关函数来表示投影物镜对掩模衍射场分布的影响，光刻系统的成像原理如图 3-20 所示。

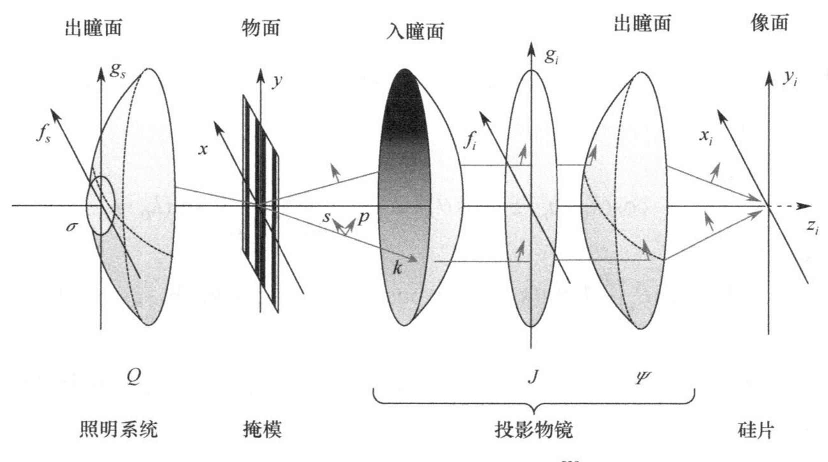

图 3-20　光刻系统的成像原理[3]

在图 3-20 中，从左向右的三个球面分别表示照明系统的出瞳面、投影物镜的入瞳面和投影物镜的出瞳面，照明系统出瞳面上的半径为 σ 的圆表示有效光源。当照明方式发生改变时，有效光源的形状也随之变化。根据部分相干照明的原理，有效光源上每一点和照射到掩模上的平行光波矢量是一一对应的。需要注意的是，图 3-20 中物面和像面均表示空间域的分布，而光瞳面均表示频率域的分布。

图 3-20 中还定义了全局坐标系 (x,y,z) 和局部坐标系 (s,p,k)，两种坐标系的转换关系为

$$\begin{pmatrix} E_x \\ E_y \\ E_z \end{pmatrix} = \begin{pmatrix} -\dfrac{\beta}{\sqrt{\alpha^2+\beta^2}} & -\dfrac{\alpha\gamma}{\sqrt{\alpha^2+\beta^2}} \\ \dfrac{\alpha}{\sqrt{\alpha^2+\beta^2}} & -\dfrac{\beta\gamma}{\sqrt{\alpha^2+\beta^2}} \\ 0 & \sqrt{\alpha^2+\beta^2} \end{pmatrix} \cdot \begin{pmatrix} E_s \\ E_p \end{pmatrix} \tag{3-54}$$

定义光源面的坐标为 (f_s,g_s)，物面的坐标为 (x,y)，像面的坐标为 (x_i,y_i)，投影物镜入瞳面和出瞳面的光瞳坐标分别为 (f,g) 和 (f_i,g_i)，二者之间的关系为 $f/f_i = g/g_i = -T$，其中 T 为投影物镜放大倍率，其典型值为 1/4。定义从有效光源上的一点 (f_s,g_s) 发出的均匀照射到掩模上的平面波的方向余弦为 $(\alpha_s,\beta_s,\gamma_s)$，从掩模上到投影物镜入瞳面之间传播光线的方向余弦为 (α,β,γ)，从投影物镜出瞳面到像面之间传播的光线的方向余弦为 $(\alpha_i,\beta_i,\gamma_i)$。令投影物镜出瞳面前后存在不同的频谱分布，即出瞳面前方的电场 $\boldsymbol{E}_{\text{ex-pupil}}^{\text{before}}(\alpha_i,\beta_i)$ 和出瞳面后方的电场 $\boldsymbol{E}_{\text{ex-pupil}}^{\text{after}}(\alpha_i,\beta_i,\gamma_i)$。

令从光源上一点光源 (f_s,g_s) 发出、入射到掩模上的平面波为

$$E_i(x,y,z) = \sqrt{Q(f_s,g_s)}\exp[\mathrm{j}(2\pi(\frac{\alpha_s}{\lambda}x + \frac{\beta_s}{\lambda}y + \frac{\gamma_s}{\lambda}z) - \omega t + \varphi_0)] \tag{3-55}$$

式中，$Q(f_s,g_s)$ 为光源点 (f_s,g_s) 发出平面波的强度。假设平面波的初相位为 0，忽略时间项后的平面波的波函数变为

$$E_i(x,y,z) = \sqrt{Q(x_s,y_s)}\exp[\mathrm{j}2\pi(\frac{\alpha_s}{\lambda}x + \frac{\beta_s}{\lambda}y + \frac{\gamma_s}{\lambda}z)] \tag{3-56}$$

当入射偏振光为 Y 偏振时，其电场的归一化振幅可以表示为

$$\boldsymbol{E}_{i-Y} = \begin{pmatrix} E_x \\ E_y \end{pmatrix} = \begin{pmatrix} 0 \\ 1 \end{pmatrix} \tag{3-57}$$

根据前面的理论，掩模衍射的近场分布为

$$\boldsymbol{E}_{\text{near-field}} = \boldsymbol{M}(x,y)\cdot \boldsymbol{E}_i \tag{3-58}$$

根据衍射成像理论可知，掩模上图形分布对入射光波的衍射可以看作掩模上多个子波源发出的球面波继续向投影物镜入瞳面传播的过程。由于在浸没式光刻系统中，投影物镜一般采用双远心的形式，即投影物镜的入瞳面和出瞳面理论上处于无限远的位置，此时物面到投影物镜入瞳面，以及像面到投影物镜出瞳面的距离均远大于照明光的波长，且投影物镜的口径也远大于波长，因此光波从掩模面到投影物镜入瞳面、投影物镜出瞳面到像面的传播过程服从德拜（Debye）近似条件，即球面波从物面到入瞳面的传播、出瞳面到像面的传播可以近似成一系列平面波的叠加。根据惠更斯-菲涅耳原理，掩模的衍射远场——投影物镜入瞳面上的电场分布可以表示为

$$\boldsymbol{E}_{\text{en-pupil}}(\alpha,\beta,\gamma) = \iint h(\alpha,\beta)\cdot \boldsymbol{E}_{\text{near-field}}(x,y)\mathrm{d}x\mathrm{d}y \tag{3-59}$$

式中，$h(\alpha,\beta)$ 是投影物镜的脉冲响应函数。假设物面位于 $z=0$ 平面处，投影物镜的脉冲响应函数可以写成

$$h(\alpha,\beta)\approx\frac{\gamma}{\mathrm{j}\lambda}\cdot\frac{\mathrm{e}^{\mathrm{j}2\pi r}}{r}\mathrm{e}^{-\mathrm{j}k(\alpha x_1+\beta y_1)} \tag{3-60}$$

从而，投影物镜入瞳面上的电场可以表示为

$$\boldsymbol{E}_{\text{en-pupil}}(\alpha,\beta,\gamma)=\frac{\gamma}{\mathrm{j}\lambda}\cdot\frac{\mathrm{e}^{\mathrm{j}2\pi r}}{r}F\{\boldsymbol{E}_{\text{near-field}}(x,y)\}\cdot H(\alpha,\beta) \tag{3-61}$$

式中，$F\{\cdot\}$ 表示傅里叶变换，$H(\alpha,\beta)$ 是投影物镜的光瞳函数，投影物镜作为一种典型的衍射受限系统，只有投影物镜口径内的掩模衍射级次才能被投影物镜接收并在像面上干涉成像，即

$$H(\alpha,\beta)=\begin{cases}1, & \sqrt{\alpha^2+\beta^2}\leqslant \mathrm{NA}\\ 0, & \text{其他}\end{cases} \tag{3-62}$$

对于一个理想双远心的投影物镜，投影物镜的入瞳面和出瞳面之间只有一个简单的放大关系，出瞳面电场和入瞳面电场之间的映射关系需要满足能量守恒和正弦条件。

$$\left|\boldsymbol{E}_{\text{en-pupil}}(\alpha,\beta,\gamma)\right|^2\mathrm{d}S=\left|\boldsymbol{E}_{\text{ex-pupil}}^{\text{before}}(\alpha_i,\beta_i,\gamma_i)\right|^2\mathrm{d}S' \tag{3-63}$$

由图 3-21 可知，$\mathrm{d}S=r^2\mathrm{d}\Omega=r^2\mathrm{d}\alpha\mathrm{d}\beta/\gamma$，$\mathrm{d}S'=r'^2\,\mathrm{d}\Omega'=r'^2\,\mathrm{d}\alpha_i\mathrm{d}\beta_i/\gamma_i$。而由正弦条件可知，$\alpha/n\alpha_i=\beta/n\beta_i=-T$，其中 n 为投影物镜像方的最后一个光学表面到像面之间填充介质的折射率。从而有

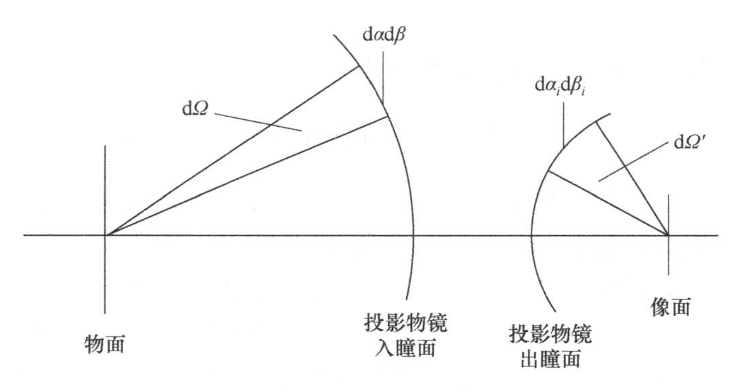

图 3-21　入瞳和出瞳之间的映射

$$\boldsymbol{E}_{\text{ex-pupil}}^{\text{before}}(\alpha_i,\beta_i,\gamma_i)=\frac{nr}{r'}\sqrt{\frac{\gamma_i}{\gamma}}\cdot\boldsymbol{E}_{\text{en-pupil}}(\alpha,\beta,\gamma)\cdot T \tag{3-64}$$

将式（3-61）代入上式可得

$$\boldsymbol{E}_{\text{ex-pupil}}^{\text{before}}(\alpha_i,\beta_i,\gamma_i)=\frac{nT\sqrt{\gamma_i\gamma}}{\mathrm{j}\lambda r'}\mathrm{e}^{\mathrm{j}kr}\cdot F\{\boldsymbol{E}_{\text{near-field}}(x,y)\}\cdot H(\alpha,\beta,\gamma) \tag{3-65}$$

在矢量模型中，像面的电场分布包含了三个电场分量，此时需要将局部坐标系下表示

的电场分布转换到全局坐标系中。此外，由于光波在投影物镜的入瞳面和出瞳面之间是平行于光轴传播的，而在投影物镜的出瞳面到像面之间的传播方向同光轴存在一个夹角，这种波矢量的旋转会导致光波电场的 p（TM）分量的振动方向在入射面（子午面）内随着波矢量的变化而发生旋转。因此电场在投影物镜出瞳面的这两种变化可以用变换矩阵表示为

$$\boldsymbol{E}_{\text{ex-pupil}}^{\text{after}}(\alpha_i,\beta_i,\gamma_i)=\boldsymbol{\Psi}_{\text{ex-pupil}}(\alpha_i,\beta_i,\gamma_i)\cdot\boldsymbol{E}_{\text{ex-pupil}}^{\text{before}}(\alpha_i,\beta_i,\gamma_i) \tag{3-66}$$

$$\boldsymbol{\Psi}_{\text{ex-pupil}}(\alpha_i,\beta_i,\gamma_i)=\begin{pmatrix}\dfrac{\beta_i^2+\alpha_i^2\gamma_i}{1-\gamma_i^2} & -\dfrac{\alpha_i\beta_i}{1+\gamma_i}\\ -\dfrac{\alpha_i\beta_i}{1+\gamma_i} & \dfrac{\alpha_i^2+\beta_i^2\gamma_i}{1-\gamma_i^2}\\ -\alpha_i & -\beta_i\end{pmatrix}$$
$$=\begin{pmatrix}1-\dfrac{f_i^2}{n(n+\sqrt{n^2-f_i^2-g_i^2})} & -\dfrac{f_ig_i}{n(n+\sqrt{n^2-f_i^2-g_i^2})}\\ -\dfrac{f_ig_i}{n(n+\sqrt{n^2-f_i^2-g_i^2})} & 1-\dfrac{g_i^2}{n(n+\sqrt{n^2-f_i^2-g_i^2})}\\ -\dfrac{f_i}{n} & -\dfrac{g_i}{n}\end{pmatrix} \tag{3-67}$$

式中，等式左边的电场有三个分量，分别表示像面电场在全局坐标下的三个分量的空间频谱分布。

当投影物镜的像方介质为工艺叠层时，利用传输矩阵法可以建立投影物镜像方的变换矩阵[11]

$$\boldsymbol{\Psi}_{\text{stack}}(\alpha_i,\beta_i,\gamma_i)=\begin{pmatrix}\psi_{S_{xx}} & \psi_{S_{yx}}\\ \psi_{S_{yx}} & \psi_{S_{yy}}\\ \psi_{S_{zx}} & \psi_{S_{zy}}\end{pmatrix}$$
$$=\begin{pmatrix}\kappa_\perp\cdot\upsilon_{x\perp x}+\kappa_\parallel^{xy}\upsilon_{x\parallel x} & \kappa_\perp\cdot\upsilon_{y\perp x}+\kappa_\parallel^{xy}\upsilon_{y\parallel x}\\ \kappa_\perp\cdot\upsilon_{x\perp y}+\kappa_\parallel^{xy}\upsilon_{x\parallel y} & \kappa_\perp\cdot\upsilon_{y\perp y}+\kappa_\parallel^{xy}\upsilon_{y\parallel y}\\ \kappa_\parallel^{z}\upsilon_{x\parallel z} & \kappa_\parallel^{z}\upsilon_{y\parallel z}\end{pmatrix} \tag{3-68}$$

式中

$$\upsilon_{x\perp x}=\frac{\beta_i^2}{1-\gamma_i^2},\quad \upsilon_{y\perp x}=-\frac{\alpha_i\beta_i}{1-\gamma_i^2}$$
$$\upsilon_{x\perp y}=-\frac{\alpha_i\beta_i}{1-\gamma_i^2},\quad \upsilon_{y\perp y}=\frac{\alpha_i^2}{1-\gamma_i^2} \tag{3-69}$$
$$\upsilon_{x\perp z}=0,\qquad \upsilon_{y\perp z}=0$$

$$\begin{aligned} \upsilon_{x\|x} &= \frac{\alpha_i^2\gamma_i}{1-\gamma_i^2}, \quad \upsilon_{y\|x} = -\frac{\alpha_i\beta_i\gamma_i}{1-\gamma_i^2} \\ \upsilon_{x\|y} &= -\frac{\alpha_i\beta_i\gamma_i}{1-\gamma_i^2}, \quad \upsilon_{y\|y} = \frac{\beta_i^2\gamma_i}{1-\gamma_i^2} \\ \upsilon_{x\|z} &= -\alpha_i, \quad \upsilon_{y\|z} = -\beta_i \end{aligned} \tag{3-70}$$

$$\kappa_\perp = \frac{\tau_\perp^{\text{stack}}}{\tau_\perp^{\text{substack}}}\left[\mathrm{e}^{\mathrm{j}k_z^p(d_p-z)} + \rho_\perp^{\text{substack}}\mathrm{e}^{-\mathrm{j}k_z^p(d_p-z)}\right] \tag{3-71}$$

$$\kappa_\|^{xy} = \frac{\tau_\|^{\text{stack}}}{\tau_\|^{\text{substack}}}\left[\mathrm{e}^{\mathrm{j}k_z^p(d_p-z)} - \rho_\|^{\text{substack}}\mathrm{e}^{-\mathrm{j}k_z^p(d_p-z)}\right] \tag{3-72}$$

$$\kappa_\|^{z} = \frac{\tau_\|^{\text{stack}}}{\tau_\|^{\text{substack}}}\left[\mathrm{e}^{\mathrm{j}k_z^p(d_p-z)} + \rho_\|^{\text{substack}}\mathrm{e}^{-\mathrm{j}k_z^p(d_p-z)}\right] \tag{3-73}$$

$$\rho_\perp = \frac{\vartheta_{\text{inc}}(u_{11}^{\text{TE}} - \vartheta_{\text{tran}}u_{12}^{\text{TE}}) + (u_{21}^{\text{TE}} - \vartheta_{\text{tran}}u_{22}^{\text{TE}})}{\vartheta_{\text{inc}}(u_{11}^{\text{TE}} - \vartheta_{\text{tran}}u_{12}^{\text{TE}}) - (u_{21}^{\text{TE}} - \vartheta_{\text{tran}}u_{22}^{\text{TE}})} \tag{3-74}$$

$$\tau_\perp = \frac{2\vartheta_{\text{inc}}}{\vartheta_{\text{inc}}(u_{11}^{\text{TE}} - \vartheta_{\text{tran}}u_{12}^{\text{TE}}) - (u_{21}^{\text{TE}} - \vartheta_{\text{tran}}u_{22}^{\text{TE}})} \tag{3-75}$$

$$\rho_\| = \frac{\vartheta_{\text{inc}}(u_{11}^{\text{TM}} - \vartheta_{\text{tran}}u_{12}^{\text{TM}}) + (u_{21}^{\text{TM}} - \vartheta_{\text{tran}}u_{22}^{\text{TM}})}{\vartheta_{\text{inc}}(u_{11}^{\text{TM}} - \vartheta_{\text{tran}}u_{12}^{\text{TM}}) - (u_{21}^{\text{TM}} - \vartheta_{\text{tran}}u_{22}^{\text{TM}})} \tag{3-76}$$

$$\tau_\| = \frac{-2\eta_{\text{tran}}\cos\theta_{\text{inc}}}{\vartheta_{\text{inc}}(u_{11}^{\text{TM}} - \vartheta_{\text{tran}}u_{12}^{\text{TM}}) - (u_{21}^{\text{TM}} - \vartheta_{\text{tran}}u_{22}^{\text{TM}})} \tag{3-77}$$

在式(3-71)中，d_p 为光刻胶的厚度，“stack”表示含光刻胶的所有工艺叠层，“substack”表示光刻胶以下的工艺叠层。

将式（3-67）或式（3-68）代入式（3-66）中，可以得到投影物镜出瞳面后方的电场分布，以式（3-67）为例：

$$\begin{aligned} \boldsymbol{E}_{\text{ex-pupil}}^{\text{after}}(\alpha_i,\beta_i,\gamma_i) &= \frac{nT\sqrt{\gamma_i\gamma}}{\mathrm{j}\lambda r'}\mathrm{e}^{\mathrm{j}kr}\cdot\boldsymbol{\Psi}_{\text{ex-pupil}}(\alpha_i,\beta_i,\gamma_i) \\ &A(\alpha_i,\beta_i)\cdot F\{\boldsymbol{E}_{\text{near-field}}(x,y)\}\cdot H(\alpha,\beta) \end{aligned} \tag{3-78}$$

式中，$A(\alpha_i,\beta_i)$ 是投影物镜的像差函数，若投影物镜只存在波像差 $W(\alpha_i,\beta_i)$，则

$$A(\alpha_i,\beta_i) = \mathrm{e}^{-\mathrm{j}k'W(\alpha_i,\beta_i)} \tag{3-79}$$

若投影物镜存在偏振像差，则

$$A(\alpha_i,\beta_i)=\boldsymbol{J}(\alpha_i,\beta_i)=\begin{pmatrix} J_{xx} & J_{xy} \\ J_{yx} & J_{yy} \end{pmatrix} \tag{3-80}$$

式中，$\boldsymbol{J}(\alpha_i,\beta_i)$ 表示偏振像差。

按照与式（3-66）相似的推导过程可以得到点光源(f_s,g_s)照明下光刻系统像面处的电场分布。即

$$\begin{aligned}\boldsymbol{E}_{\text{image}}(x_i,y_i,z_i)&=\mathrm{j}\frac{nT\mathrm{e}^{-\mathrm{j}k'r'}}{r'\lambda}\iint_{S'}\boldsymbol{E}^{\text{after}}_{\text{ex-pupil}}(\alpha_i,\beta_i,\gamma_i)\cdot\text{Def}(\alpha_i,\beta_i,\gamma_i)\mathrm{e}^{\mathrm{j}2\pi(f_ix_i+g_iy_i)}\mathrm{d}S'\\&=\mathrm{j}\frac{nT\mathrm{e}^{-\mathrm{j}k'r'}r'}{\lambda}\iint\boldsymbol{E}^{\text{after}}_{\text{ex-pupil}}(\alpha_i,\beta_i,\gamma_i)\cdot\text{Def}(\alpha_i,\beta_i,\gamma_i)\mathrm{e}^{\mathrm{j}2\pi(f_ix_i+g_iy_i)}\frac{\mathrm{d}\alpha_i\mathrm{d}\beta_i}{\gamma_i}\\&=\mathrm{j}\frac{nT}{\lambda^2}\iint\sqrt{\frac{\gamma}{\gamma_i}}\boldsymbol{\Psi}_{\text{ex-pupil}}(\alpha_i,\beta_i,\gamma_i)\cdot A(\alpha_i,\beta_i)\cdot\text{Def}(\alpha_i,\beta_i,\gamma_i)\cdot\\&\qquad F\{\boldsymbol{E}_{\text{near-field}}(x,y)\}\cdot H(\alpha,\beta)\mathrm{e}^{\mathrm{j}2\pi(f_ix_i+g_iy_i)}\cdot\mathrm{d}\alpha_i\mathrm{d}\beta_i\end{aligned} \tag{3-81}$$

式中，$\text{Def}(\alpha_i,\beta_i,\gamma_i)=\exp[\mathrm{j}k'\delta_i(1-\sqrt{1-\alpha_i^2-\beta_i^2})]$ 为投影物镜像面离焦量引起的相位变化。式（3-81）左端是一个 3×1 的矢量，分别表示像面电场的 x、y 和 z 分量。

利用式（3-66）～式（3-81）即可获得投影物镜像面电场在全局坐标系下的分量。从而在点光源 a 照明下，像面上的电场强度分布为

$$I^a_{\text{coh}}=\left|\boldsymbol{E}_{\text{image}}(x_i,y_i,z_i)\right|^2=\left|E^{\text{wafer}}_x\right|^2+\left|E^{\text{wafer}}_y\right|^2+\left|E^{\text{wafer}}_z\right|^2 \tag{3-82}$$

如果点光源 a 发出部分偏振光，则根据偏振光学理论，部分偏振光的电场可以分解成两个理想偏振光的电场叠加的形式。对于每一种理想的线偏振光，都按照上面的过程计算出投影光学光刻系统像面的电场强度分布，最后把两种理想偏振光对应的电场强度分布相加即可得到该点光源照明下的像面电场强度分布。

投影光学光刻系统中一般采用部分相干照明，其有效光源可以分解成一系列非相干的点光源。按照阿贝光源积分的原理，分别计算每个点光源照明时的像面电场强度分布，最后将所得电场强度分布相加即可得到部分相干光源照明下的像面电场强度分布

$$I_{\text{total}}(x_i,y_i,z_i)=\iint Q(f_s,g_s)I^a_{\text{coh}}(x_i,y_i,z_i)\mathrm{d}x_s\mathrm{d}y_s \tag{3-83}$$

在掩模衍射的基尔霍夫近似下，掩模图形对不同方向平面波的掩模频谱的振幅和相位是相同的，即掩模衍射频谱具有平移不变性。这样可以在成像模型中将掩模函数和光学系统函数独立，并且表示光学系统的函数称为透过率交叉系数（transmission cross coefficients，TCC），即

$$\begin{aligned}I_{\text{total}}(x_i,y_i,z_i)=&\iint\iint\text{TCC}(f_1,g_1,f_2,g_2)\cdot\mathrm{e}^{\mathrm{j}2\pi[(f_1-f_2)x_i+(g_1-g_2)y_i]}\\&M(f_1,g_1)\cdot M^*(f_2,f_2)\mathrm{d}f_1\mathrm{d}g_1\mathrm{d}f_2\mathrm{d}g_2\end{aligned} \tag{3-84}$$

$$\text{TCC}(f_1,g_1,f_2,g_2;f_s,g_s)=\iint Q(f_s,g_s)L(f_1,g_1;f_s,g_s)L^*(f_2,g_2;f_s,g_s)\text{d}f_s\text{d}g_s \tag{3-85}$$

$$L(f_1,g_1;f_s,g_s)=\boldsymbol{\Psi}_{\text{ex-pupil}}\cdot\text{RC}\cdot A\cdot\text{Def}\cdot H \tag{3-86}$$

3.3 光刻胶模型

光刻胶是光刻成像的承载介质，其作用是利用光化学反应的原理将光刻系统中经过衍射、滤波后的光信息转化为化学能量，进而完成掩模版图的复制。目前，集成电路生产中使用的光刻胶一般由聚合物骨架（polymer backbone）、光致酸产生剂（photo-acid generator，PAG）或光敏化合物（photo active compound，PAC）、溶剂，以及显影保护基团、刻蚀保护基团等其他辅助成分组成。光刻胶在光刻工艺过程中的主要过程可以分为以下几步。

（1）涂胶、匀胶——光刻胶被均匀涂覆在硅片上，此时的光刻胶是一个均匀的薄膜。

（2）曝光——光刻胶接收来自物镜的光信息，这些光在光刻胶中产生的干涉条纹强度分布激活了 PAG 或 PAC，PAG 或 PAC 按照一定的量子效率吸收光信息。

（3）烘烤——加速完成光刻胶中的扩散-去保护催化反应。

（4）显影——利用显影液对经过化学反应的光刻胶进行冲洗，获取预期的形貌。

在光刻仿真过程中，一般有两种模型描述光刻胶的上述过程，一种为简化模型——光刻胶阈值模型，另一种为严格模型——光刻胶物理模型。

3.3.1 光刻胶阈值模型

在光刻胶的曝光机烘烤过程中，光酸在一定温度下会发生扩散。这种扩散在光刻胶中可以催化去保护反应，使得光刻胶剖面的形貌变得陡直。由于扩散效应是随机的，所以这种由扩散导致的空间像对比度下降可以用一个高斯扩散来表示[12]

$$I_D(x_i',y_i',z_i')=\iiint\limits_{\infty}\left(\frac{1}{a\sqrt{2\pi}}\right)^3\text{e}^{-\frac{(x_i'-x_i)^2}{2a^2}-\frac{(y_i'-y_i)^2}{2a^2}-\frac{(z_i'-z_i)^2}{2a^2}}\cdot I_{\text{total}}(x_i,y_i,z_i)\text{d}x_i\text{d}y_i\text{d}z_i \tag{3-87}$$

式中，a 为扩散长度；$I_D(x_i',y_i',z_i')$ 代表经过扩散后的光强分布，该值在正性光刻胶中也等于扩散后的光酸浓度分布。

由于一般光刻胶的显影对比度很高，所以在光刻仿真中，显影过程可以近似使用阈值模型来表示，最简单的阈值模型就是二值化模型

$$Z=\begin{cases}0, & I_D(x_i',y_i',z_i')\geqslant \text{tr}\\ 1, & I_D(x_i',y_i',z_i')<\text{tr}\end{cases} \tag{3-88}$$

式中，tr 表示阈值；Z 表示显影后的光刻胶分布。可见，式（3-88）表示的是一个不连续的阶跃分布，在正性光刻胶的正显影工艺中，0 表示无光刻胶，1 表示存在光刻胶。

在光学邻近效应修正、光源掩模联合优化等需要求偏导数的场合，式（3-88）无法使用，此时需要利用 Sigmoid 函数建立光刻胶显影的阈值模型，一般的 Sigmoid 函数的定义式为

$$\mathrm{sig}(P)=\frac{1}{1+\mathrm{e}^{-a_r(P-\mathrm{tr})}} \tag{3-89}$$

式中，tr 表示阈值；P 表示输入的函数，在本文的场景中，P 为扩散后的光强分布 $I_D(x_i',y_i',z_i')$；a_r 表示 Sigmoid 函数的陡峭度，当阈值为 0.5 时，一维 Sigmoid 函数在不同陡峭度下的分布如图 3-22 所示。

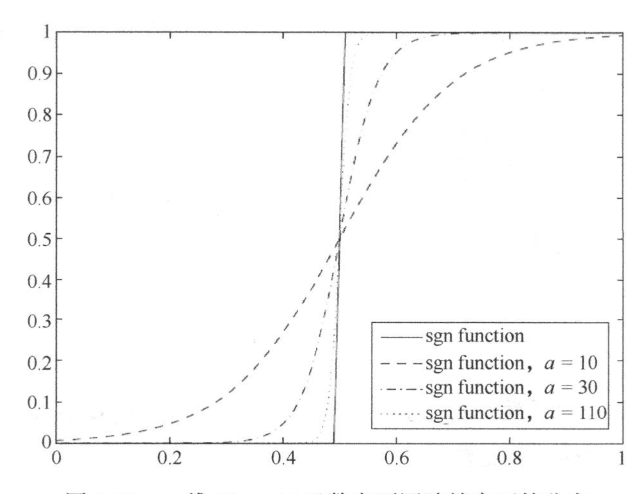

图 3-22　一维 Sigmoid 函数在不同陡峭度下的分布

3.3.2　光刻胶物理模型

光刻胶阈值模型具备模型简单、计算效率高等优势，但该模型在需要对光刻胶显影后形貌进行精确仿真的场合下并不适用，如光刻胶选型、工艺条件优化等。在上述场景中，光刻胶不一定完全适用于光刻工艺，此时需要采用物理模型才能得到准确的光刻胶显影后形貌。

以化学放大光刻胶为例，曝光时光化学反应被入射光场激发，光致酸产生剂分解产生光酸（三氟乙酸）及其他产物，光致酸产生剂的反应速率及光酸的浓度与局域的光强分布和曝光持续时间强相关。假设光刻胶中光致酸产生剂的浓度是[PAG]，随着曝光过程的持续进行，光致酸产生剂不断分解，其浓度也不断下降，这个过程可以描述为[13]

$$\frac{\mathrm{d[PAG]}}{\mathrm{d}t}=-C_1\cdot I\cdot[\mathrm{PAG}] \tag{3-90}$$

式中，C_1 是曝光常数；I 表示光刻胶中光学强度分布；t 为曝光时间。式（3-90）所述方程的解为

$$[\mathrm{PAG}]=[\mathrm{PAG}]_0\cdot\mathrm{e}^{-C_1\cdot I\cdot t} \tag{3-91}$$

式中，$[\mathrm{PAG}]_0$ 是曝光前光刻胶中的光致酸产生剂的浓度。由于光刻胶具有一定的吸收系数，

曝光光强是光刻胶中空间位置的函数。由式（3-91）可见，光致酸产生剂的浓度是曝光时间的函数，随着曝光时间的增加，曝光区域光致酸产生剂的浓度不断降低，光刻胶对光子的吸收能力也不断下降。由于光酸直接来自光致酸产生剂的分解，因此光酸的浓度分布可以表示为

$$[\mathrm{H}]=[\mathrm{PAG}]_0-[\mathrm{PAG}]=[\mathrm{PAG}]_0\cdot(1-\mathrm{e}^{-C_1\cdot I\cdot t}) \tag{3-92}$$

式中，[H]和[PAG]均为像空间坐标(x_i,y_i,z_i)和曝光时间t的函数。利用式（3-92），光刻光学强度分布被转化为光酸浓度分布，由于最终的光刻胶图形就来源于光酸的三维分布，因此这种光刻胶在曝光后的光酸浓度分布又被称为曝光三维潜像（latent 3D image）。

为了进一步催化光化学反应、降低光刻胶内部的驻波、提升光刻胶沿光轴方向分布的均匀性，光刻胶曝光后一般需要进行烘烤工艺（post exposure bake，PEB），PEB 一般称为后烘。在后烘工艺中，光酸的分子在光刻胶中扩散，达到聚合物上保护基团所在的位置，使之分解触发去保护反应、释放另一个酸分子。经过去保护反应后的聚合物能溶于显影液，且酸分子含量越高的位置，聚合物的保护基团就被分解得越多。假设[M]表示光刻胶中保护基团的浓度，那么

$$\frac{\mathrm{d}[\mathrm{M}]}{\mathrm{d}t}=-C_2\cdot[\mathrm{M}]\cdot[\mathrm{H}] \tag{3-93}$$

式中，C_2为去保护反应的系数。对上式进行求解，并根据光刻胶中去保护反应的特征，可以将光刻胶中去保护基团的浓度表示为

$$[\mathrm{P}]=[\mathrm{M}]_0-[\mathrm{M}]=[\mathrm{M}]_0\cdot(1-\mathrm{e}^{-C_2\cdot[\mathrm{H}]\cdot t_{\mathrm{PEB}}}) \tag{3-94}$$

式中，$[\mathrm{M}]_0$是曝光前光刻胶中去保护基团的浓度。去保护反应系数C_2实际代表了在给定酸浓度分布的情况下，去保护反应的概率。由于去保护反应是一个由温度激活的反应，因此C_2是一个和温度相关的量。

一般来说，去保护区域相比受保护区域有着更多的羟基，因此在水基溶液中有着更高的溶解速率，保护基团的浓度与显影速率呈负相关。在光刻胶的显影过程中，光刻胶中某处的显影速率r和该处的保护基团的浓度[M]有关。这种关系最初由经验公式来描述，常用的是 Dill 提出的经验公式，即

$$r(x,y,z)=\begin{cases}0.006\cdot\exp(F_1+F_2[\mathrm{M}]+F_3[\mathrm{M}]^2), & [\mathrm{M}]>-0.5\dfrac{F_2}{F_3}\\ 0.006\cdot\exp\left(F_1+\dfrac{F_2}{F_3}(F_2-1)\right), & \text{其他}\end{cases} \tag{3-95}$$

目前有两种比较成熟的模型来描述光刻胶显影过程中，保护基团的浓度和显影速率的数学表达关系，分别是 Mack 模型（mack model）和 Notch 模型（notch model）。

Mack 模型的原理式可以表示为

$$r = r_{\max}\frac{(a+1)\cdot(1-[\mathrm{M}])^{n}}{a+(1-[\mathrm{M}])^{n}} + r_{\min} \tag{3-96}$$

式中，r 表示显影速率；[M] 是式（3-93）中的保护基团浓度；$r_{\max}$ 和 $r_{\min}$ 分别表示光刻胶经过完全曝光和未曝光时的显影速率；n 代表使某处光刻胶分子溶于显影液所需要的去保护反应次数。

相似地，Notch 模型的原理式可以表示为

$$r = r_{\max}\cdot(1-[\mathrm{M}])^{n}\cdot\frac{(a_n+1)\cdot(1-[\mathrm{M}])^{\mathrm{n\_notch}}}{a_n+(1-[\mathrm{M}])^{\mathrm{n\_notch}}} + r_{\min} \tag{3-97}$$

$$a_n = \frac{\mathrm{n\_notch}+1}{\mathrm{n\_notch}-1}\cdot(1-[\mathrm{M}]_{\mathrm{TH\_notch}})^{\mathrm{n\_notch}} \tag{3-98}$$

式中，[M]、$r_{\max}$、$r_{\min}$ 和 n 代表的含义与式（3-96）中的相同；$[\mathrm{M}]_{\mathrm{TH\_notch}}$ 表示沿着保护基团浓度分布方向上 Notch 位置的浓度分布；n_notch 表示 Notch 的强度。

3.4　光刻光学成像的评价指标

前面给出了光刻系统各子单元的成像特征，以及光刻成像的理论和模型，而在实际的光刻成像中，常常涉及如何评价成像质量的问题。本节将介绍一些常用的评价光刻成像质量的指标，如关键尺寸、关键尺寸均匀性、对比度和图像对数斜率、掩模误差增强因子、焦深、曝光宽容度、工艺窗口和工艺变化带等。

3.4.1　关键尺寸及其均匀性

我们知道，3.3 节给出的光刻空间像将会进入光刻胶中，并在合适的曝光剂量下形成一定宽度的图形。评估这个宽度最直接的方法是采用空间像的图形宽度。考察一个理想的正性光刻胶，任何高于曝光剂量阈值部分对应的光刻胶将会被显影液去除。

特征尺寸可以定义为，在特定曝光强度阈值下所得到的光刻胶沟槽或线条的宽度，如图 3-23 所示。相似地，光刻空间像给出的是相对强度，那么光刻空间像的特征尺寸可以定义为在特定相对强度阈值下所得到的图形的宽度。

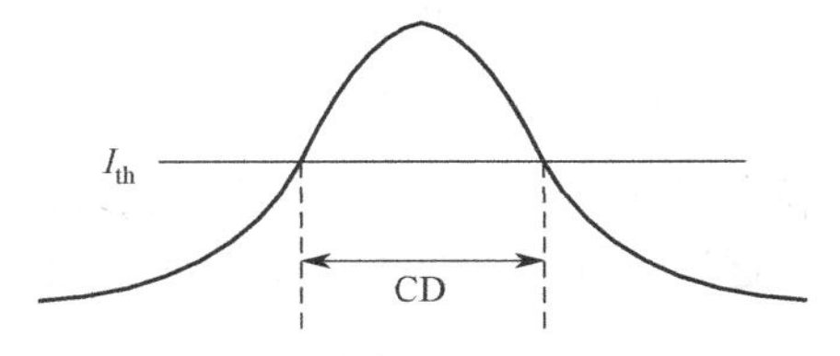

图 3-23　光刻成像结果的特征尺寸示意图

对于占空比为 1∶1 的密集线条图形，光刻系统所能分辨的最小特征尺寸又称为分辨率。

$$\mathrm{CD}_m = k_1 \frac{\lambda}{\mathrm{NA}} \tag{3-99}$$

式中，k_1 为光刻工艺因子。从上式可以看出，提高光刻成像分辨率有三种方法：减小曝光波长，提高投影系统数值孔径，减小光刻工艺因子。

以上给出了关键尺寸的定义，它表征了光刻成像的一维特征，而实际的光刻图形均为二维图形或有限长度的一维线条，为表征这些图形在二维上的成像质量，需要测量多个位置的特征尺寸，统计得出一个新的评价指标：关键尺寸均匀性（critical dimension uniformity）。

3.4.2 对比度和图像对数斜率

在成像领域，一个比较经典的表征指标是对比度。考察一个等宽度线条图形，这个图形的透光区域和不透光区域具有相同的宽度，如图 3-24 所示。

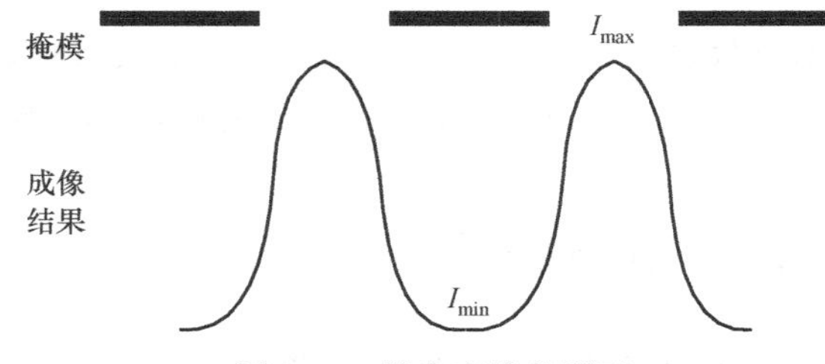

图 3-24　等宽度线条图形

等宽度线条图形成像的对比度由成像结果的最大值和最小值决定，即

$$\text{Image Contrast} = \frac{I_{\max} - I_{\min}}{I_{\max} + I_{\min}} \tag{3-100}$$

由于光刻成像的目标是在硅片上呈现掩模版的清晰的像，因此成像的最小值越小，则对比度越大。如果最小值为 0，则对比度为 1。

在光刻成像中，如果光刻胶图形线宽的控制对光刻性能影响更大，那么影响光刻结果的指标是成像强度分布在理想线宽边缘处的斜率。光刻成像的强度分布对坐标的斜率表征了坐标范围内的光刻成像变化趋势。为了方便起见，这个值一般需要归一化，归一化的因子为强度分布的值，即

$$\mathrm{ILS} = \frac{1}{I} \cdot \frac{\mathrm{d}I}{\mathrm{d}x} = \frac{\mathrm{d}\ln(I)}{\mathrm{d}x} \tag{3-101}$$

典型的图像对数斜率一般取掩模图形理想成像的边界处的值，如图 3-25 所示。

由于光刻胶图形中边缘位置（线宽）的变化一般表示为理想线宽的比例，因此理想成像位置处的图像对数斜率也可以通过乘以理想的线宽来进行归一化，即归一化图像对数斜率为

$$\mathrm{NILS} = w \frac{\mathrm{d}(\ln(I))}{\mathrm{d}x} \tag{3-102}$$

式中，w 表示理想线宽；NILS 被认为是评价光刻空间像质量的最佳指标。

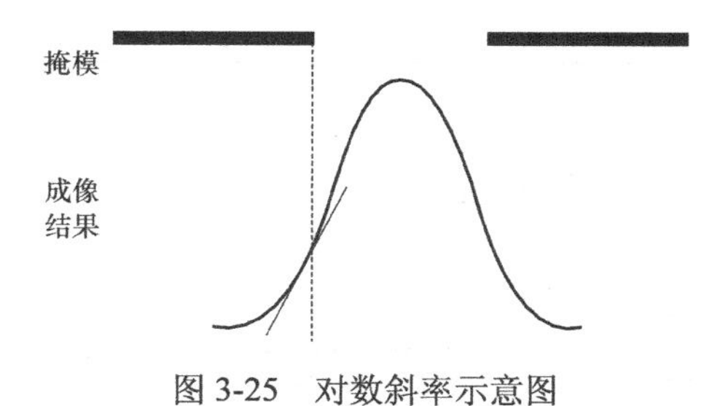

图 3-25　对数斜率示意图

3.4.3　掩模误差增强因子

如上所述，光刻成像的目标是将掩模版上的图像尽量不失真地复制到硅片表面的光刻胶中。因此，掩模版上图形变化极易影响光刻胶中成像的质量。随着光刻技术的不断发展，光刻系统可分辨的最小尺寸逐渐减小，此时掩模图形的微小误差有可能会对光刻胶中成像质量造成较大影响。研究表明，引起硅片上光刻胶图形的特征尺寸变化的因素中很大一部分来自掩模图形的特征尺寸误差。

为了定量地表示掩模上的特征尺寸误差对光刻胶中图形特征尺寸误差的影响程度，需要定义一个参数：掩模误差增强因子（mask error enhancement factor，MEEF）。根据 Wilhelm Maurer 在其论文中的表述，MEEF 定义为光刻胶中特征尺寸的变化率同掩模特征尺寸的变化率的比值[4]。

$$\mathrm{MEEF}=\frac{\partial(\mathrm{CD}_{\mathrm{resist}})}{\partial(\mathrm{CD}_{\mathrm{mask}})} \tag{3-103}$$

式中，$\mathrm{CD}_{\mathrm{mask}}$ 和 $\mathrm{CD}_{\mathrm{resist}}$ 均为光刻系统像方维度的量。图 3-26 和图 3-27 所示为光刻胶曝光结果的 CD 值随掩模图形 CD 的变化趋势，以及根据该趋势得到的 MEEF 值的分布[4]。

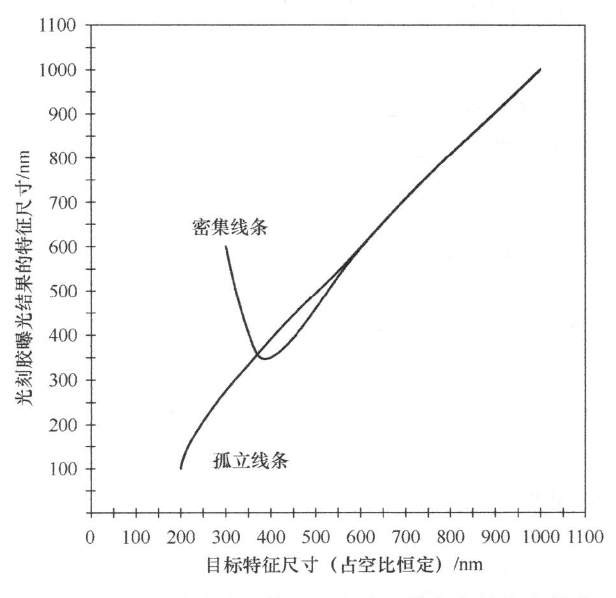

图 3-26　光刻成像结果的 CD 值随掩模宽度的变化趋势

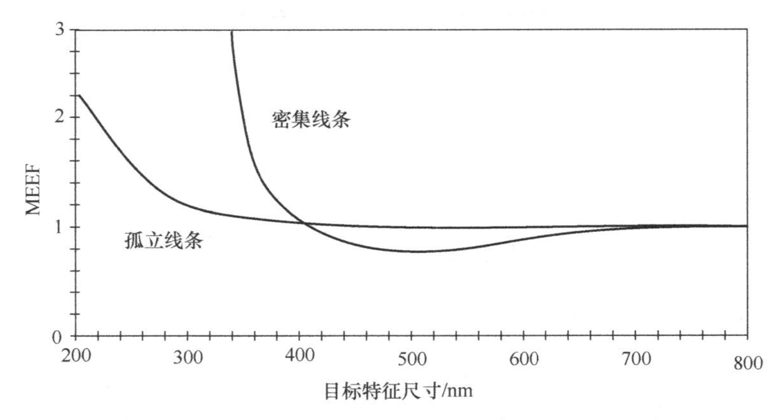

图 3-27 根据该趋势得到的 MEEF 值的分布

从图 3-27 中可以看出，对于 CD 为 300 nm 的孤立线条，MEEF 值为 1.4，这代表掩模特征尺寸上 10 nm 的误差将会导致光刻胶图形的特征尺寸发生 14 nm 的误差。

3.4.4 焦深与工艺窗口

在投影光学光刻系统中，对于给定的特征尺寸，能保证线条质量所允许的成像位置偏离最佳焦面位置的范围定义为焦深。对于光刻工艺，焦深越大，则对光刻图形的曝光越有利。焦深同曝光波长及投影物镜的数值孔径的关系如下

$$\mathrm{DOF} = k_2 \frac{\lambda}{\mathrm{NA}^2} \tag{3-104}$$

式中，k_2 为焦深工艺因子。随着焦面位置的变化，曝光线条的质量也随之变化，这样必然存在一个曝光线条质量最好的位置，这个位置称为最佳焦面，实际成像面偏离最佳焦面的值称为离焦量。

光刻工艺的目的是将掩模版上的图形复制到具有一定厚度的光刻胶中，为了得到侧壁陡直的线条，成像强度在光刻胶厚度范围要尽量一致，这就要求投影光刻的焦深大于光刻胶的厚度。

联系到光刻分辨率的公式，焦深的表达式可以改写为

$$\mathrm{DOF} = \frac{k_2}{k_1^2} \frac{(\mathrm{CD})^2}{\lambda} \tag{3-105}$$

可以看出，通过减小光刻工艺因子和曝光波长可以扩大焦深。而曝光波长受到光刻系统的限制，增加焦深可行性的方式就是降低 k_1，一般通过采用离轴照明、相移掩模、光学邻近效应修正等分辨率增强技术来实现。

以上给出了理想曝光情形下的焦深表达式，以及扩大焦深的方式，并未涉及曝光剂量的问题。在实际的光刻工艺中，不同图形对应的最佳曝光剂量是不同的，且最佳焦面位置

容易受到像差、掩模三维效应等影响产生一定的变化。为了准确地得到最佳曝光剂量和最佳焦面位置，需要对相同的掩模图形在不同的曝光剂量和不同离焦量情形下进行曝光，将所得的光刻胶特征尺寸用点列图表述成泊松曲线的形式，如图 3-28 所示。

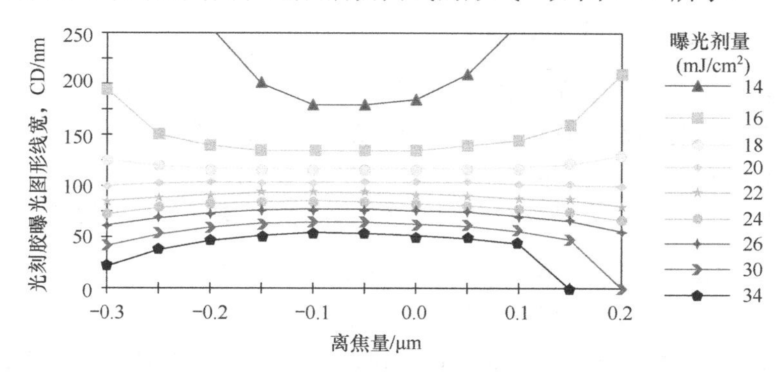

图 3-28　光刻成像的泊松曲线示意图

光刻曝光图形的特征尺寸随着曝光剂量及离焦量的变化存在较大的起伏。在实际的光刻工艺中，集成电路芯片的电学性能是允许光刻曝光图形的特征尺寸存在一定误差的，这个可允许的误差范围通常是±10%CD。按照这个标准，将图 3-28 中标出符合条件的点，并将其连线，可以得到图 3-29 所示的工艺窗口。

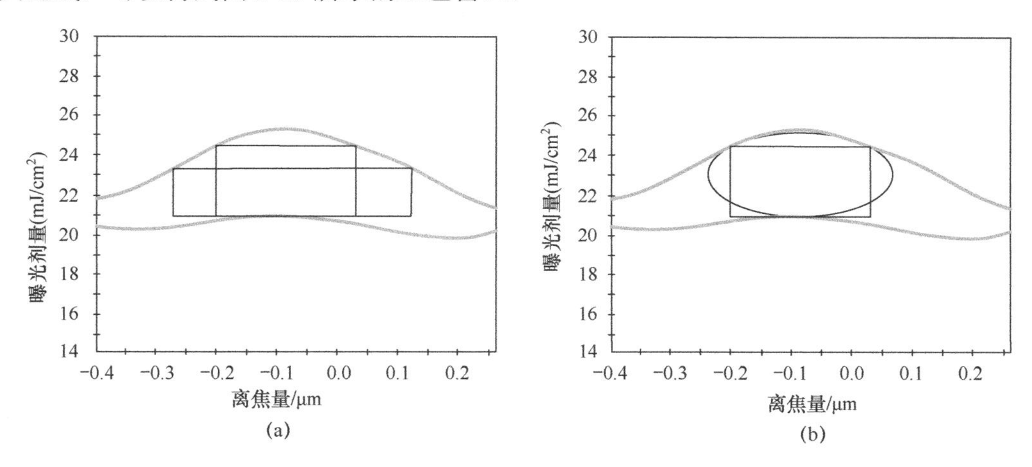

图 3-29　工艺窗口示意图

图中所示的曲线所能允许的最大矩形或椭圆包络的部分称为工艺窗口。对于矩形的工艺窗口，容易出现多个面积相同的窗口，如图 3-29（a）所示，两个矩形窗口分别可以解读为在给定的曝光剂量变化范围内所能得到的最大焦深（固定矩形的高度，获得最大的矩形宽度），以及在给定的焦深范围内所能得到的曝光剂量变化范围（固定矩形宽度，获得最大的矩形高度）。为了避免这种歧义，光刻工艺中一般采用椭圆工艺窗口给出工艺变化的范围，如图 3-29（b）所示，此时在封闭区域内，只能得到一个面积最大的椭圆。需要说明的是，图 3-29 中所表示的矩形或椭圆都是在由两条曲线构成的封闭区域内画出的，这两条曲线表示在不同的焦面位置，分别满足 CD（1+10%）和 CD（1−10%）两种条件下的曝光剂量。在实际的光刻工艺中，一般衡量工艺窗口的标准是曝光剂量在 5%变化情况下的焦深值（即固定椭圆的 *Y* 轴长度，衡量椭圆的 *X* 轴长度），这个值越大表示工艺窗口越大。

3.4.5 工艺变化带（PV-band）

在实际光刻工艺中，工艺条件会偏离预设位置，如曝光剂量及投影物镜焦面位置。为了表征图形的光刻成像性能对这种工艺条件变化的响应度，光刻成像领域定义了工艺变化带（process variation band，PV-Band）的概念。PV-Band 定义为掩模图形在一定的工艺变化范围内进行光刻曝光时，在光刻胶中得到的最外侧曝光轮廓和最内侧曝光轮廓的差值。

典型的工艺变化带如图 3-30 所示，图中针对接触孔结构给出了三种曝光轮廓，最内侧的圆代表了光刻曝光时在不同工艺条件下得到的最小轮廓，中间的圆代表了光刻曝光时在不同工艺条件下得到的最佳轮廓，最外侧的圆代表了光刻曝光时在不同工艺条件下得到的最大轮廓，最大轮廓与最小轮廓的差值即为该接触孔结构在这种光刻条件下的 PV-Band。一般而言，某种图形的 PV-Band 越大，代表这种图形对工艺变化的敏感度越高、容忍度越低。

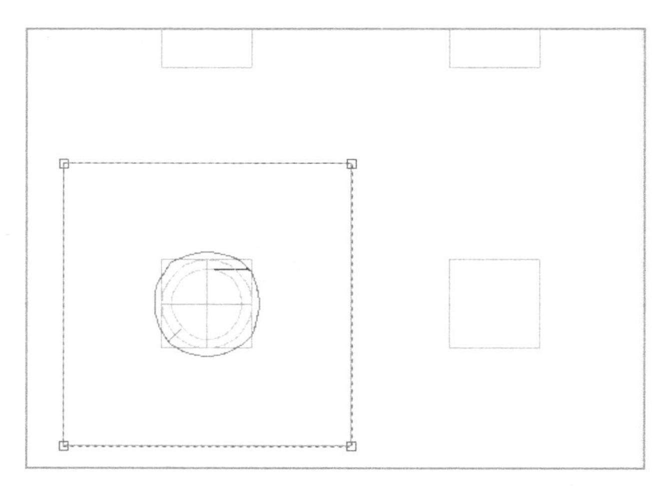

图 3-30 典型的工艺变化带

本章参考文献

[1] 吕乃光. 傅里叶光学[M]. 北京：机械工业出版社, 2006.

[2] 余国彬. 百纳米级微细图形投影光学光刻偏振成像原理及方法研究[D]. 北京：中国科学院光电技术研究所, 2006.

[3] 董立松. 矢量光刻成像理论与分辨率增强技术[D]. 北京：北京理工大学, 2014.

[4] Mack C A. Fundamental Principles of Optical Lithography: The Science of Microfabrication [M]. Chichester: John Wiley & Sons, Ltd., 2007.

[5] 姚汉民，胡松，刑廷文. 光学投影曝光维纳加工技术 [M]. 北京：北京工业大学出版社, 2006.

[6] Erdmann A, Evanschitzky P. Rigorous electromagnetic field mask modeling and related lithographic effects

in the low k1 and ultrahigh numerical aperture regime [J]. J. of Micro/Nanolith. MEMS MOEMS, 2007, 6(3): 031002.
[7] 徐象如. 高数值孔径投影光刻物镜像质补偿策略与偏振像差研究 [D]. 北京：中国科学院大学长春光学精密机械与物理研究所, 2017.
[8] McIntyre G, Kye J, Levinson H J, et al. Polarization aberrations in hyper-numerical aperture projection printing: a comparison of various representations [J]. J. Microlith., Microfab., Microsyst., 2006, 5(3): 033001.
[9] Flagello D G. High numerical aperture imaging in homogeneous thin films [D]. Arizona: University of Arizona, 1993.
[10] Socha R. Propagation Effects of Partially Coherent Light in Optical Lithography and Inspection [D]. California: University of California, Berkeley, 1997.
[11] Wong A K. Optical Imaging in Projection Microlithography [M]. Bellingham, Washington: SPIE Press. 2005.
[12] 伍强，等. 衍射极限附近的光刻工艺[M]. 北京：清华大学出版社, 2020.
[13] 韦亚一. 超大规模集成电路先进光刻理论与应用[M]. 北京：科学出版社, 2016.

第 4 章

分辨率增强技术

在光学成像领域，分辨率是衡量分开相邻两个物点的像的能力。按照几何光学理论，光学系统没有像差时，每个物点应该产生一个锐利的点像。但是由于衍射现象的存在，实际的成像结果总是一个有限大小的光斑。如果两个光斑（衍射图样，也称为艾里斑）发生了重叠，那么二者中心强度极大值的位置靠得越近，就越难以分辨出这两个物点。为了定量判断两个物点的靠近程度，瑞利提出了一个简单的判据

$$R_{\mathrm{r}} = 0.61\frac{\lambda}{\mathrm{NA}} \tag{4-1}$$

瑞利判据指出，当两个艾里斑中的一个艾里斑主极大的位置与另一个艾里斑第一个零值点位置重合时，这两个艾里斑处于可分辨的极限，如式（4-1）中的 R_{r}。其中，λ 为照明光波长，NA 为成像系统数值孔径。

斯派洛于 1916 年将可分辨的极限点定义为光学系统调制传递函数（MTF，详细定义参见第 3 章）等于零的位置，提出了斯派洛判据

$$R_{\mathrm{s}} = 0.5\frac{\lambda}{\mathrm{NA}} \tag{4-2}$$

需要指出的是，瑞利判据常用来评判成像的质量，而并非用于评判光刻成像。光刻成像与传统成像的最大区别：光刻系统是在光刻胶中成像的。光刻胶是一种高对比度的成像介质，即使光学干涉结果的调制度较差，仍然可以在光刻胶中得到对比度较高的成像结果。因此，在某些曝光条件下，虽然光学分辨率已经到达了瑞利判据所给出的分辨极限以下，但在光刻胶中依然可以呈现较好的结果。由于斯派洛判据是根据 MTF 等于零的标准来制定的，因此当分辨率在斯派洛判据以下时，调制度为 0 光刻胶中也无法得到清晰的可分辨的像。

光刻成像的分辨率由下式给出

$$R_{\mathrm{litho}} = k_1\frac{\lambda}{\mathrm{NA}} \tag{4-3}$$

式中，R_{litho} 为光刻系统可分辨的图形周期；k_1 为工艺因子，其理论最小值为 0.5。R_{litho} 的值越小代表分辨率越高。从式（4-3）可以看出，提高分辨率（降低 R_{litho} ）的途径主要有三个：

（1）缩短曝光波长；
（2）增大曝光系统的数值孔径；
（3）减小工艺因子 k_1 。

事实上，光刻曝光波长已经经历了 G 线（435 nm）、I 线（365 nm）、KrF（248 nm）和 ArF（193 nm）的深紫外波段的发展历程，目前具备 13.5 nm 波长的极紫外光刻机已经投入到工业生产中。同样，光刻投影物镜的数值孔径也经历了从 0.4 到 0.93 的发展历程。为了进一步的提高 ArF 光刻机的数值孔径，产业化的光刻机中晶圆和投影物镜最后一面镜头之间直接填充了去离子水，将数值孔径提高到 1.35。目前，浸没式 ArF 光刻机是先进半导体生产中的主流设备。对于极紫外光刻系统，由于反射式投影物镜系统的特征，目前最新的光刻机中，数值孔径已经可以达到 0.33。表 4-1 中给出了光刻系统波长减小及数值孔径增大的历史数据[1]。

表 4-1 光刻系统波长减小及数值孔径增大的历史数据

年份	分辨率/nm (hp)	波长/nm	数值孔径
1986	1200	436	0.39
1988	800	436/365	0.44
1991	500	365	0.50
1994	350	365/248	0.56
1997	250	248	0.62
1999	180	248	0.67
2001	130	248	0.70
2003	90	248	0.75/0.85
2005	65	248/193	0.93
2007	45	193	1.20
2009	38	193	1.35
2010	27	13.5	0.25
2012	22	13.5	0.33
2013	16	13.5	0.33

减小波长和增加数值孔径虽然可以明显地提高光刻成像的分辨率，但是这两种途径会受到激光器、材料、加工能力等因素的制约。光刻分辨率的提高还可以通过优化光刻工艺参数来实现，如光照条件的设置、掩模版的设计、光刻胶工艺等，这些工艺参数对分辨率的改变都体现在工艺因子 k_1 中。降低工艺因子 k_1 的技术称为分辨率增强技术（resolution enhancement techniques，RET）。

由光学理论可知，一束光包含了振幅、相位、偏振态（电场的振动方向）和传播方向等信息，如图 4-1 所示。

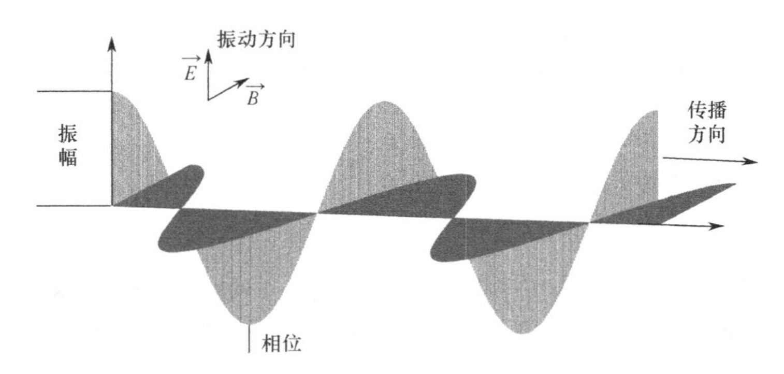

图 4-1　一束光所包含的信息[2]

光刻分辨率增强技术是通过改变与控制光的以上四种信息，使光刻胶上获得比传统条件下更细小图形结构的技术[3]，如离轴照明（off-axis illumination，OAI）技术可以改变光波的传播方向，相移掩模（phase shift mask，PSM）技术可以改变光波的振幅和相位，光学邻近效应修正（optical proximity correction，OPC）技术可以改变光波的振幅，光源-掩模联合优化（source mask optimization，SMO）不仅改变了光波的传播方向，而且改变了光波的振幅和相位。

4.1　传统分辨率增强技术

4.1.1　离轴照明

阿贝于 1873 年发现利用倾斜入射的光线照明待测物体时，可以将显微成像的分辨率提高 2 倍。这种倾斜照明的方法同样适用于光刻成像，并最早于 20 世纪 90 年代被引入到光刻领域。为了与照明光源点处于光轴的“在轴照明”相区分，这种倾斜又称为离轴照明。离轴照明的原理是通过改变照明光入射到掩模上的入射角，达到扩展投影系统的截止频率对应的图形尺寸提高光刻系统分辨率的目的。

根据信息光学理论可知，光线通过物体衍射时，衍射频谱中的高频部分会包含更多的物体的细节信息，并且衍射频谱的分布会随着入射角的移动而发生平移。对于光栅形式的物体，其衍射谱的分布以 0 级衍射谱为中心，左右对称分布。在投影光刻系统中，由于物镜系统存在低通滤波效应，掩模的衍射谱中只有一部分能够被物镜接收并在像面上干涉成像。对于轴上点光源照明的情形，当光栅形式掩模图形的周期使得其 1 级衍射光正好位于投影物镜口径的边缘时，该光栅图形的半周期即为光刻系统可分辨的最大分辨率，如图 4-2 所示。当光栅的半周期小于这个值时，1 级衍射光落在投影物镜口径之外，只有 0 级光通过投影物镜，无法在像面上干涉成像。

在轴上点光源照明下，投影系统的截止频率为 NA/λ。因此在这种情况下，光刻成像的理论分辨率极限为

$$R_{\mathrm{on}} = \frac{p_{\min}^{1}}{2} = \frac{\lambda}{2\mathrm{NA}} \tag{4-4}$$

式中，$p_{\min}^1$ 表示轴上点光源照明时，光刻系统可以分辨的理论最小周期。对于轴外点光源照明的情形，由于入射到掩模版上的光线相对于法线产生了一个夹角，此时光栅类型的掩模图形的衍射频谱也发生了平移。可见，此时对于同样的周期为 $p_{\min}^1$ 的光栅线条，1 级衍射光向光瞳中心移动，如图 4-2 所示。当光栅周期的变化使得 2 级衍射光正好位于投影物镜口径的边缘时，该光栅图形的半周期即为光刻系统轴外点光源照明下的最高分辨率 $\frac{p_{\min}^2}{2}$。

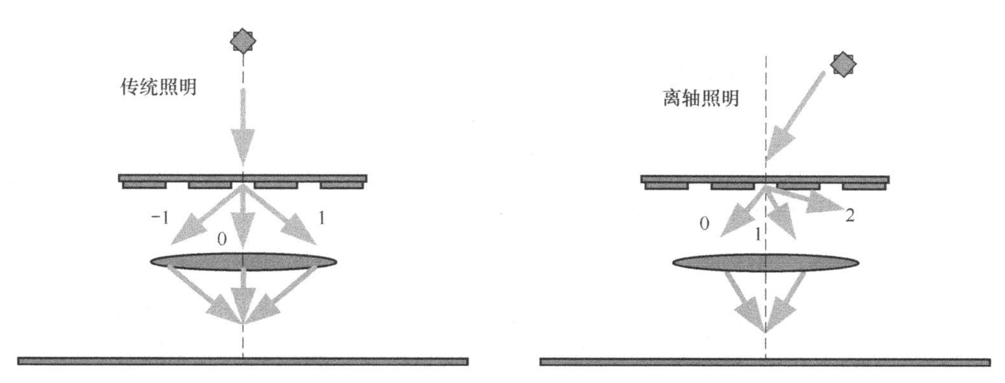

图 4-2　传统照明与离轴照明对比示意图

$$R_{\text{off}} = \frac{p_{\min}^2}{2} = \frac{\lambda}{4\text{NA}} \tag{4-5}$$

可见，通过采用轴外点光源照明，工艺因子 k_1 的理论极值从 0.5 降低为 0.25，光刻成像的理论分辨率提高了 2 倍。

轴上点光源离轴照明技术的另一个优点是可以明显地改善焦深，扩大工艺窗口。以周期性光栅图形为例：在传统照明条件下，有三光束参与干涉成像，在离焦位置处，由于三束光到达像平面经历的光程不同，所以它们之间存在相位差。当这种相位差达到 90° 时，光束间不会发生干涉，像平面没有任何图形。相位差的存在使焦深受到很大限制。对于同样的图形，离轴照明采用双光束成像且两光束同光轴的夹角小于轴上点光源照明的情形，减少了离焦带来的相位差，可以有效地提高焦深。当两束光以对称于主光轴的角度入射到硅片上时，无论像平面处于何处，相位差均为 0，理论上在这种情况下可以得到无限焦深。但在实际系统中，由于像场空间频率是连续分布的，成像光束间始终存在相位差，使用离轴照明技术只可以适当地降低相位差，而不会完全避免相位差的影响，因此焦深不可能无限大，如图 4-3 所示。

为了更清晰地描述离轴照明对光刻分辨率和焦深的贡献，上述分析均是针对点光源相干照明的情形。在实际的光刻工艺中，光刻机内是采用部分相干光源对掩模版进行照明的。如第 3 章所述，决定部分相干照明类型的变量称为部分相干因子 σ，其定义为照明光束与光轴最大夹角的正弦与投影物镜物方 NA 的比值。

$$\sigma = \frac{n\sin(\theta_m)}{n\sin(\theta)} = \frac{\text{有效光源半径}}{\text{投影物镜入瞳半径}} \tag{4-6}$$

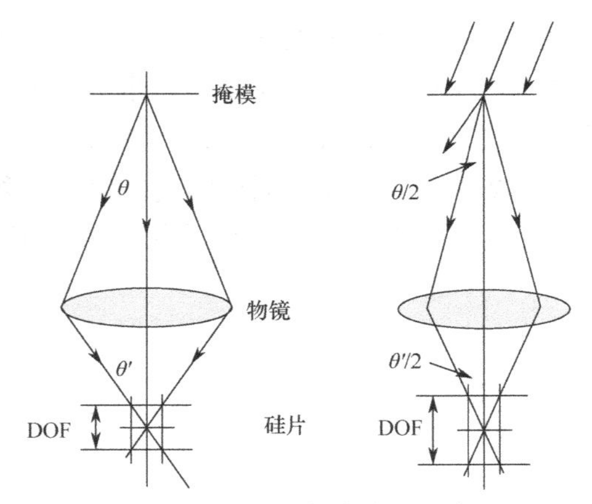

图 4-3　离轴照明提高焦深示意图

光刻机中常用的部分相干照明方式如图 4-4 所示。

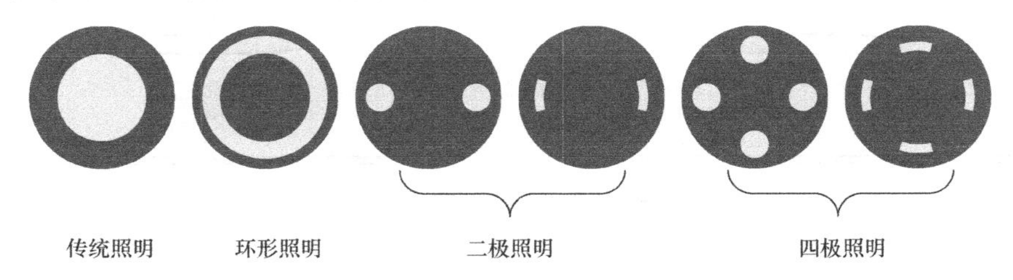

图 4-4　光刻机中常用的部分相干照明方式

除传统照明外，其他几种照明方式均称为离轴照明，且传统照明中包含了轴上点光源和离轴照明。对于部分相干因子为 σ 的典型传统照明，其理论分辨率极限为

$$R_{\mathrm{tr}}=\frac{\lambda}{2\mathrm{NA}(1+\sigma)} \tag{4-7}$$

在光瞳面，其衍射谱分布如图 4-5 所示。

在图 4-5 中，中心点在原点处的较大的圆表示投影物镜的接收口径，其半径代表投影物镜的截止频率。从图 4-5 中可以看出，1 级和−1 级衍射频谱中只有阴影所示的部分才能通过投影物镜并和 0 级衍射频谱中相对应的部分进行干涉成像，其余部分均处于投影系统的接收孔径以外。而 0 级衍射频谱中除阴影所示以外的部分均只能在像面上产生直流分量，降低成像的对比度。可以预见，去除部分光源中除阴影以外的部分将会极大地提高成像对比度。

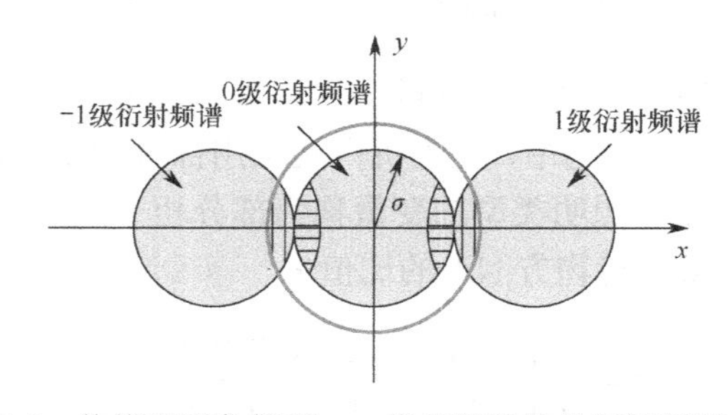

图 4-5　传统照明条件下，一维光栅结构的衍射频谱分布

图 4-6 所示即为离轴照明中常见的环形照明条件下，一维光栅结构的衍射频谱分布。相比于部分相干因子为 σ 的传统照明，该环形照明的理论分辨率仍然为

$$R_{\text{Annu}} = \frac{\lambda}{2\text{NA}(1+\sigma)} \tag{4-8}$$

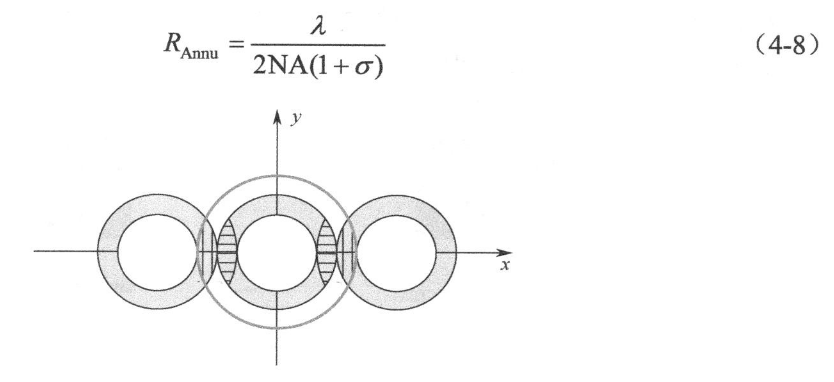

图 4-6　环形照明条件下，一维光栅结构的衍射频谱分布

从上述分析可知，当传统照明和离轴照明具有相同的部分相干因子 σ 时，二者的理论分辨率极限是相等的，但因为离轴照明去除了更多的成像结果中的直流分量，所以其成像结果具有更高的对比度。

在实际的光刻工艺中，对于传统照明，部分相干因子一般小于 0.5，而离轴照明的部分相干因子一般大于 0.5。因此，在这个前提下，离轴照明可以提高光刻成像的分辨率和焦深。

4.1.2　相移掩模

传统的掩模由透光区域和阻光区域组成，透光区域具有相同的厚度，光通过透光区域后具有相同的相位。由于该掩模的透光率只有 0 和 1 两种情况，因此这种掩模又称为双极型掩模（binary mask）。铬双极型掩模是最早出现、也是使用最多的一类掩模，被广泛应用于 365～193 nm 的光刻工艺中。近年来，为了降低掩模三维效应提出的不透明的 MoSi 掩模（opaque MoSi on glass，OMOG）也属于双极型掩模，OMOG 被广泛应用于 32 nm 及以下技术节点关键光刻层的掩模生产中。双极型掩模的结构及其在硅片上得到的电场及强度分布如图 4-7（a）所示。

可以看出，由于透过双极型掩模中相邻透光区域的光线具有相同的相位，二者在阻光区域对应的像面位置处会发生相长干涉，降低了成像结果的对比度。

相移掩模是一项通过改变光束相位来提高光刻分辨率的技术，早在 1896 年，瑞利在他的论文中就论证了相位分别为 0°和 180°的光线之间的相消干涉效应[4]，此后在很多领域都出现了对相移技术的应用。第一次把相移技术应用于光刻领域的是在 1980 年，日本 Nikon 公司的 Hank Smith 提出了相移掩模的概念，美国的 Levenson 等人不仅独立形成了相移掩模的概念，把它变成了实际的掩模，而且还利用这种相移掩模做了大量的仿真和实验[5]。

相移掩模基本原理是通过改变掩模结构，使得透过相邻透光区域的光波产生 180°的相

位差，二者在像面上特定区域内会发生相消干涉，减小光场中暗场的光强，增大亮区的光场，以提高对比度，改善分辨率，如图 4-7（b）所示。可以看出，由于通过相邻透光区域的光线具有 180°的相位差，所以相邻透光区域在像面上的电场具有相反的分布形式，这对于提高成像对比度具有重要的作用。

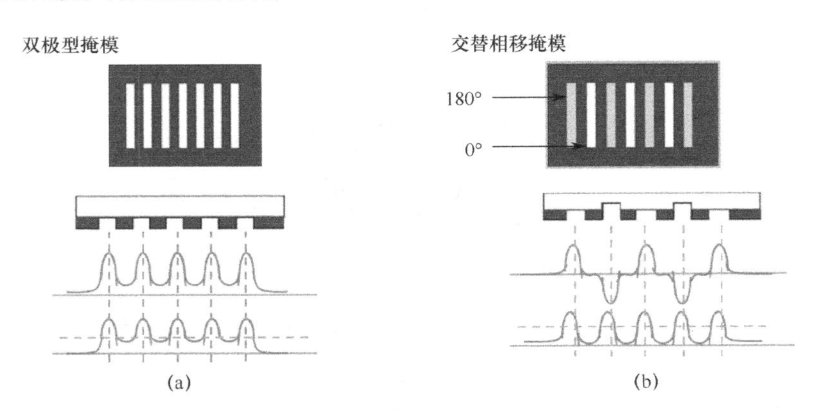

图 4-7　典型的掩模结构及其衍射场分布

下面以典型的交替型相移掩模为例，从掩模的频谱分布的角度对双极型掩模和相移掩模进行比较。假设掩模上光栅的周期为 p，阻光区域的宽度为 d，在掩模的衍射近场分布服从基尔霍夫近似的条件下，双极型掩模的频谱分布为

$$F_{\mathrm{BM}}=\frac{(p-d)}{p}\sin\mathrm{c}[f(p-d)]\sum_{n=-\infty}^{+\infty}\delta(f-\frac{n}{p}) \qquad n\in \tag{4-9}$$

式中，f 为光瞳坐标；n 为衍射级次。而相移掩模的频谱分布为

$$F_{\mathrm{Alt}}=\frac{(p-d)}{p}\sin\mathrm{c}[f(p-d)]\sin(\pi fp)\sum_{n=-\infty}^{+\infty}\delta(f-\frac{n}{2p}) \qquad n\in \tag{4-10}$$

根据以上两式得到的两种掩模频谱分布如图 4-8 所示。

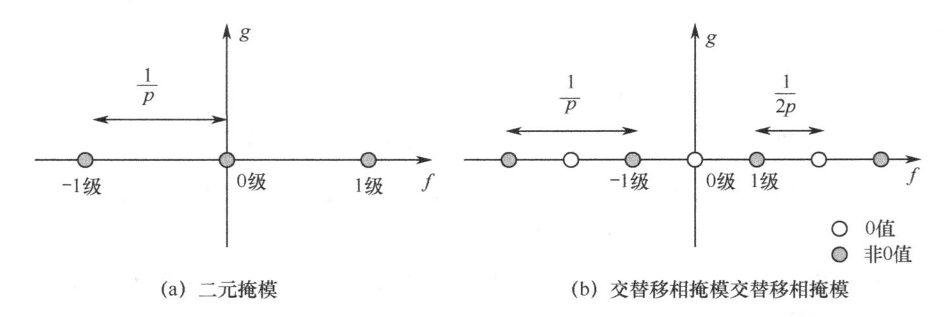

图 4-8　双极型掩模和相移掩模的频谱分布

从对两种掩模的频谱分析可知，传统掩模的频谱间距相比于相移掩模扩大 2 倍，在相同的波长和投影系统条件下，交替相移掩模允许光栅图形的周期进一步缩小，提高了成像的分辨率。此外，交替相移掩模的 0 级和偶数级次衍射谱的值为 0，由于 0 级衍射光的缺

失，在像面上不存在直流分量，可以进一步提高成像的对比度。

虽然对于一维掩模图形，交替相移掩模可以提高光刻成像的分辨率和焦深，但是对于二维图形，交替相移掩模需要结合一个辅助掩模一起使用。首先使用交替相移掩模曝光得到高分辨率的图形，再使用一个双极型的修剪掩模（trim mask）曝光实现较大周期的图形并去除不需要的图形。由于修剪掩模的存在，交替相移掩模在产业化应用中存在以下技术问题：

（1）修剪掩模和交替相移掩模的曝光结果必须对准。

（2）给光学邻近效应修正带来了困难，单层光刻图形在两个掩模版上的分配难以做到标准化和规范化。

（3）两个掩模版所需的曝光条件不一致，交替相移掩模需要较小部分相干因子的传统照明，而修剪掩模需要离轴照明[1]。

由于交替相移掩模存在以上缺点，所以这种类型的掩模并没有在产业化生产中得到广泛使用。实际应用最多的是衰减型相移掩模。衰减型相移掩模是在石英基底表面沉积一层部分透光的 MoSi 材料，使得透过该部分的光线既发生了强度的衰减，又产生了 180°的相移。

衰减型相移掩模被广泛应用于 248 nm、193 nm 干式和 193 nm 浸没式的光刻工艺中。通常衰减型相移掩模中 MoSi 的透光率控制在 4%～15%，而大部分的半导体制造厂商都采用 6%。衰减型相移掩模的频谱分布为

$$F_{\mathrm{Att}}=\left\{\frac{p-d}{p}\sin\mathrm{c}[(p-d)\cdot f]-t\frac{d}{p}\sin\mathrm{c}(d\cdot f)\cdot\mathrm{e}^{-\mathrm{j}\pi pf}\right\}\cdot\sum_{-\infty}^{\infty}\delta(f-\frac{n}{p})\quad n\in \tag{4-11}$$

从上式可以看出，衰减型相移掩模相比于双极型掩模并没有改变衍射级次频谱点的位置，而是在降低了 0 级衍射谱强度的同时，提高了 1 级衍射谱的强度，达到了降低直流分量，提高成像对比度的目的。

总体来说，交替相移掩模是一种强相移掩模，必须在较小部分相干因子的传统照明条件下才能得到最佳的效果，而双极型掩模和衰减型相移掩模都必须使用离轴照明才能得到最大的分辨率和聚焦深度。表 4-2 归纳了不同类型的掩模所需要的光照条件及其所能实现的最小工艺因子[1]。

表 4-2　不同类型的掩模所需要的光照条件及其所能实现的最小工艺因子

	Cr 双极型	Cr 双极型离轴照明	Att.PSM	Att.PSM 离轴照明	Alt.PSM
掩模种类					
投影物镜光瞳上的衍射谱分布					
k_1 因子的极限值	$\frac{1}{2(1+\sigma)}$	0.25	$\frac{1}{2(1+\sigma)}$	0.25	0.25

注：表中只考虑了 0 级和±1 级衍射光成像。

4.2 多重图形技术

斯派洛判据式（4-2）指出，对于数值孔径 NA 为 1.35 的 193 nm 浸没式光刻机，一维周期线条结构的理论极限分辨率为 71.5 nm。考虑到实际掩模结构中存在变周期图形，为兼顾工艺窗口，量产工艺所允许的单次光刻最小周期一般为 80 nm（金属图层）、76 nm（鳍型层或栅极层）。对于更小周期的图形制造工艺，则需要使用多重图形成像技术，即将设计版图拆分为多个版图，使每一个版图的最小尺寸周期均符合单次光刻的极限分辨率的要求。在量产工艺中，使用最多的多重图形成像技术为双重或多重“光刻-刻蚀”技术、自对准成像技术（又称“侧墙转移技术”）。此外，兼顾图形成像质量和套刻偏差，裁剪（Cut 或 Block）技术成为多重图形技术的重要组成部分。

在研发或某些图层的量产工艺中，还使用了其他多重图形成像技术，例如，采用两次双极照明的双重曝光技术、固化第一次图形的双重曝光技术、光刻胶双重显影技术等，详见参考文献[1]。

不同技术节点及其使用的图形工艺技术简表如表 4-3 所示。

表 4-3 不同技术节点及其使用的图形工艺技术简表

工艺节点	图层	结构	最小周期/nm	方向	图形工艺
22 nm FinFET*	Fin 鳍型层	线条	60	单方向	SADP+Cut
	第一金属层（M1）	沟槽	90	双方向	LE
	最小金属层	沟槽	80	单方向	LE
20 nm Planer	栅极层	线条	86 或 90	单方向	LE
	最小金属层	沟槽	64	单方向	LELE
16 nm FinFET	鳍型层	线条	48	单方向	SADP+Cut
	栅极层	线条	90	单方向	LE
	M1	沟槽	64	双方向	LELE
	Metal 1x	沟槽	64	单方向	LELE
14 nm FinFET	鳍型层	线条	42（Intel） 48（其他）	单方向	SADP+Cut
	栅极层	线条	70（Intel） 78/80 （其他）	单方向	SADP（Intel） LE（其他）
	最小金属层	沟槽	52（Intel） 64 （其他）	双方向或单方向	SADP+Block（Intel） LELE（其他）
10 nm FinFET	鳍型层	线条	34（Intel） 33（TSMC） 42（Samsung）	单方向	SAQP（Intel） SAQP（TSMC） SADP（Samsung）
	栅极层	线条	54（Intel） 66（TSMC） 68（Samsung）	单方向	SADP+Cut SADP+Cut SADP+Cut

（续表）

工艺节点	图层	结构	最小周期/nm	方向	图形工艺
10 nm FinFET	最小金属层	沟槽	36（Intel） 44（TSMC） 48（Samsung）	单方向	LELELE（Intel） LELE+Cut （TSMC） LELE+Cut（Samsung）
7 nm FinFET	鳍型层	线条	30（TSMC） 27（Samsung）	单方向	SAQP+2Cut
	栅极层	线条	57（TSMC） 54（Samsung）	单方向	SADP+Cut
	最小金属层	沟槽	40（TSMC） 36（Samsung）	单方向	SADP+ 3 Block SAQP+ 3 Block

* FinFET：鳍型场效应晶体管

4.2.1　双重及多重光刻技术

双重光刻（LELE 或 LE^2）技术和多重光刻（LE^n）技术是实现关键尺寸小于单次光刻极限的非常重要的光刻技术之一。双重光刻技术将设计版图拆分后放到两块掩模上，先后进行光刻和刻蚀等操作，将光刻图形转移到硬掩模层。两次光刻和刻蚀工艺之后，再统一转移至目标图层。多重光刻技术将设计版图拆分到 n 块掩模上，并分别进行光刻和刻蚀。n 值越大对工艺的要求越高，特别是套刻对准精度。

1. 双重光刻技术

双重光刻（lithography etch lithography etch，LELE）技术多用于包含不规则排列光刻结构的工艺实现，其可以实现周期从 80 nm 到 44 nm 的核心图形。LELE 技术是金属层和接触孔图层最常用的工艺技术，其拆分方法直观、掩模数量需求较少、对图层的设计规则要求相对宽松。另外，在鳍型层、栅极层工艺中，LELE 技术充当了结构裁剪的作用。按照设计版图最终呈现的状态（沟槽或线条），将 LELE 技术分为双沟槽 LELE 技术和双线条 LELE 技术。

双沟槽 LELE 技术流程示意图如图 4-9（a）所示，这里使用了两次硬掩模以分别实现沟槽宽度控制和线条边缘质量提升。其基本流程如下：使用经过拆分和 OPC 优化的第一硬掩模对涂覆光刻胶的晶圆进行光刻，形成第一次光刻图形，由于第一硬掩模的最小周期已经加倍，所以光刻后图形宽度也大于设计宽度，以实现最大光刻工艺窗口；之后采用刻蚀工艺将光刻胶图形转移至第一硬掩模，并在该过程中通过控制刻蚀工艺或使用其他尺寸收缩技术实现对刻蚀后图形宽度的控制；为使得线条宽度均匀性和边缘粗糙度在预期范围之内，上述刻蚀和尺寸收缩工艺之后还要辅助使用第二次刻蚀工艺，将图形转移至第二硬掩模，若前次转移刻蚀后的图形宽度尚未达到目标尺寸，则第二次转移刻蚀仍然需要对宽度进行精确控制；之后涂覆光刻胶材料并进行第二次光刻和刻蚀工艺，将设计图形转移至第二硬掩模层之后，统一刻蚀转移至目标图层，实现凹槽结构。

双线条 LELE 技术流程示意图如图 4-9（b）所示，仍然采用两个硬掩模薄膜层以实现宽度收缩和边缘质量提升。其基本流程如下：使用第一硬掩模对涂覆光刻胶的晶圆进行光刻，实现周期加倍图形的曝光；对第一硬掩模进行转移刻蚀并减小线条宽度；进行第二次光刻胶薄膜层的涂覆并进行第二次光刻，对第一硬掩模转移刻蚀并精确控制线条宽度；对第二硬掩模和目标图层先后进行转移刻蚀，最终实现目标图形成像。

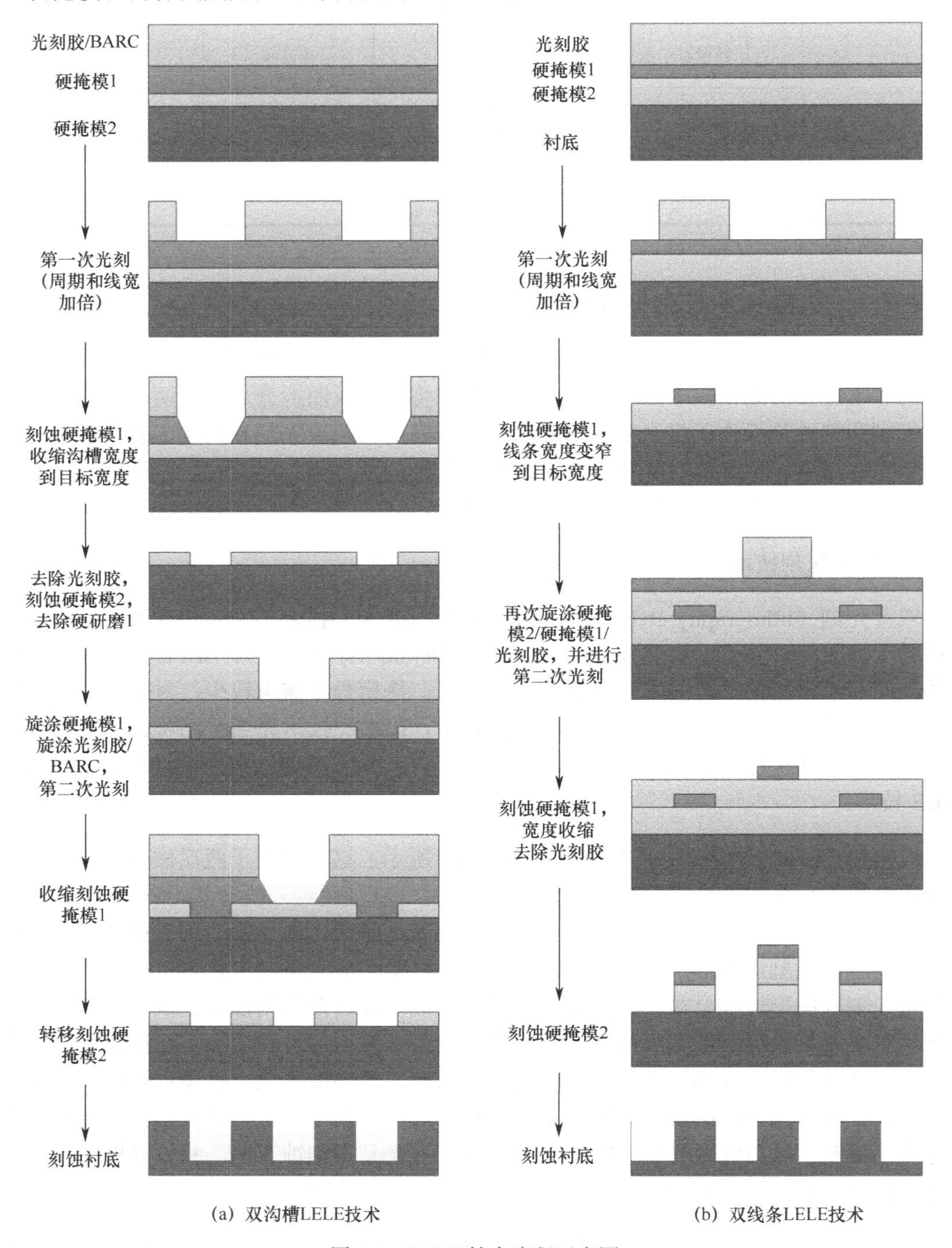

(a) 双沟槽LELE技术　　(b) 双线条LELE技术

图 4-9　LELE 技术流程示意图

双沟槽 LELE 技术是目前应用最广泛的技术，例如，22 nm 技术节点的中道工艺互连孔，14 nm 技术节点的前道工艺栅极层、中道工艺互连孔层，后道工艺第一金属层、金属接触孔层等。即使在 7 nm 技术节点，双沟槽 LELE 技术与侧墙沉积技术结合，实现了对栅极层和金属层的两次裁剪，并在后道工艺的 1.5×（指周期乘以 1.5 倍）或 2×via、Metal 图层得到应用。

2. 尺寸缩减工艺

LELE 技术的工艺难点除精确控制两层之间的套刻精度外，还对尺寸精确控制提出了更高的要求。刻蚀工艺是实现宽度精确控制的常用方法之一，但是由于不同周期、不同宽度图形的刻蚀裕量不同，所以需要收集大量数据，在 OPC 之前对掩模尺寸进行刻蚀裕量修正。

在现有的成熟 LELE 技术工艺中，基于刻蚀工艺实现尺寸缩减仍然是主流工艺。例如，14 nm 技术节点最小金属层周期为 64 nm，经过图形拆分后，由于金属层设计图形的复杂性，拆分后所允许的最小图形周期为 80 nm。通常情况下，将光刻之后的图形宽度定为 40 nm 左右，而刻蚀之后的目标宽度为 32 nm，可以看到图形单边的刻蚀裕量仅为 4 nm，刻蚀工艺控制相对容易。

此外，若刻蚀裕量非常大，如将 40 nm 光刻后尺寸缩减至 20 nm，使用刻蚀工艺将存在极大的误差，这就需要辅助使用其他工艺技术。辅助的尺寸缩减工艺需要满足几个条件：工艺步骤简单、材料薄膜涂层少、尺寸控制精确、工艺温度低。一般而言，可以将辅助尺寸工艺分为化学材料辅助、等离子体辅助两大类。前者使用特殊化学材料，在一定烘焙温度下发生化学反应；后者使用等离子体沉积技术，如化学气相沉积（CVD）工艺、低温原子层沉积（ALD）技术等。

开发化学材料辅助的尺寸缩减技术的主要目的是希望直接对光刻工艺之后的光刻胶尺寸进行控制，降低使用更多的辅助工艺和转移刻蚀薄膜涂层，例如，AZ 电子材料公司开发的 RELACS（resolution enhancement lithography assisted by a chemical shrink process）技术、TOK 公司开发的 SAFIER（shrink assist film for enhanced resolution）技术等。以 RELACS 为例，其基本原理是：对光刻后的光刻胶旋涂一种化学材料，并进行烘焙，烘焙温度必须低于玻璃化温度（T_g），但又能使光刻胶与新材料发生反应；高温下，光刻胶中的光酸扩散进入该化学材料，与交联物质发生反应，使其不溶于水，实现共形生长的目的。其工艺流程示意图如图 4-10 所示。目前这些技术多见于工艺研发或材料研发的文章中，较少用于量产工艺。

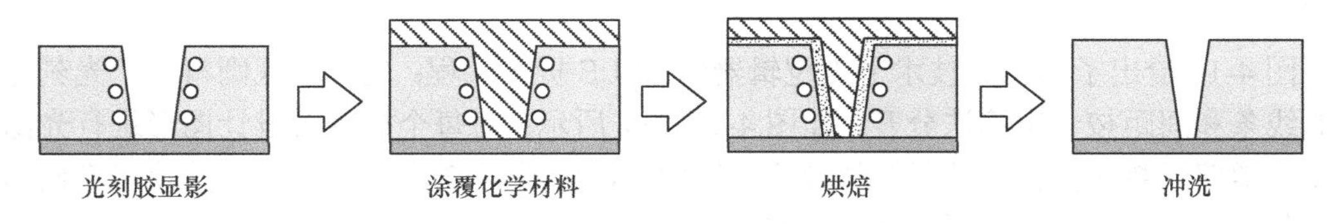

图 4-10　RELACS 工艺流程示意图[6]

等离子体辅助收缩技术是指在等离子体腔中沉积等离子体材料，实现表面共形生长的目的，通过控制生长的周期数，达到目标尺寸，并通过各向异性刻蚀，将底部和顶部等离子体材料去除，保留侧壁材料。等离子体辅助收缩工艺不会改变最终图形的形貌，并可以提高图形的尺寸均匀性。低温原子层沉积技术是目前最先进节点尺寸控制技术的核心技术之一，也是侧墙转移技术的核心技术。该技术采用低温原子层沉积，实现精确的共形生长和尺寸控制，其基本过程和等离子体辅助收缩技术类似，但是对尺寸的控制更加严格，图形质量更加优异。图 4-11 对比了三种不同类型的沟槽收缩技术，实验研究显示，使用低温原子层沉积技术，并经过转移刻蚀，可以获得最佳的图形质量。

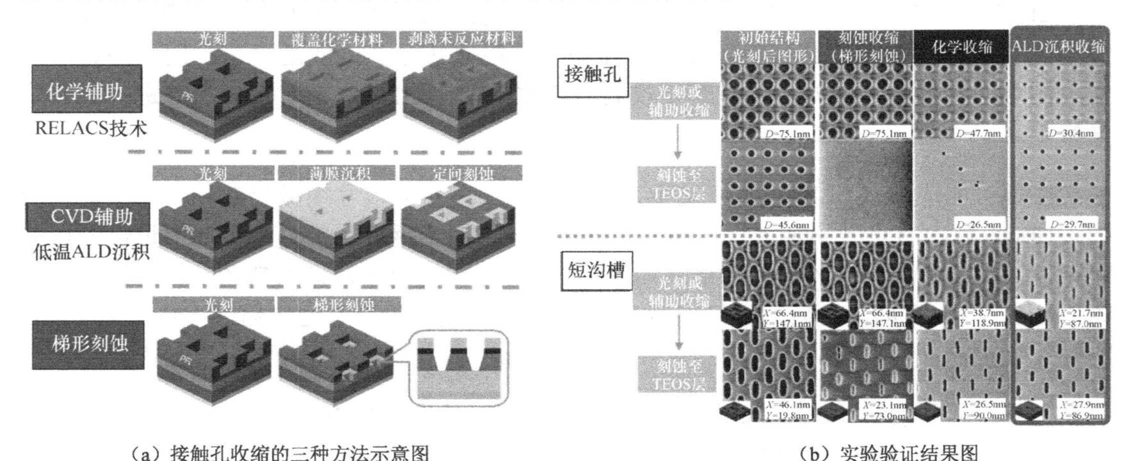

（a）接触孔收缩的三种方法示意图　　（b）实验验证结果图

图 4-11　三种不同类型的沟槽收缩技术[7]

3．LELE 图形拆分

LELE 图形拆分是将一个完整的设计版图拆分成两套独立的低密度图形，实现工艺可制造性的目的。拆分之后的版图最小周期通常不小于 80 nm，以满足单次光刻工艺分辨率的要求。一般情况下，对于 20 nm 及以下先进节点，掩模设计图层的周期小于 80 nm，大于或等于 48 nm（若图形非常规则，则可以降低至 44 nm），一般采用 LELE 工艺，且不必再额外使用裁剪掩模。LELE 图形拆分的流程示意图如图 4-12 所示。首先对目标版图按照单次光刻最小分辨率约束拆分为两块掩模（由于对 GDS 进行拆分时一般用两种颜色进行区别显示，所以一般又称拆分为着色），并检查是否存在制造冲突。当存在冲突时，需要根据图形特征选择对冲突图形进行缝合（stitching），或者直接对设计规则进行修正。无冲突的两块掩模将使用 OPC 等技术进行掩模图形优化、随后制版并进行光刻和刻蚀工艺，得到最终的目标图形。

图 4-13 给出了 20 nm 技术节点逻辑器件 LELE 拆分流程：先按照规则将小于光刻分辨率的线条和间距按一定算法分开，如图 4-13（a）所示；对每个拆分后设计图形进行光源优化和光学邻近效应修正，以期得到最佳的轮廓图，如图 4-13（b）所示；连续使用光刻和刻蚀工艺，获得最终目标图形，如图 4-13（c）所示。

图形拆分算法是 LELE 工艺设计规则的核心，图形拆分的准则包括：拆分后的光刻可制造性、关键图形是否采用缝合模式、掩模图形的密度平衡、缝合区域的设计规则等。实现拆分后的两个独立掩模图形均具有光刻可制造性，即拆分前设计结构不符合设计规则，但拆分后图形符合设计规则时，进行 LELE 拆分。按照该原则对设计版图中相邻图形进行判据并着色，是拆分算法的第一步。在该过程中，往往会遇到某些相邻图形无法正确拆分到两块掩模版的问题，称之为拆分冲突。例如，图 4-14 给出了奇数周期排列结构的拆分冲突示意图，并给出了基于缝合技术的解决方案。

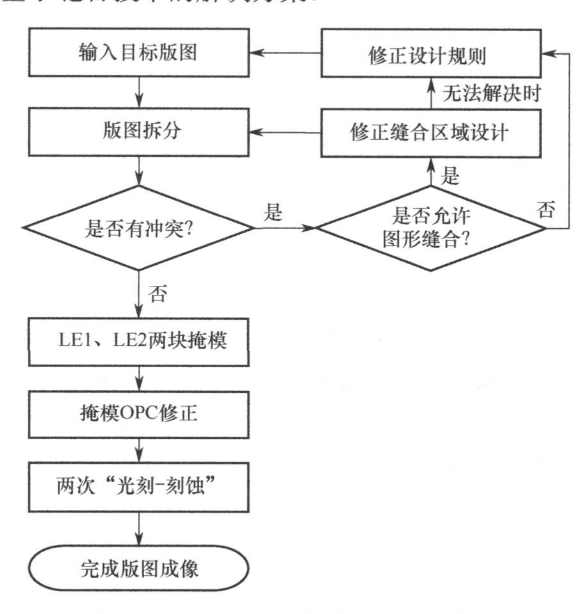

图 4-12　LELE 图形拆分的流程示意图

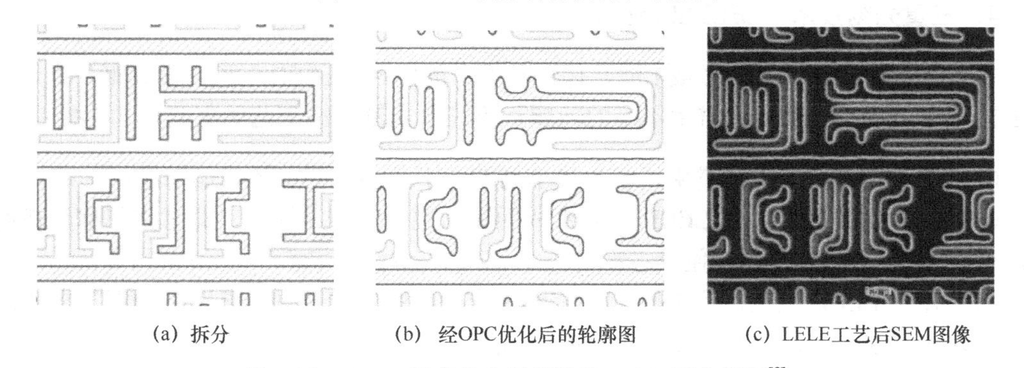

图 4-13　20 nm 技术节点逻辑器件 LELE 拆分流程[8]

缝合技术是解决 LELE 拆分冲突的重要方法，但是由于经过两次独立的光刻和刻蚀工艺，往往造成缝合区域图形套刻失配，线端形貌失真，因此需要对缝合区域进行设计优化，并需要严格控制工艺套刻精度。修正缝合区域设计需要遵循的规则为，对缝合区域结构沿两个方向适当延拓，使得在工艺过程中不会导致线条断开、桥连、错位等缺陷。由于缝合区域修改了两个方向的尺寸，所以对原始布局结构带来了困难，并进而影响器件电学性质，特别是长线条结构一般不建议在中间位置进行缝合拆分。

对于实际设计版图的关键图形，在拆分规则中往往规定了哪些结构可以使用缝合技术，哪些不可以。对于明确规定不可以通过缝合技术解决的拆分冲突，其解决方案只能通过反向更改设计来解决，最常用的修改方法是增加冲突图形的间距。

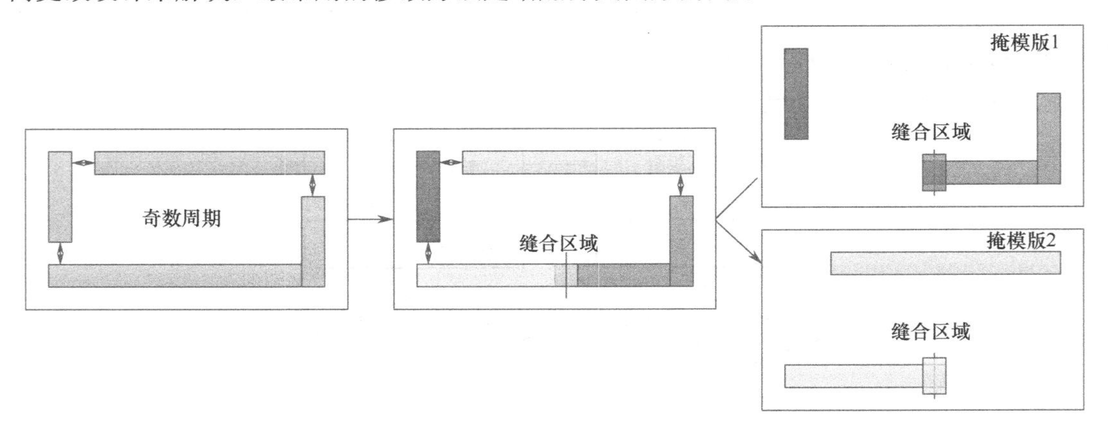

图 4-14　奇数周期排列结构的拆分冲突示意图及基于缝合技术的解决方案

拆分后掩模图形的密度平衡问题是光刻、刻蚀、化学机械抛光等工艺需要综合考虑的问题，密度及图形类型基本一致的两块掩模，可以最大限度地保证在光刻和刻蚀过程中的工艺一致性，以及刻蚀之后图形尺寸的一致性。而基于密度平衡的冗余结构的放置规则也需要在拆分算法中体现，这种密度均衡的要求使得基于 LELE 工艺的金属层设计版图与 28 nm 等单次工艺金属层设计版图存在非常大的区别，特别是其拆分之后的版图更规则、密度更均衡、线条方向性更好等。

4. 三重光刻技术（LELELE 或 LE^3）

三重光刻技术（LELELE 或 LE^3）是在双重光刻技术（LELE）之后再增加一步光刻刻蚀工艺，用于解决 LELE 分辨率不足的问题。第三次光刻刻蚀工艺的主要目的包括：

（1）进一步降低最小分辨率，解决最小周期小于 44 nm 图形的成像问题；

（2）作为裁剪工艺，对 LELE 工艺形成的图形进行裁剪和修正，此时将其称为裁剪技术，该内容将在 4.2.3 节重点阐述；

（3）补充 LELE 工艺，将 LELE 工艺无法光刻的图形或限制工艺窗口的图形剥离出来进行光刻和刻蚀工艺，LELELE 技术的拆分示意图如图 4-15 所示。

LELELE 技术主要用于更小技术节点关键图层的光刻实现。在 7 nm 技术节点不同核心图层及光刻解决技术，其中局域互连层（local interconnect）和金属接触孔层（1×via）采用了 LELELE 技术，金属层采用 SAQP 或 SADP 之后使用 LELELE Block 掩模对图形进行精确裁剪。LELELE 技术的挑战在于尺寸控制、套刻控制，尺寸控制是指经过三次光刻和刻蚀工艺如何保证不同工艺之后的图形宽度相同；套刻控制是指不同工艺之后图形之间的距离是否出现较大差别。在真实的工艺过程中，三重或四重光刻技术（LE^3 或 LE^4）多用于对线条结构的裁剪工艺或自对准孔型工艺（双大马士革工艺），其允许的套刻偏差约为最小线条或间隙宽度的一半（或最小周期的四分之一），如 32 nm 最小周期所使用的自对准孔型结构的套刻偏差最大值允许为 8nm，远超过该节点对套刻偏差的控制约束。

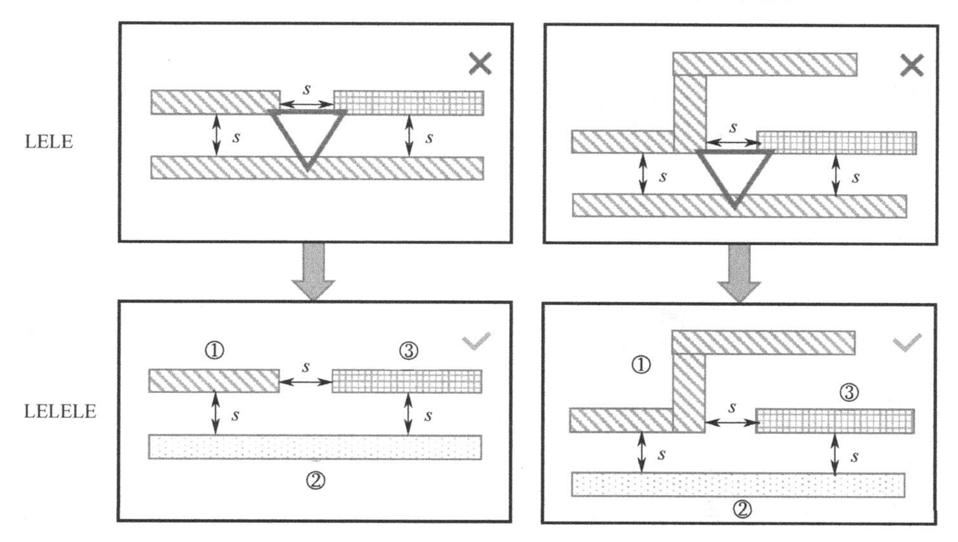

图 4-15　LELELE 技术的拆分示意图

4.2.2　自对准双重及多重图形成像技术

1．自对准双重图形成像技术

自对准双重图形成像（self-aligned double patterning，SADP）技术是指在光刻之后使用侧墙沉积技术实现图形密度加倍，之后使用裁剪光刻和刻蚀工艺对图形进行裁剪修饰。自对准双重图形成像技术又称为侧墙转移技术或侧墙沉积技术。

按照工艺方法可以将 SADP 分为正性 SADP 工艺和负性 SADP 工艺，图 4-16 显示了 SADP 工艺流程示意图。正性 SADP 工艺流程如下：基于设计版图生成主版图（又称 Mandrel 版图）并进行光刻、刻蚀，使尺寸缩小至目标尺寸，采用侧墙沉积技术沉积侧墙材料并垂直刻蚀掉多余材料，刻蚀去除 Mandrel 材料，转移刻蚀至硬掩模层。负性 SADP 工艺在侧墙沉积之后增加了材料回填工艺，通过刻蚀侧墙材料形成目标图形。

侧墙工艺的优势在于图形内套刻误差小、侧壁粗糙度和线宽均匀性非常好，因此在 FinFET 工艺中作为鳍型层、栅极层的最佳工艺，以及单方向金属互连线图层的最佳工艺。例如，图 4-17 展示了使用正性 SADP 工艺实现前道工艺 Fin 结构的工艺流程，该流程同时包含了主图层光刻和侧墙工艺，以及后续的刻蚀裁剪工艺的光刻与刻蚀、辅助图形的光刻与刻蚀。在该工艺中，使用无定型碳（α-C）作为核心图层，SiN 作为侧墙材料，并且使用了非常复杂的薄膜层以不断提高刻蚀后的图形质量。

SADP 的一个非常重要的应用在于先进节点栅极层和金属互连线图层，首先使用侧墙工艺获得均匀的线条周期结构，再通过使用多次光刻和刻蚀技术，对该周期线条进行裁剪或修饰，从而获得目标图层，这种技术的缩写形式为 SALELE 或 SADP+Cut 技术。所有使用 SADP 的核心图层都需要额外使用裁剪掩模，以实现对周期线条图形的修饰。

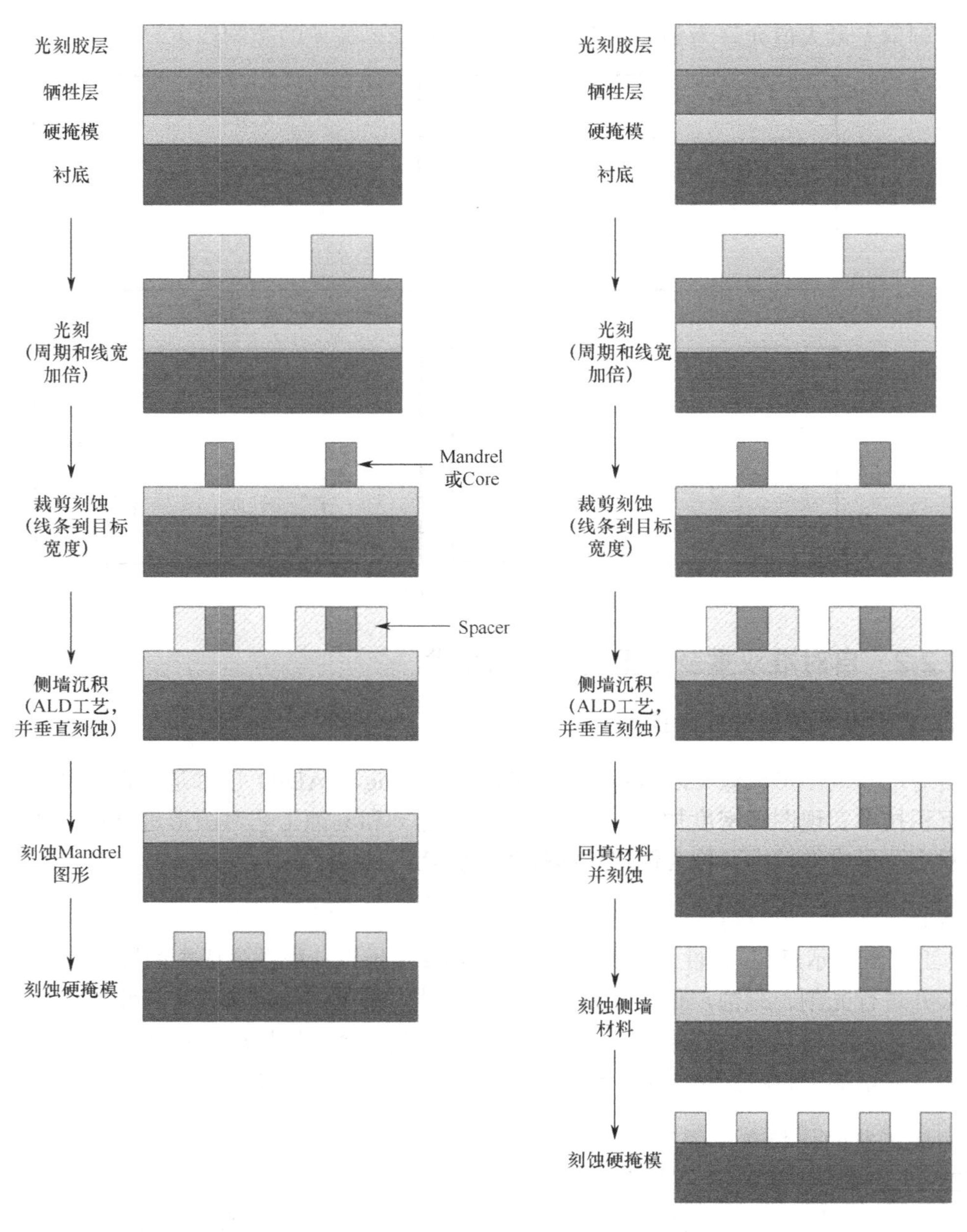

图 4-16　SADP 工艺流程示意图

2. SADP 拆分技术

SADP 提供光刻和侧墙沉积实现图形密度加倍，因此第一次光刻时的主图形位置可以是设计图形中的一部分，也可以是设计图形取“逻辑非”之后的一部分。当主图形（Mandrel 或 Core）是目标设计图形的一部分时，我们称该拆分方法为正性拆分；当主图形位置设计图形取“逻辑非”之后的一部分，即侧墙图形所在的位置与目标图形一致时，我们称该拆分方法为负性拆分。一个简单的正性拆分和负性拆分的例子如图 4-18 所示。

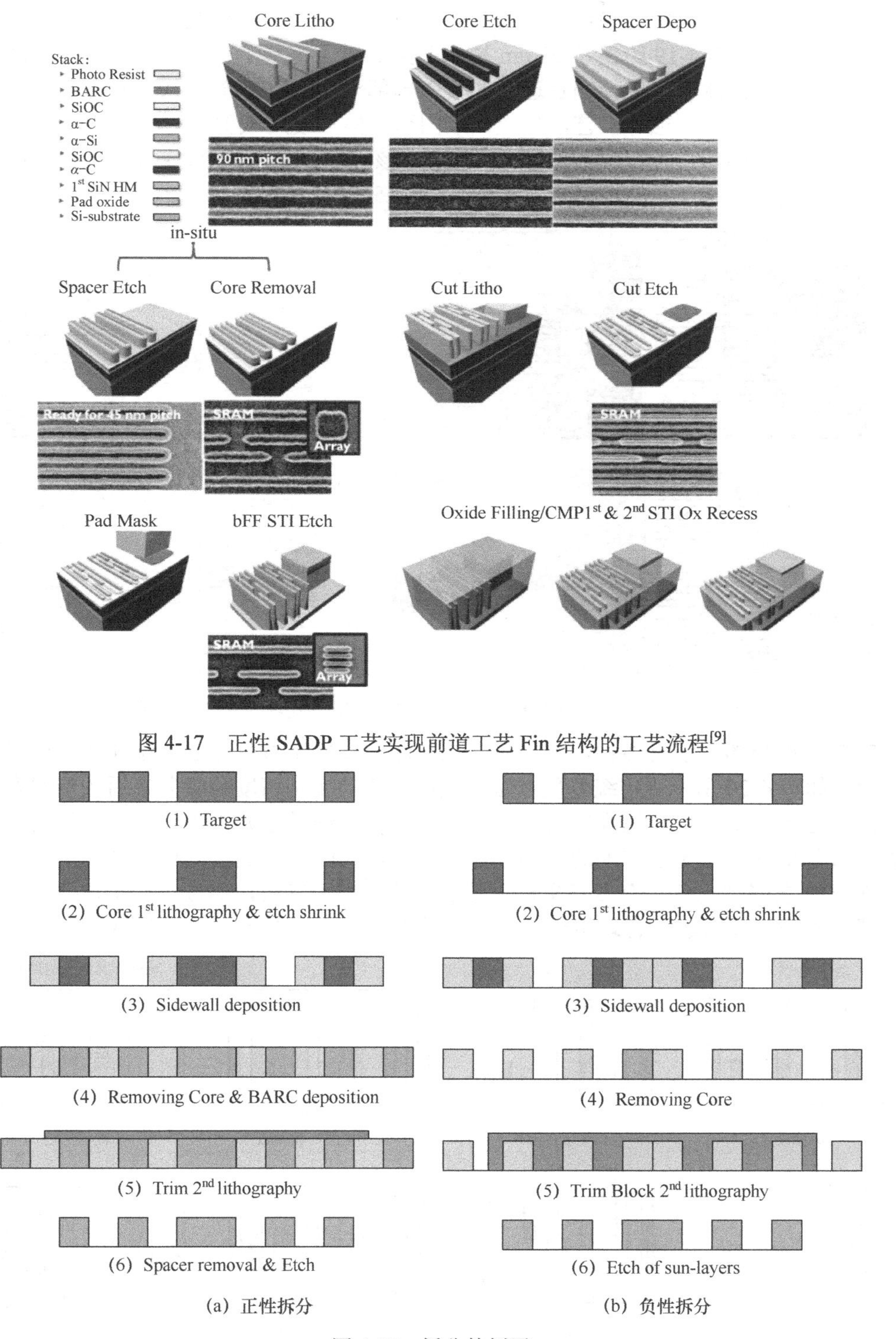

图 4-17　正性 SADP 工艺实现前道工艺 Fin 结构的工艺流程[9]

图 4-18　拆分的例子

逻辑器件前道工艺的鳍型层由于对线条宽度均匀性要求极高，鳍型结构必须使用侧墙材料，因此对鳍型层的拆分使用负性拆分。而对于后道的铜互连线图层，正性拆分是较为通用的拆分方法，图 4-19 给出了 20 nm 技术节点后道工艺基于正性 SADP 拆分方法实现的铜互连线制造工艺流程，选择铜互连线的其中一部分为 SADP 第一次光刻主图形，之后经过光刻、侧墙沉积和刻蚀等工艺，形成侧墙图形；然后使用裁剪（Trim/Cut/Block）掩模，对第一次光刻后图形进行保护和裁剪，并经过光刻和刻蚀之后，形成沟槽结构，电镀铜金属形成互连线，最终实现的致密金属线的周期为 56 nm。

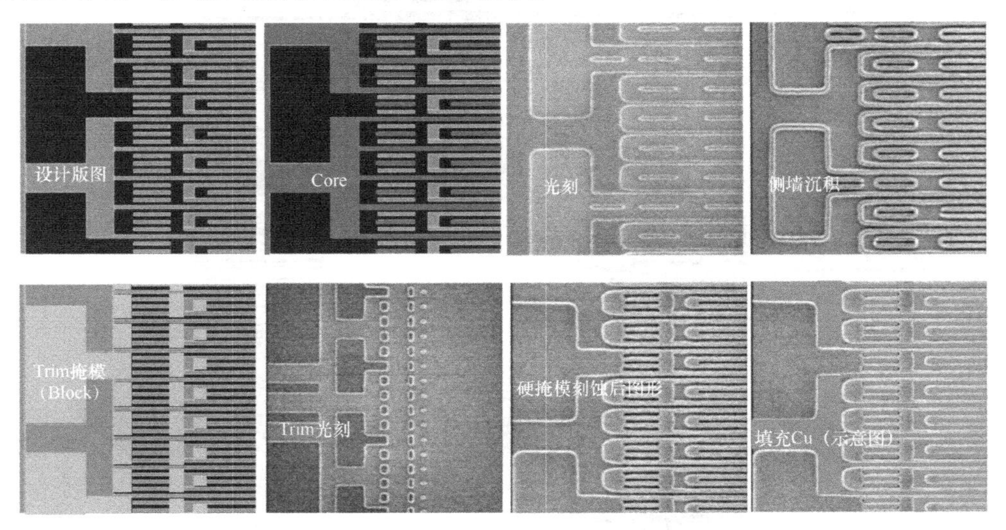

图 4-19　基于正性 SADP 拆分方法实现的铜互连线制造工艺流程[10]

SADP 拆分的方法有多种，如传统着色方法、友好型着色方法、添加辅助图形的着色方法等，如图 4-20 所示。传统着色方法对裁剪掩模的套刻精度和裁剪之后图形线宽具有非常高的工艺精度要求，往往难以实现；友好型着色方法通过分析相邻结构之间的距离，优先拆分着色单次曝光无法实现的图形组合，从而最大限度降低裁剪掩模光刻工艺难度。为实现 SADP 友好型着色，有多篇文献报道了相关模型和算法，如按照特定规律添加辅助图形，或者对设计图形进行合理组合，或者总结不适合 SADP 拆分的设计规则等。

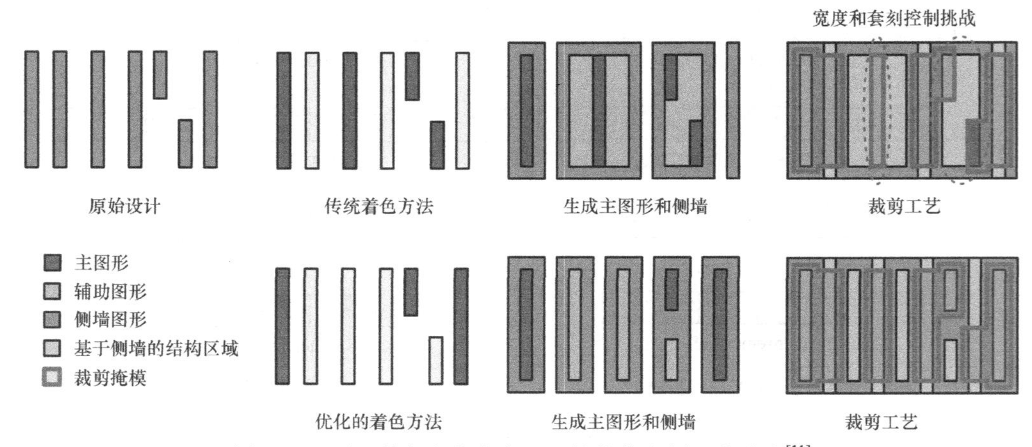

图 4-20　不同着色方案带来不同的裁剪光刻工艺难度[11]

3. 自对准多重图形成像技术

自对准多重图形成像技术包括自对准三重图形成像（self-aligned triple patterning，SATP）技术、自对准四重图形成像（self-aligned quadruple patterning，SAQP）技术、自对准八重图形成像（self-aligned octave patterning，SAOP）技术等，统称为自对准多重图形成像（self-aligned multiple patterning，SAMP）技术。

SATP具有与SADP不同的拆分方法，图4-21给出了自对准三重图形成像SATP工艺流程，在第一次侧墙工艺之后直接进行第二次侧墙工艺，并通过裁剪工艺去除第一次侧墙材料，实现目标图形成像。由于拆分直观性较差，因此尚未有量产产品使用该技术。

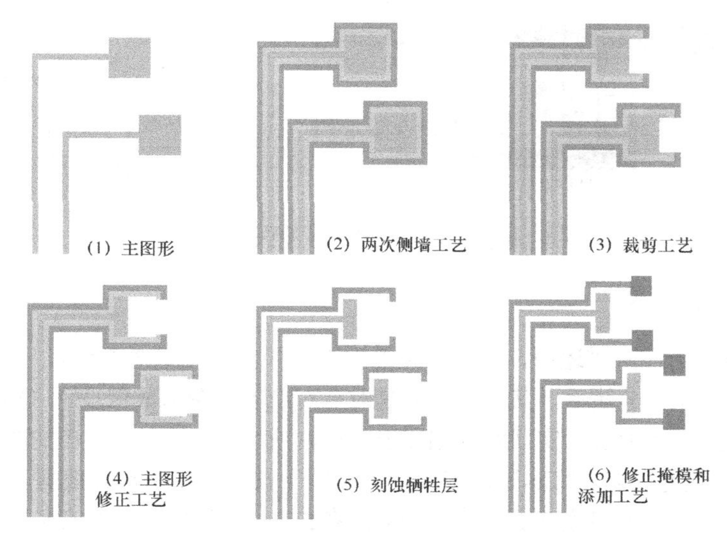

图4-21 自对准三重图形成像SATP工艺流程[12]

SAQP是两次侧墙沉积-刻蚀工艺的叠加，可以实现半周期为20～40 nm的致密线条图形成像，如7 nm技术节点的鳍型层、规则金属互连线图层的工艺实现。图4-22给出了SAQP工艺流程。

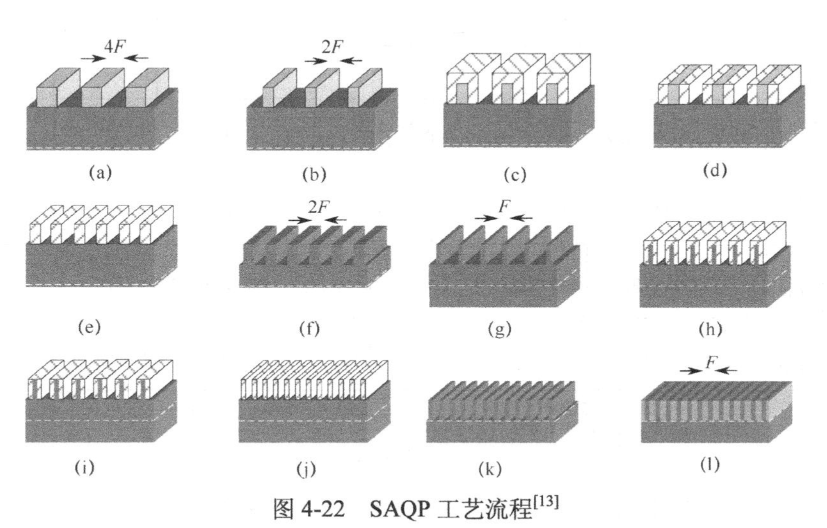

图4-22 SAQP工艺流程[13]

SAOP 是在 SAQP 的基础上再增加侧墙沉积和刻蚀工艺，图 4-23 给出了自对准八重图形成像 SAOP 工艺流程，实验验证了其可以实现只有 5.5 nm 半周期的规则线条结构。但是，由于线条质量工艺控制难度非常大，以及裁剪工艺需要的套刻精度非常高，所以对于先进节点制程，该方法只停留在实验研发阶段。

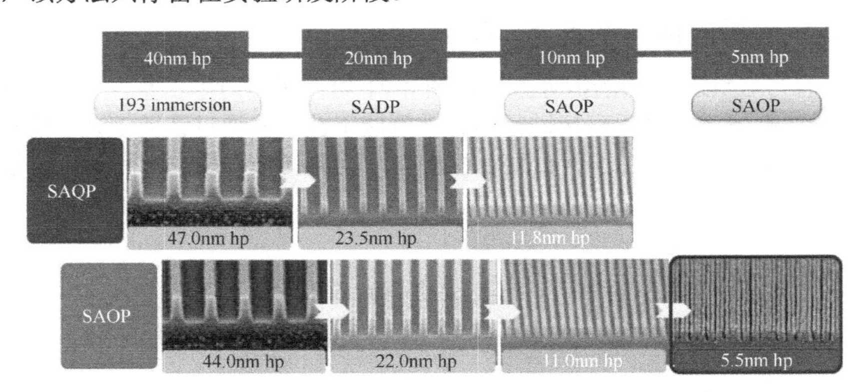

图 4-23　自对准八重图形成像 SAOP 工艺流程[14]

4.2.3　裁剪技术

在前述多重图形技术描述中，我们已经多次提到了裁剪技术（工艺）。一般而言，裁剪工艺并不能增强光刻工艺分辨率，其本质任务是对自对准多重图形成像技术（SAMP）或多重光刻技术（LE^n）进行精细加工，实现对规则图形的切割或填充。广义上将英文的“Cut”和“BLK（Block）”统称为裁剪工艺。“Cut”裁剪工艺一般用于规则线条结构的裁剪，特别是鳍型结构和栅极结构，使用一个或多个裁剪掩模实现对线条结构的精细裁剪；“BLK”裁剪工艺一般用于凹槽结构的裁剪，如金属结构，在凹槽转移刻蚀之前，使用掩模将某些结构覆盖，实现对凹槽结构的裁剪。图 4-24 给出了适用于不同核心图层的多重图形成像技术及边界值，其中所有标注“Cut”“BLK”均与裁剪工艺相关，在“SALELE”技术中也广泛使用了裁剪工艺。

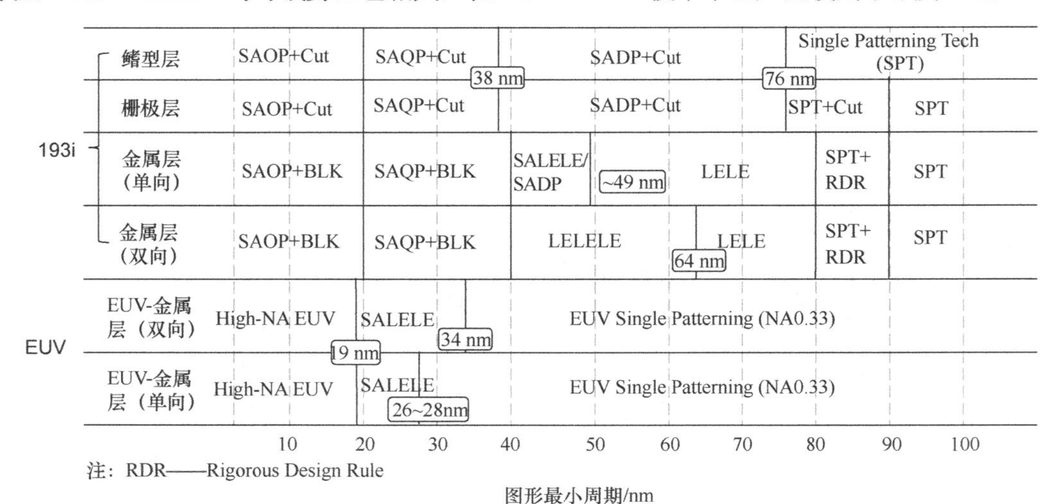

图 4-24　适用于不同核心图层的多重图形成像技术及边界值

1．面向 SADP、SAMP 的裁剪规则

按照裁剪技术支持的多重图形拆分技术，将拆分规则分为基于 SADP/SAMP 的裁剪规则、基于 LELE/LE^n 的裁剪规则。

面向 SADP/SAMP 的裁剪技术是指在一个完整的侧墙转移工艺之后，对多余的侧墙进行“覆盖”或“去除”。裁剪技术是自对准多重图形成像技术的必备技术，将规则线条结构分割成独立结构，实现芯片电学功能。

一般而言，裁剪掩模图形可以通过下面的公式计算得到：

裁剪掩模结构 = 侧墙转移工艺后的核心结构或侧墙结构 − 原始设计结构　　(4-12)

即裁剪掩模结构的设计版图（未经过可制造性检查和 OPC 优化）是侧墙转移工艺之后的多余结构。需要注意的问题是，要提前固化 SADP 拆分算法（正性拆分算法、负性拆分算法）和工艺方法（正性工艺方法、负性工艺方法），并对裁剪掩模结构进行可制造性检查和 OPC 优化。

规则 1：最少裁剪掩模约束。裁剪掩模结构应尽可能符合单次光刻成像可制造性要求，或者经过拆分之后使用有限个掩模。一般而言，对于 SADP 工艺，裁剪掩模采用一块掩模，若一块掩模无法实现图形成像，就需要对原始设计规则进行检查，必要时进行修改。对于 SAQP 和更复杂的 SAOP，裁剪掩模结构需要使用至少两块掩模，并使用 LELE 或 LE^n 技术对裁剪掩模结构进行多重图形光刻。裁剪掩模数量越多，其对工艺控制越严格。因此，在 7 nm 技术节点，基于 193 nm 浸没式光刻的 SAQP 技术，特别是金属互连线图层，以压缩裁剪掩模数量为约束条件制定裁剪规则，进而约束核心图层的设计规则。

规则 2：工艺可制造性约束。裁剪掩模结构应具有良好的工艺可制造性，包括裁剪图层的光刻工艺窗口、图层之间的套刻误差风险、其他工艺良率风险等。裁剪掩模图形需进行 OPC 修正，并检查 OPC 修正之后的工艺窗口。裁剪掩模图形的尺寸和位置偏差对最终成像质量具有非常大的影响，因此还需要检查由于工艺偏差、套刻误差等可能带来的图层之间的工艺良率风险。其他工艺，如刻蚀工艺，在某些特定应用下需要被考虑到。例如，台积电在 7 nm 技术节点鳍型层 SAQP 工艺之后，使用了两块裁剪掩模，以鳍型结构的周期为划分依据，即单鳍型结构使用一块裁剪掩模、多鳍型结构（另一种周期）使用另一块裁剪掩模，分别使用不同的转移刻蚀工艺以实现最好的刻蚀后图形质量。

规则 3：基于裁剪工艺的冗余结构设计约束。冗余结构是指不具备电路功能的结构，它对于芯片设计和制造均具有非常重要的作用。在先进工艺节点，使用 SADP 或 SAQP 工艺需要原始设计结构具有规则的排布特征（严格遵循一维排布特征），但是对于某些图层，原始版图结构存在长短不一的特征，此时若使用式（4-12）将导致裁剪掩模图形很难同时满足规则 1 和规则 2。因此，增加冗余结构设计规则，有助于提升 SADP、SAQP 和裁剪掩模结构的工艺可制造性。

3．面向 LELE、LE^n 的裁剪规则

LELE/LE^n 工艺与 SADP/SAMP 工艺相比，具有更大的设计灵活度，其广泛应用于金属图层、通孔图层等结构布局灵活、尺寸不单一的图层。其裁剪规则和 SAMP 的裁剪规则相似，但略有不同。

规则 1：最少主掩模数量和最少裁剪掩模数量约束。主掩模是指使用多重图形技术实现周期加倍的掩模，一般指使用 LE^n 拆分之后的核心图层掩模。主掩模数量约束是指一个核心图层经过图形拆分后，尽可能使用最少的主掩模，以降低主掩模之间工艺偏差、套刻偏差带来的尺寸变化和间距变化，进而导致关键结构桥连等严重影响电学性质的成像缺陷。

规则 2：最大工艺可制造性约束。对于 LE^n 工艺，除具备自对准功能的通孔图层外，金属图层一般建议使用 LELE+Cut/BLK 工艺来取代 LELELE 工艺。其主要原因在于 Cut/BLK 掩模本身具备了自对准功能，可以最大限度地降低对套刻工艺偏差的影响。例如，对于某些 LELE 冲突的布线结构，我们虽然可以使用 LELELE，但是当采用 LELE+Cut 方法时，将获得更好的工艺制造良率，图 4-25 给出了使用 LELE+Cut 工艺取代 LELELE 的示意图，裁剪技术的使用极大地降低了三块掩模之间的套刻误差及由此带来的工艺风险。但是，同时注意到，使用裁剪技术对设计规则带来了约束，考虑到套刻误差风险，裁剪掩模的位置应适当调整，以避开某些关键位置。

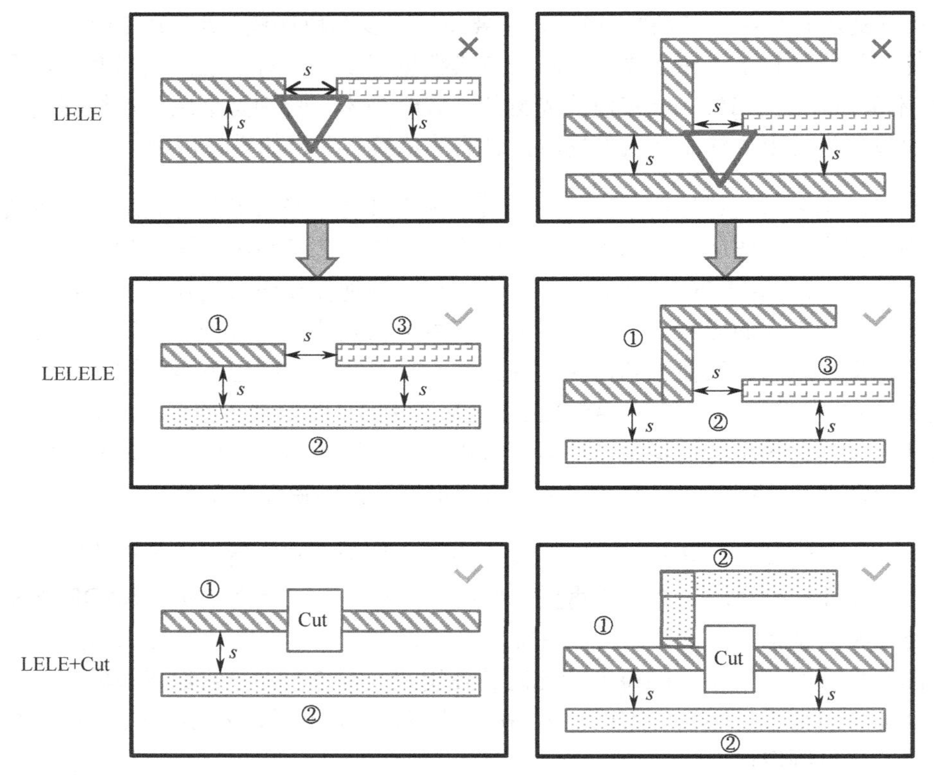

图 4-25　使用 LELE+Cut 工艺取代 LELELE 的示意图

规则 3：基于裁剪工艺的冗余结构设计约束。基于 LELE+Cut 工艺补充冗余结构将非常具有挑战性：首先，我们希望在主掩模拆分图形中增加冗余图形，以得到更好的工艺可制造性（工艺窗口足够大）；其次，冗余图形的使用是否必须使用裁剪掩模切断其与主图形的物理链接，并由此降低裁剪掩模的可制造性工艺窗口；最后，冗余图形是否带来额外的电学风险。

因此，在最先进的工艺节点，集成电路芯片设计企业应与制造企业深度合作，在图形拆分、冗余图形使用和工艺良率等进行不断迭代，完善基于不同工艺方法所使用的掩模设计规则，不断完善 PDK 文件。

4.3　光学邻近效应修正技术

在光刻工艺中，掩模上的图形通过曝光系统缩小投影在光刻胶上。当光刻掩模透光区域图形的尺寸非常小时，透过掩模的光线的大部分能量将集中于高频区域。但是曝光系统衍射受限形成的低通滤波效应滤除了很多高频分量，导致光刻胶上所得到图形变得模糊。光学邻近效应修正（optical proximity correction，OPC）是一种通过调整光刻掩模上透光区域图形的拓扑结构，或者在掩模上添加细小的亚分辨辅助图形，使得在光刻胶中的成像结果尽量接近掩模图形的技术。光学邻近效应修正也是一种通过改变掩模透射光的振幅，进而对光刻系统成像质量的下降进行补偿的技术[15]。图 4-26 给出了光学邻近效应修正技术示意图。图中左侧为初始掩模拓扑结构及其通过曝光系统在光刻胶中的成像结果。初始掩模的图形分布与目标结果一致，但是光学干涉和衍射效应导致光刻胶中的成像结果变得模糊，成像结果与目标结果差距较大。图中右侧为光学邻近效应修正后的掩模图形分布。由于对掩模的拓扑结构进行了有针对性的修正，所以光刻胶中的成像结果得到了改善，该结果与目标结果已经十分接近。

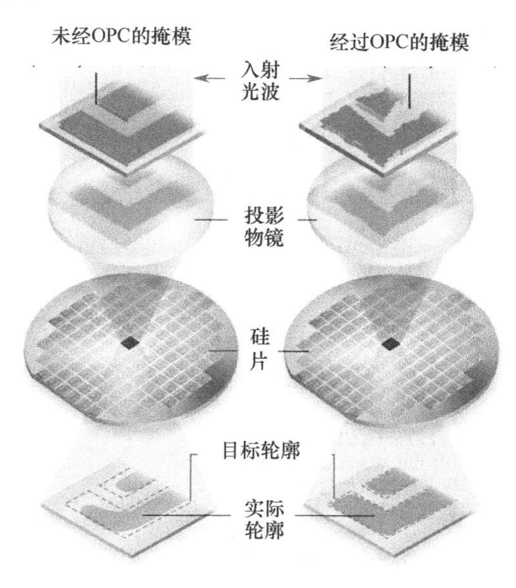

图 4-26　光学邻近效应修正技术示意图

一般来说，当晶圆预期曝光图形的线宽小于曝光波长时，就需要对掩模图形做 OPC。OPC 技术一般分为基于规则的 OPC（rule based OPC， RB-OPC）和基于模型的 OPC（model based OPC，MB-OPC）[16]。

4.3.1 RB-OPC 和 MB-OPC

RB-OPC 的特点是预先建立图形修正的规则化表格，然后通过查表快速得到修正后的掩模图形。指定的图形根据自身和环境参数，如线宽、间距等，在规则表中查找自己所属的类别，然后根据类别给定的修正方法进行修正。在实际应用中，基于规则的 OPC 一般采用基于边缘的图形修正方法。规则表中的规则按照优先级排序，对于每一条规则，图形搜索引擎从版图中查找出所有符合条件的线段，然后利用规则给定的量对线段进行位移，直至遍历所有规则，完成图形的修正。其流程如图 4-27 所示[17]。

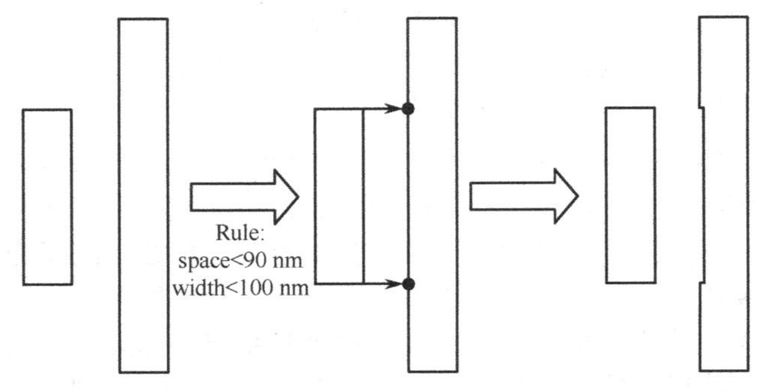

图 4-27 RB-OPC 技术流程[17]

可见，RB-OPC 的关键是修正的规则，它规定了对版图上各种图形进行修正的方式及修正量，规则的形式和内容会极大地影响 OPC 数据处理的效率和修正的精度。对于一个典型的一维图形，其修正规则如图 4-28 所示。

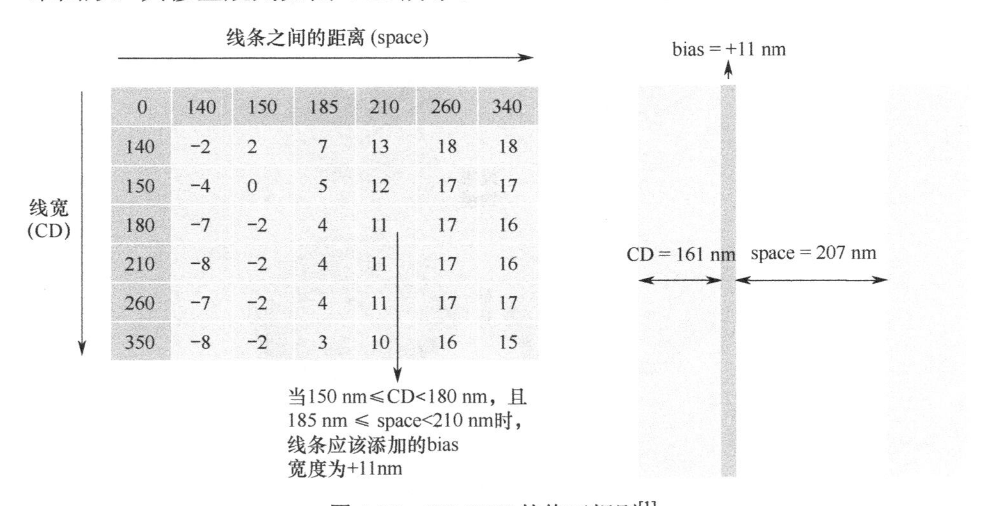

0	140	150	185	210	260	340
140	-2	2	7	13	18	18
150	-4	0	5	12	17	17
180	-7	-2	4	11	17	16
210	-8	-2	4	11	17	16
260	-7	-2	4	11	17	17
350	-8	-2	3	10	16	15

图 4-28 RB-OPC 的修正规则[1]

在 RB-OPC 中，针对每种图形特征均有如图 4-28 所示的修正规则表，根据表中的数值可以对版图进行快速的修正。修正规则越详细通常意味着可以得到越高的修正精度，同时伴随着越长的软件运行时间。

虽然 RB-OPC 是一种快速高效的 OPC 方法，但是随着集成电路工艺节点的不断发展带来的图形尺寸缩小，影响某个具体图形成像结果的环境范围相对于图形尺寸越来越大，同样的范围内包含的图形类型越来越多，不同环境需要不同设计规则的需求使得设计规则表的复杂度爆炸式增加。

与 RB-OPC 不同，MB-OPC 利用光刻成像模型（包括光学模型和光刻胶模型），对 OPC 问题建模并将其转化为数学优化问题，结合数学优化算法，优化出掩模结构和图形[15]。由于成像模型可以包含影响光刻成像性能的更多因素，所以 MB-OPC 可以得到更优的掩模图形优化策略。以基于边缘移动的 MB-OPC 为例，优化过程中利用边缘放置误差（edge placement error， EPE）作为评价函数来衡量图形修正的质量。如图 4-29 所示，EPE 定义为评价点上的设计曝光轮廓同目标的差值，EPE 越小则意味着曝光后的图形与设计图形越接近。

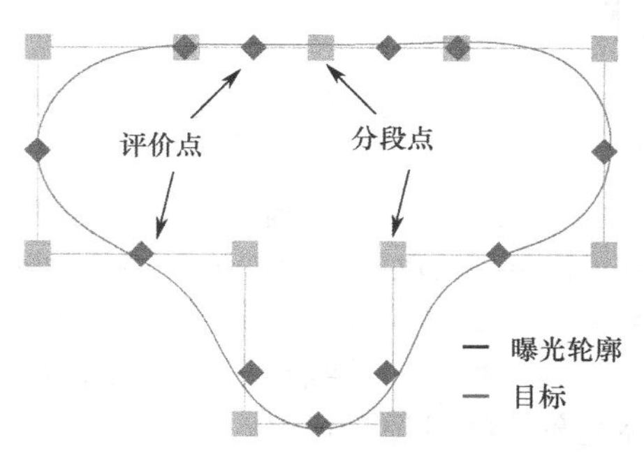

图 4-29　边缘放置误差（EPE）示意图

$$\text{Cost Function} = \sum_{x} \left|\text{EPE}_x\right|^2 \tag{4-13}$$

式中，x 代表图形边缘分割后单个线段上的评价点序号。在 MB-OPC 中，优化算法首先将掩模边缘分解成多个线段，并在每个分段上设置一个评价点；然后计算每个评价点上光刻成像的轮廓同目标值的差值，即 EPE 的值；接着以评价函数对每个评价点的偏导数为指引，计算出每个分段的移动量，进行迭代优化；最后，评价函数的值收敛至稳定状态或迭代次数达到预设值，则终止优化，输出最佳的分段位置和 OPC 结果。

4.3.2　亚分辨辅助图形添加

熟悉电路设计的人都知道，用于半导体生产的实际版图中的图形是多种多样的。以常见的第一层金属层为例，版图中既有占空比为 1∶1 的密集线条，也有占空比极小的孤立线条。理论分析和实验结果都表明，密集线条和孤立线条具有不同的工艺窗口，在相同的照明条件下，二者很可能没有重叠的工艺窗口。为了解决这一问题，需要在半密集线条及孤立线条的主图形周围添加一些线条，破坏原有图形的衍射谱分布。为了防止这些线条对器件性能造成影响，这些辅助图形的尺寸必须小于光刻机的分辨率极限，且不可出现在曝光结果中。因此，辅助图形也称为亚分辨辅助图形（sub-resolution assist features，SRAF）或散射条（scattering bar，S-Bar）。

与 OPC 类似，添加 SRAF 的方法也分为基于规则的 SRAF 添加方法（RB-SRAF）和基于模型的 SRAF 添加方法（MB-SRAF）。在 RB-SRAF 方法中，辅助图形的尺寸和放置的位置都是通过实验数据得到的。对选定的图形进行曝光实验、收集数据后，建立辅助图形的添加规则，并将其总结在一个表中。若工艺改变，则这个规则表需要重新根据实验结果制定。

随着特征尺寸的减小，RB-SRAF 中的规则表已经无法满足设计图形复杂环境的需求，越来越多的 MB-SRAF 也开始出现。MB-SRAF 在模型中将 SRAF 的尺寸及插入位置设为可变参数，计算出主图形成像结果的图像对数斜率（ILS），然后不断调整参数，直至获取主图形最大的 ILS 值。

4.3.3 逆向光刻技术

逆向光刻技术是光学邻近效应修正技术和计算光刻技术的融合，被认为具有将 193 nm 波长光刻技术推向极致工艺节点的能力，在最近几十年得到了广泛的应用和重视。与 RB-OPC 和 MB-OPC 不同，逆向光刻技术是对掩模图形进行像素级的修正，因此它又被称为基于像素的 OPC 技术（pixel based OPC， PB-OPC）。PB-OPC 首先将整个掩模图形进行像素化处理，利用成像模型和优化算法获取每个像素点处掩模图形的最佳透过率[18]，摆脱了原始设计版图拓扑结构的限制，相比于传统基于边的修正策略，它具有更高的灵活度和优化自由度，更有利于提高光刻系统成像分辨率。从理论角度讲，PB-OPC 的基本原理可以用以下公式来描述[19]。光刻系统空间像强度分布的数值化形式可以表示为

$$\boldsymbol{I}=\frac{1}{S}\left(\sum_{f}\sum_{g}\sum_{p=x_i,y_i,z_i} I_s\cdot\left\|\boldsymbol{H}_p^{f,g}\otimes\boldsymbol{M}\right\|_2^2\right) \tag{4-14}$$

式中，$\otimes$ 表示卷积；S 表示对部分相干光源栅格化后强度非零的光源点数目；$\boldsymbol{M}$ 表示掩模衍射频谱。假设部分相干光源的强度分布是均匀的且值为 1，即 $I_s=1$，则理想光刻系统中表示光学系统的函数为

$$\boldsymbol{H}_p^{f,g}=C\cdot F^{-1}\{\boldsymbol{\Psi}_{\text{ex-pupil}}\cdot \text{RC}\cdot H\cdot \boldsymbol{E}_i(f,g)\},p=x_i,y_i,z_i \tag{4-15}$$

式中，C 表示与变量无关的常数。由第 3 章的光学成像模型可知，简化的光刻胶模型可以利用硬阈值模型近似表征，但是硬阈值模型是一种阶跃函数。为了便于优化，优化算法中常使用可导的 sigmoid 函数代替硬阈值模型来表征光刻胶的曝光结果。利用 sigmoid 函数，光刻胶中的成像结果可以表示为

$$\boldsymbol{Z}=\frac{1}{1+\mathrm{e}^{-a(\boldsymbol{I}-t_r)}} \tag{4-16}$$

式中，a 表示 sigmoid 函数的陡度，t_r 表示 sigmoid 函数中使用的阈值。

将掩模图形光刻曝光的目标值表示为$\boldsymbol{Z}_T$，那么OPC算法中的评价函数就可以表示为

$$F=\|\boldsymbol{Z}-\boldsymbol{Z}_T\|_2^2 \tag{4-17}$$

在数值化的PB-OPC算法中，以上表达式中$\boldsymbol{I}$、$\boldsymbol{M}$、$\boldsymbol{H}_p^{f,g}$和$\boldsymbol{Z}$均为$N\times N$的矩阵，N为对掩模图形进行栅格化后的数据点数目。将掩模矩阵表示为向量的形式，并采用参数化的方法把掩模图形的二值分布转化为连续分布。对于二元掩模，令向量的元素

$$m_\xi=f(\omega_\xi)=\frac{1+\cos\omega_\xi}{2},\ \xi=1,\cdots,N^2 \tag{4-18}$$

对于衰减相移掩模，令向量的元素

$$m_\xi=f(\omega_\xi)=\cos\omega_\xi,\ \xi=1,\cdots,N^2$$

则OPC优化问题转化为求出最佳的掩模图形分布ϖ，使得评价函数F的值最小，这个过程可以表示为

$$\begin{aligned}\varpi&=\arg\min\{F(\omega)\}\\&=\arg\min\left\{\sum_{\xi=1}^{N^2}\left(z_\xi-\frac{1}{1+\exp[-\frac{a}{S}\sum_f\sum_g\sum_{p=x,y,z}(\sum_{\eta=1}^{N^2}\boldsymbol{H}_{p,\xi\eta}^{f,g}f(\omega_\eta))^2+at_r]}\right)^2\right\}\end{aligned} \tag{4-19}$$

这里以最速下降法为例说明OPC算法的流程。评价函数对掩模矩阵偏导数的形式为将上式推广至掩模矩阵的全体元素

$$\begin{aligned}\frac{\partial F}{\partial\vec{\omega}_q}=&2f'(\vec{\omega}_q)\cdot\sum_{\xi=1}^{N^2}\left(\vec{z}_\xi-\frac{1}{1+\exp[-\frac{a}{S}\sum_f\sum_g\sum_{p=x,y,z}(\sum_{\eta=1}^{N^2}\boldsymbol{H}_{p,\xi\eta}^{f,g}\vec{m}_\eta)^2+at_r]}\right)\cdot\\&\frac{1}{1+\exp[-\frac{a}{S}\sum_f\sum_g\sum_{p=x,y,z}(\sum_{\eta=1}^{N^2}\boldsymbol{H}_{p,\xi\eta}^{f,g}\vec{m}_\eta)^2+at_r]}\cdot\\&\frac{\exp[-\frac{a}{S}\sum_f\sum_g\sum_{p=x,y,z}(\sum_{\eta=1}^{N^2}\boldsymbol{H}_{p,\xi\eta}^{f,g}\vec{m}_\eta)^2+at_r]}{1+\exp[-\frac{a}{S}\sum_f\sum_g\sum_{p=x,y,z}(\sum_{\eta=1}^{N^2}\boldsymbol{H}_{p,\xi\eta}^{f,g}\vec{m}_\eta)^2+at_r]}\cdot\left(-\frac{a}{S}\right)\cdot\\&\sum_f\sum_g\sum_{p=x,y,z}\left[\left(\sum_{\eta=1}^{N^2}\boldsymbol{H}_{p,\xi\eta}^{f,g}\vec{m}_\eta\right)\times\boldsymbol{H}_{p,\xi q}^{f,g}+\left(\sum_{\eta=1}^{N^2}\boldsymbol{H}_{p,\xi\eta}^{f,g}\vec{m}_\eta\right)^*\times\boldsymbol{H}_{p,\xi q}^{f,g}\right]\end{aligned}$$

$$\nabla F(\Omega) = -\frac{4a}{S} f'(\Omega) \odot \sum_{f}\sum_{g}\sum_{p=x,y,z} \text{Real} \left[\left((\boldsymbol{H}_p^{f,g})^{*o} \otimes \left\{\left(\boldsymbol{H}_p^{f,g} \otimes \boldsymbol{M}\right) \odot (\boldsymbol{Z}_T - \boldsymbol{Z}) \odot \boldsymbol{Z} \odot (1-\boldsymbol{Z})\right\}\right)\right] \tag{4-20}$$

式中，$\odot$ 表示矩阵对应元素相乘；$*$ 表示复共轭；o 表示将矩阵的横向和纵向均旋转 180°；$f'(\Omega)$ 为掩模矩阵的导数。假设优化中第 τ 次迭代的结果为 Ω^{τ}，那么第 $\tau+1$ 次迭代可以表示为

$$\Omega^{\tau+1} = \Omega^{\tau} - t_{\Omega}\nabla F(\Omega) \tag{4-21}$$

式中，t_{Ω} 为步长。定义图形误差为目标图形 $\boldsymbol{Z}_T$ 与硅片上曝光图形 $\boldsymbol{Z}$ 对应矩阵元素之间欧拉距离的平方，即

$$E_r = \sum_{y_e=1}^{N}\sum_{x_e=1}^{N}\left[Z_T\left(x_e, y_e\right) - Z\left(x_e, y_e\right)\right]^2 \tag{4-22}$$

式中，$Z_T\left(x_e, y_e\right)$ 为目标图形中 $\boldsymbol{Z}_T$ 各矩阵元的像素值，$Z\left(x_e, y_e\right)$ 为对应于掩模图形的硅片上曝光图形 $\boldsymbol{Z}$ 各矩阵元的像素值，$Z\left(x_e, y_e\right)$ 与 $Z_T\left(x_e, y_e\right)$ 的值均为 0 或 1。当图形误差降低到一个可接受的程度，或者优化迭代次数大于一定量级后，则终止最速下降方法的运算。为了降低算法收敛过程中评价函数的振荡，还可以使用共轭梯度法，在更新掩模像素值时考虑本次和上次的梯度结果。

图 4-30 给出了一个逆向光刻的示例，图 4-30（a）为原始设计版图，图 4-30（b）为逆向光刻的修正结果。可以看出，PB-OPC 的结果中多边形已经脱离了边缘的限制，掩模图形的修正不再是通过边缘的移动，而是通过像素的翻转来实现的。由于 PB-OPC 算法是从掩模图形的像素出发的，很多情形下优化的结果是任意的，并不能满足掩模制造性的要求，因此商业化仿真工具在实施 PB-OPC 时，均加入了大量的掩模制造规则限制，以保证优化的结果满足制造性要求。

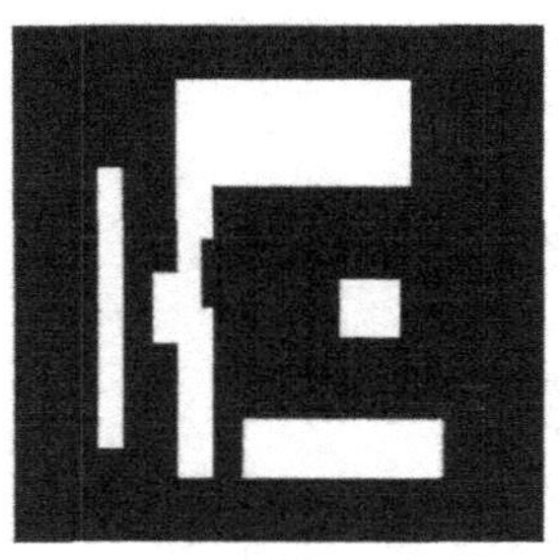
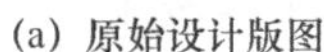
（a）原始设计版图

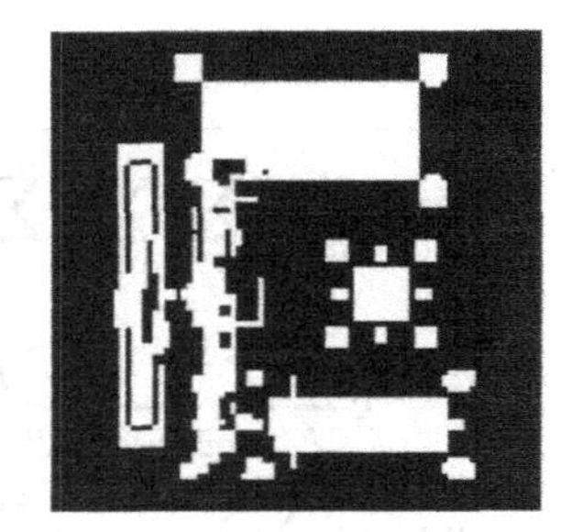
（b）逆向光刻的修正结果

图 4-30　逆向光刻的示例

自 20 世纪 90 年代以来，研究人员提出了多种 PB-OPC 算法。Sherif 等人针对非相干成像系统提出了一种循环优化掩模的方法[20]；Liu 和 Zakhor 等人利用分支界限法研究了可

用于修正二元掩模和相移掩模的 PB-OPC 方法[21]。为解决 PB-OPC 算法计算量大、优化效率低的问题，Poonawala 和 Milanfar 于 2007 年首次将梯度算法应用到相干光刻成像系统的 OPC 优化中[22]。之后 Ma 与 Arce 将该梯度算法应用于部分相干成像系统，将其推广至 PSM 优化问题，并提出了考虑掩模三维效应的 OPC 优化算法[23]。北京理工大学的相关团队也基于矢量成像理论，建立了矢量 OPC 算法[24]。对 PB-OPC 的优化算法有兴趣的读者，可以参考上述文献。

4.3.4 OPC 技术的产业化应用

在实际的半导体生产中，OPC 是通过专业的商业软件来完成的。当前国际主流的三大 EDA 厂商均有自己代表性的 OPC 软件，如 ASML 的子公司 Brion（睿初科技有限公司）推出的 Tflex、Mentor 公司推出的 Calibre，以及 Synopsys 公司推出的 Proteus 等。

在半导体制造中，面向产业化的 OPC 技术流程如图 4-31 所示[1]。

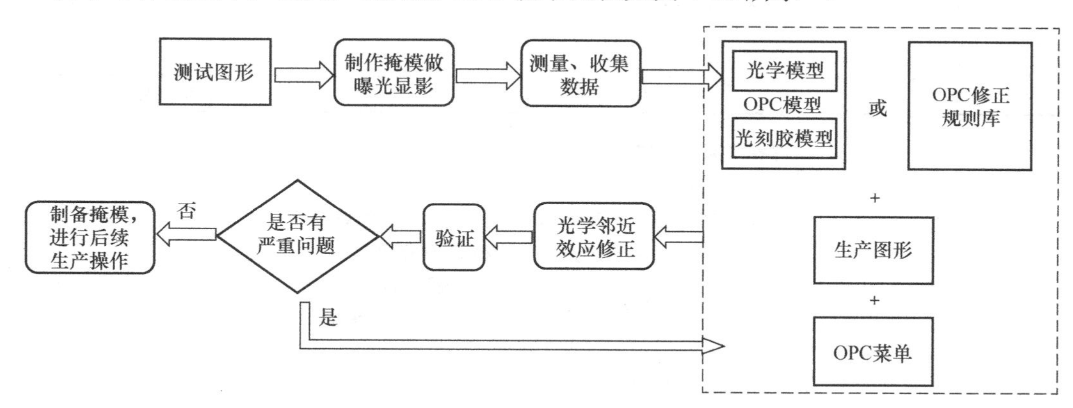

图 4-31 面向产业化的 OPC 技术流程

面向产业化的 OPC 技术流程主要分为三个步骤：OPC 修正规则库或 OPC 模型的建立；OPC 菜单；OPC 验证。

1. OPC 修正规则库或 OPC 模型的建立

为了建立 OPC 修正规则库或 OPC 模型，需要首先设计测试图形、制作测试掩模、光刻曝光并收集数据。测试图形的类型和覆盖性直接决定了 OPC 模型或 OPC 修正规则库的准确性，表 4-4 中给出了基于模型的 OPC 技术中使用的基本测试图形。实际生产中，测试掩模中除包含表 4-4 中所示的测试图形外，还包含一些典型的二维图形，如图 4-32 所示，这些二维图形有的是从版图中提取的关键图形，有的是 OPC 技术的薄弱图形。

表 4-4 部分测试图形的名称及测量值列表

名 称	类型	掩模与光刻胶图形尺寸的关系	测 量 值
独立线条（isolated lines）	1-D	线性	线宽
密集线条（dense lines）	1-D	线性	线宽

（续表）

名　称	类型	掩模与光刻胶图形尺寸的关系	测　量　值
周期变化的线条（pitch lines）	1-D	均匀性	线宽
双线条（double lines）	1-D	线性	线条之间的距离
独立沟槽（inverse isolated lines）	1-D	线性	沟槽的宽度
双沟槽（inverse double lines）	1-D	线性	沟槽之间的距离
孤立的方块（island）	2-D	线性	方块的直径
孤立的孔洞（inverse island）	2-D	线性	孔洞的直径
密集的方块（dense island）	2-D	线性	中间方块的直径
线条的端点（line end）	2-D	线性	线条端点之间的距离
密集线条的端点（dense line end）	2-D	线性	线条端点之间的距离
沟槽的端点（inverse line end）	2-D	线性	沟槽端点之间的距离
T 结构（T junction）	1.5-D		线条中部的宽度
双 T 结构（double T junction）	1.5-D		线条中部的宽度
拐角（corners）	2-D	线性	拐角之间的距离
密集拐角（dense corners）	2-D	线性	拐角之间的距离
桥结构（bridge）	2-D		桥的宽度

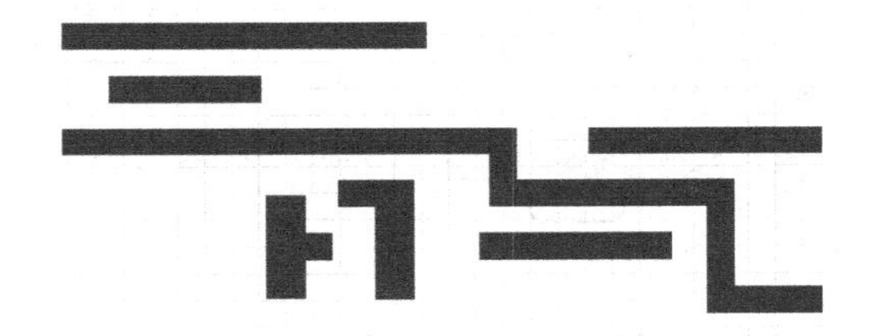

图 4-32　典型的二维图形

然后将测试掩模放到光刻机中曝光，并利用 CD-SEM 搜集曝光结果数据。在基于 RB-OPC 技术中，曝光结果数据用于建立版图的修正规则库；在 MB-OPC 技术中，曝光结果数据用于建立 OPC 模型，包括光学模型和光刻胶模型。为了实现对芯片级设计版图的快速修正，实际生产使用的 OPC 软件中的模型都采用紧凑型模型（compact model），这些模型除包含一系列物理参数外，还包含很多数学参数，这些数学参数的具体值一般通过实验数据校准得到，这样保证了紧凑型模型兼具精度、效率两个方面的优势。建立 OPC 模型的过程是调整模型中的参数使得模型的仿真结果与实验数据尽量吻合的过程，具体做法是对比测试图形的目标值同实验值、仿真值的差距，得到测量点所在的 EPE 值。使用美国明导公司（Mentor Graphics，隶属于德国西门子公司）的 Calibre 建立 OPC 模型的一个典型例子如图 4-33 所示。这个例子中包含了七种类型的测试图形，曲线图中实心标识为仿真结果对应的 EPE 值，空心标识为实验结果对应的 EPE 值。图 4-33 所示的结果虽然已经过了几轮优化和调试，但是二维图形的“EPEm-EPEs”分布中仍存在多个数据点大于 5 nm 的情况，此时一般通过查看测试数据的 SEM 图片或重新选择待校准模型的类型来提升数据拟合的精度。根据以上过程，可以利用实验结果建立版图的修正规则库或 OPC 模型。

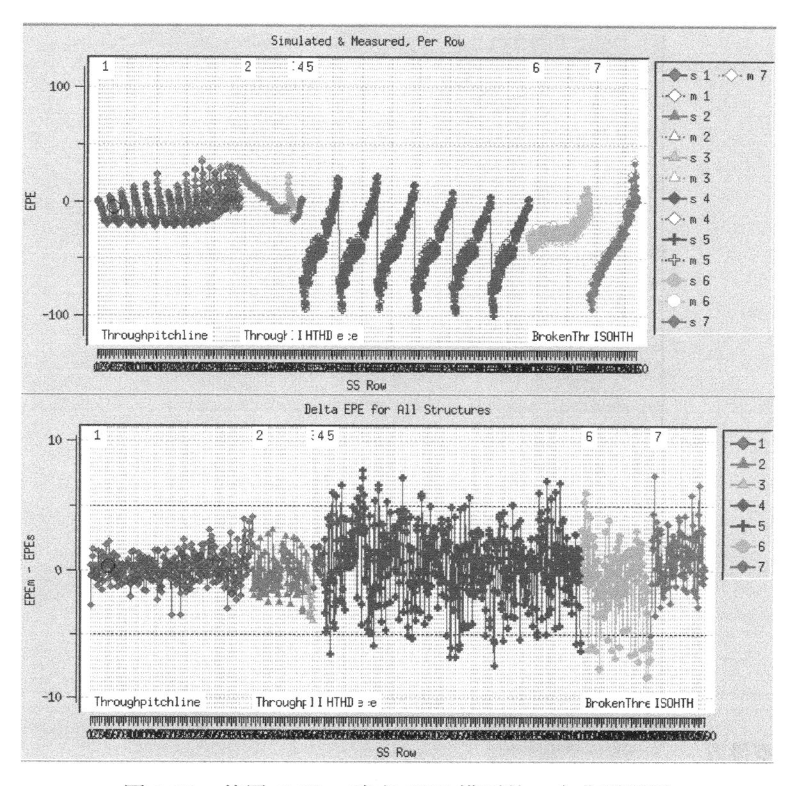

图 4-33 使用 Calibre 建立 OPC 模型的一个典型例子

2．OPC 菜单

接着使用上述的 OPC 修正规则库或 OPC 模型，建立 OPC 菜单（recipe）。OPC 菜单的核心功能包括对图形边缘分段设置、辅助线条的宽度和长度、掩模制造规则、对模型预测不准确位置进行额外的补偿等。以 Calibre 为例，一个典型的 MB-OPC 菜单如图 4-34 所示。

3．OPC 验证

最后对经过 OPC 后的版图进行验证。原则上，如果 OPC 模型是精确的，那么经过 OPC 后的版图在相同的光刻工艺和掩模制造工艺下理论上是不会出问题的。由于 OPC 模型是通过测试图形的实验数据拟合得到的，所以模型的精度极易受到所选数据类型和数目的影响（对于 RB-OPC 则表现为修正规则的覆盖性不足），此时需要对 OPC 后的版图进行验证。以 Calibre 为例，典型的 OPC 后验证的结果如图 4-35 所示。

图 4-35 给出了一个从 PV-band 角度对 OPC 后的版图进行验证的例子，图中方框表示目标图形，浅色不规则圆环表示 PV-band，方框内的相交的不规则圆形表示在标称条件（nominal condition，即 Δfocus、Δdose 和 Δmask error 均为 0）下得到的光刻轮廓，图中 4159 层表示 PV-band 不满足要求的位置。图中表明使用经过校准后的 OPC 模型对版图进行 OPC 后，版图中仍存在三个不满足 PV-band 要求的位置。

```
*run_OPC_Recipe_For_Poly_round4.drc

LAYOUT PATH "$LAYOUT_IN"

LAYOUT PRIMARY "*"
LAYOUT SYSTEM  GDSII

PRECISION   1000
RESOLUTION     1
UNIT LENGTH    u
LAYOUT MAGNIFY auto

DRC MAXIMUM RESULTS      ALL
LAYOUT ERROR ON INPUT    YES
DRC MAXIMUM VERTEX       199
DRC KEEP EMPTY           YES

LAYOUT INPUT EXCEPTION SEVERITY   POLYGON_DEGENERATE    1
LAYOUT INPUT EXCEPTION SEVERITY   PRECISION_RULE_FILE   1
LAYOUT INPUT EXCEPTION SEVERITY   MISSING_REFERENCE     1
LAYOUT RECOGNIZE DUPLICATE CELLS YES

DRC RESULTS DATABASE "$LAYOUT_OUT" GDSII PSEUDO//OASIS PSEUDO     3


LAYER MAP 5 DATATYPE 15 1005 layer Pattern_EXCLUDED 1005 //dummy layer
LAYER MAP 5 DATATYPE 0  105  layer Pattern_INPUT    105
LAYER MAP 2 DATATYPE 0  102  layer ACT              102

Pattern_1 = SIZE Pattern_INPUT BY 0.00

Pattern_OPC  = LITHO OPC Pattern_1 Pattern_EXCLUDED FILE Pattern_OPCSETUP

Pattern_OPC { COPY Pattern_OPC } DRC CHECK MAP Pattern_OPC  51
Pattern_EXCLUDED { COPY Pattern_EXCLUDED } DRC CHECK MAP Pattern_EXCLUDED 1002

Pattern_OUT = Pattern_OPC or Pattern_EXCLUDED
 Pattern_OUT{ copy Pattern_OUT } DRC CHECK MAP Pattern_OUT  500

ACT { copy ACT}              DRC CHECK MAP   ACT     GDSII 2 0 maximum results all
PL1 {copy Pattern_INPUT}     DRC CHECK MAP   PL1 GDSII 5 0 maximum results all
// INLINE FILES
LITHO FILE Pattern_OPCSETUP [
#---------------- Simulation models ---------------
modelpath /home/models
opticalmodel Optical_Model_ASML_For_Poly_V2
resistpolyfile act_resist_vt5_For_Poly_V2.mod
# ----------------- OPC algorithm ----------------
iterations 6
tilemicrons 100
stepsize 0.001
gridsize 0.001
aspect 0.0
siteinfo RESIST -numx 18 -center 8
cornerSiteStyle CONSERVATIVE
lineEndAdjDist 0.17
convexAdjDist 0.17
concaveAdjDist 0.17
# ------------------- Fragmentation ------------------
minfeature 0.18
minedgelength 0.09
maxedgelength 500
cornedge 0.1 0.13 0.16  priority
concavecorn 0.1 0.13 0.16
interfeature -interdistance 0.45 -ripplelen 0.16 -num 2 -ripplestyle 1 -distancePriority 1
seriftype 0
minjog 0.03
lineEndLength 0.35
# ------------------- Layer info -------------------
background clear
# Layers
```

图 4-34　Calibre 中典型的 MB-OPC 菜单

经过 OPC 后验证，如果出现问题，则首先考虑修改 OPC 菜单，在 OPC 菜单中对这些出现问题的“热点”图形做特殊处理，在修改 OPC 菜单无法满足要求的情况下才考虑修改 OPC 修正规则库或 OPC 模型；如果未发现严重的问题，则将经过 OPC 处理后的版图发送到掩模工厂，制作掩模版。

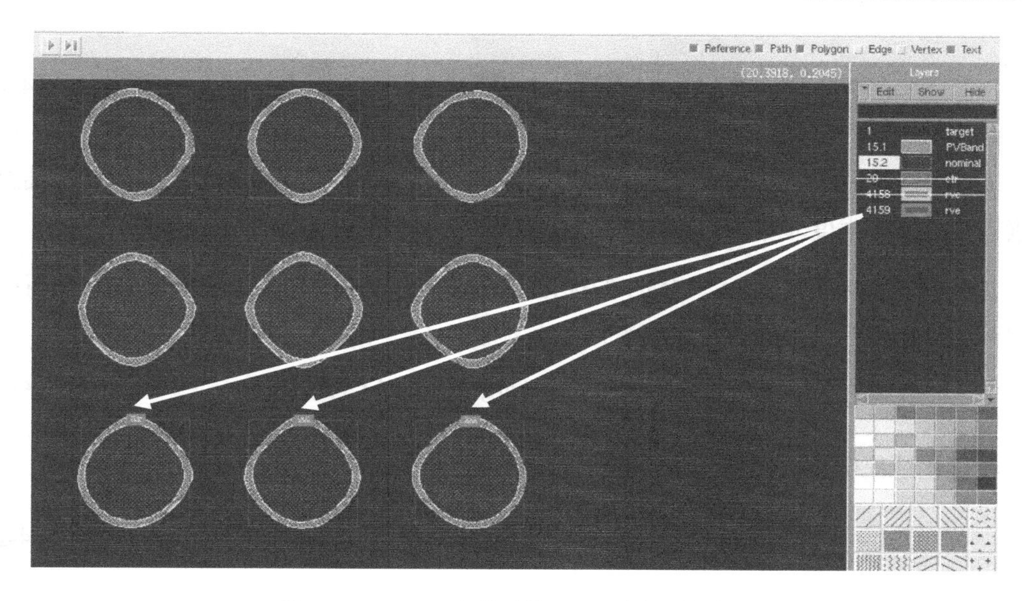

图 4-35　Calibre 中典型的 OPC 后验证的结果

4.4　光源–掩模联合优化技术

4.4.1　SMO 技术的发展历史与基本原理

在光刻工艺中，照明方式的选择需要兼顾到不同图形的需求。例如，从最大化光刻工艺窗口的角度出发，对于密集的光栅结构图形，最优的照明方式是具有较大离轴角的二极照明；对于孤立的光栅结构图形，最优的照明方式，是部分相干因子较小的传统照明；而对于半密集的光栅结构图形，需要利用介于上述之间的照明方式才能得到较好的工艺窗口。可见，对于图形结构复杂的实际版图，确定一个对各种图形的工艺窗口具备较好平衡能力的光源形状分布，需要大量的优化分析。由于 OPC 技术都是在固定照明方式下对掩模图形进行优化的，所以它严重限制了优化自由度[15]。为解决这一问题，Rosenbluth 等人于 2002 年提出了同时优化光源和掩模的概念[25]，并对光源和掩模优化算法进行了改进和扩展[26]。此后众多业界人士提出了多种 SMO 算法。但是截至 2016 年年底，真正被工业界验证过的 SMO 软件是由 ASML 公司下属的 Brion（睿初科技有限公司）开发的。

从理论角度上看，SMO 的基本原理可以用以下公式描述[19]。在掩模被强度分布为 Q 的部分相干光源均匀照明的情形下，光刻空间像的数值化形式为

$$\boldsymbol{I}=\frac{1}{S}\sum_{f}\sum_{g}\left(\boldsymbol{I}_{s}\cdot\sum_{p=x,y,z}\left\|\boldsymbol{H}_{p}^{f,g}\otimes\boldsymbol{M}\right\|_{2}^{2}\right) \tag{4-23}$$

利用 sigmoid 函数，可以将硅片上曝光结果表示为

$$\boldsymbol{Z}=\operatorname{sig}\left\{\frac{1}{S}\sum_{f}\sum_{g}\left(\boldsymbol{I}_s\sum_{p=x,y,z}\left\|\boldsymbol{H}_p^{f,g}\otimes\boldsymbol{M}\right\|_2^2\right)\right\} \tag{4-24}$$

$\boldsymbol{I}_s$ 为 $N_s\times N_s$ 的标量矩阵，表示光源的强度分布，N_s 为把有效光源栅格化后横轴上的像素点数，S 为强度非零的光源点总数目，$\boldsymbol{H}_p^{f,g}$ 为矩阵形式的光学系统函数。

在给定的目标图形 $\boldsymbol{Z}_T$ 下，SMO 的优化目标是寻找最优的光源 $\hat{\boldsymbol{J}}$ 和掩模 $\widehat{\boldsymbol{M}}$，使得硅片上曝光图形与目标图形的欧拉距离平方最小，即

$$(\hat{\boldsymbol{J}},\widehat{\boldsymbol{M}})=\arg\min_{\boldsymbol{J},\boldsymbol{M}}(F)=\arg\min_{\boldsymbol{J},\boldsymbol{M}}d(T\{\boldsymbol{J},\boldsymbol{M}\},\boldsymbol{Z}_T) \tag{4-25}$$

在优化过程中，我们将不连续的光源、掩模函数转化为连续的形式，即

$$\boldsymbol{J}=f(\boldsymbol{\Omega}_S)=\frac{1+\cos\ \boldsymbol{\Omega}_S}{2},\quad \boldsymbol{M}=f(\boldsymbol{\Omega}_M)=\frac{1+\cos\ \boldsymbol{\Omega}_M}{2} \tag{4-26}$$

式中，$\boldsymbol{\Omega}_S$ 和 $\boldsymbol{\Omega}_M$ 均为标量矩阵，矩阵中每个元素的取值范围为 $(-\infty,\infty)$。

利用最速下降法，可以得出评价函数对光源形状和掩模图形的偏导数 $\frac{\partial F}{\partial\boldsymbol{\Omega}_S}$ 和 $\frac{\partial F}{\partial\boldsymbol{\Omega}_M}$，进而根据第 k 次迭代得到的光源和掩模函数，得到第 $k+1$ 次迭代的光源和掩模函数。

$$\boldsymbol{\Omega}_S^{k+1}=\boldsymbol{\Omega}_S^{k}-e_S\frac{\partial F}{\partial\boldsymbol{\Omega}_S},\quad \boldsymbol{\Omega}_M^{k+1}=\boldsymbol{\Omega}_M^{k}-e_M\frac{\partial F}{\partial\boldsymbol{\Omega}_M} \tag{4-27}$$

式中，e_S 和 e_M 分别为光源优化和掩模优化的步长。

一种结合同步 SMO 和交替 SMO 的算法特点的算法流程如图 4-36 所示。

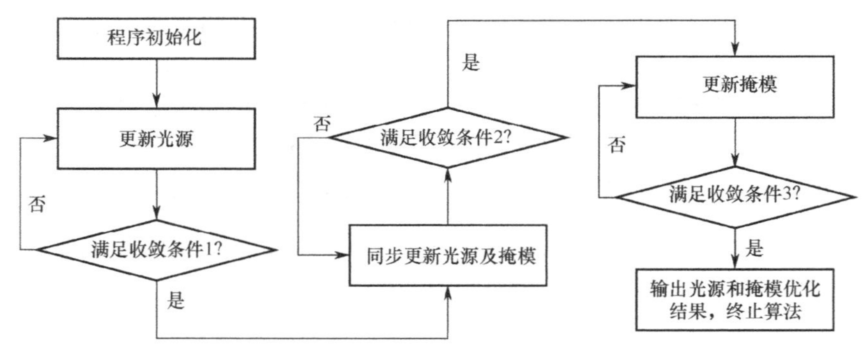

图 4-36　算法流程

这种 SMO 算法首先采用单独光源优化（SO）算法快速有效地降低成像误差；之后采用同步 SMO 算法对光源和掩模进行联合优化；最后利用单独掩模优化（MO）算法收敛性能较好的特点，进一步降低成像误差。

利用上述优化算法，会得到灰度的掩模图形，即掩模的像素值在 0 到 1 分布。为了与目标图形进行对比，计算图形误差，需要对优化后的掩模图形进行处理得到二值化的掩模图形 $\widehat{\boldsymbol{M}}_d$，即标量矩阵 $\widehat{\boldsymbol{M}}_d$ 中每个矩阵元素均为 0 或 1。

从而硅片上二值化的曝光图形可以表示为

$$\boldsymbol{Z}_b = \Gamma\left\{\frac{1}{S}\sum_f\sum_g\left(\boldsymbol{I}_s\sum_{p=x,y,z}\left\|\boldsymbol{H}_p^{f,g}\otimes\boldsymbol{M}_d\right\|_2^2\right)-t_r\right\} \tag{4-28}$$

式中，若元素大于 t_r，则 $\Gamma(\bullet)=1$；否则 $\Gamma(\bullet)=0$。

定义图形误差 E_r 为目标图形与硅片上二值化曝光结果之间欧拉距离的平方，则有

$$\begin{aligned}E_r &= \left\|\boldsymbol{Z}_T-\boldsymbol{Z}_b\right\|_2^2\\ &= \left\|\boldsymbol{Z}_T-\Gamma\left\{\frac{1}{S}\sum_f\sum_g\left(\boldsymbol{I}_s\sum_{p=x,y,z}\left\|\boldsymbol{H}_p^{f,g}\otimes\boldsymbol{M}_d\right\|_2^2\right)-t_r\right\}\right\|_2^2\end{aligned} \tag{4-29}$$

4.4.2 SMO 技术的产业化应用

不同于采用 NILS、DOF 和 MEEF 等参数作为评价函数的传统方法，工业界使用的光源掩模联合优化方法采用边缘放置误差（edge placement error，EPE）作为评价函数来寻求最优解。这种 SMO 的一般流程是：在优化的最初阶段，优化算法采用无限制光源和连续透过率掩模（continuous transmission mask，CTM）来寻求最优解；然后将优化得到的光源分布拟合到常见的 DOE 光源或自由式光源；再从 CTM 的分布出发插入亚分辨辅助图形 SRAF，并根据掩模制造规则修正掩模主图形和 SRAF，使其满足掩模制造的要求；最终协同优化掩模图形和光源分布得到优化结果。

目前，工业界的主流 EDA 公司均在 SMO 方面开展了工作。IBM[27]、ASML[28]、Mentor[29]、Synopsys[30]、Cadence[31]在软件算法和模型上进行了深入研究，Global Foundry、Samsung 等公司则在设备和晶圆验证方面做出了相应贡献。现有的 SMO 技术已经可以较为全面地将掩模三维模型（M3D，Mask 3D）、光刻胶三维模型（R3D，Resist 3D）、晶圆三维模型（W3D，Wafer 3D）、膜层结构、系统误差等各项因素纳入仿真计算的范畴，使 SMO 最终得到的结果和实际晶圆上的结果具有高度的一致性。

在产业化 SMO 技术中，评价函数引入了曝光剂量（以%表示）、离焦量（以 nm 表示）和掩模版上图形尺寸偏差（以 nm 表示）等参数的变化引起的 EPE。评价函数的形式为

$$f=\sum_{\mathrm{pw}} {w_{\mathrm{pw}}}^{p/2} * \left(\sum_e \|\,\mathrm{EPE}\,\|^p + p_{\mathrm{sl}} f_{\mathrm{side\_lobe}} + p_{\mathrm{MRC}} f_{\mathrm{MRC}} + p_{\mathrm{is}} f_{\mathrm{Inverse\_slope}}\right) \tag{4-30}$$

式中，pw 表示参与计算评价函数的工艺条件；e 表示掩模图形上的用于衡量 EPE 的评价点；w_{pw} 表示不同工艺条件对应的权重因子。上式右端除了 EPE 以外的部分为罚函数，用于抑

制优化过程中出现的特殊效应或添加规则检查等，每项前面的 p 表示优化系数。由于 SMO 同时优化了光源分布和掩模图形，因此 SMO 的输出不仅包括一个优化后的光源，还包括对输入的掩模图形进行 OPC 后的结果。

以 ASML-Brion 的 Tachyon SMO 为例，说明产业化 SMO 的工作原理与流程，如图 4-37 所示。

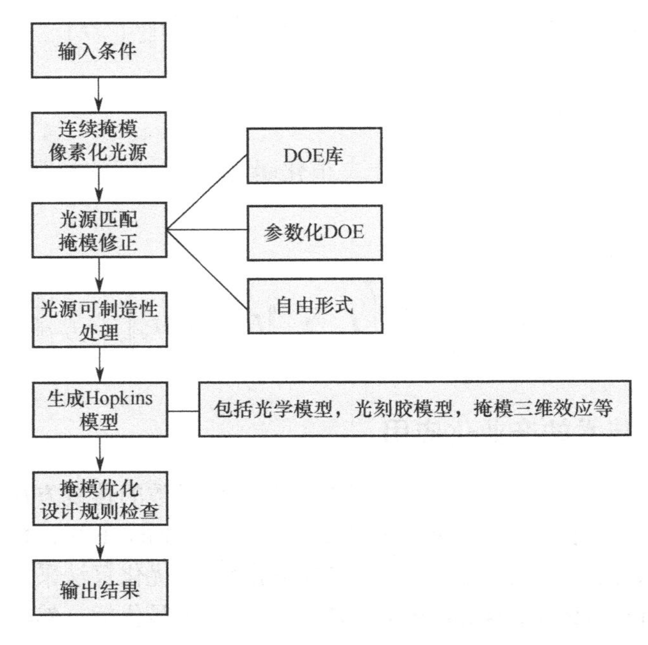

图 4-37　产业化 SMO 的工作原理与流程

SMO 所需要的输入条件包括光刻的各项具体条件，如光刻机型号及相关硬件参数、光源数值孔径大小及偏振方向、光刻胶膜层结构等，还有根据设计规则制定的测试图形、实际芯片图形及 anchor 图形。输入条件确定后，SMO 会首先生成一个初步的模型，其中光源形状和掩模形状作为可变量，在前期的优化过程中将光源分割为像素化的格点，并将二进制的掩模转化为连续透过率掩模（continuous transmission mask，CTM）。将包含像素化光源的模型应用于 CTM 上，得到晶圆表面的光强分布，在这一过程中掩模并不是二进制的 0 或 1 的形式（0 代表不透光，1 代表透光），而是呈连续相位变化的形式，这种形式下，光源和掩模都能够进行最大自由度的优化以获得结果较好的光源和掩模的匹配结果。然后则是进行 SRAF 位置的选择和插入，同样在 CTM 的基础上形成连续相位变化的 SRAF 图形。完成上述步骤后，软件会将连续变化的掩模和 SRAF 以设定好的设计规则拟合到有边界的几何图形上，并进行相应的图形清理，去除拟合过程中产生的细小碎片。

完成了光源、掩模和 SRAF 的初步优化后，在后续的优化过程中逐步对光源和掩模格点进行细化，并将自由形式的光源拟合成硬件可实现的形式。通常自由形式的光源格点数量为 201×201 或 251×251，而拟合成的形式主要有三种，DOE 库中的光源、参数化的 DOE 光源和自由形式的光源。DOE 库中的光源使用的是现有的光源形式，适用于非关键层的光刻，无须增加硬件实现的成本。参数化的 DOE 光源是在 DOE 库的基础上进行扩充的，使得 DOE 光源的部分几何参数可以改变，以获得更好的分辨率。自由形式的光源则是一项较新的技术，采用的是像素化的光源形式，拥有很高的自由度，能够对特定图形的分辨率进行优化，但同时这种光源形式需要特定的硬件来实现。

在光源形状确定及可制造性处理后，软件会生成相应的 Hopkins 模型，其中包括光学模型、光刻胶模型、掩模三维效应模型等，模型确定后将其应用于整个光路系统，进行掩模的优化和设计规则的检查，所进行的工作类似于 OPC，但循环次数和计算精度比 OPC 要高，直至最终完成整个 SMO 的优化过程。

对于 SMO 在整个光刻模块研发中的应用，工业界有一套标准的流程，因为 SMO 提供的是光刻的光源，因此位于光刻研发链的最前端，决定着后续许多研发步骤的进行，同时又需要适时获取后续工艺的反馈来对光源进行必要的改进。

图 4-38 给出了一个实际生产中应用 SMO 的流程。在第一轮工作中，首先需要根据设计规则（design rule，DR）制定测试图形（test pattern）作为 SMO 的输入。SMO 对计算量的要求非常高，无法对整个芯片的所有版图做全局优化，所以需要以少量典型的图形来产生光源，以保证计算速度在可接受的范围之内。因此，测试图形的确定在整个 SMO 过程中显得尤为重要，需要在满足设计规则的条件下尽量覆盖到可能出现的各种图形结构。SMO 的输入除测试图形外还包括静态随机存取存储器（static random access memory，SRAM）的重复单元及部分已知的弱点（weak point），这部分弱点可能是根据上一个技术时代的经验得到的，也有可能是在设计规则制定过程中得到的。

确定了上述输入之后，测试图形加上实际弱点的总图形个数可能达数百个，这样的图形数量对于 SMO 来说仍需要巨大的计算量，因此要对图形的数目进行进一步的筛选。Brion 的 TFlex SMO 提供了一种选择图形的办法，根据图形的衍射级次来进行选择。对于周期具有整数倍关系的图形，其衍射谱会出现重叠，此时倾向于选择具有较小周期的图形作为计算图形，而较大周期的图形可以通过插入 SRAF 来获得与较小周期图形相近的光学表现。通过图形选择可将参与计算的图形数量显著降低。值得注意的是，这样的图形选择仅仅从衍射级次的角度出发，所挑选出的图形在频谱上可以代表所有的输入图形，但无法识别哪些图形是光刻中的弱点。因此，TFlex 也提供了手动选择的功能，可以根据已有的弱点和专业人员的经验对计算图形数量和权重进行调整。

经过图形选择之后，一般可以将总输入图形的数量降低至十几个，这一部分图形作为掩模输入。光源输入则通常会以一个常用光源如环形作为优化的初始值，将光源划分为数万个格点（如 251×251），每一个格点作为一个像素有对应的光强，最终得到的 Freeform 光源是由所有像素点组成的。

SMO 的计算输入除测试图形外还需要包括机台型号、偏振类型、掩模类型、光刻胶层结构等在内的多项信息，为计算的准确度提供必要的辅助。SMO 的仿真计算是基于边缘放置误差（EPE）的，计算过程中，会在所有参与计算的图形的边和角上按照一定的规则插入评价点（evaluation point），对这些评价点在各种照明条件下的 EPE 进行加权求和。求和结果看作一个 EPE 相关的评价函数，SMO 优化的目的就是通过修饰光源和掩模使该评价函数的值最小。最终会以所有图形的重叠工艺窗口作为评价标准，评估其 DOF、EL、MEEF、ILS 等指标是否满足需求。

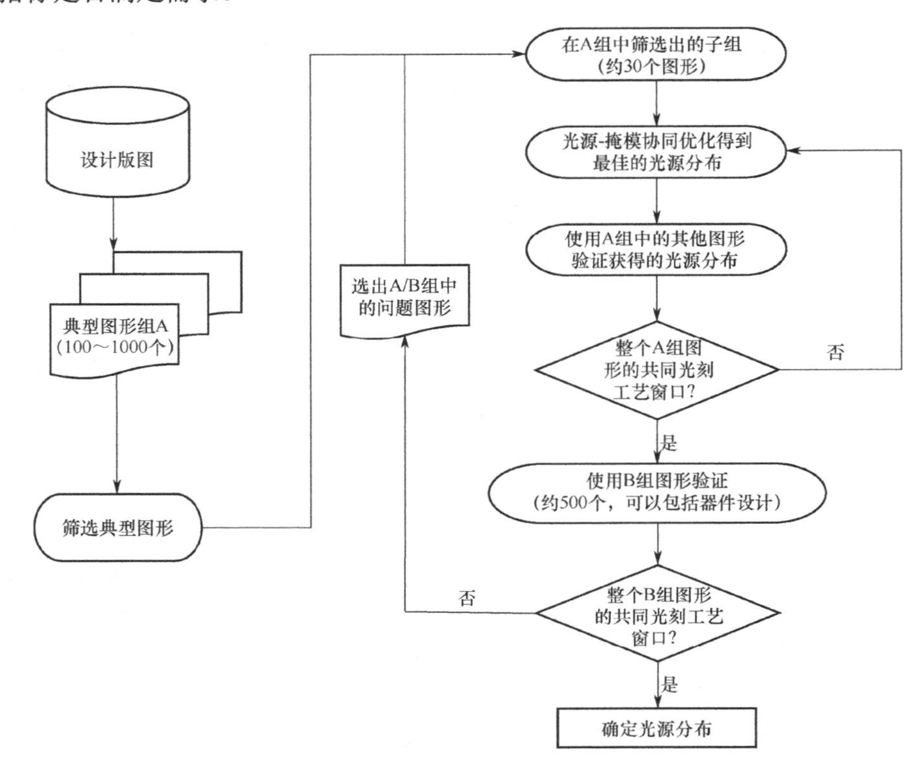

图 4-38　实际生产中应用 SMO 的流程[4]

若上述 SMO 结果满足需求，则需要进行第二步的 MO 验证，使用第一步所得到的光源，对更多的测试图形和实际图形进行验证，一般为在图形选择过程中被筛选的那一部分图形。验证的过程就是模拟 OPC 对掩模图形进行修饰的过程，这一过程中光源是固定不变的。上述过程完成之后，将仿真结果与实际晶圆曝光数据进行比对，若能够通过评估，便可以进行下一步 OPC 建模及修正的工作。

在 SMO 工作过程中，往往一轮工作无法解决所有的问题，在第一轮 OPC 完成后会发现新的弱点，此时很有可能需要第二轮的 SMO 工作，将这些弱点加入到输入图形中去，优化光源使这些难点得到解决。

SMO 得到的光源是最为理想的结果，将其在光刻机上实现需要考虑可制造性的问题。最简单的办法是将光源拟合成现有的 DOE 光源，可以直接应用于机台。第二种办法是使用参数化的 DOE 光源（parametric DOE），这样的 DOE 光源相对于第一种有更多的自由度，如环形光源的内径、外径等，能够进一步接近 Freeform 光源，提供更好的工艺窗口。第三种办法就是在机台上将像素化的 Freeform 实现，能够提供最佳的工艺窗口，充分利用 SMO

所带来的优势。目前，工业界已经有较为成熟的 Freeform 光源的实现方案，利用可编程的光源（programmable illuminator）实现像素化光源的实时配置，而不必对于每一个 SMO 的结果都进行相应光源的制备。

从 40nm 技术代开始，SMO 技术已经进入到实际工业生产中，应用于包括存储器[32]、SRAM 和逻辑器件[33]等各类芯片的制造工艺中，到 22 nm 及 14 nm 技术时代，开始被广泛应用以提高日益紧张的光刻工艺窗口。图 4-39 展示的是 Global Foundry 在其研发过程中采用 POR-Baseline 和 SMO-Baseline 的 DOF 对比，这里“POR”表示优化前的光照条件。可以发现，SMO-Baseline 的工艺窗口比 POR-Baseline 有大幅的提升。

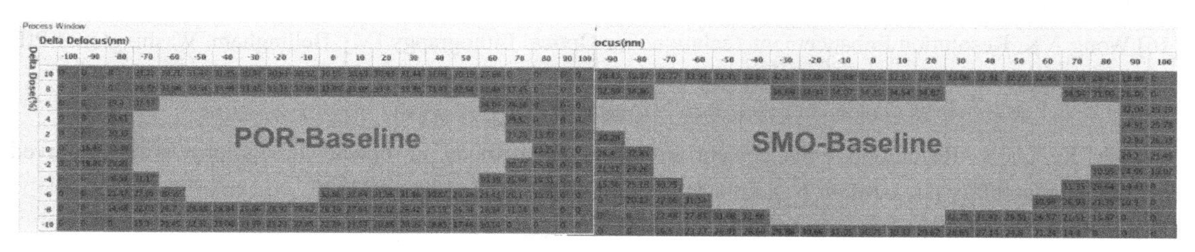

图 4-39　POR-Baseline 和 SMO-Baseline 的 DOF 对比[33]

可以预见，对于即将到来的先进技术节点光刻技术，SMO 是必不可少的一项技术，并且随着图形成像质量对光源敏感度的提升，SMO 在整个光刻环节中所起到的作用将越来越关键。

本章参考文献

[1] 韦亚一. 超大规模集成电路先进光刻理论与应用[M]. 北京：科学出版社, 2016.

[2] Schellenberg F M. Resolution Enhancement Technology: The past, the present, and Extensions for Future. Optical Microlithography XVII [C]. Proc SPIE, 2004, 5377: 1-20.

[3] 高松波. 光刻分辨率增强技术研究[D]. 北京：中国科学院研究生院, 2008.

[4] Rayleigh L. On the theory of optical instruments, with special reference to the microscope[J]. Philosophical Magazine, 1896(42): 167-195.

[5] Levenson M D, Viswanathan N S, Simpson R A. Improving resolution in photolithography with a phase-shiftinh mask[J]. IEEE Trans. Electron Dev, 1982(ED-29): 1828-1836.

[6] Terai M, Kumada T, Ishibashi T, et al. Newly developed resolution enhancement lithography assisted by chemical shrink process and materials for next-generation devices [J]. Japanese Journal of Applied Physics, 2006, 45(6B):5354-5358.

[7] Oyama K, Yamauchi S, Yabe K, et al. The enhanced photoresist shrink process technique toward 22nm node [C]. Proc SPIE, 2011, 7972, 79722Q.

[8] J. Mailfert, Kerkhove J, Bisschop P, et al. Metal1 patterning study for random-logic applications with 193i, using calibrated OPC for litho and etch [C]. Proc SPIE, 2014, 9052, 90520Q.

[9] Kim M S, Vandeweyer T, Altamirano-Sanchez E, et al. Self-Aligned Double Patterning of 1x nm FinFETs; A New Device Integration through the Challenging Geometry [J]. IEEE 14th International Conference on Ultimate Integration on Silicon (Ulis), 2013: 101-104.

[10] Kim R H, Koay C, Burns S D, et al. Spacer-defined double patterning for 20nm and beyond logic BEOL technology [C]. Proc SPIE, 2011, 7973, 79730N.

[11] Ban Y, Miloslavsky A, Lucas K, et al. Layout decomposition of self-aligned double patterning for 2D

random logic patterning [C]. Proc SPIE, 2011, 7974, 79740L.

[12] Chen Y, Xu P, Miao L, et al. Self-aligned triple patterning for continuous IC scaling to half-pitch 15nm [C]. Proc SPIE, 2011, 7973, 79731P.

[13] Kodama C, Ichikawa H, Nakayama K, et al. Self-aligned double and quadruple patterning aware grid routing methods [J]. IEEE TRANSACTIONS ON COMPUTER-AIDED DESIGN OF INTEGRATED CIRCUITS AND SYSTEMS, 2015, 34(5):753-765.

[14] Oyama K, Yamauchi S, Natori S, et al. Robust Complementary technique with Multiple-Patterning for sub-10 nm node device [C]. Proc SPIE, 2014, 9051, 90510V, 2014.

[15] Ma X, Arce G R. Computational Lithography [M]. Wiley Series in Pure and Applied Optics, ed. 1. Wiley & Sons, 2010.

[16] Wong A K. Resolution Enhancement Technique for Optical Lithograpgy [M]. Bellingham, Washington: SPIE Press, 2001.

[17] 罗凯升. 纳米级电路分辨率增强技术及热点检测技术研究[D]. 杭州：浙江大学, 2014.

[18] Ma X, Li Y. Resolution enhancement optimization methods in optical lithography with improved manufacturability [J]. J. Micro/Nanolith. MEMS MOEMS, 2011, 10(2): 023229.

[19] 董立松. 高数值孔径光刻成像理论与分辨率增强技术[D]. 北京：北京理工大学, 2014.

[20] Sherif S, Saleh B, Leone R. Binary image synthesis using mixed interger programming [J]. IEEE Trans. Image Process, 1995(4): 1252-1257.

[21] Liu Y, Zakhor A. Binary and phase shifting mask desigh for optical lithography [J]. IEEE Trans. Semicond. Manuf, 1992(5): 138-152.

[22] Poonawala A, Milanfarb P. Prewarping mask design for optical microlithography-an inverse imaging problem [J]. IEEE Transactions on Image Processing, 2007, 16.

[23] Ma X, Arce G R. Pixel-based OPC optimization based on conjugate gradients [J]. Opt. Express, 2011, 19(3): 2165-2180.

[24] Ma X, Li Y, Dong L. Mask optimization approaches in optical lithography based on a vector imaging model [J]. J. Opt. Soc. Am. A., 2012, 29(7): 1300-1312.

[25] Rosenbluth A E, Bukofsky S, Fonseca C, et al. Optimum mask and source patterns to print a givern shape [J]. J. Microlithography, Microfabrication, and Microsystem, 2002(1): 13-20.

[26] Rosenbluth A E, Seong N. Global optimization of the illumination distribution to maximize integrated process window. Optical Microlithography XIX [C]. Proc SPIE, 2006, 6154, 61540H.

[27] Lai K, Gabrani M, Demaris D, et al. Design specific joint optimization of masks and sources on a very large scale [C]. Proc SPIE, 2011, 7973, 797308.

[28] Liu P, Zhang Z, Lan S, et al. A full-chip 3D computational lithography framework [C]. Proc SPIE, 2012, 8326, 83260A.

[29] EL-Sewefy O, Chen A, Lafferty N, et al. Source mask optimization using 3D mask and compact resist models [C]. Proc SPIE, 2016, 9780, 978019.

[30] Xiao G, Hooker K, Irby D, et al. Hybrid inverse lithography techniques for advanced hierarchical memories [C]. Proc SPIE, 2014, 9052, 90520D.

[31] Coskun T, Dai H, Huang H, et al. Accounting for mask topography effects in source-mask optimization for advanced nodes [C]. Proc SPIE, 2011, 7973, 79730P.

[32] Yu C, Yang C, Yang E, et al. SMO and NTD for robust single exposure solution on contact patterning for 40nm node flash memory devices [C]. Proc SPIE, 2013, 8683, 868322.

[33] Zhang D, Chua G, Foong Y, et al. Source Mask Optimization methodology (SMO) & application to real full chip optical proximity correction [C]. Proc SPIE, 2012, 8326, 83261V.

第5章

刻蚀效应修正

刻蚀工艺是半导体制造中的关键步骤。光刻在晶圆上形成光刻胶图形，如图 5-1（a）所示，在随后的刻蚀过程中，反应粒子（如离子与自由基）与光刻胶和衬底表面相互作用完成刻蚀，如图 5-1（b）所示。刻蚀后衬底上得到的图形尺寸与光刻胶图形（作为刻蚀时的硬掩模）的尺寸是有偏差的，这种偏差称为刻蚀偏差（etch bias）。刻蚀偏差可以是正的，即衬底上被刻蚀掉的图形小于对应的光刻胶图形；也可以是负的，即衬底上被刻蚀掉的图形大于对应的光刻胶图形，如图 5-1（b）所示[1]。

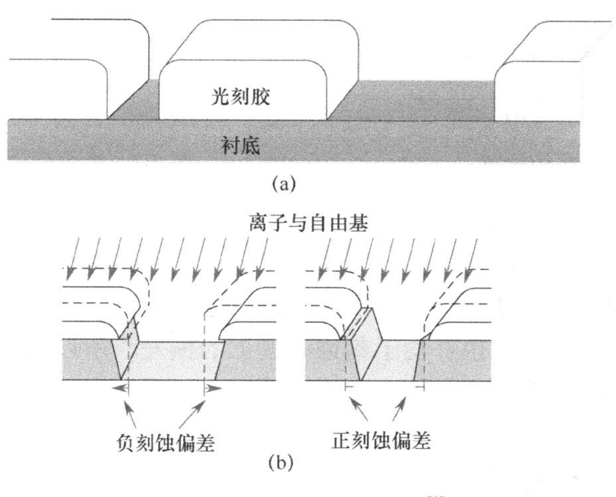

图 5-1　刻蚀偏差示意图[1]

刻蚀偏差表达式为

$$\text{etch\_bias} = \frac{CD_{litho} - CD_{etch}}{2} \tag{5-1}$$

式中，CD_{litho} 为光刻胶上图形的关键尺寸（critical dimension，CD），CD_{etch} 为刻蚀后衬底上图形的关键尺寸。

由于刻蚀是一个复杂的物理、化学过程，直到现在也没有一个完善的理论来准确地定量描述。随着技术节点的发展，大量的新材料被应用到集成电路制造中，如新型光刻胶、硬掩模、低κ介电材料等。这些新材料和新工艺的引入，导致刻蚀偏差与版图形状、尺寸，以及周围的图形密度、图形周围的环境都有很强的关联，使得控制最终衬底图形的 CD 变得尤为困难。大量实验数据表明，刻蚀偏差不是线性的，它主要取决于两个因素：孔径效应和微负载效应[2]。

孔径效应如图 5-2 所示，是指一定范围内的图形刻蚀总面积的变化会对刻蚀速率造成影响，刻蚀速率会随着刻蚀总面积的增加而逐渐下降。

微负载效应如图 5-3 所示，是指在同一设计版图内，图形密度的疏密不同导致刻蚀速率不同，在相同时间内，在图形比较密集的地方刻蚀深度比较浅，而图形比较稀疏的地方刻蚀深度比较深。造成这种现象的原因是在图形比较密集的区域其反应离子的有效反应成分与衬底材料反应消耗得比较快，造成局部刻蚀区域内的反应成分失衡，从而导致刻蚀速率下降。

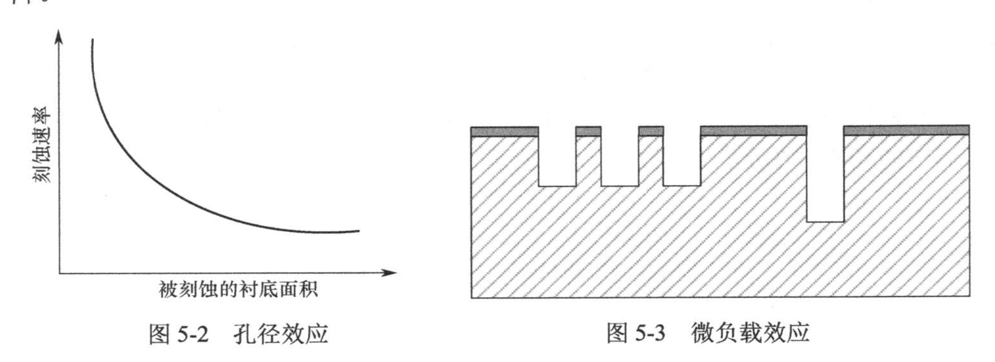

图 5-2　孔径效应　　　　图 5-3　微负载效应

通常将孔径效应和微负载效应这两种效应称为刻蚀邻近效应[2]。值得注意的是，在硅衬底的刻蚀过程中，通常反应气体会同时对图形侧壁和底部进行刻蚀，所以刻蚀邻近效应往往会同时导致刻蚀图形尺寸和刻蚀深度的偏差。基于这两者之间存在较强的相关性，一般来说对图形尺寸修正的同时也补偿了刻蚀深度上的偏差，所以刻蚀邻近效应的版图修正只针对刻蚀图形尺寸，而不考虑刻蚀深度的因素。

5.1　刻蚀效应修正流程

在先进技术节点下，由于刻蚀偏差相对于 CD 越来越大，修正设计版图以补偿刻蚀偏差导致的 CD 变化显得尤为重要。为了在晶圆上获得设计所要求的图形，必须提前对版图做修正，而这种对刻蚀偏差的补偿称为刻蚀邻近效应修正（etch proximity correction，EPC）或简称为刻蚀效应修正。

刻蚀效应修正可以通过固定或可变的刻蚀偏差补偿来实现，一般包含基于模型和基于规则两种方式。常规的刻蚀效应修正流程如图 5-4 所示[3]。首先，针对选定的图形层，提取一系列具有代表性的测试图形，这些图形尽可能地包括设计版图在刻蚀中面临的典型的刻蚀效应，并将测试图形制作在掩模版上，然后分析晶圆上得到的数据，根据该层的刻蚀工艺和分析数据，决定是使用基于规则的解决方案还是基于模型的方案。

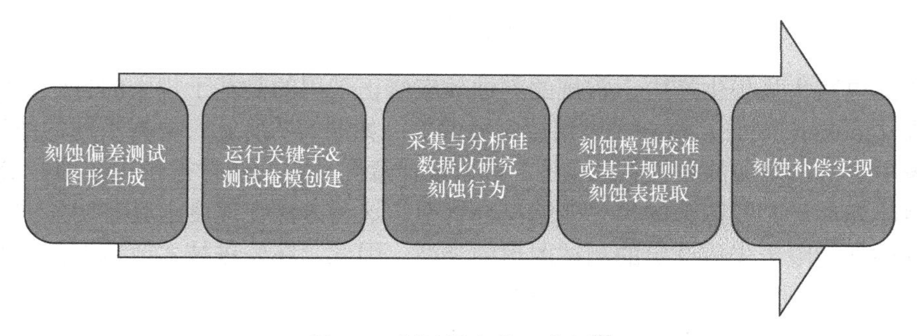

图 5-4 刻蚀效应修正流程[3]

对版图的刻蚀修正一般在光学邻近修正（optical proximity correction，OPC）之前。由于从设计、光刻，再到刻蚀的流程顺序关系，刻蚀效应补偿与 OPC 在因果上是一个逆向倒推的过程：以设计版图为理想的刻蚀图形尺寸，结合测量出的刻蚀效应倒推出所需光刻胶图形的尺寸，进而倒推出理想的光刻图形版图。实际的操作顺序如图 5-5 所示，通常 EPC 本身也被认为是 OPC 的一部分。

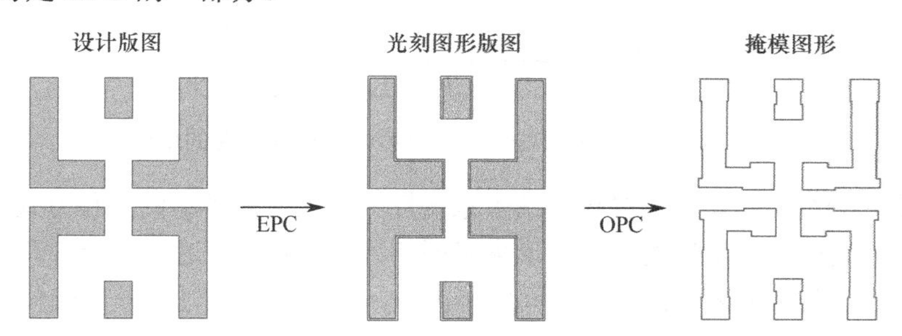

图 5-5 实际的操作顺序[1]

传统的刻蚀效应修正流程包括光学系统、光刻胶、刻蚀模拟的循环迭代，如图 5-6 所示。

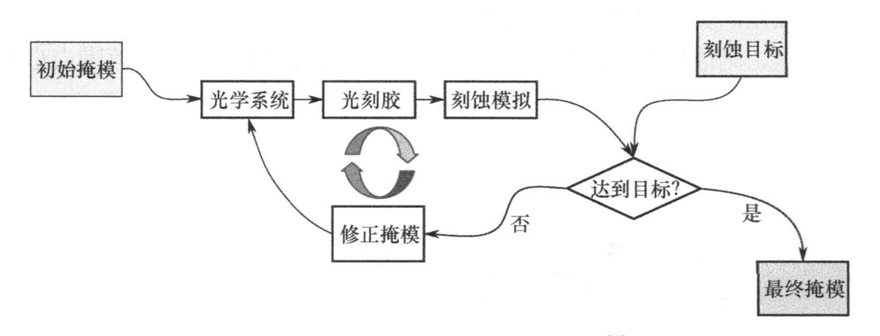

图 5-6 传统的刻蚀效应修正流程[4]

5.2 基于规则的刻蚀效应修正

5.2.1 基于规则的刻蚀效应修正的方法

在集成电路大规模生产中，常规的刻蚀效应修正采用的是基于规则的方法，它采用一种查询表（lookup table）的方式来调控刻蚀偏差，如图 5-7 所示。根据不同的图形宽度和间距，表中给出了对应的刻蚀补偿值[5]。根据设计意图，它们经常被预先使用在 OPC 流程中，使得曝光后光刻胶图形的尺寸能够符合目标。这种方法在速度上具有明显的优势，然而其准确性则受限于先前选定的测试图形的类型。因此，在先进技术节点中图形密度和复杂度大幅度提升，通过推算的方式来获得查询表以外结构的刻蚀偏差修正数据是不准确的。而在特定场景下，当测量的刻蚀偏差不仅依赖于线宽和间距时，查询表也可以变得更为复杂。例如，线段末端的形貌较为倾斜，比线段中部具有更多的刻蚀偏差。

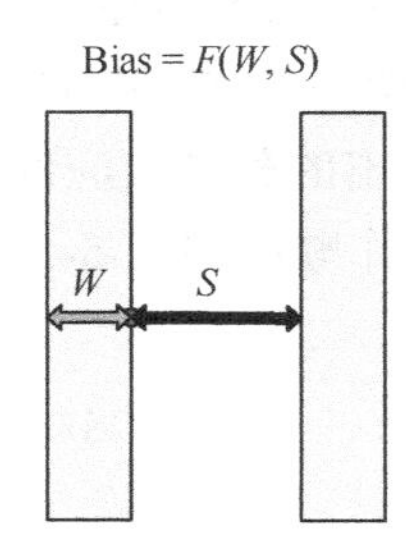

查询表

F(W, S)	100	110	120	130
40	18	17	16	16
50	18	17	16	15
60	19	18	17	17
70	19	18	17	17
80	…			
90				

图 5-7　基于规则的方法，刻蚀偏差是宽度和间距的函数[5]

简单图形的刻蚀偏差是用来描述版图中系统性刻蚀效应最容易的一种方式。例如，光刻和刻蚀工程师通过研究周期性的规则图形来表征刻蚀偏差趋势，这种图形含有固定线宽和间距的周期性重复。其特征之一是线宽或间距可测量，而得到的刻蚀偏差的变化趋势可以是图形线宽（line width）、间距（space）、周期（pitch）的函数或这些参数的组合函数。

如图 5-8 所示，以可变线宽的稀疏金属沟槽图形的刻蚀偏差为例，图中给出了在沟槽不同设计线宽下刻蚀偏差的变化趋势。随着图形线宽的增加，刻蚀偏差也相应增加，而并非保持常数，值得注意的是，刻蚀偏差的波动性在小线宽，特别是 100 nm 以下的范围内也更加显著。

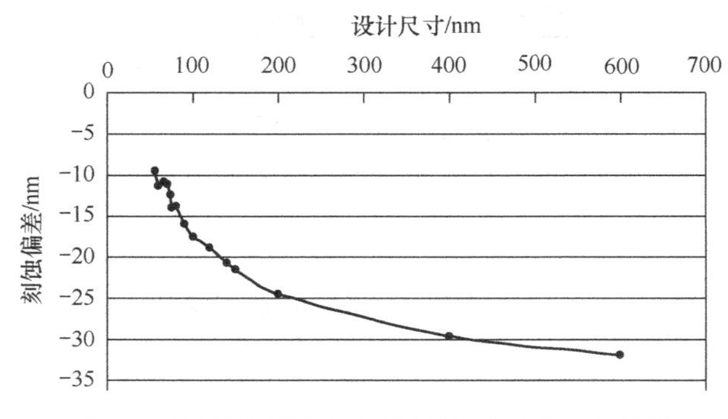

图 5-8　沟槽图形刻蚀偏差随着线宽变化的趋势[6]

在更大的版图环境中，通过对版图仔细分析可以发现，即使具有同样线宽和间距的两个图形也可能表现出不同的刻蚀偏差[6]。一个简单的光刻版图修正示例如图 5-9 所示，图中有两个具有相同设计尺寸并经过 OPC 处理后的掩模形状图，图形中的 3 条线段图形皆具有 40 nm 线宽和 40 nm 间距。右侧的 3 条线段位于两个大金属图形之间，而左侧的 3 条线段则是孤立的线条。左侧稀疏图形环境下的掩模线宽为 43 nm，而右侧密集的图形线宽为 37 nm[6]。

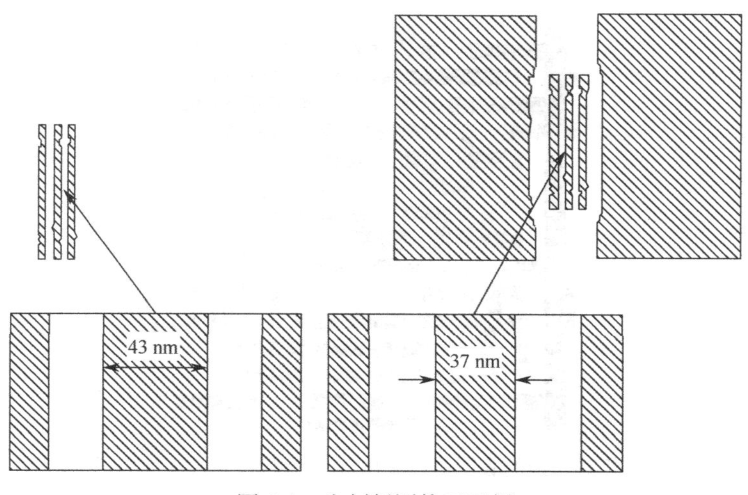

图 5-9　光刻版图修正示例

通过图 5-9 可以发现，基于规则的刻蚀效应修正不能仅通过简单的线宽和间距规则来区分金属线宽同为 40 nm 的两种图形的区别。简单的查询表只能涵盖线宽和间距这两种变量，对两种不同配置的图形会错误地应用同样的刻蚀偏差。因此，要准确地区分这些图形配置上的具体差异，需要采用更复杂的规则，而通过基于模型的解决方案来识别这些差异，应用合适的掩模补偿，显得更为有效。

5.2.2　基于规则的刻蚀效应修正的局限性

最近几年，随着半导体技术的持续发展，负载效应导致的版图稀疏区相对密集区的刻蚀偏差（iso-dense etch bias）有大幅增加的趋势，如 45 nm 技术节点下的某些应用中甚至达到了 50 nm。事实上，对于更成熟的工艺节点而言，稀疏区相对密集区的刻蚀偏差的典型值是 10 nm 左右。目前，基于规则的刻蚀效应修正主要用于一维图形的修正，而用于修正大刻蚀偏差、修正稀疏区和密集区的过渡区域及修正拐角效应则不太合适。同时，搭建和完善这类应用中的规则修正表也是很烦琐且具有挑战的任务。因此，这就要求基于模型的刻蚀效应修正方法来解决上述问题。

对于复杂的版图而言，基于模型的刻蚀效应修正要远比基于规则的刻蚀效应修正更为简单和优越。图 5-10 中的二维版图需要极其复杂的刻蚀效应修正规则，而采用基于模型的刻蚀效应修正可以采用较少的菜单优化步骤，更轻松地实现一个合理的掩模图形解决方案。

那么刻蚀偏差修正规则在什么情况下将会变得足够复杂和不可管理，从而需要基于模型的刻蚀效应修正方式呢？为了回答这个问题，需要对刻蚀偏差的局部系统性波动做定量分析评估，当波动大于一定的阈值时将不能采用基于规则的刻蚀效应修正方式继续处理。在往常使用基于规则的刻蚀效应修正时，这一波动性可能被采取的工艺和图形较大的关键尺寸所掩盖。然而，当关键尺寸越来越小时，波动性的影响就会变得明显，从而降低了查询表的适用性。

图 5-10　相对复杂的版图难以采用基于规则的刻蚀效应修正技术[6]

为了说明这一现象，图 5-11 给出了一组简单的周期性版图图形示例，假设这些结构代表了理想化的光刻图形轮廓[6]。图 5-11 对具有同样线宽和间距的两个光刻图形版图 A 与版图 B 进行对比，在版图 B 的右侧存在一个大的图形，导致版图 B 中的两个平行线图形具有与版图 A 中的两个平行线图形明显不同的邻近环境。虚线方框标记处的图形边缘显示的是经过模拟的刻蚀轮廓，该线宽范围从 60 nm 到 28 nm，每 4 nm 一个降幅[6] 。假定工程师采用了一个完美的基于模型的刻蚀效应修正方案，并且已经同光刻工艺协同优化以确保所有的图形形状都能够符合目标，而与邻近的环境差异无关。这里采用了两种简单的图形，第一种是图形具有两条平行线，如图 5-11 中的版图 A；第二种是图形具有同样的两条平行线，如图 5-11 中的版图 B，但是其右侧邻近一个更大的块状图形。

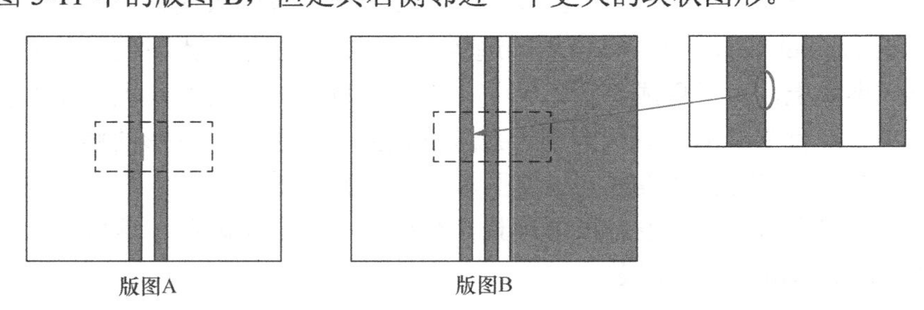

图 5-11　周期性版图图形示例

首先选择一个已经被确认与硅片验证数据有良好匹配的刻蚀偏差模型，然后将刻蚀偏差数据（为刻蚀轮廓与光刻轮廓的差值）与线宽的函数关系画在一张图上看相应的变化。在所有情况下，随着线宽的变化，间距也会有相应的变化以保持与线宽相等。

对于图 5-11 中的两种图形，以最左侧线段图形的右侧边缘为例来模拟刻蚀偏差，注意，当采用任何简单的基于规则的刻蚀效应修正方式，两种图形中的该边缘处都将因为基于相同图形的宽度和间距而移动相同的数值。而在模拟中两者存在着刻蚀偏差的差异，这种差异称为邻近偏差（proximity error）。通过对这种特定的版图结构的模拟对比，基于规则的刻蚀效应修正导致的非随机可预知的波动性可以得到量化评估。相似图形边缘的邻近偏差随着刻蚀关键尺寸的变化关系如图 5-12 所示。

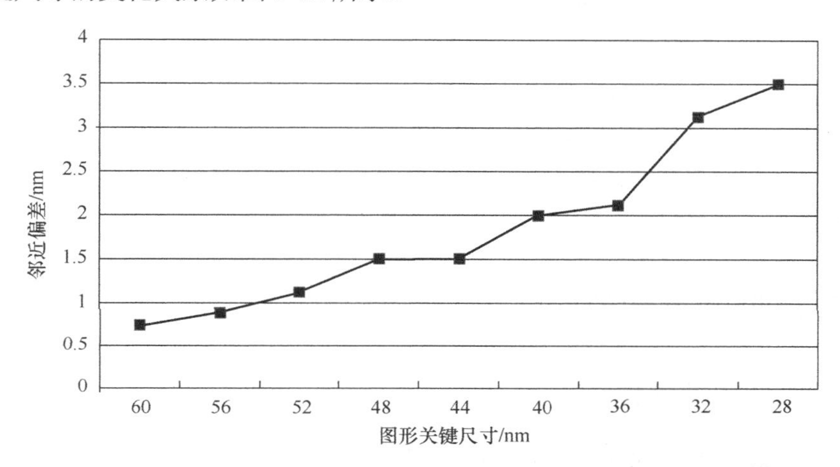

图 5-12　相似图形边缘的邻近偏差随着刻蚀关键尺寸的变化关系[6]

如同事先预料的，对于版图 A 和版图 B 而言，它们的刻蚀偏差并不相同，偏差值在从 1 nm 到 3.5 nm 的范围内变化。随着图形关键尺寸的降低，版图 A 和版图 B 之间的差异变得越来越大。从偏差对关键尺寸的相对百分比随着关键尺寸的变化关系可以看出，对于 60 nm 关键尺寸的图形，两种图形的偏差小于 1%，但是当关键尺寸降到 30 nm 时，偏差却超过 12%。值得注意的是，这些值仅是基于单一边缘图形的测试，当考虑图形两侧边缘的情况时，我们能看到偏差上升到 20%以上。对于这种版图结构，这个例子说明了为什么基于规则的刻蚀效应修正方式对于大关键尺寸的图形是充分有效的，而对于比较先进技术节点下的图形，如 40 nm 以下的图形则有较大的波动，这是因为随着图形尺寸的降低，邻近效应变得更加显著，而往常简单的基于规则的刻蚀效应修正无法解决这一问题。

为了定量地评估这种基于模型的刻蚀效应修正方式何时应该被使用，通过模拟或收集大批实验数据的分析，也可以在更宽范围内具有各种邻近效应的复杂版图上进行。

需要注意的是，使用简单的变间距周期性图形来表征硅片上的刻蚀偏差并不能完全反映出由于邻近图形情况导致的刻蚀偏差上的波动性。如果采用简单的变间距周期性图形来构建刻蚀修正规则，随后使用同样简单的图形来验证这些修正方法的有效性，则可能得出如下结论：由于刻蚀偏差差异导致的关键尺寸波动性得到了解决。如果采用基于规则的刻蚀效应修正方案，通过仔细地探究那些在实验中使用的测试图形集合来表征修正的有效性，则可以发现邻近效应导致的巨大差异。

随着从基于规则的刻蚀效应修正向基于模型的刻蚀效应修正方式发展，工程师面临的问题将会变得类似图 5-11 所示的更加复杂。在当前主流节点的设计规则下，对于有些层而言，版图 B 一般是不存在的。当移动到更先进的技术节点时，在某些层上，设计规则正变得越来越规则。这些层可能会允许基于规则的刻蚀效应修正能够继续扩展使用下去，因为涉及的版图十分规则以致基于模型的修正方式可能并不必要。然而，许多关键层并非是100%均匀的，因此基于规则的刻蚀效应修正存在很大的局限性，而这些层将是使用基于模型的刻蚀效应修正方式的主要需求。

虽然基于规则的邻近效应修正模型在修正刻蚀偏差中具有速度快的优点，但是刻蚀偏差修正精度受限于先前测试版图的结构类型。当实际版图出现新的图形结构时，该方法的应用变得困难。此外，当测量的刻蚀偏差取决于除线宽和间距之外的其他因素时，如二维图形结构密度、版图中的斜坡轮廓，建立查询表将变得复杂甚至不可能。随着集成电路的关键尺寸的减小，这些问题已经逐渐凸显出来。

5.3 基于模型的刻蚀效应修正

5.3.1 刻蚀工艺建模

为了对刻蚀工艺进行建模，需要清除导致刻蚀工艺图形扭曲的影响因素。一般而言，有晶圆（wafer）级别、管芯（die）级别、芯片（chip）级别和图形级别的刻蚀效应。晶圆级别的刻蚀效应主要是孔径效应，而芯片级别的刻蚀效应则是微负载效应，图形级别的刻蚀效应包括局部密度依赖、深宽比依赖等[7]。刻蚀效应示意图如图 5-13 所示。在图 5-13（a）中，深宽比依赖的刻蚀导致大的开口区域比小的开口区域刻蚀得更快，刻蚀速率随着可视区域的波动而在垂直和水平方向上发生变化，该效应影响范围在 1 μm 内。在图 5-13（b）中，局部密度依赖的刻蚀导致在低密度区比高密度区刻蚀得更快，而刻蚀速率在垂直和水平方向上也随之变化，该效应影响范围为几微米。

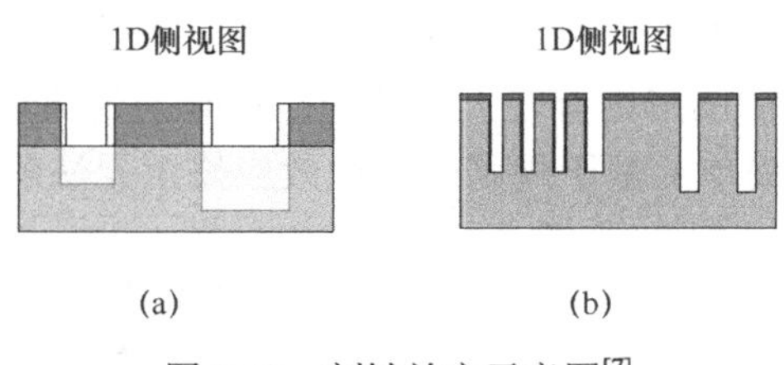

图 5-13 刻蚀效应示意图[7]

通常，孔径效应通过在芯片修正模型中施加一个固定的偏差来建模，而微负载效应通过长程密度来建模，图形级别的效应则通过短程密度和可视化的开口区域面积计算来建模（非线性可视化模型），这些方法在掩模优化领域中已得到广泛研究并应用于刻蚀效应修正。如 5.2 节所述，由于水平方向（侧壁）的刻蚀和垂直方向（底部）的刻蚀具有很强的关联，所以一般来说对水平方向图形 CD 的修正，也包含了对垂直方向刻蚀深度偏差的补偿。由于光刻图形很大程度上决定刻蚀图形，所以光刻和刻蚀需要密切结合起来进行建模。集成光刻和刻蚀的模型通过光刻和刻蚀的协同优化能显著提升刻蚀偏差模型的有效性。

一个完全严格的刻蚀模型需要考虑腔室条件、工艺条件、反应机理、刻蚀速率等多种因素的影响，可以模拟出导致邻近效应的所有物理机制，包括气相和表面传输、电荷影响等。目前的刻蚀工艺建模方法如下。

（1）解析法：利用数学方程的形式阐述工艺过程中涉及的反应机理和因素，以及它们对刻蚀过程的影响，并通过对方程的解析，从而得到符合要求的参数和结果。

（2）几何法：基于几何模型，利用特征工艺参数或特征工艺模型，通过特征识别来获得三维立体模型的输出。

（3）系统辨识法：应用神经网络模型，在输入/输出之间建立多输入/输出的非线性映射关系，从而预测工艺结果。

（4）基本原理模拟法：基于基本原理建立等离子刻蚀模型，涉及高频、高强度电场内的连续性、动量平衡和能量平衡方程。

（5）经验模型法：在很大程度上忽略基本的物理过程，仅从实际过程行为的角度来将问题参数化。利用测量过程的输入和输出，来确定一个输出到输入的数学模型。

目前有很多种刻蚀方法和模型[8~12]，如表 5-1 所示。

表 5-1　刻蚀方法和模型汇总

研究方法	模型名称	研究方法与研究对象	特点和适用场合	局　限　性
解析法	表面动力学模型	描述物理过程	综合分析各种因素；描述工艺条件和反应机理；计算刻蚀速率	涉及多学科知识；针对特定条件；必须明确反应机理；计算难度大
	微表面反应模型	描述反应机理和过程	描述刻蚀原理和过程；定量分析反应机理	涉及多学科知识；针对特定条件；必须明确反应机理；计算难度大
	连续 CA 模型	描述刻蚀过程和轮廓演化	任意复杂二维、三维结构；模拟各类刻蚀和材料；实现高精度、高效率仿真	随着仿真精度提高，仿真效率下降
	Wulff-Jaccodine 绘图法	描述刻蚀过程和轮廓演化	三维仿真；各向异性、单晶体	不适合多晶体
几何法	蒙特卡罗模型	描述粒子反应过程	输出几何图形；模块化结构	计算量大
系统辨识法	基于 BP 的神经网络模型	工艺参数求解、系统输入和输出关系描述	整体考虑工艺过程；可获得设备的工艺仿真模型；适合多输入、多输出、非线性及工艺条件多样化的场合	精度有待提高；不能准确预测工艺过程中材料特性的变化
基本原理模拟法	混合等离子体模型	描述反应机理和过程	任意复杂二维、三维结构；模拟各类刻蚀和材料	仅关注离子在各个反应器中的分布；并忽略了自由基流量数值影响
	模块化等离子反应器模拟器模型	描述反应机理和过程	任意复杂二维、三维结构；模拟各类刻蚀和材料；实现高精度、高效率仿真	仅适用于 ICP 反应器
经验模型法	经验模型	描述刻蚀过程和轮廓演化	结合实际工艺参数与理论模型结合	需要常规的实验数据预测结果

为了确保模型的运行速度，对模拟的复杂的刻蚀工艺方面必须仔细选择。对刻蚀邻近效应造成影响的最重要的是图形密度和稀疏区对密集区的偏差程度，刻蚀偏差同图形密度的典型依赖关系如图 5-14 所示，其他的机制则会导致次级程度的影响。通常，刻蚀偏差强烈依赖于邻近图形的形状，以及版图中某点出发可见开口区域的大小。主要的依赖因素是中性基团屏蔽的影响，刻蚀偏差依赖于中性粒子的流量，而这种流量则与图形的开口面积的大小有关。在光刻中，光学邻近效应的影响范围可以用光学直径（optical diameter，OD）来定义[12]，即认为这个直径以外的区域对本图形成像的影响可以忽略不计，OD 与光源波长 λ 和数值孔径 NA 相关。一般来说，对于数值孔径为 1.35 的浸没式光刻机，OD 取 1.5 μm 左右，相比之下，刻蚀效应的影响范围为 3～6 μm，这是刻蚀邻近效应和光学邻近效应的主要区别之一。

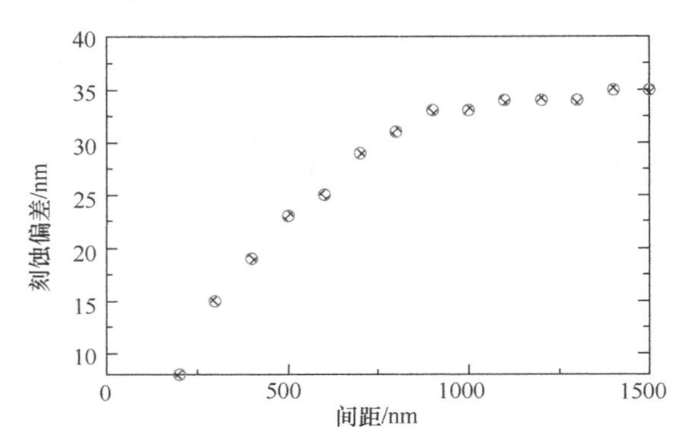

图 5-14 刻蚀偏差同图形密度的典型依赖关系[14]

5.3.2 基于模型的刻蚀效应修正概述

当反应粒子与衬底表面碰撞时，因为刻蚀偏差受刻蚀反应粒子的数量及它们的入射角度和方向的影响，所以对整个芯片的刻蚀邻近效应的严格模拟需要的计算量极大，导致严格物理模型在实际的大规模生产中应用不现实。因此，刻蚀邻近效应修正必须基于经验规则（基于规则的邻近效应修正）或简化模型（基于模型的邻近效应修正）的探索方法。核函数应用于基于模型的邻近效应修正中如图 5-15 所示。

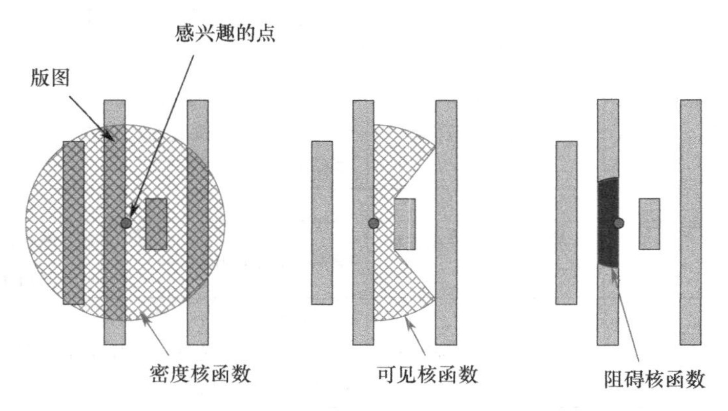

图 5-15 核函数应用于基于模型的邻近效应修正中[1]

在建立基于模型的邻近效应修正（MB-EPC）时，一般不会选用基于表面分子动力学的建模方法。其主要原因在于：表面动力学模型的计算原理是先通过解动力学方程得到粒子分布函数，再利用离子和中性粒子流量、离子能量和角分布等参数来计算刻蚀或沉积速率、产品的化学计量、表面覆盖等，计算量极大导致计算速度难以满足跨越芯片的仿真规模；另外，难以用大量的化学反应方程式描述和校准在刻蚀过程中发生的反应，以达到所需准确性和实际的可预测性[15]。

负载效应和孔径效应是刻蚀过程中产生刻蚀偏差的主要影响因素，而这两种效应与版图图形上的局部版图密度及沟槽宽度或图形间距等密切相关，因此，将刻蚀偏差解释为图形几何参数形状的函数是可行的。目前面向应用建立刻蚀模型的思路多是基于紧凑型数学模型，也称作简化模型。虽然缺乏完善的物理理论，但并不妨碍其预测刻蚀偏差的精度。在 MB-EPC 所应用的刻蚀工艺场景中，反应气体、温度等条件参数通常是不会改变的，所以在建立简化刻蚀邻近效应校正模型过程中，通常将版图特征对刻蚀偏差影响作为其主要研究对象。

一般为了更好地描述负载效应和孔径效应所带来的刻蚀邻近效应，各厂商会根据其工艺情况选取不同的邻近变量来描述，包括图形密度（pattern density）、图形间距（pattern separation）以及图形粒度（pattern granularity）或沟槽宽度（trench width），而刻蚀偏差则通常使用刻蚀前和刻蚀后之差来反映。目前，各厂商通常使用的 VEB（variable etch bias）模型去校正刻蚀邻近效应[15]。VEB 模型公式通常包含下式

$$b=\sum\nolimits_{i,j,k} a_{i,j,k}\cdot d^i s^j g^k \tag{5-2}$$

式中，b 是刻蚀偏差；d^i 是图形密度；s^j 是图形间距；g^k 是图形粒度或沟槽宽度；$a_{i,j,k}$ 则是各个邻近变量的系数。在实际生产中，$a_{i,j,k}$ 的值根据各邻近变量对刻蚀偏差贡献不同而确定。然而，随着关键尺寸的缩小，与图形密度相关的微负载效应逐渐占据了影响刻蚀邻近效应的主导地位。为了准确预测刻蚀偏差，VEB 模型逐渐换成包含不同核函数与经验参数的函数[1]

$$\text{Etch\_bias}=C_0+C_1\cdot\text{Den}_1+C_2\cdot\text{Vis}_1+C_3\cdot\text{Blo}_1+C_4\cdot\text{Den}_2+\cdots \tag{5-3}$$

式中，Den（the density kernel）是代表核心点邻近圆内布局密度的核函数；Vis（the visible kernel）是代表核心点可见的邻近圆内开放空间区域的核函数；Blo 是代表核心点邻近圆与最近的阻碍多边形（the blocked kernel）重叠区域的核函数[9]。系数 C_i 和在这个函数中的项数的值是根据经验确定的，并且通过回归来调整邻近圆的半径和系数 C_i 的值。MB-EPC 可以处理比 RB-EPC 更大范围的图形，但是仍然不能达到令人满意的 OCV（on-chip variation）。据估计，在 MB-EPC 应用之后，20 nm DRAM 器件的 OCV 仍然达到栅极尺寸的 15%。

5.3.3 刻蚀模型的局限性

尽管使用基于模型的刻蚀效应修正流程也有了一些成功的案例，但是相对于光学和光刻胶模型那样在光刻领域扮演极其重要的角色，刻蚀模型还远远谈不上被广泛应用。举例来说，在最近的几个技术节点中，每个关键层的掩模版图都应用了基于模型的 OPC，许多菜单参数使

用了工艺窗口 OPC 和工艺窗口验证，光刻模型被广泛应用于帮助定义规则（ground rule）和检测硅片上的坏点（hotspot）中。相比之下，基于规则的刻蚀效应修正在大多数的时候仍然被用于补偿刻蚀偏差。尽管刻蚀模型在一些验证流程中得到了应用，但是它们仍然没有达到像光刻模型应用于光刻工艺开发、规则分析和许多层的全芯片验证同样的程度。刻蚀模型还没有被广泛应用，主要有以下几个原因[6]。

第一个原因是时间点。一些刻蚀工艺开发滞后于光刻工艺开发，这是因为当光刻工艺仍然在开发过程中时，难以在同样技术节点上同时开发一个成熟的刻蚀工艺。一旦稳定而可靠的光刻解决方案确定，刻蚀团队才可以专注于更加先进的刻蚀工艺开发。这意味着刻蚀工艺在先进性上有所流失，而针对尚在改进过程中的刻蚀工艺进行建模自然也是极其困难的。当团队意识到他们正在建模的工艺可能需要频繁改变时，他们通常不愿意投入许多精力对刻蚀偏差的微小波动进行建模，一旦刻蚀设备、材料、光刻解决方案或任何其他与刻蚀有关的改变发生时，准确的模型便会变得过时。

第二个原因是精确度。应用于大面积版图模拟的刻蚀模型并不足够准确，尚不足以担负起确保刻蚀目标的重任。当前即使是最先进的基于模型的刻蚀修正流程的刻蚀偏差模型在经验、二维版图模拟等方面仍然存在着一些内在的不足：尽管模型在全芯片版图上工作时运行速度足够快，但它们仍然可能无法捕捉发生在垂直方向上的一些复杂的波动性。

第三个原因则是习惯性。因为在刻蚀工艺期间发生的图形依赖的尺寸波动经常能够使用简单的基于规则的刻蚀效应修正方案成功处理。从表征和修正的观点来看，这些简单的方案使得它们成为处理图形依赖波动问题时具有很大的优势。在过去许多年中，基于规则的刻蚀效应修正方案已经相当成功，许多工程师不愿意改变他们认为一向工作良好的方案。

然而在 14 nm 及以下技术节点，器件尺寸的持续微缩导致必须采用更严格的关键尺寸控制，由于局部版图波动导致的刻蚀偏差的差异也将变得更加重要，所以不能完全单独采用工艺提升和基于规则的刻蚀效应修正来解决。刻蚀需要采用更准确的方案来进行修正，在这种情况下，基于模型的刻蚀效应修正就成了一个必然的选择。

5.4 EPC 修正策略

根据 5.3 节的讲述，图形转移的质量依赖于光刻和刻蚀工艺，特别是在先进节点下，两种工艺之间的相互影响不能再被忽略。OPC 和相关应用产品已经将高精度的刻蚀效应修正模型作为重要的组成部分和发展方向。通常光刻和刻蚀影响应该以顺序和分级的方式（sequential and staged way）进行建模和修正：光刻胶或光刻模型被建立并应用于光刻效应的补偿；刻蚀模型则用于刻蚀效应的补偿。然而，对于这两种存在相互影响的工艺，为了更好地抓住显影后的光刻图形和刻蚀后图形显著的偏差特征，将这两种工艺整合在一起进行模型修正是极其必要的。接下来，我们分析修正模型中的集成模拟方法，整个光刻模型信息在刻蚀建模阶段就被充分地考虑进来了，以达到光刻和刻蚀共优化的目的，通过调整光刻模型来更好地匹配刻蚀数据。

多级模型（multi-stage model）是基于不同工艺步骤如光刻和刻蚀的顺序修正建立的。因为每一步的工艺都能被单独优化，因此它具有单个工艺模型准确性的优势[15]。为了评估刻蚀对光刻模型的影响，在流程中，需要额外的模块来模拟刻蚀偏差。这方面的挑战在于，需要将光刻和刻蚀模型整合起来校准模型和实现较高的验证效率。模型流程包括不同的光刻和刻蚀效应修正，该方法如图 5-16 所示[16]。

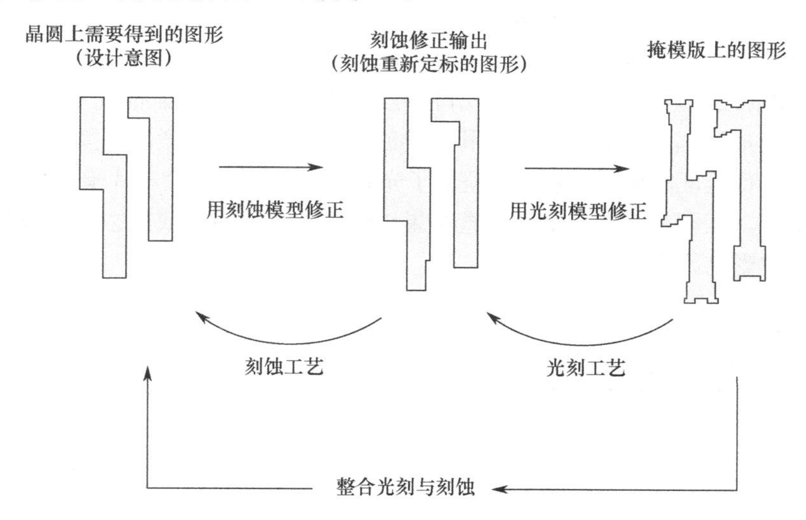

图 5-16　采用分级和基于模型的刻蚀重新定标和光刻修正掩模合成流程[7]

在一个多级的正向建模流程中，光刻模型采用掩模 M 经显影后的光刻图形为 X，即

$$L(M)=X \tag{5-4}$$

刻蚀模型将光刻图形 X 转移到刻蚀图形上得到 D，即

$$E(X)=D \tag{5-5}$$

将光刻和刻蚀结合后得到

$$E(L(M))=D \tag{5-6}$$

式（5-6）称为一般情况下的掩模合成方程，掩模合成的目的是将掩模图形转印在晶圆上得到所需的版图图形。采用分级修正，通过相互分离的光刻和刻蚀模型，可以分别求解式（5-4）和式（5-5）。

求解式（5-4）的过程就是 OPC，求解式（5-5）则是刻蚀重新定标（retarget）或修正式（5-4）得到更适合的光刻图形。刻蚀重新定标是指在 OPC 步骤之前进行，施加一个偏差到图形上。在刻蚀重新定标式（5-5）中，期望的晶圆图形 D 可能在满足设计意图的同时具有一些变化，如某种程度的角落圆化（corner rounding）。由于刻蚀重新定标是对刻蚀效应的修正，解式（5-5）将会得到更准确的光刻目标图形，因此得到更好的 OPC 效果。

一方面，分级修正流程（staged correction flow）对于 OPC 来说是实用的，它通过两个不同的模型来修正光学邻近效应和刻蚀邻近效应的影响；另一方面，将光刻和刻蚀模拟步骤整合到一个模型中提供了一个更全面的验证流程，而多个不同模块的集成也更方便工程师持续地校正模型匹配参数。

一套典型的整合了光刻和刻蚀修正模型的全芯片光刻规则验证框架包括光刻和刻蚀紧凑模型，流程如图 5-17 所示。在光刻和刻蚀的晶圆测试图形数据收集之后，光刻和刻蚀的经验模型先被建立起来。尽管刻蚀模型校正需要利用来自光刻模型校正步骤的结果（优化的参数值），但光刻和刻蚀模型能被分别校正。所有的光刻和刻蚀模型对象都被整合到模拟流程中，这允许对模型组成和匹配参数进行修改和持续的回归。校正后的紧凑模型经过一个对光刻和刻蚀晶圆数据进行验证的流程。然后，整合了光刻和刻蚀模型的全芯片验证得以执行（run）以检测轮廓情况，工程师需要仔细地检查结果以识别潜在的错误或刻蚀后的缺陷，以及坏点和导致此坏点的影响因素。

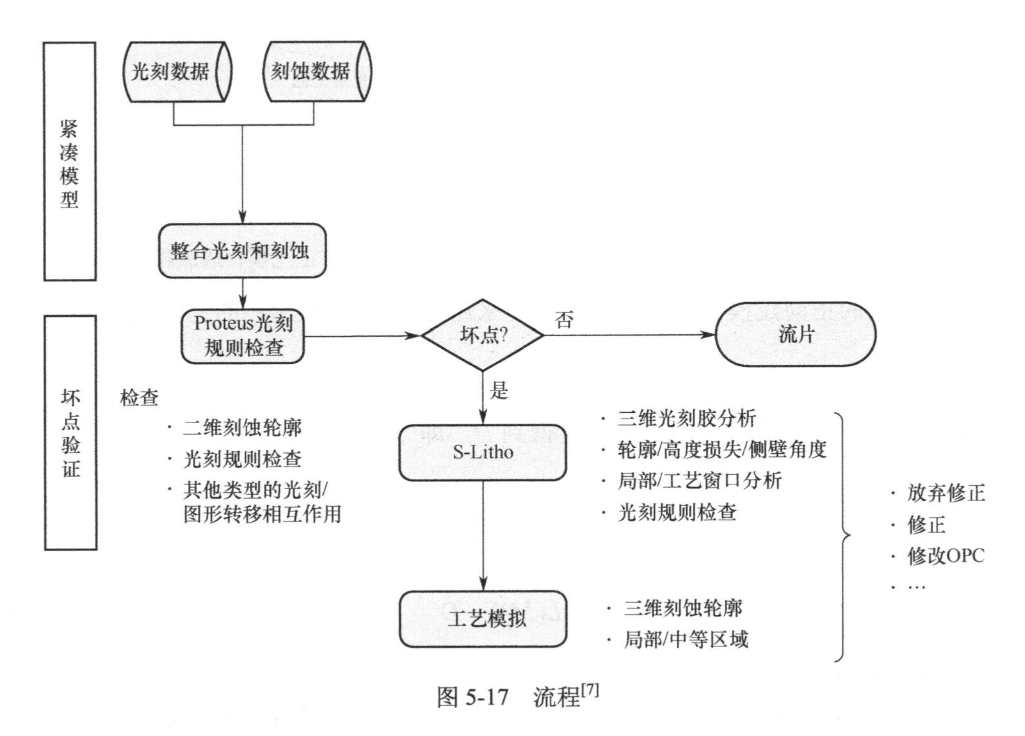

图 5-17　流程[7]

在全芯片 OPC 模型中，确定坏点的方法可用于解释光刻形貌的特征。严格的光刻模型能够准确地对三维光刻胶形貌进行建模，它们仅在小面积内适用，这是因为在经验的光刻胶形貌基础上，严格模型需要被校正到极为准确的程度，这会导致极高的计算负载。采用严格计算的光刻胶模型可在刻蚀步骤中减小坏点的风险，三维光刻胶形貌一旦确认坏点后，便可以采用局部的修正方法来修复这一问题。分辨率增强技术（RET）如亚分辨率光刻胶辅助图形（SRAF）或相移掩模（PSM）技术都可以用于修复有风险的三维光刻胶图形以降低它们对刻蚀缺陷的高敏感性。

5.5　非传统的刻蚀效应修正流程

5.5.1　新的 MBRT 刻蚀效应修正流程

在传统的基于模型的刻蚀效应修正中，光学、光刻胶和刻蚀效应通过使用输入版图作为最终的刻蚀目标，在一个步骤中得到修正。而这里我们介绍一个新的基于模型的重新定标流程（model-based retargeting flow，MBRT）[4]，相对于传统流程而言，刻蚀和光学、光刻胶工艺的影响在模型校准和版图修正中分别进行。这种方式使得对刻蚀和光刻胶目标的控制能够实现变得更容易，从而大幅下降修正的运行时间。除此之外，它也使得修正后对光刻和刻蚀的验证更为便捷。

新流程将原有的 OPC 修正反馈回路分成两个独立的回路，一个回路用于刻蚀模拟，另一个回路用于光学和光刻胶模拟。基于模型的重新定标修正流程如图 5-18 所示，光刻胶和刻蚀的模拟与测量也实现了便捷的去耦合操作，而不是相互影响。

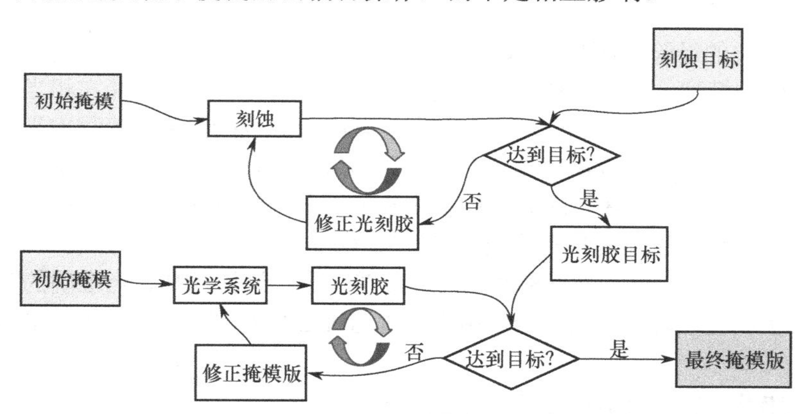

图 5-18　基于模型的重新定标修正流程[4]

这样做的主要优点是运行时间更短，大大提高了效率。重新定标步骤只占用了较小部分的 OPC 时间，而相比光刻、刻蚀进行单独修正的 OPC，采用光学/光刻胶/VEB 模型的传统的 OPC 流程则往往要花费超过 2.5 倍的时间。这主要是由于以下因素导致的：按传统顺序运行的修正流程使得交互作用距离增加了，这大大降低了模拟效率。而在基于模型的重新定标流程中，只有光学和光刻胶进行边界相互作用，而刻蚀边界则在另一个独立步骤中处理，并不会导致运行时间的增加。

5.5.2　刻蚀效应修正和光刻解决方案的共优化

到目前为止，上述讨论已经描述了相对简单的刻蚀效应修正流程，我们假定存在一个实用且有效率的光刻和刻蚀效应修正解决方案，通过对刻蚀偏差的仔细表征和建模能够得到一个良好的刻蚀效应修正流程来达到补偿所有刻蚀偏差的目的。

实际上，这种理想化的情况经常无法达成，某些情况下刻蚀效应修正会形成无法进行曝光的光刻目标，而建立刻蚀模型能够揭示其原因。举一个简单的例子，刻蚀偏差缩小了相邻小间距的线宽，如果刻蚀效应修正计算显示这些光刻目标需要增加尺寸才能补偿刻蚀后线宽的严重下降，那么我们可能在小间距的线条中发现光刻后的图形倾向于发生互连（bridging）或其他图形缺陷的现象。

理解了这一点便可以明确部分刻蚀效应修正的策略。由于全刻蚀效应修正可能导致光刻图形缺陷，因此刻蚀效应修正必须在高风险的区域被加以限制或缩减。这就意味着刻蚀偏差需要被基于已知的光刻规则限制所约束，这种约束可能使偏差修正偏小，导致难以传递设计意图，另外，没有限制的偏差修正可能过大从而对芯片的可靠性、参数提取和电学性能产生负面的影响。

由于光刻和刻蚀越来越交叉，它们中的任何一个解决方案都不应该被单独优化。寻求最优化的图形解决方案以满足设计意图应该被视作全局性的优化问题，这些变量包括掩模尺寸、光刻目标尺寸和刻蚀工艺偏差，所有这些都需要同时被表征和解决。

根据光刻优化的经验，对版图的联合优化可以采用模拟工具以相对快速和经济的方式进行。通过使用好的模型，整体的 OPC、光刻、刻蚀协同优化解决方案能在相当广阔的范围和各种不同设计风格的版图中得到应用，同时有问题的部分也能在验证流程中得到确认。这种虚拟学习方式能够使团队更容易得到一个最优化的解决方案，比仅仅采用实验的方式更加快捷方便。通过模拟手段识别坏点的能力也意味着可以大规模地推广到硅基应用以外的其他关键结构上，替代传统的加强测量和形成大量配置（configurations）的方式。设计工艺协同优化（DTCO）已经广泛应用了光刻模型来研究版图配置和设计规则。当准确的刻蚀偏差模型被用于刻蚀修正和验证时，它们也能被用来加强这种 DTCO 模型，使其更为准确。

5.6 基于机器学习的刻蚀效应修正

5.6.1 基于人工神经网络的刻蚀偏差预测

经过 5.4 节和 5.5 节的介绍，我们知道传统的基于规则和基于模型的刻蚀效应修正的方法被广泛使用，但是对 20 nm 以下技术节点，已有的基于规则和基于模型的方法在速度和准确性方面并不令人满意。机器学习（machine learning，ML）作为突破 MB-OPC 局限性的解决方案，已被应用到光刻优化中，解决先进技术节点下的版图优化运行时间显著增加的问题[17~24]。机器学习包括两个阶段：训练和测试[17]，如图 5-19 所示。在训练阶段，机器学习模型首先接收已知图形中的数据集(x, y)，x 可以是从版图图案提取的局部密度，y 可以是用于 OPC 的掩模偏差值，得到预测模型$f(x)$并进行优化，使得所有训练模式的预测值$f(x)$与期望值y之间的差异最小。在测试阶段，将从未知图形中提取的参数向量输入已训练的模型，输出预测值。

以图 5-20 为例，光刻版图被分成许多边缘片段。通过检查其周围环境，从每个分段中提取对应的几何和光学参数，将这些参数输入到人工神经网络（ANN），输出该片段的预测刻蚀偏差。

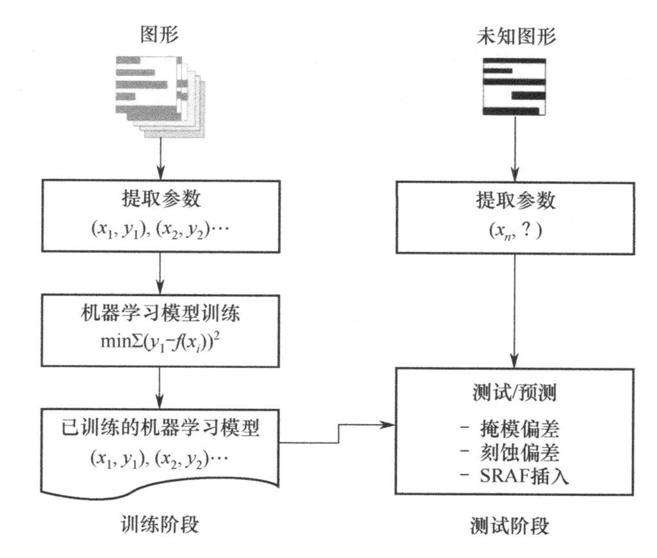

图 5-19　典型的机器学习步骤[17]

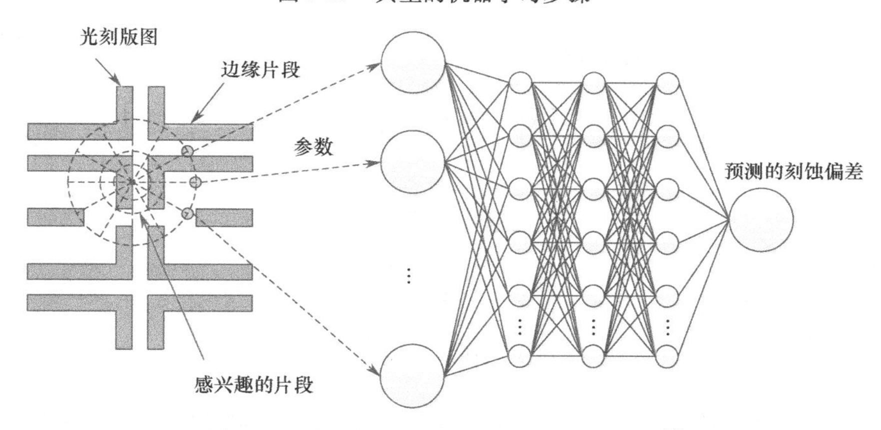

图 5-20　基于机器学习的刻蚀偏差预测模型[1]

5.6.2　刻蚀邻近效应修正算法

刻蚀邻近效应修正（EPC）通过提前修正设计版图以补偿刻蚀偏差导致的图形尺寸，从而在晶圆上获得设计所要求的刻蚀图形。由于没有分析函数来建立刻蚀效应模型，所以 EPC 不能以分析的方式进行，所以我们必须依靠试错法（trial-and-error）。

典型的 EPC 算法[1]，如图 5-21 所示。假设输入设计版图 D_{in}，使之成为初始光刻图形版图 L（L1 行），如图 5-22（a）所示，输出经校正的光刻图形版图 L_{out}，预期其会产生理想的刻蚀图形。L 被不断迭代修改（L2 行～L7 行），其目的是使预期刻蚀图形 D 尽可能地接近设计版图（刻蚀图形）D_{in}。将初始光刻图形版图 L 的每一段参数化并输入到 ANN，其返回（L3 行）一组令所有片段都符合预期的刻蚀偏差。预期刻蚀版图如图 5-22（b）所示，L 的每个边缘在预期的刻蚀偏差之后移动，产生预期刻蚀版图 D（L4 行）。然后，将得到的预期刻蚀版图 D 与设计版图 D_{in} 进行比较。将 D_{in} 和 D 边缘之间的距离定义为边缘位置误差（edge placement error，EPE）并进行建模，如图 5-22（c）所示，测量每个 D_{in}（L5 行）片段中心的 EPE。通过将当前

版图 L 的每个片段以与 EPE 相反的方向移动 $\alpha\times$EPE 的距离来构造新的 L（L7 行），其中 α 是用于提高收敛的用户定义的系数。如果最大 EPE 的幅度小于阈值 ε，则迭代停止；否则会一直持续到用户定义的迭代计数为止。

```
Input: A design layout Din
Output: A litho layout Lout

L1: L ←Din
L2: repeat for max_iterations
L3:         A set of biases ←ANN(a set of segments from L)
L4:         D←ETCH(L, a set of biases)
L5:         A set of EPEs←Measure_EPE(Din,D)
L6:         if EPE max≤ then Exit loop
L7:         L←CORRECT(L ,-α×a set of EPEs )
L8: return Lout←L
```

图 5-21　EPC 算法[1]

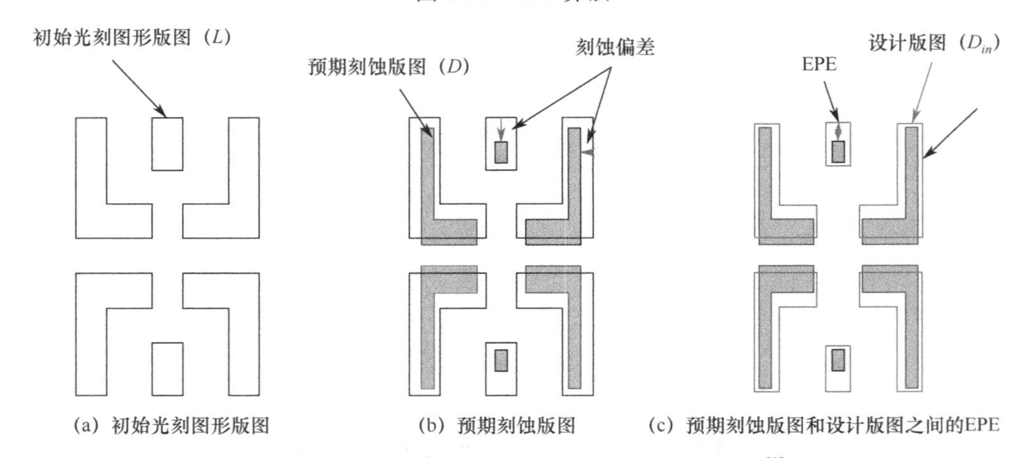

(a) 初始光刻图形版图　(b) 预期刻蚀版图　(c) 预期刻蚀版图和设计版图之间的EPE

图 5-22　光刻图形版图与刻蚀版图的对比示意图[1]

5.6.3　基于机器学习的刻蚀偏差预测模型案例

下面展示用于建立基于机器学习的一维图形刻蚀偏差预测模型的部分代码，主要包含模型的训练过程：首先获取预先从版图中提取的 feature_data_extract.xlsx 参数文件中的表单；然后自定义提取表单中数据的函数 DataCelloction，利用自定义函数导入线宽、周期和刻蚀偏差等数据；接着，为了方便模型训练，对数据进行归一化操作；最后将数据分为训练集和测试集。代码如下，供读者参考。

```
import numpy as np    #numpy 用来存储和处理大型矩阵
import matplotlib.pyplot as plt    # 从 matplotlib 库中引入绘图函数
from openpyxl import load_workbook    # openpyxl 库专门处理 xlsx 文件
from sklearn.preprocessing import StandardScaler    #对数据去均值和方差归一化
from sklearn.neural_network import MLPRegressor    #引入回归多层感知机训练模型
from sklearn.model_selection import train_test_split    #将数据分为训练集和测试集
```

```
#将 Excel 中的数据导入及整理
wb = load_workbook(filename='C:/Users /Desktop/feature_data_extract.xlsx')  #导入工作表
sheetnames =wb.get_sheet_names()  #获得表单名字
sheet = wb.get_sheet_by_name(sheetnames[2])  #从工作表中提取某一表单

def DataCelloction(sheet,n_column):  #提取表单中的数据
    LIST = []
    for cell in list(sheet.columns)[n_column]:
        LIST.append(cell.value)
    LIST = np.array(LIST)
return LIST

#提取线宽、周期和刻蚀偏差等数据
pitch_list = DataCelloction(sheet,0)
line_list = DataCelloction(sheet,1)
etch_bias_list = DataCelloction(sheet,4)

#构建线宽、周期和刻蚀偏差数组
X _train = np.vstack((line_list,pitch_list))
X = np.transpose(X_train)
y = etch_bias_list

#数据归一化
scaler = StandardScaler()
scaler.fit(X)
X = scaler.transform(X)

#将数据分为训练集和测试集
X_train,X_test,y_train,y_test= train_test_split(X,y,test_size=0.2,random_state=666)
```

本章参考文献

[1] Shim S, Shin Y. Machine Learning-Guided Etch Proximity Correction[J]. IEEE Transactions on Semiconductor Manufacturing, 2017, 30(1): 1-7.

[2] Granik Y. Correction for etch proximity: new models and applications[C]. Proc SPIE, 2001, 4346: 98-112.

[3] Salama M, Hamouda A. Efficient etch bias compensation techniques for accurate on-wafer patterning[C]. SPIE Advanced Lithography, 2015, 94270X:1-7.

[4] Shang S, Granik Y, Niehoff M. Etch proximity correction by integrated model-based retargeting and OPC flow[C].Proc SPIE, 2007, 6730: 67302G-1.

[5] Drapeau M, Beale D. Combined resist and etch modeling and correction for the 45-nm node[C].Proc SPIE, 2006: 634921.1-634921.11.

[6] Stobert I, Dunn D. Etch correction and OPC, a look at the current state and future of etch correction[C]. Proc

SPIE, 2013, 8685: 868504.
[7] Zavyalova L V, Luan L, Song H, et al. Combining lithography and etch models in OPC modeling[C].Optical Microlithography XXVII. International Society for Optics and Photonics, 2014, 9052: 905222.
[8] 于骁, 周再发, 李伟华, 等. 等离子体刻蚀工艺模型研究进展[J]. 微电子学, 2015, 45(1).
[9] 蒋文涛, 方玉明, 俞佳佳, 等. MEMS 刻蚀工艺仿真模型及研究进展[J]. 微电子学, 2015(5):661-665.
[10] 张汝京. 纳米集成电路制造工艺[M]. 北京：清华大学出版社, 2014.
[11] Hopwood, J. Review of inductively coupled plasmas for plasma processing. Plasma Sources[J]. Science and Technology, 1992, 1(2):109-116.
[12] 韦亚一. 超大规模集成电路先进光刻理论与应用[M]. 北京：科学出版社, 2016.
[13] Donnelly V M, Kornblit A. Plasma etching: Yesterday, today, and tomorrow[J]. Journal of Vacuum Science & Technology A Vacuum Surfaces and Films, 2013, 31(5):1-48.
[14] Beale D F, Shiely J P. Etch Modeling In RET Synthesis and Verification Flow[C]. Proc SPIE， 2005, 5853:607-613.
[15] Granik Y. Correction for etch proximity: new models and applications[C]. International Symposium on Microlithography. International Society for Optics and Photonics, 2001.
[16] Beale D F, Shiely J P. Etch modeling for accurate full-chip process proximity correction[J]. Optical Microlithography XVIII. International Society for Optics and Photonics, 2004, 5754: 1202-1209.
[17] Shim S, Choi S, Shin Y. Machine learning (ML)-based lithography optimizations[C]. Circuits and Systems (APCCAS), 2016 IEEE Asia Pacific Conference on. IEEE, 2016: 530-533.
[18] Beale D F, Shiely J P. Etch modeling for accurate full-chip process proximity correction[J]. Optical Microlithography XVIII. International Society for Optics and Photonics, 2004, 5754: 1202-1209.
[19] Beale D F, Shiely J P, Melvin III L L, et al. Advanced model formulations for optical and process proximity correction[C]. Proc SPIE, 2004, 5377: 721-729.
[20] Beale D F, Shiely J P, Rieger M L. Multiple stage optical proximity correction[C]. Proc SPIE, 2003, 5040: 1203.
[21] Park J G, Kim S, Shim S B, et al. The effective etch process proximity correction methodology for improving on chip CD variation in 20 nm node DRAM gate[C]. Design for Manufacturability through Design-Process Integration V. International Society for Optics and Photonics, 2011, 7974: 79740Y.
[22] Ng R T, Han J. CLARANS: A method for clustering objects for spatial data mining [J]. IEEE transactions on knowledge and data engineering, 2002, 14(5): 1003-1016.
[23] Shim S, Shin Y. Etch proximity correction through machine-learning-driven etch bias model[C]. Proc SPIE, 2016, 9782, 97820O:1-10.

第6章

可制造性设计

在传统的设计流程中，版图做 OPC 之前的最后一步是设计规则检查（design rule check，DRC）。DRC 中使用的设计规则一般都比较简单，通常是对图形的几何尺寸做检查，例如，线宽不能小于多少（minWidth）；线条之间的距离不能小于多少（minSpace）；相邻图形角与角之间的距离不能小于多少（minC2C）。能够通过 DRC 的版图称为好的版图（good layout），被传送到 Fab 做 OPC 处理（设计公司称为流片“tapeout”）。随着版图尺寸的减小，DRC 的设计规则不断增多。在逻辑器件 28 nm 技术节点，设计规则可多达几千条。这些 DRC 的规则都来自实际生产，是对工艺极限的归纳总结（特别是光刻工艺），所以又称之为基于经验的 DRC（rule-based DRC）。

尽管使用的规则越来越多，但 DRC 仍然不能够发现版图上所有影响制造良率的问题。于是，业界提出了可制造性设计（design for manufacture，DFM）的概念[1]。DFM 是对 DRC 的补充，它对设计版图做工艺仿真，从中发现影响制造良率的图形，并提出修改建议。这些版图修改建议又被称为建议规则（recommended rule，RR）。这种工艺仿真可以包括所有可能的制造工艺单元，即不仅包括光刻，还包括刻蚀（etch）、化学机械研磨（chemical mechanical polishing，CMP）等。仿真所使用的模型是由这些工艺单元提供的。所以从这个角度来看，DFM 实际上是一种基于模型的 DRC（model-based DRC）。一个成功的 DFM 必须既能发现问题，又能为解决这些问题提供帮助。

6.1　DFM 的内涵和外延

6.1.1　DFM 的内涵

在较大尺寸的技术节点（如 0.25 μm 以上），集成电路设计完成后，制造总能满足设计的需求。那时，包含有设计规则的设计手册（design rule manual）和器件的电学模型（spice model）是制造厂提供给设计公司的全部信息。到了 2000 年以后，器件尺寸按摩尔定律变得越来越小，制造工艺技术已经不能完全满足设计的要求，也就是说，制造不再能完成设计的所有图形。制造必须基于自己的工艺能力对设计有所约束，这种约束有两种做法。第一种做法是提供更多的设计规则，进一步限定设计图形的尺寸，即严格限制设计规则（restrictive design rule，RDR）。但是，复杂的二维图形是很难用一组几何尺寸来描述的，而且制造实际上关注的是工艺窗口，即只要工艺窗口足够大，制造就没有问题，于是就产生了第二种做法。

第二种做法是在版图设计的流程中添加一系列仿真。使用专用软件对版图做工艺仿真，例如，光刻工艺仿真可以发现版图中工艺窗口较小的图形（又叫坏点，hotspot）。CMP 仿真可以发现版图中哪些区域图形密度太低，需要添加不具有电学功能的填充图形（dummy pattern）等。设计工程师可以根据仿真的结果对版图做进一步修改和优化，提高其可制造性[2]。这种做法称为可制造性设计。与 RDR 相比，DFM 并没有采用一种不是通过（pass）就是失败（fail）的做法，它通过仿真确定版图上可能导致工艺失败的图形及其失败的概率，为设计工程师提出修改的建议。GR（ground rule）是 DRC 要求的规则，RR 被称为 DFM 建议规则。DFM 的计分模型（scoring model）能定量地描述某一个建议规则（RR）被违反的程度。两者的区别，可以用金属（metal）与通孔（via）之间的接触来说明，如图 6-1 所示。图中的两个设计均通过了 DRC，但都不同程度地违反了 DFM 的要求。从制造的角度来看，金属的端点会收缩，即金属端点可以在图 6-1 中 GR 与 RR 之间。为了保证通孔与金属的有效接触，通孔与金属端点的距离必须大于 GR；它们的距离越大，通孔与金属的接触就越可靠。图 6-1 中下图的设计与上图的设计比较，显然，下图的设计通孔与金属的接触更可靠。

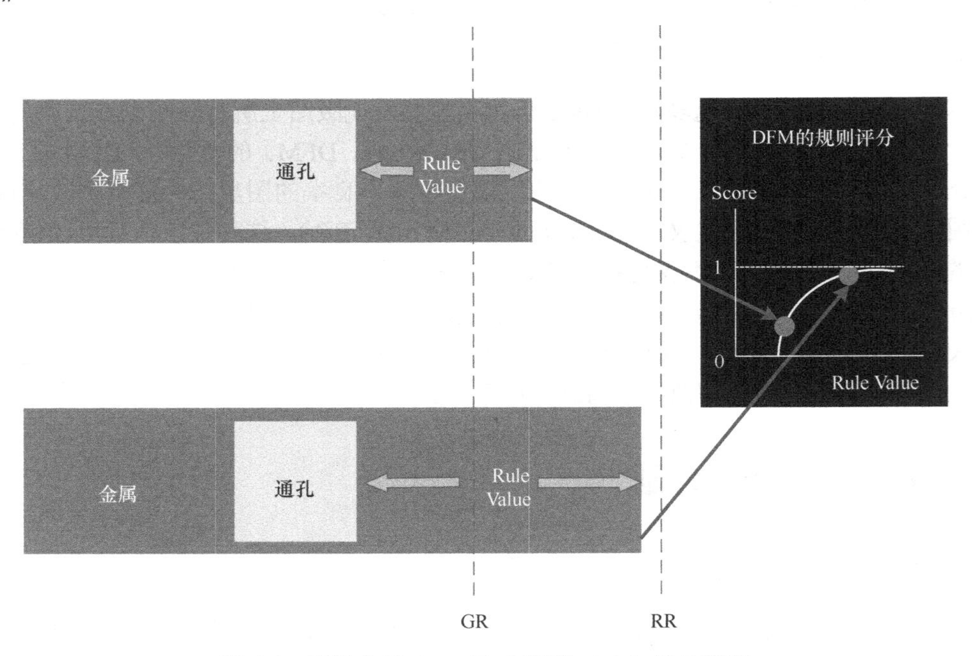

图 6-1　两组金属（metal）与通孔（via）设计版图

这里需要指出的是，DFM 的仿真功能与代工厂（foundry）所做的仿真（如光刻的 OPC）功能是不同的[3]。光刻 OPC 仿真功能与 DFM 仿真功能的对比如图 6-2 所示。OPC 模型的唯一目的是精确仿真掩模图形转换到光刻胶上的过程，掩模成像的非线性特征（mask nonlinearity）也必须包含在 OPC 模型中。OPC 仿真是在特定工艺条件下的仿真，其模型的精确性是通过数值拟合掩模图形与光刻胶图形的关联性来保证的。而 DFM 仿真则有着不同的目的，是为了判断版图的可制造性，其使用的模型可以比 OPC 模型粗略，但需要考虑的因素更多。DFM 模型的准确性，能够帮助设计工程师做出正确的工艺判断。

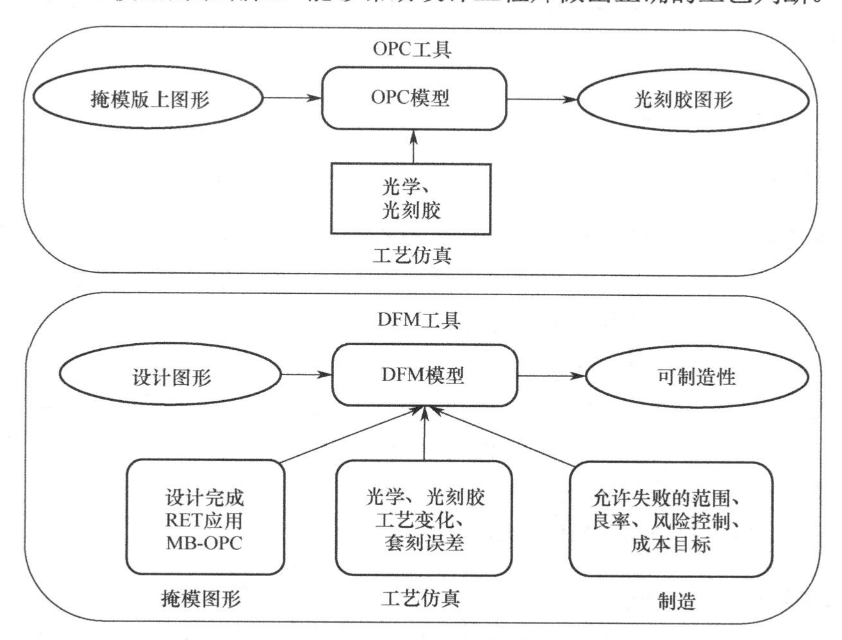

图 6-2　光刻 OPC 仿真功能与 DFM 仿真功能的对比

也有些公司在版图设计过程中不做仿真，而是使用代工厂（“tapeout”之后）的仿真结果（如做 OPC 时发现的 hotspots）反馈到设计端，再启动工程变化（engineering change orders，ECO）来修正版图。这种 ECO 通常会导致流片的延误和设计成本的增加。

DFM 对版图修改的准则是以比较低的代价实现满意的结果，而不是不计代价追求最佳的结果。其实，DFM 追求的不仅仅是版图的可制造性，更重要的是可以以比较低的成本（cost effective）来制造。从过去的实践来看，DFM 只适合解决 DRC 无法解决的遗留问题，这些问题可能是很基本的、影响很大的。所以，DFM 是对 DRC 的补充，两者结合保证了版图的可制造性。在小技术节点，版图中包含有多种复杂图形，这些图形的周期都很小。在制造过程中图形之间会相互影响，如光刻质量的好坏与周围图形的大小、形状、位置极其相关。这种相互影响的范围已经是图形周期的几倍甚至几十倍了。而传统的设计规则只是描述图形局部的几何尺寸，这种简单的参数式的设计规则已经不能保证工艺良率了。所以，当图形之间的相互作用超越了一定的复杂度，设计规则（design rules）必须被影响良率的图形库（libraries of yield-impacting patterns）代替。也就是说，DRC 中使用的局部几何尺寸参数正在被图形库代替，这个图形库就是依靠仿真产生的（最好是经过测试图形的晶圆数据验证）。做 DRC 时，就是把设计版图分解后与图形库中的内容做比对。

也有些设计公司把 DFM 的仿真结果归纳成一系列规则（称为 DFM 规则），合并到 DRC 中。这样 DRC 就变得更复杂，DRC 的规则就演化成了两个层面（two-tier system），即必须满足的规则（对应传统的 DRC 部分，又叫“required rules”）与建议满足的规则（对应 DFM 的部分，又叫“suggested rules”）。而且，随着版图上图形尺寸的进一步缩小，DRC 又进一步演化为三个（three-tier system）或多个层面的检测。每个层面的规则对版图有不同程度的要求。

6.1.2 DFM 的外延

随着集成电路设计与制造技术的不断发展，DFM 概念也在不断地外延。

DFM 还是 MFD？ DFM 是指版图设计必须兼顾到可制造性，而 MFD（manufacturing for design）正好与之相反。MFD 是指制造工艺必须能满足设计的要求，即必须根据设计的要求来研发制造工艺。目前业界普遍接受的观念是 DFM，而不是 MFD，其主要的原因是晶圆代工厂（foundry）的普及。晶圆代工厂都比较大，服务于诸多设计公司。在新的技术节点，代工厂通常只研发一种主流制造技术（technology platform），以这个技术作为制造平台，提供给设计公司。所以，设计公司必须保证自己的设计在这个制造平台上具有高可制造性。当然，对于一些大的设计公司，或者是设计-制造一体化（integrated designer and manufacturer，IDM）的公司，MFD 的概念也是适用的。

提高良率的设计（design for yield，DFY）。 DFY 是指版图设计不仅要保证可制造性，而且要保证制造出的芯片有较高的良率。在较小尺寸的技术节点，我们发现，即使符合 DFM 规则制造出来的芯片，其器件的良率（yield）也存在较低的现象。为此，在版图设计流程中必须添加保证器件良率的部分，即 DFY。DFY 可以是 DFM 的一部分，也可以作为一个独立的工作模块在设计流程中存在。这里的良率是指制造完成后器件是否符合电学性能要求，而不考察其性能随时间的变化。器件性能随时间的变化属于可靠性的问题。

提高可靠性的设计（design for reliability，DFR）。 可靠性（reliability）是芯片的一个基本性能指标，即芯片制造完成后能够在一定时间、一定条件下无故障运行的能力。可靠性不好，会导致芯片在使用过程中性能参数发生较大的漂移，例如，BTI（bias temperature instability）、EM（electromigration）等。DFR 一般要求设计具有较大裕量（margins），但这会导致器件性能的下降，而且也不能解决电路寿命的不确定性。因此，如何仿真这种变化和不确定性，以及如何权衡性能与可靠性是目前 DFR 的研究重点。

随着集成电路设计与制造技术的进步，DFM 的外延还在不断扩大[4]。例如，最近提出的面向工艺变化的设计（design for variability）和面向性价比的设计（design for cost and value）。制造过程存在着各种变化和差异，例如，同一个晶圆盒（lot）中晶圆之间的差异、晶圆内不同区域之间的差异、不同工艺设备之间的差异等。设计必须考虑这些制造工艺中的变化，即如何设计电路使之能容忍这些变化和工艺的不稳定性。

6.2　增强版图的健壮性

DFM 最初并不是因为光刻提出来的，它起源于对物理设计的特征化（physical design characterization），即为了增大版图的健壮性（robustness），使之不受随机或系统性工艺变化的影响。物理设计特征化的 DFM（PD-DFM）主要来源有三个：第一个是工厂以前技术节点的经验积累；第二个是从工艺研发过程中的问题归纳出来的；第三个是有些推荐的设计方法，逐步演变成 DFM 的规则，例如，单一方向的栅极（unidirectional gates）在变成 DFM 规则之前已经在几个节点中被推荐使用。这些 DFM 规则可以保证版图在设计时就是正确的，而不是依靠设计后检查和修改才符合 DFM 要求的。

6.2.1　关键区域图形分析（CAA）

关键区域图形分析（critical area analysis，CAA）会定量地分析一个版图对随机缺陷（random defects）的敏感度。随机缺陷是指无法系统控制和预测的缺陷，包括光刻胶或其他材料上的随机颗粒、器件中影响电学性能的缺陷。这类缺陷会导致断路、短路、漏电、V_t漂移、迁移率（μ）变化等。注意，随机缺陷并不一定会导致器件性能的完全故障。一般来说，随机缺陷导致的良率损失程度与缺陷的大小、密度、对功能的影响，以及在版图上的位置有关。

关键区域（critical area，CA）是指版图上对缺陷敏感的区域，这种缺陷通常是工艺中的外来颗粒。外来颗粒在关键区域的存在，会导致电路的断路或短路。它们分别称为断路易发生的区域（open critical area）和短路易发生的区域（short critical area）。对于器件来说，断路和短路都是灾难性的故障（catastrophic functional failure）。可以建立数学模型来计算良率与外来颗粒尺寸和密度的关系，这种分析方法称为“shape expansion method”[5]。图 6-3（a）是位于导线（导线 i 和 j）区域的外来颗粒示意图。对于给定尺寸的外来颗粒，导线之间的距离（D）越大，则出现故障（critical failure，CF）的概率就越小，如图 6-3（b）所示。文献[5]详细介绍了蒙特卡罗（Monte Carlo）方法，使用该方法可以估算出在给定颗粒尺寸下的关键区域面积。

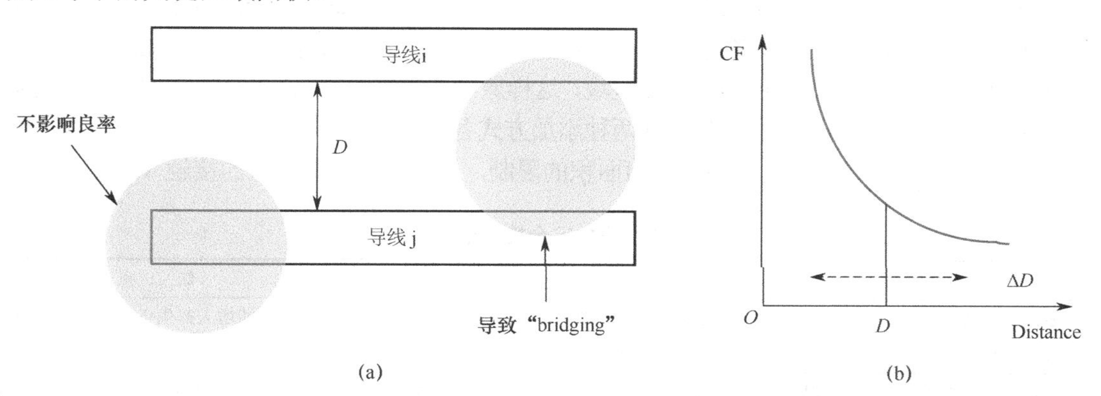

图 6-3　外来颗粒导致故障可能性的分析示意图

版图设计必须设法减少关键区域的面积。这一工作最好是在单元库（library）的建立过程中完成，这样就会避免其在整个版图中的重复出现。所以，有效的做法是减少每一个标准单元（standard cell）中关键区域的面积。在布线完成后，寻找可能的区域来增大线条之间的距离。这样做可以使线条分布得更均匀，对随机缺陷不敏感。这种布线方式称为“wire bender”或“wire spreader”[6]，如图 6-4 所示。

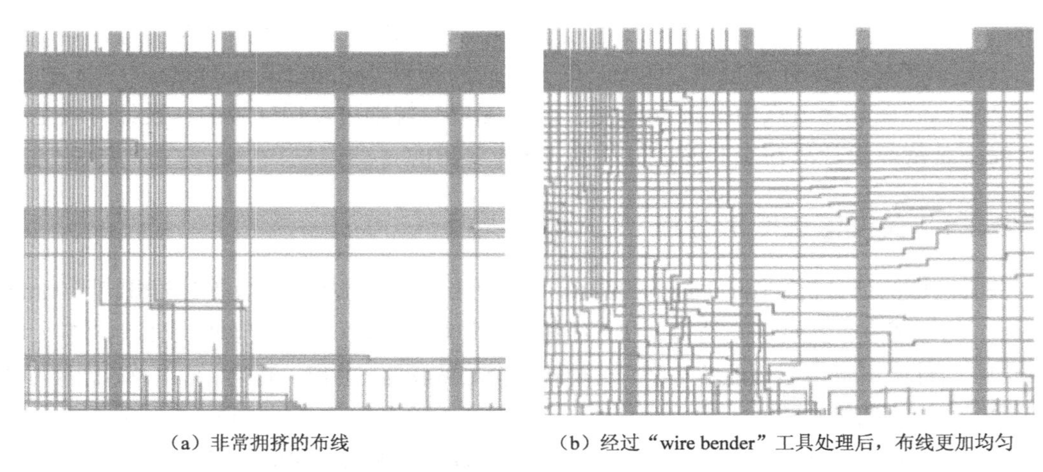

（a）非常拥挤的布线　　（b）经过“wire bender”工具处理后，布线更加均匀

图 6-4　把拥挤的布线转化为比较均匀的布线[6]

6.2.2　增大接触的可靠性

集成电路是依靠平面工艺一层一层制备出来的，相邻层之间的连接依靠垂直的导电柱。这些导电柱图形对应的光刻层称为接触（contact）层或通孔（via）层。在前道（FEOL）或中道（MOL）中通常称为接触，它实现晶体管源极、栅极、漏极与上层金属的连接；在后道（BEOL）中通常称为通孔，它实现金属层之间的连接。在制备接触层或通孔层时，有两种情况会影响工艺的良率。

第一种，单个接触孔的电学可靠性不够高，必须有一定的冗余（redundant）。为此，在版图面积允许的情况下，通常要求添加重复的接触或通孔（redundant contact or via）。例如，布线后，软件能找到金属层之间只有单个通孔的连接，自动地插入冗余通孔（redundant via）。冗余接触或通孔可以添加在原版图中的空白区域，这样原版图不需要改动；在添加冗余接触或通孔后，版图也可以进一步修改和优化。这两种添加方式各有利弊，如表 6-1 所示。对于密集的版图（如存储器件的核心区域），由于几何面积的限制，通常不允许有多余的接触（contacts）。

表 6-1　添加冗余接触的利与弊

冗余接触的添加方法	特　点	缺　点
版图不改动（添加空白区域）	通过设计规则来保证可制造性；添加的冗余可以防止随机颗粒阻塞接触	可能增大寄生电容、影响电路时序
添加接触后原版图做改动，但保持版图面积不变	可以增大新版图的可制造性和器件的可靠性（如减少电迁移）	增加 EDA 工具的使用、增加设计时间和花费

第二种，接触或通孔与所要连接的部分覆盖得不好。如图 6-5（a）所示，光刻和刻蚀工艺的不完善性使得线条端点收缩，通孔与线条的接触小于 100%，导致接触电阻增大。为此，DFM 要求通孔位置与线条端点之间的距离必须大于一定的值，即线条端点向右延伸，以保证它们之间有较大的覆盖，如图 6-5（b）所示。

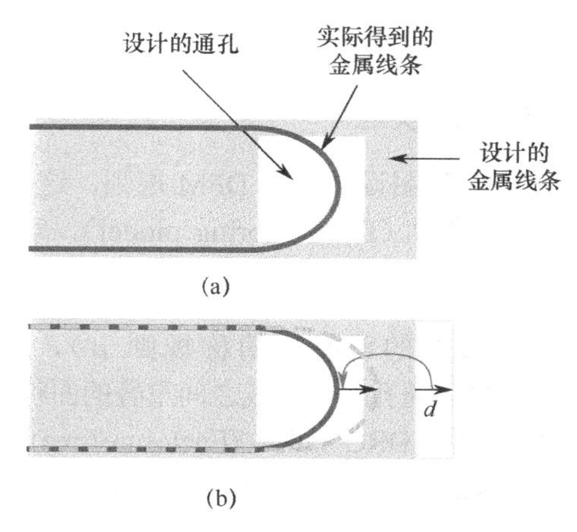

图 6-5　金属线条与通孔之间的连接示意图

6.2.3　减少栅极长度和宽度变化对器件性能的影响

图 6-6 是扩散层和栅极层的版图及其在晶圆上的对应图形（contour）。由于工艺分辨率的限制，版图上高空间频率的部分（如拐角），在晶圆上就成了平滑的图形。这种工艺导致的畸变，就使得在不同位置，栅极的宽度（W）不一致，如图 6-6（a）所示；栅极的长度（L）也不一致，如图 6-6（b）所示。这种现象发生于图形的拐角处，所以又被称为拐角效应（corner effect）。栅极长度和宽度的起伏会导致器件电学性能的不稳定，例如，导通时源漏之间饱和电流（I_{on}）和截止时漏电流（I_{off}）的变化。实验结果显示，栅极尺寸改变 10%对应 I_{on} 和 I_{off} 的变化是-15%～25%[7]。

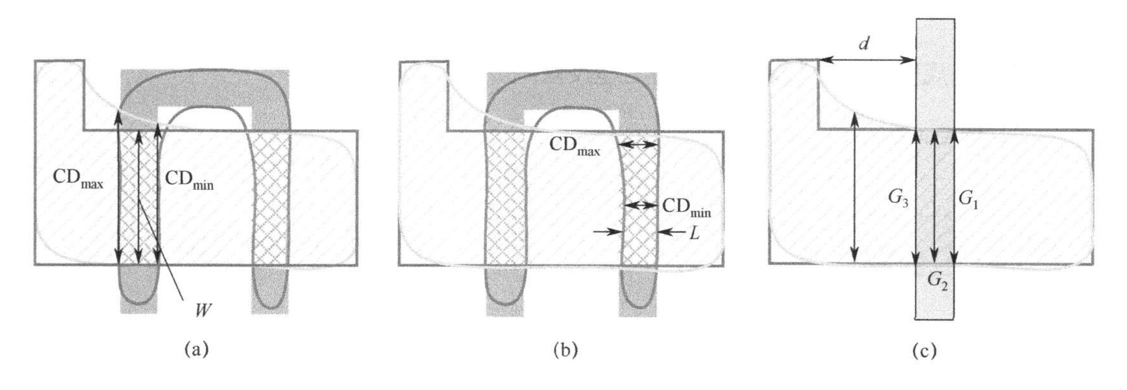

图 6-6　扩散层和栅极层的版图及其在晶圆上的对应图形

为此，在版图设计时必须充分考虑这些因素，添加设计规则使得覆盖沟道区域（active area）在扩散阱上的栅极长度和宽度保持不变，如图 6-6（c）所示，增大版图上的 d，使得

仿真得到的 G_1、G_2、G_3 基本一致。这里需要强调的是，以上介绍的问题并不一定导致器件性能的失效。DFM 软件必须对每一种坏点，基于代工厂提供的数据，做分析计算出其性能故障的概率（failure rate），这样就可以定量地评估这些坏点的影响。像图 6-6（c）这样对版图做较小的修改（使之更易于制造）在设计过程中是经常发生的，设计工程师不希望这种对版图的扰动影响流片的进度。为此，DFM 工具必须具有这样的灵活性。

6.2.4 版图健壮性的计分模型

基于以上分析，我们可以对版图设计提出 DFM 规则，这些规则属于建议性的（RR）。DFM 软件通常会设置一个计分模型（DFM scoring model），对违反这些 RR 的程度给出定量的描述[8]。下面分别举例讨论。

第一个例子是通孔与金属线的重叠（简称规则 a），如图 6-7（a）所示。图中 $(\text{EnclosureArea})_{\text{Ground}}$ 表示 DRC 要求通孔与金属线之间重叠的面积，这是“必须有的”（must to have），低于这个面积则 DRC 失败（DRC fail）。$(\text{EnclosureArea})_{\text{Recommended}}$ 表示 DFM 建议的通孔与金属线之间重叠的面积，这是“最好有的”（best to have）。$(\text{EnclosureArea})_j$ 表示仿真计算得到的通孔与金属线之间重叠的面积，这是“实际有的”，j 表示版图上不同的位置。定义一个权函数（weight function）来定量描述实际结果相对于 DRC 规则与 DFM 规则的偏差

$$\text{Wt}_j = \beta_a \times \left[\frac{(\text{EnclosureArea})_{\text{Recommended}} - (\text{EnclosureArea})_j}{(\text{EnclosureArea})_{\text{Recommended}} - (\text{EnclosureArea})_{\text{Ground}}} \right]^{\alpha_a} \quad (6\text{-}1)$$

式中，α_a 和 β_a 是对应这一规则的参数，a 是规则的代码（在本例中表示通孔与金属线的重叠）。当仿真结果与 DRC 规则要求一致时，式（6-1）括号内的项等于 1；当仿真结果与 DFM 规则要求一致时，括号内的项等于 0。对版图上所有位置（j）的权函数（规则 a 适用的位置）求指数和，就得到规则 a 的 DFM 分数

$$\text{Score}_a = \sum_{j=1}^{n} \exp\left(-\left(1 - \text{Wt}_j\right) \times \text{FR}_a\right) \quad (6\text{-}2)$$

式中，FR_a 是规则 a 的参数，n 是版图上违反规则 a 的总数目。

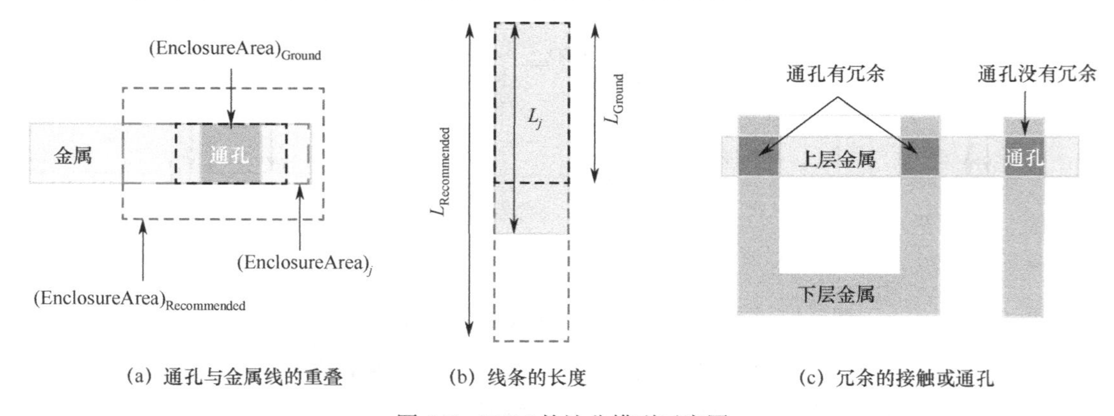

（a）通孔与金属线的重叠　（b）线条的长度　（c）冗余的接触或通孔

图 6-7　DFM 的计分模型示意图

第二个例子是线条的长度（简称规则 b），如图 6-7（b）所示。图中 L_{Ground} 表示 DRC 要求的线条长度，这是"必须有的"低于这个长度 DRC 就失败。$L_{\text{Recommended}}$ 表示 DFM 建议的线条长度，这是"最好有的"。L_j 表示仿真计算得到的线条长度，这是"实际有的"，j 表示版图上不同的位置。与规则 a 类似，规则 b 的权函数（weight function）定义为

$$\mathrm{Wt}_j = \beta_b \times \left[\frac{L_{\text{Recommended}} - L_j}{L_{\text{Recommended}} - L_{\text{Ground}}} \right]^{\alpha_b} \tag{6-3}$$

整个版图上规则 b 的 DFM 分数为

$$\mathrm{Score}_b = \sum_{j=1}^{n} \exp\left(-\left(1-\mathrm{Wt}_j\right)\times \mathrm{FR}_b\right) \tag{6-4}$$

第三个例子是冗余的接触或通孔（简称规则 c），如图 6-7（c）所示。规则 c 的权函数定义比较简单，一个金属线上有冗余通孔的，其权重是 0；否则是 1。整个版图上规则 c 的 DFM 分数如式（6-6）所示，其中 n 是版图上通孔的数目。

$$\begin{cases} \mathrm{Wt}_j = 0, & \text{若有冗余接触或通孔} \\ \mathrm{Wt}_j = 1, & \text{若无冗余接触或通孔} \end{cases} \tag{6-5}$$

$$\mathrm{Score}_c = \sum_{j=1}^{n} \exp\left(-\left(1-\mathrm{Wt}_j\right)\times \mathrm{FR}_c\right) \tag{6-6}$$

6.3　与光刻工艺关联的 DFM

在集成电路的诸多制造工艺中，光刻是最为关键的。光刻工艺负责把设计版图一层一层地制备到晶圆上。集成电路技术节点的推进，要求版图上图形的密度每十八个月至两年提高一倍（摩尔定律），正是光刻工艺的发展支撑了这种版图密度的提高。从可制造性角度来考虑，版图在光刻时必须具有较大的工艺窗口（process window，PW）。这里的工艺窗口是指共同工艺窗口（common PW），即版图上所有图形的光刻工艺窗口必须重叠得很好。关于光刻工艺的可制造性定义及评估方法，读者可以参考文献[9]。一个版图上通常有各种不同的图形，有些图形的光刻工艺比较困难，这些困难的图形会导致版图共同工艺窗口的损失。我们把这些困难图形称为坏点（hotspots）。版图上的坏点不被修改，则每次曝光都会影响工艺良率，即导致系统性的良率问题。

6.3.1　使用工艺变化的带宽（PV-band）来评估版图的可制造性

工艺变化的带宽（process variation band，PV-band）是指在光刻中引入工艺参数的变化所导致的曝光结果的变化范围。这些工艺参数一般包括曝光能量、聚焦值、掩模上图形尺寸。它们的变化范围由工艺水平确定，一般由 Fab 提供。本方法的前提条件是光刻仿真的模型已经具备，并且做了适当校正，以提高其准确性[10]。

首先对版图上的图形做 PV-band 计算，输入为设计阶段的版图。PV-band 的计算方法如图 6-8 所示。计算可以使用工厂提供的光刻仿真模型，也可以使用未经修正的空间像模型（aerial image model）。PV-band 的计算方法：对工艺窗口中不同位置处做光刻仿真，计算出光刻胶上的图形，如图 6-8（a）所示。图 6-8（a）中只考虑了曝光剂量（dose）和聚焦值（focus）的变化，右侧灰色区域对应 PV-band，即光刻工艺参数变化导致的光刻胶上图形的变化范围。不管光刻工艺参数如何变化（在规定的 PW 之内），图中 PV-band 包围的区域总是能够可靠实现的（printability region）；而在 PV-band 外部的区域，不管工艺参数如何变化都是无法实现光刻工艺的（non-printability region）。这三个区域之间的边界称为内部边界（internal PV-band edge）和外部边界（external PV-band edge），如图 6-8（b）所示。

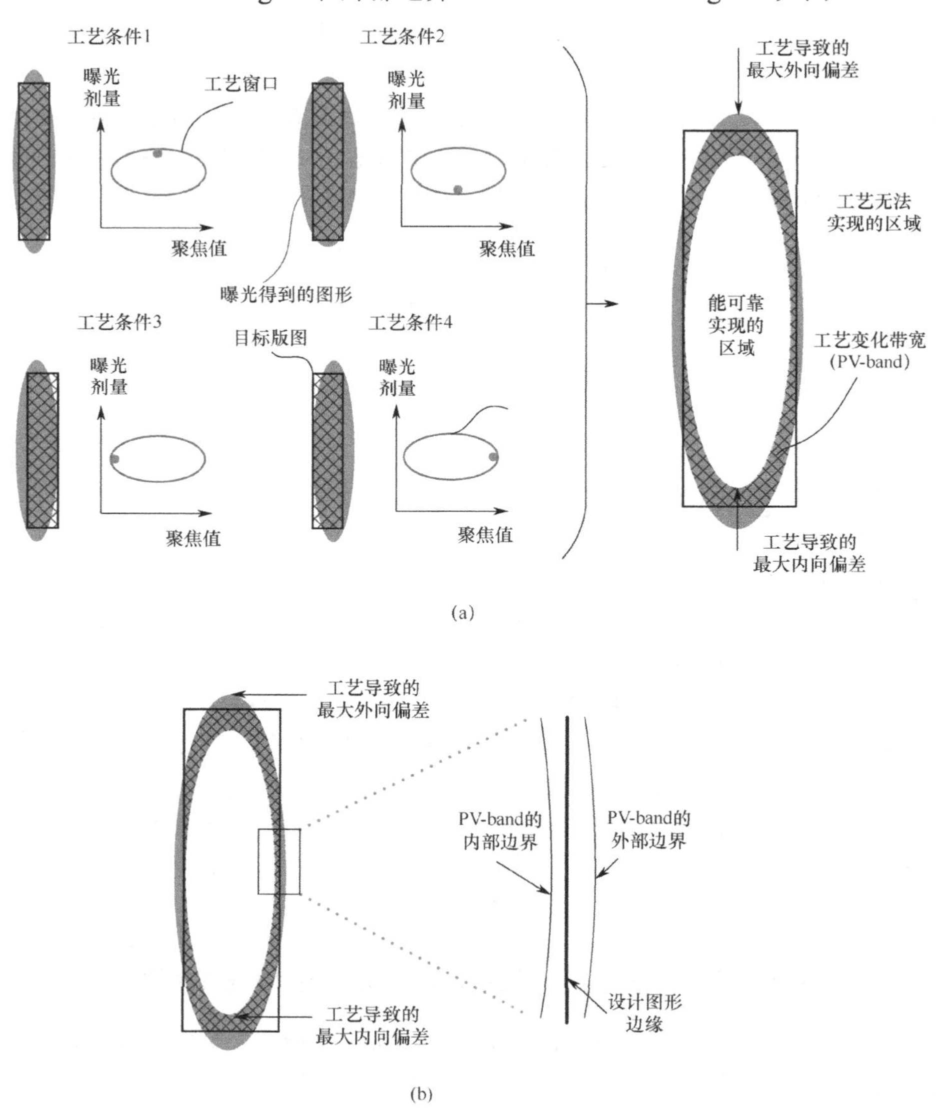

图 6-8　PV-band 的计算方法

PV-band 的内部边界区分了可靠曝光区域与变化的区域，而 PV-band 的外部边界区分了变化的区域与光刻工艺无法实现的区域。

设计一组运算符号（operator），执行这些运算符号就可以从 PV-band 的结果中提取出所需要的信息。例如，版图上不同图形（polygon）的 PV-band 的面积、PV-band 的宽度等。对提取出的信息做对比分析就可以发现版图中光刻工艺窗口较小的部分，然后归纳出与光刻相关的 DFM 规则（litho-compliant rules）。把这个思路添加到传统的后端设计的流程中，如图 6-9 所示。图中把 PV-band 评估添加到后端设计的流程中，产生与光刻相关的 DFM 规则，并作用于版图中。流程中的版图评估（layout ranking）就是根据 PV-band 的结果对版图成像难度进行排序的。“成像难度的排序”实际上就是坏点数目的排序，它构成了与光刻工艺相关的 DFM 规则。这些 DFM 规则再作用于设计环境，对版图做修正。

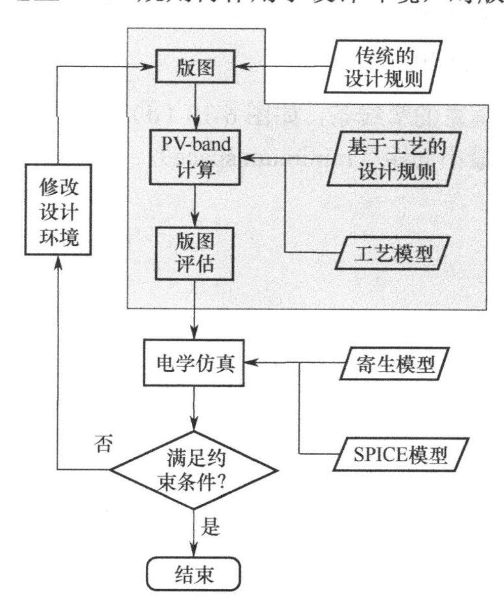

图 6-9　PV-band 评估添加到后端设计的流程中

本方法能够成功的关键如下。第一，输入的版图（即用作 PV-band 分析的版图）必须覆盖率足够高，能包括对光刻工艺敏感的部分。全版图的 PV-band 分析需要太长的时间，折中的办法是选取所有光刻困难的图形做分析。第二，计算用的模型必须能准确地仿真工艺窗口中的各点。影响光刻结果的参数不仅有曝光剂量和聚焦值，还有掩模上图形误差和光刻胶的性能等。在做 PV-band 分析时也可以引入这些参数的变化。本方法的思路对刻蚀、化学机械研磨等单元的工艺也是适用的。

6.3.2　使用聚集深度来评估版图的可制造性

文献[11]报道了使用光学仿真工具对 90 nm FPGA 产品 OPC 处理之前（pre-OPC）的版图做计算，得到每个图形边缘的空间像对比度（contrast）。这个对比度值与该处的聚焦深度

（depth of focus，DOF）相关联。基于对比度的计算结果，可以找到 DOF 较小的图形，归纳出 DFM 规则，然后对版图做修改。实验结果表明，修改后版图的光刻工艺窗口有明显改进。

导致 DOF 较小的典型图形有以下几类。

第一，密集线条附近存在相距较远的线条，如图 6-10（a）所示，图中的线条是不同间距的，其中 S_1 是版图中的最小间距（minimum space）。

第二，密集线条附近存在垂直的线条，形成线条-端点（line-to-tip）结构，如图 6-10（b）所示，图中的密集平行线条附近有垂直取向的线条，其中 S_2 是版图中的最小线条-端点间距（minimum line-to-tip space）。

第三，宽线条与窄线条相邻，如图 6-10（c）所示，图中宽线条与窄线条相邻，其中 S 是版图中的最小间距（minimum space）。

第四，宽线条附近有垂直的窄线条，如图 6-10（d）所示，图中宽线条附近有垂直的窄线条，其中 S 是版图中的最小间距（minimum space）。

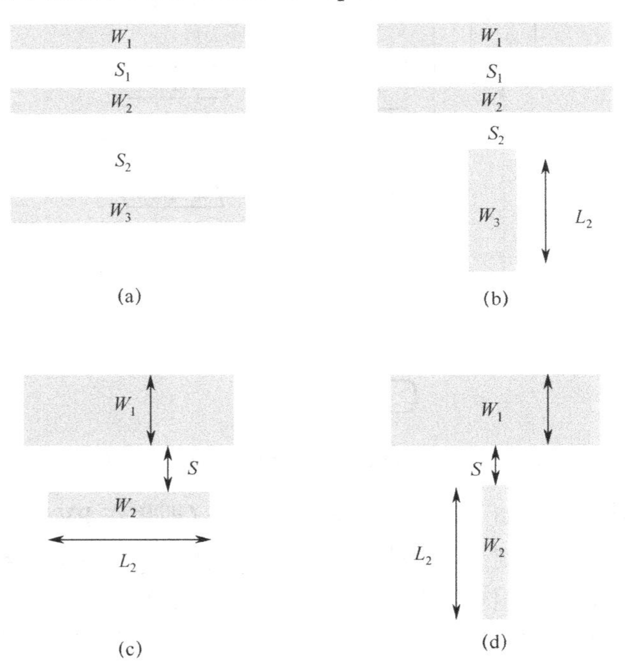

图 6-10　导致 DOF 较小的典型图形

这些困难图形在 DFM 修改之前的成像对比度（optical contrast，定义为图形边缘处光强 I 的对数斜率$|d(\ln I)/dx|$）只有 0.5，修改后的对比度可以达到 2.38 以上，整个版图的共同焦深（common DOF）有了大幅度的提高。图 6-11 给出了第一类困难图形修改前后的光刻仿真结果（contour plot），修改之前 S_1 两边的图形曝光后发生重叠，如图 6-11（a）所示；增大了 S_1 后（修改版图），曝光可以清楚地解析两边的图形，如图 6-11（b）所示。定量的

工艺窗口结果也验证了 DFM 修改的有效性。

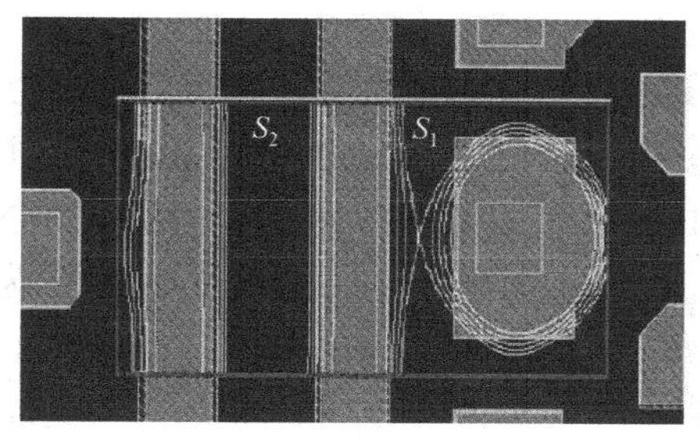

（a）版图修改前

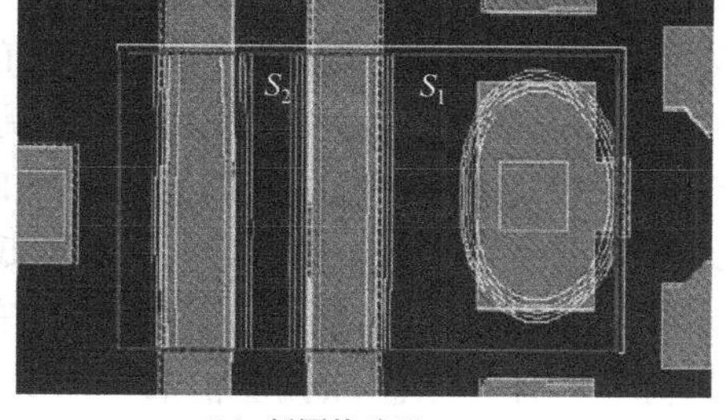

（b）版图修改后

图 6-11 版图修改前与版图修改后的光刻仿真结果 [11]

在逻辑器件的金属层经常会出现桥连缺陷（bridging defects）。这是因为曝光时成像对比度不够，相邻的线条无法解析，导致互相连接在一起，形成缺陷。可以使用本节介绍的方法，专门处理这一类坏点。在容易出现桥连缺陷的区域做仿真，计算出成像对比度，评估桥连的可能性。

6.3.3 光刻坏点的计分系统（scoring system）

如本章一开始就描述的，DRC 是基于并不复杂的规则，它检查简单环境中的设计版图，是一种基于经验的（rules-based）版图可制造性检查方法。随着技术节点的缩小，与光刻工艺相关的 DFM 被引入（litho-DFM），而 litho-DFM 是基于模型的可制造性检查方法（model-based layout patterning check，model-based LPC）。litho-DFM 的核心功能是对仿真计算出的坏点做分析，并根据其对良率的影响程度来分类（hotspots severity classification）和计分（scoring）。一个好的 litho-DFM 系统还应该能提供解决坏点的建议（hotspots fixing guideline）。

可以使用三个光刻指标来表征坏点，它们是归一化的成像对比度（normalized image log slope，NILS）、聚焦深度（DOF）和掩模误差增强因子（mask error enhancement factor，MEEF）。这三个参数与光刻工艺窗口密切关联。litho-DFM 系统可以给这三个参数分别设置规定的范围（specs），这些规定值由晶圆上的数据来确定。如果版图上某处的参数超出了范围，那么该处就被系统认定为坏点（即光刻无法得到符合要求的结果）。对这三个参数设置权重可以得到一个表征该坏点严重程度的指标，分别对应“必须修复”和“建议修复”[12]。

图 6-12 所示为 NILS 的计算方法及其计分系统。首先是仿真计算出版图在晶圆表面成像的光强分布 $I(x)$，ILS 定义为图形边缘处的光强对数斜率（$|\mathrm{d}(\ln I)/\mathrm{d}x|$），光强对数斜率（ILS）的定义如图 6-12（a）所示。计算出版图上不同位置处的 ILS，并转换成归一化的值（NILS），得到版图各处的 NILS 如图 6-12（b）所示。根据版图上各处的 NILS 值，确定其分数（score），如图 6-12（c）所示，图中表示了如何把 NILS 值转换成相应的分数：系统中设定，NILS 值越大（成像对比度越大）分数越低。NILS 值与分数之间是非线性的，这是为了把对比度

尽量按高与低分成两类（即计分尽量分布在高端与低端）。图 6-13 是 litho-DFM 中 DOF 的计算方法。偏离最佳聚焦值导致的线宽偏差（ΔCD）与聚焦偏离值（defocus，df）之间的关系可以近似地用多项式来表示，多项式中的系数可以由测量数据拟合得到。ΔCD 允许的范围是目标值的±10%，其对应的聚焦偏差就是焦深（DOF）。ΔCD 定义为最佳聚焦值时的图形 CD 值（即目标值）与偏离最佳聚焦值时的 CD 值之差。DOF 的计分方式与 NILS 的类似，DOF 值越大（成像焦深越大）分数越低，可以参考图 6-12（c）。图 6-14 所示为 MEEF 的计算方法及其分数的确定。对版图上图形的每个边缘引入偏差（mask_edge_bias），对版图做光刻仿真，计算出添加偏差前后的 CD 值（分别称为 CD_1 和 CD_2），得到线宽偏差（CD_bias）=$|CD_1-CD_2|$，如图 6-14（a）所示。MEEF 就定义为 CD_bias/（2•mask_edge_bias），考虑到成像的倍率是 1/4，但是 CD 值包括了 2 个边缘的偏差值（bias），所以分母除以 2。设定 MEEF 值越小（成像质量越好）分数（score）就越低，如图 6-14（b）所示，根据版图上各处的 MEEF 值，确定其分数。与 NILS 的打分类似，系统尽量把 MEEF 按高与低分成两类（即计分尽量分布在高端与低端）。

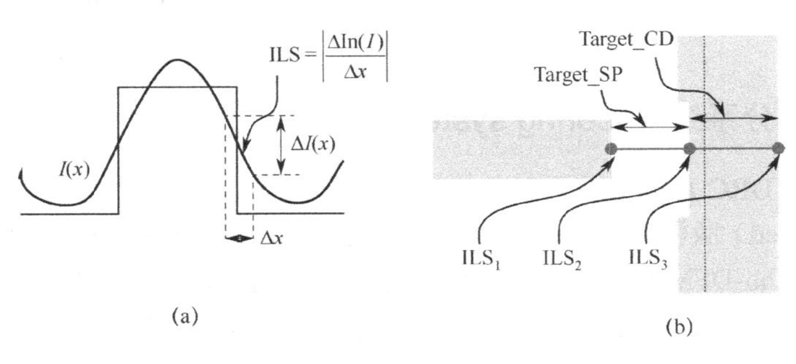

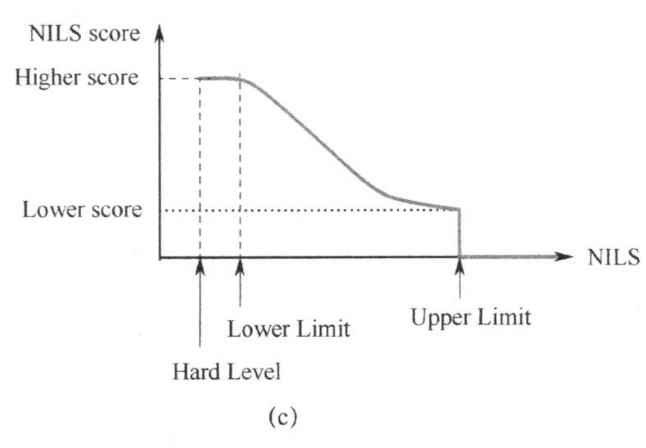

图 6-12　NILS 的计算方法及其计分系统

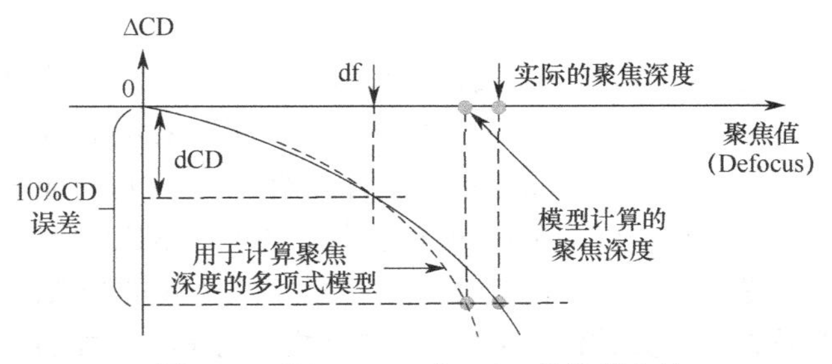

图 6-13　litho-DFM 中 DOF 的计算方法

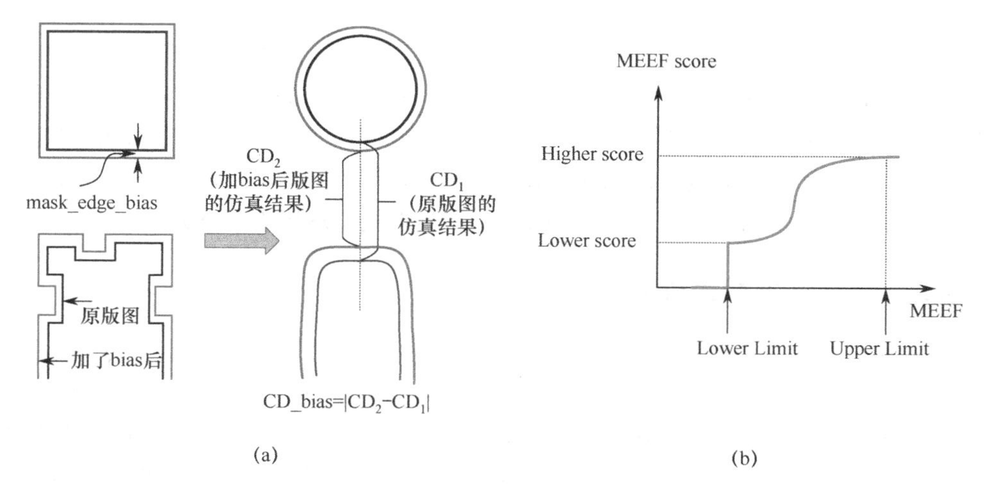

图 6-14　MEEF 的计算方法及其分数的确定

在修复坏点时，尽量按照如下原则进行：第一，避免在坏点周围有最小尺寸的图形；第二，修复的优先级是按坏点的严重性来排序的，最严重的坏点应该首先被修复。具体的做法是，对于线条端点处的坏点（line-end hotspots），一般可以通过增大端点之间的距离（end-to-end）或增大线条之间的（line-to-line）的距离来解决，如图 6-15（a）所示。对于线

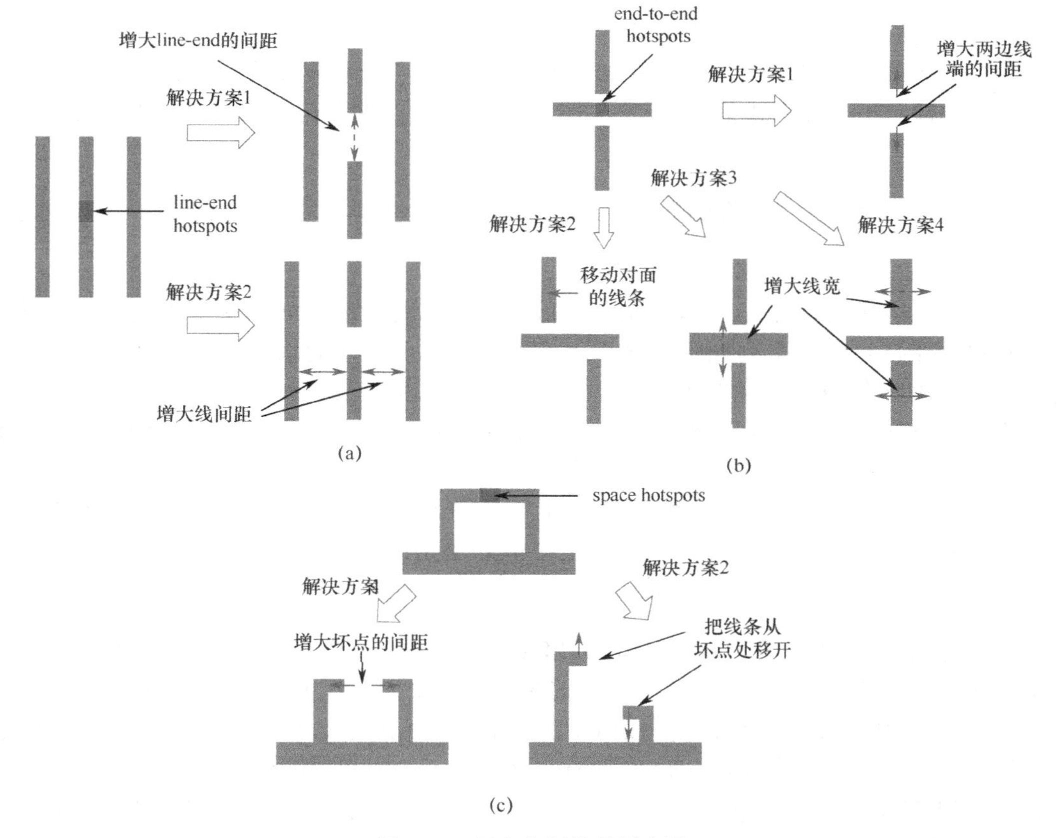

图 6-15　坏点修复的常用方法

条类的坏点（line type hotspots），一般有四种解决方案，如图 6-15（b）所示：一是增大两边线端的间距（line-end space）；二是移动对面的线条（the opposite line-end polygons）的位置；三是增大线宽（line width），但保持线间距（space）不变；四是增大相邻线条的宽度，但保持间距不变。对于间距类坏点（space hotspots），一般有两种方案来修复，如图 6-15（c）所示，一是增大坏点之间的距离（hotspot space），二是把线条从坏点处移开。

6.3.4 对光刻工艺友好的设计

到了 65 nm 技术节点以下，光刻工艺趋于其分辨率极限，DFM 逐步聚焦于版图优化，使之适应低 k_1 因子（k_1<0.35）的光刻工艺，即所谓的对光刻工艺友好的版图设计（litho-friendly design，LFD）。光刻友好的版图一方面可以依靠严格的设计规则（restrictive design rules，RDR）来实现，另一方面就是依靠 DFM。RDR 最早用于 65 nm 的栅极（poly）层，它限制了不同栅极线宽的数目，即版图上栅极的线宽只能在几个数值中选取；而且，线条必须只有一个取向，栅极线条必须放置在一个均匀的网格（grid）上，限制了可能的图形周期（pitch）数目；重要器件栅极的周围环境必须一致。

与光刻相关的 DFM（litho-DFM）包含如下内容。

第一，在光刻工艺确定后（即光照条件确定后），版图中回避使用“禁止周期（forbidden pitches）”的图形，或者版图中只允许几种选择周期的图形。实验中观测到密集线条（L/S=1：1）的光刻工艺窗口大于独立线条的工艺窗口，而半稀疏线条（L/S～1：3）的光刻工艺窗口甚至小于独立线条的工艺窗口。设计者被要求避免有这些半稀疏的图形在版图中，因此，这些半稀疏图形对应的周期又称为“禁止周期”。

第二，为了保证光刻成像的质量，对图形的限制会变得很复杂。原来的一条规则通常会演变成一系列参数。

第三，网格化的设计（coarse grid designs）。为了避免设计规则变得太复杂而无法优化，限制设计必须在一系列规则的格点上进行，即图形尺寸的增大或缩小必须是一个固定的步长。网格化设计示意图如图 6-16（a）所示，图中左斜线阴影代表 diffusion，叉线阴影代表 diffusion contact，横线阴影代表 poly contact，右线阴影代表 poly wiring，斑点阴影代表 poly gate，虚线和点画线分别表示设计 diffusion contact 和 poly gate 时的网格。基于网格化设计的思路，又发展了基于符号的 DFM（glyph-based DFM），即设计时并不需要画出多边形（polygon），而只是在格点上用线条和点来表示导线（wiring）和接触（contact），如图 6-16（b）所示。

为了使光刻有足够大的工艺窗口，DFM 对设计的限制一般都会导致设计面积的损失，影响版图按技术节点的要求来缩小。对于光刻工程师来说，其主要任务就是研发先进的光刻工艺（包括 OPC/SRAF 等），使光刻工艺对设计的限制最少。例如，在 65 nm 的栅极层，使用新的光照条件和辅助图形（SRAF placement scheme），可以大幅度减少禁止周期的范围，修正 SRAM 中线条端点（tip to tip）的距离。使得光刻工艺对设计的限制很少，只有少量的光刻工艺不能解决的问题留给了 DFM。

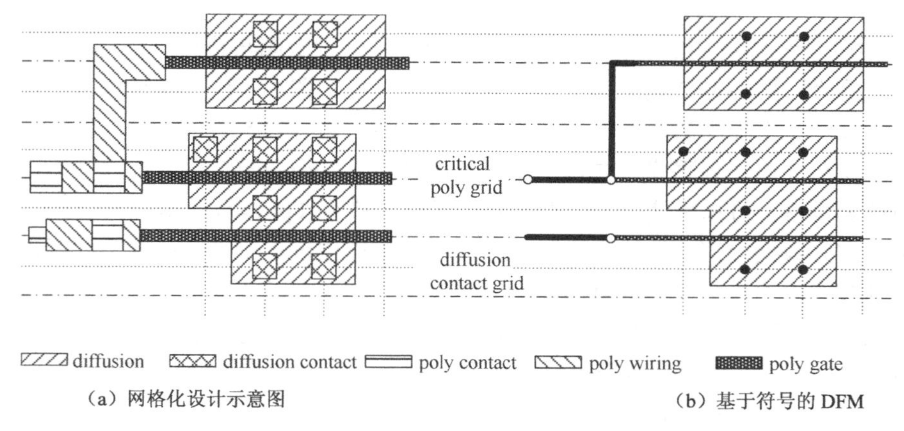

图 6-16 网格化设计 [6]

6.3.5 版图与掩模一体化仿真

DFM 及其仿真的输入是设计版图，这个设计版图一般是指 OPC 之前的，这是业界的惯例。设计版图完成后，经过 OPC 处理，再发送到掩模厂（mask shop）制备掩模。OPC 的有效性可以通过新一轮的光刻仿真来验证（model based verification，MBV），MBV 是对 OPC 之后的版图仿真，计算出曝光结果，并发现其中的坏点。掩模上的图形是由掩模检测设备（reticle inspection system）来检查的，这是一种专用于掩模检查的扫描电子显微镜（reticle SEM）。最终，晶圆上的图形是由 CD-SEM 来检查的。这个工作流程可以用图 6-17 来描述，图中 PWQ 是指工艺窗口再验证（process window qualification）。

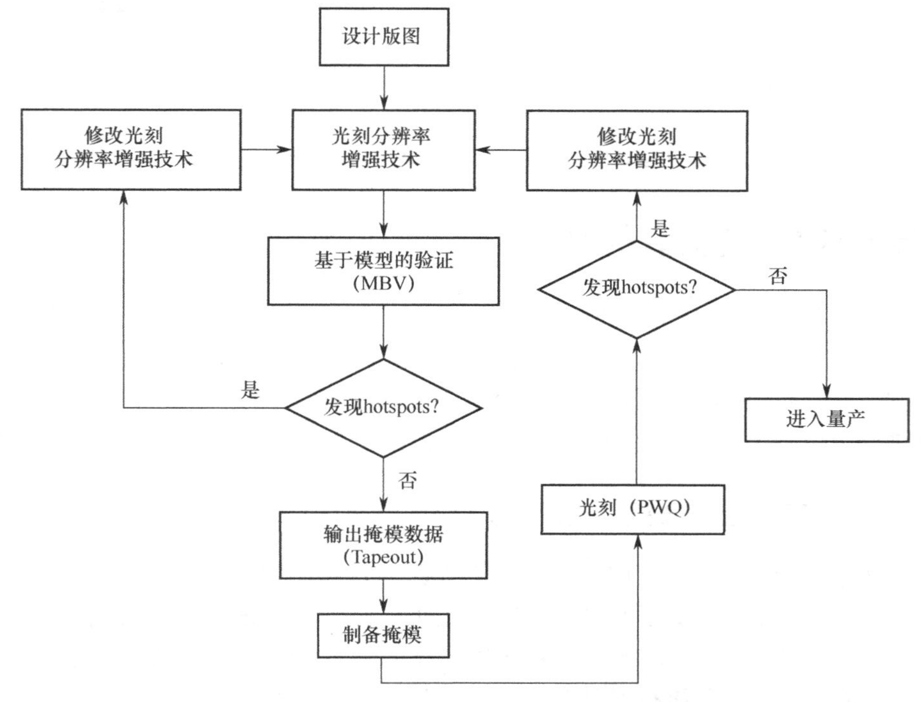

图 6-17 设计公司版图发送到代工厂后的处理流程图

在图 6-17 所示流程图的基础上，文献[13]提出了一种版图与掩模一体化仿真的 DFM 方法，称之为设计扫描。OPC 之后第一步仿真得到掩模上的图形，这一步是仿真掩模的制造过程，也就是以电子束曝光为核心的成像过程。对 OPC 之后版图的仿真结果做分析，在掩模制造的工艺窗口（电子束曝光）之内找出可能的坏点（hotspots），然后把这些坏点的位置发送到掩模检测设备。仿真所使用的模型是基于物理的模型（physical-based model），其中的参数经过掩模实测数据校正。第二步是仿真掩模图形的成像过程，得到晶圆上的图形。这一步是仿真晶圆制造中的光刻工艺，可以使用空间像模型，也可以使用经过晶圆实测数据校正的光刻胶模型。用户可以选定曝光能量和聚焦值的范围做仿真，得到晶圆上的结果，并分类检查各种坏点，如桥连、断线、多余图形等。图 6-18 所示为整个光刻工艺窗口中晶圆上图形的仿真结果及与之对应的部分电镜照片（见图 6-18 右侧）。

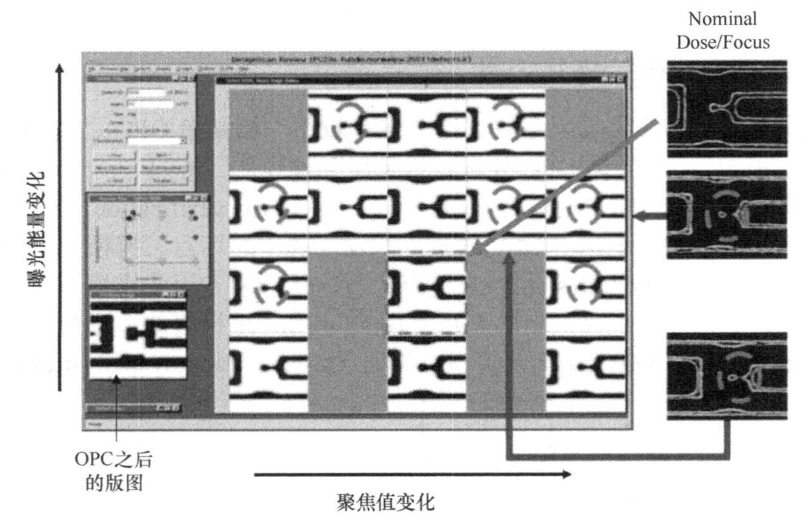

图 6-18　整个光刻工艺窗口中晶圆上图形的仿真结果及与之对应的部分电镜照片 [13]

6.4　与 CMP 工艺关联的 DFM

化学机械研磨（chemical mechanical polishing， CMP）是集成电路制造中的关键工艺。CMP 工艺使用特殊的研磨液（slurry）对晶圆表面做研磨，使晶圆表面实现全局平坦化。平坦化的晶圆表面是高精度光刻工艺成功实施的前提。图 6-19 是 CMP 设备及其工作示意图，研磨的速率正比于研磨液的性质、研磨垫（pad）上施加的压力及研磨垫移动的线速度。

6.4.1　CMP 的工艺缺陷及其仿真

目前业界有专用软件对 CMP 过程做仿真，这是一种基于物理化学模型的仿真（model-based CMP），它可以预测出 CMP 后表面的平整度（surface topology）和有问题的区域，即研磨导致的碟形（dishing）和侵蚀（erosion）等[14]。蝶形缺陷是指研磨时由于金属线（铜线）与周围介质材料具有一定的选择性，即铜的研磨速率较高，而介质层研磨得较慢，从而就会在较宽的铜线内出现凹陷，如图 6-20（a）所示。侵蚀缺陷发生在图形密度较大的区域，由于两种材料的混合密度较高，介质材料也会被较快地研磨掉，形成凹陷，如图 6-20（b）所示。

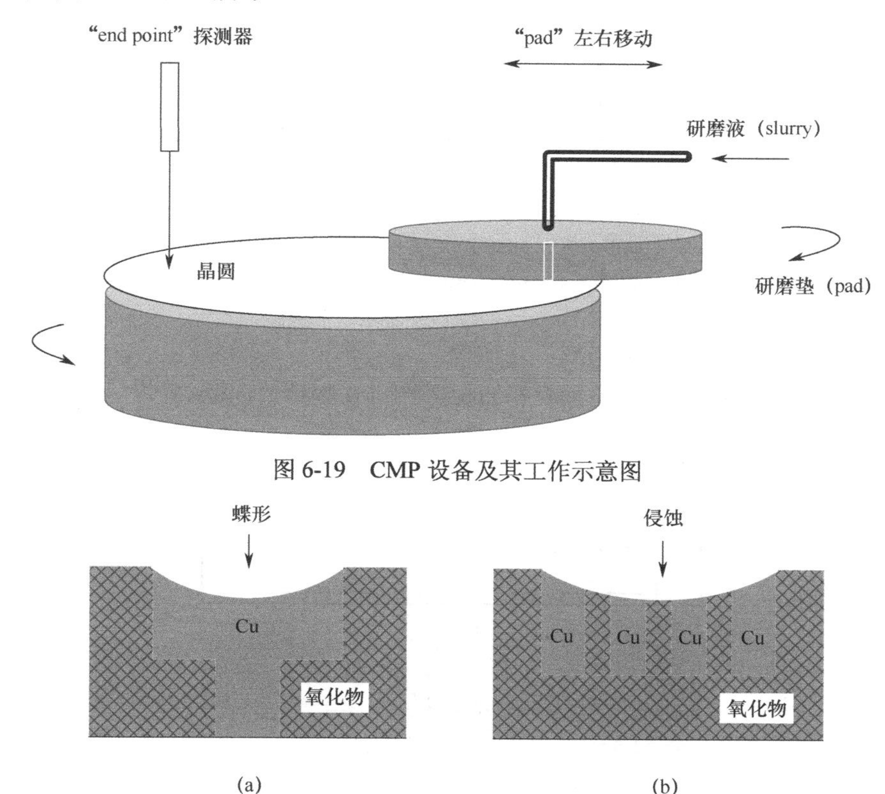

图 6-19　CMP 设备及其工作示意图

图 6-20　CMP 工艺中的缺陷

CMP 工艺的蝶形和侵蚀缺陷都与图形有关，它们会导致晶圆表面厚度的变化，破坏平整度，所以与 CMP 相关的良率问题一般都是系统性的。CMP 仿真的基本的步骤：首先是把整个版图分成小的网格（grids），从每个网格中抽取几何信息（金属图形的密度）；然后仿真出对应每一个 CMP 步骤（如"bulk removal""touch down""barrier removal"）中铜和介电材料的厚度。图 6-21 是 M1 CMP 的仿真结果（第一层金属 CMP），图中右侧的尺度是芯片表面的相对高度，整个芯片的尺寸是 4.3 mm×4.3 mm，其中我们感兴趣部分的尺寸是 0.95 mm×0.75 mm，图中虚线框中的部分。

CMP 工艺产生的蝶形缺陷还会反映到后续的金属层，导致短路。CMP 工艺产生的蝶形缺陷如图 6-22 所示，CMP 在金属上产生了蝶形凹陷，使得随后的图形整体下沉；第二次 CMP 无法把多余的金属全部研磨掉，形成短路。DFM 软件必须能够找到这种复杂的、通常是层之间的、容易出问题的区域，这一功能又称为"Swamp finder"[6]。

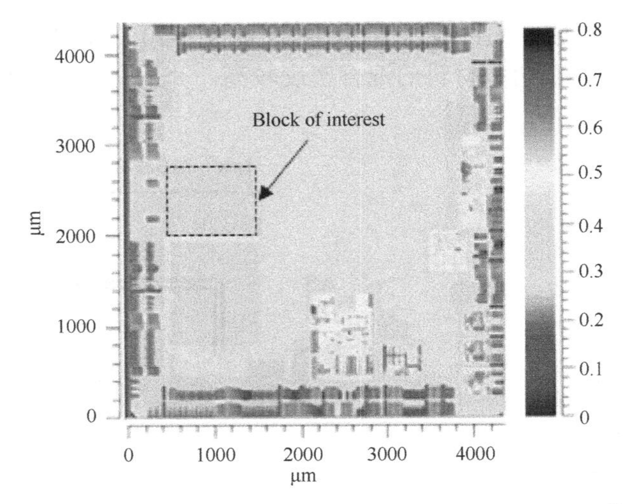

图 6-21　一个 4.3 mm×4.3 mm 芯片在 M1 CMP 的仿真结果[14]

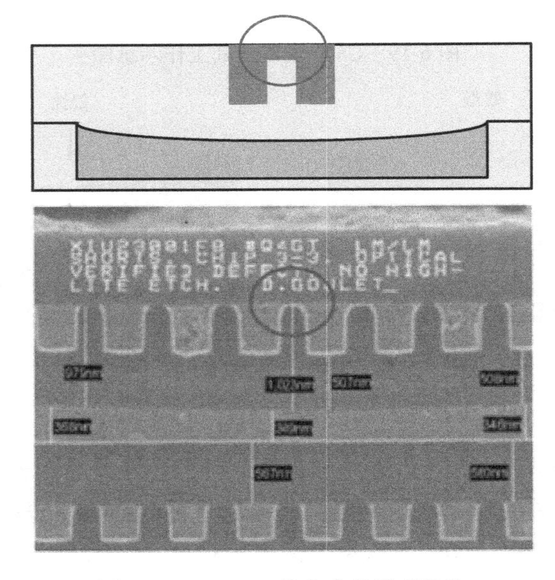

图 6-22　CMP 工艺产生的蝶形缺陷

6.4.2　对 CMP 工艺友好的版图设计

从设计的角度来看，对 CMP 工艺缺陷有较大容忍度的版图必须是图形密度均匀的。针对这个要求，设计工程师必须尽量使版图均匀。如果版图上图形密度变化的范围与图形周长的范围可以被最小化，那么 CMP 后就更平坦。具体的做法是把版图分成相同的小块，如图 6-23 所示，计算出每一个方块中图形的密度和周长，最终得到一个评价函数（cost function）。对这个评价函数做优化，可以实现版图的均匀化。

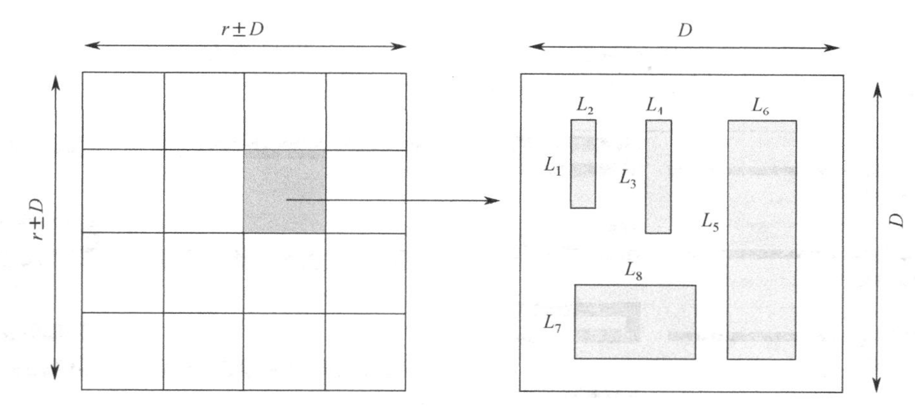

图 6-23 设置版图密度与图形周长评价函数的示意图

6.4.3 填充冗余金属（dummy fill）

如果设计版图无法达到均匀化的要求，还可以在空余的位置插入没有电学功能的冗余金属图形（dummy fills），人为地使图形均匀分布。冗余金属图形并没有电学作用，它们可以与电源线（power rail）或地线（ground rail）相连，也可以悬浮（floating）在电路中。与电源线或地线相连的冗余金属结构会引入较大的电容，但是其电容值是确定的；悬浮金属结构引入的电容较小，但其电容值具有不确定性。添加冗余金属不仅能控制图形密度，而且能提高光刻的工艺窗口和平衡刻蚀时的负载效应（loading effect）。

添加冗余金属的方法有以下两种。基于经验（rules-based）的添加，目前的 EDA 工具都能提供这种功能，根据代工厂提供的信息，在版图中插入图形使得版图的局部图形密度介于一个范围之内。代工厂对版图密度的要求又被称为版图的密度规则（layout density rules）。另一种是基于模型（model-based）的添加，这个模型可以是前面介绍的 CMP 模型。添加冗余金属（dummy fills）会增大掩模的数据量，延长掩模制造的时间。

文献[15]介绍了一个基于 Mentor Calibre 工具添加冗余金属的设计流程。这是 DRAM 器件的金属层。首先找到需要插入冗余图形的区域，区域宽度大于 W_c 的被认为是需要插入冗余图形的，其中 $W_c = W_{min} + 2S_{min}$（W_{min}是金属的最小宽度，S_{min}是金属之间的最小距离）。加入冗余图形后还需要做图形对准（alignment）处理，如图 6-24 所示，图 6-24（a）中 DRAM 器件金属层插入冗余图形（dummy）后的版图（dummy 对应图中的灰色线条）；图 6-24（b）是图形对准（alignment）处理后的版图。

6.4.4 回避困难图形

与 CMP 相关的 DFM，一般只考虑版图图形密度，要求图形分布尽量均匀，但是，并没有考虑电镀工艺（electroplating，ECP）的影响。在后道（BEOL）工序中，CMP 之前的工艺通常是电镀，电镀把 Cu 沉积在沟槽之中，然后 CMP 把多余的 Cu 去除，并实现平坦化。考虑了 ECP 工艺后，不仅图形密度，还有其他因素影响晶圆表面的平整度。图 6-25 是电镀后晶圆表面处的一个剖面示意图，图中 H_0 表示平坦区域电镀膜的厚度（膜厚），*H* 和 *S* 分别表示有图形区域的膜厚，圈内图形的几何密度是相同的。但是，电镀后的结果显然不一样，这必然会影响到 CMP 的结果。

图 6-24　加入冗余图形后还需要做图形对准处理 [15]

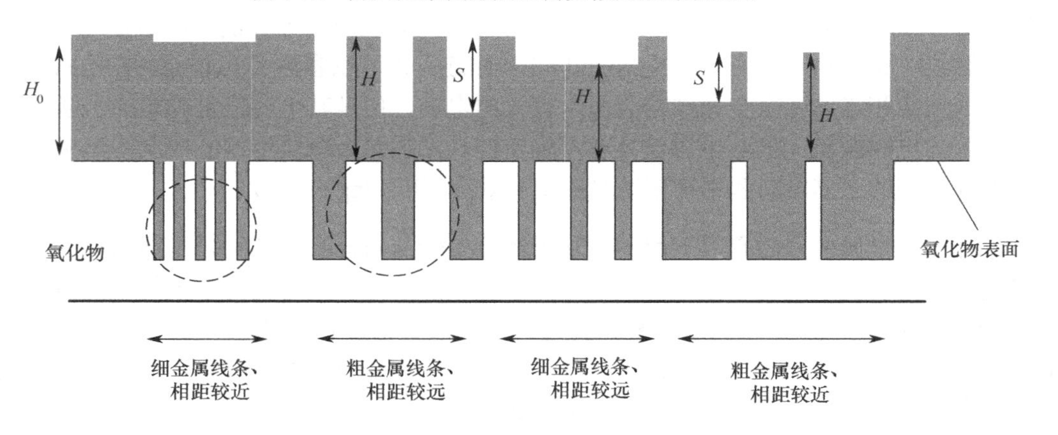

图 6-25　电镀后晶圆表面处的一个剖面示意图

考虑到电镀和 CMP 工艺，我们发现有些图形总是容易导致工艺失败（catastrophic failures），这类图形必须在设计中回避。例如，当划片槽（scribe lane）区域的图形尺寸较大时，会容易产生碟形（dishing）缺陷；当沟槽（trench）之间的距离较小时，可能会导致桥连。

6.5　DFM 的发展及其与设计流程的结合

6.5.1　全工艺流程的 DFM

集成电路制造流程中包含多个工艺单元，不仅有光刻、电镀和化学机械研磨，而且有刻蚀、薄膜沉积、离子注入和清洗等。随着技术节点的进一步缩小，可制造性必须考虑所有工艺单元，权衡导致电路性能变化的各种因素。图 6-26（a）归纳了集成电路制造中良率损失的原因。90 nm 技术节点之前影响良率的主要原因是随机颗粒导致的缺陷（random particle defects)，90 nm 技术节点以后，系统性缺陷导致的良率损失（systematic mechanism-limited yield loss）变成主要因素，代工厂良率提升（ramping yield）的过程更长，最终得到的良率相比过去的节点还是不理想。这种情况是由于设计与制造的相互作用导致的。新的制造工艺会引入一系列功能性缺陷（functional defects），工艺参数偏离也会引入缺陷（parametric defects），如图 6-26（b）所示。也就是说，随技术节点的缩小，系统性的良率损失占比越来越大。

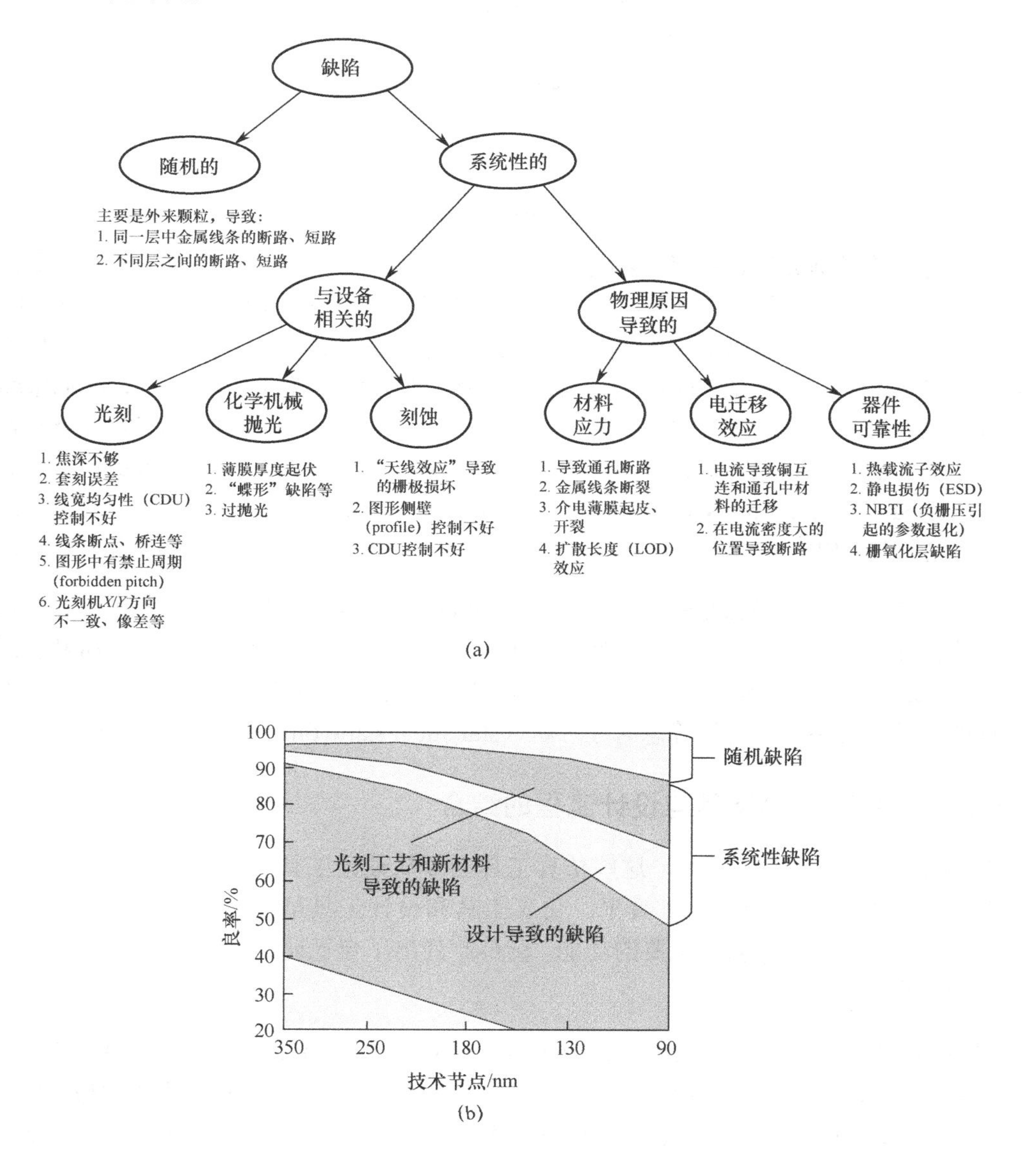

图 6-26 影响集成电路制造的各种因素 [5]

DFM 平台的发展方向是能引入各种工艺变化，其模型必须包括所有的工艺步骤，以及工艺步骤之间的相互作用。全工艺流程仿真的 DFM 平台示意图如图 6-27 所示。从测试版图开始，首先完成所有工艺的仿真，并根据工艺仿真的结果计算出器件的电学性能，最后对电路进行仿真并评判其功能。

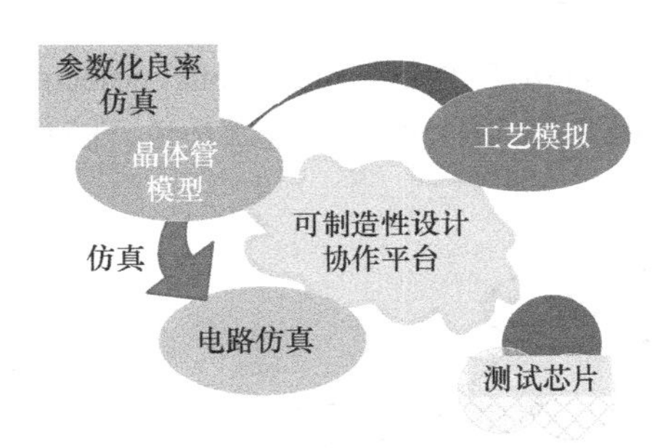

图 6-27　全工艺流程仿真的 DFM 平台示意图

具体的做法举例如下。使用光刻仿真软件计算出版图的空间像，得到一个非理想的几何形状。将这个形状输入到电路仿真器中，可以计算出漏电流（leakage）和延迟（delay）的变化。通过上述仿真可以确定版图上有问题的区域，并找到各工艺步骤对最终电学性能的影响。文献[16]基于现有的 EDA 工具搭建了一个从工艺到电路仿真的流程（comprehensive simulation flow），即从 GDSII 到 HSPICE 电路分析。使用的软件有 Mentor 的 Calibre work bench、HSPICE 和一系列 Perl、TCL 编程。工艺仿真基于“calibre printimage”；器件仿真使用了“BSIM equivalent transistor model”，它能处理非矩形的栅极；最后把所有的“transistor lengths”输入到 HSPICE 网表中，做电路性能的计算。整个流程使用 Perl 语言来集成。

电路性能分析包括静态时序分析（static timing analysis，STA），来判断电路是否能够在规定的目标频率工作。它包括在最差情况（worst case slow，WCS）做时序分析和在最佳情况（best case slow，BCS）做时序分析，以保证两种情况下都符合要求。由于器件之间的不一致性，所以还必须做统计静态时序分析（statistical static timing analysis，SSTA）。

6.5.2　DFM 工具及其与设计流程的结合

DFM 依靠大量的工艺仿真，这些仿真工具必须从设计工具（EDA tool）那里获取版图，并将仿真结果反馈到设计工具里。仿真工具和设计工具可能来自不同的供应商，它们必须能有效地集成，实现所需要的功能。表 6-2 列出了自己研发 DFM 工具与外购 DFM 工具的利与弊。

例如，CFA（calibre critical feature analysis）是 Mentor 的 DFM 工具，它与 DRC 和 LVS（layout versus schematics）集成在一起使用。该软件做基于规则的或基于模型的检查时，检查的内容包括缺陷（defects）、光刻（lithography）、光学邻近效应修正（OPC）、化学机械研磨（CMP）和刻蚀（etching），用来评估其可制造性。这些检查是在验证（verification）的形式下作为 DRC 的扩展来进行的。对一块设计版图做 CFA 后的结果就是得到一个有权重分布的 DFM 结果（weighted DFM metric，WDM）（这是对应所有规则的），以及一个归一化后的 DFM 计分（normalized DFM score，NDS）。

表 6-2　自己研发 DFM 工具与外购 DFM 工具的利与弊

评估类别	自己研发 DFM 工具	购买 DFM 工具
与现有设计工具的兼容性	很好	无法保证
图形界面	很好	需要较多的定制
工作质量检查	类似其他内部 CAD 的流程	需要较多的测试
职责	调节内部资源的分配	需要与软件供应商交互
适应性	可以有选择地仿真 （对制造影响最大的工艺）	更多的仿真，但可能无用
创新性	受限于内部资源的分配	很高，有专业开发团队
使用许可（license）	没有问题	需要不断更新
直接成本	没有	很高
如果没有使用	可以当作内部培训	浪费金钱和精力

DFM 并不是某一个设计部门的责任，它可以贯穿在设计和制造流程的各个部分，如表 6-3 所示。从单元库的物理设计开始，分析关键区域对随机缺陷的敏感度（critical area sensitivity）、版图对 OPC 的兼容性（OPC Friendly Layout）和光刻工艺的友好性（litho-friendly），以及版图对器件性能的保证（performance aware layout - TCAD related simulations）等。在布局（place）阶段，由于存在较宽的水平电源线（power rail），单元在垂直方向可以被看成是相互独立的，而水平方向会相互影响。因此，布局时水平方向的邻近效应必须考虑。193i 光刻工艺的影响半径（radius of influence）大约是 500 nm。有一种算法是考虑到邻近单元的光反射，把邻近效应放置到布局的评价函数中。在布线阶段，必须考虑与 OPC 的兼容性（OPC compliance during routing）及光刻工艺窗口。金属层必须填充冗余金属（dummy fill），通孔层必须添加冗余通孔（via-doubling）。注意，DFM 建议的修改可能会互相冲突，因此，DFM 的方法论是优化良率，而不一定是追求良率的最大化。良率最大化可能会导致不恰当的设计花费。

表 6-3　DFM 在整个芯片设计制造流程中的体现

设计阶段	- 互动、基于模型的版图优化 - 复杂的规则分析及其对应的版图优化 - 一边设计一边修正的流程 - 考虑到制造良率的布局 - 具有 DFM 功能的设计环境
数据准备 （data prep） 阶段	- 关键区域分析 - 布线后的优化 - 添加冗余的通孔 - 基于模型的工艺窗口验证 - OPC（designer's intent OPC，PWOPC） - 填充和开槽（filling and slotting） - 具有 DFM 功能的设计环境
晶圆数据	- 提高良率预测模型的准确性 - 电气特性预测模型 - 针对工艺窗口的测量和检测

6.6 提高器件可靠性的设计（DFR）

早期的DFM聚焦于导致严重故障（catastrophic failures）的因素，即物理导致的DFM问题（physical DFM problems）。面向物理因素的DFM工具（physical DFM tools）主要是检查版图的几何参数，即只关注图形在晶圆上的可制造性，而不管其对电学性能的影响。近年来，大家开始关注参数导致的良率故障（parametric yield issues），又称之为电学DFM（electrical-DFM，e-DFM），实际上就是可靠性设计（design for reliability，DFR）。在90 nm以上技术节点，与物理故障（physical failures）相比，参数故障（parametric failures）可以忽略不计。到了90nm技术节点以下，参数故障变得严重起来；在65 nm技术节点，参数故障（parametric failures）已经是影响良率的主要因素了（yield-limiting factor）。

可靠性（reliability）实际上是一个老化（aging）和使用损伤（wear out）的现象，它包括温度不稳定性（bias temperature instability，BTI）、随机电噪声（random telegraph noise，RTN）、热载流子注入（hot carrier injection，HCI）效应、与时间相关的绝缘层击穿（time dependent dielectric breakdown，TDDB）、电迁移（electromigration，EM）等。其中，BTI、HCI和TDDB影响MOS管性能，而EM主要影响后道的金属连接。

温度不稳定性（BTI）是小尺寸器件老化的一种主要表现。负偏压温度不稳定性（negative-bias temperature instability，NBTI）发生在处于高温和负栅极电压条件下的PMOS器件中。NBTI表现为阈值电压（V_{th}）向负方向漂移，即V_{th}绝对值增大。这是因为在负的V_{gs}偏压作用下，栅极与沟道之间的界面处形成了陷阱。PMOS器件工作时经历V_{gs}负偏压的时间越长越容易发生NBTI。对于高κ栅极的NMOS器件，正偏压温度不稳定性（positive BTI，PBTI）和热载流子注入都会导致V_{th}的偏移。随机电噪声（RTN）是由于MOS管氧化层中的陷阱随机地捕获或释放电子导致的。

6.6.1 与器件性能相关的DFR

在小技术节点，晶体管的性能均表现出与版图有关的效应。这些效应是与光刻技术、迁移率增强技术（mobility enhancement techniques，如strained silicon engineering ）等相关的。例如，迁移率增强技术中的应变与器件的尺寸及其邻近环境有关；浅绝缘沟槽（shallow trench insulation，STI）会产生应力（mechanical stress）作用在沟道（gate channel）上，导致NMOS和PMOS驱动电流（drive current）的改变可达20%左右。MOS管的驱动电流不仅与其栅极的参数有关（栅极的长度和宽度），而且与每一个MOS管在版图上的具体位置有关。两个设计完全相同的晶体管，在版图上的位置不同，而性能不一样的现象被称为局部版图效应（local layout effects）。为此，设计者必须关注到版图上在一个固定半径内的所有图形，例如，围绕着MOS管的STI区域面积、相邻栅极之间的距离等。

文献[17]在65 nm技术节点的MOSFET上系统性地报道了栅极-浅绝缘沟槽之间的距离（Gate-STI）、栅极之间的距离（Gate space）、浅绝缘沟槽的宽度（STI width）对阈值电压V_{th_sat}

的影响。几何参数 Gate-STI、Gate space 和 STI width 在版图上的位置如图 6-28（a）所示。版图中栅极的长度保持在 40 nm，栅极之间的距离（gate space）保持在 0.25 μm；栅极与 STI 之间的距离（gate-STI）保持在 2 μm，且光刻邻近效应导致的线宽变化已经做了修正。随着版图上栅极数目的增加，导致 MOSFET（白色栅极对应的）的 V_{th_sat} 发生变化，如图 6-28（b）所示。

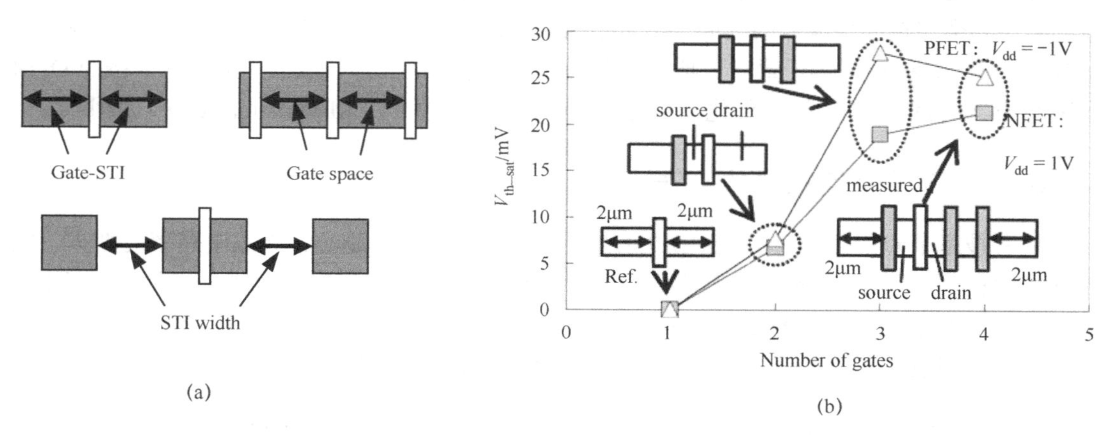

图 6-28　MOSFET 上栅极的几何位置对阈值电压的影响[17]

文献[18]提出对关键时序路径（timing critical data paths）做仿真来优化版图设计的方法，并成功地用于 40 nm 技术节点 100 mm^2 的设计版图。具体过程分成三部分。

（1）时序路径选择（path selection）。做一个完整的 SPICE 分析需要耗费很多时间，为此，在做 SPICE 分析时必须选择最少数量的时序路径或测试用例，用于覆盖大多数的设计场景，特别是涉及频率域、标准单元驱动强度、互连线延时主导的时序路径。为了考虑周围环境的效应，这些时序路径需要被放置在稀疏图形区域和密集图形区域。

（2）SPICE 网表生成与仿真。这一步就是使用标准的时序分析工具获得时序信息和建立基准的 SPICE 网表；然后做各种分析，包括 SPICE-STA 相关性分析、环境感知 SPICE 分析、标准单元电压降分析、工艺分析、采用 Monte Carlo 的偏差分析。

（3）产生结果报告。

文献[19]针对模拟电路的电学坏点（electrical hotspots）提出了一种 e-DFM 流程。该流程分为设计约束收集、电学坏点检测、电学坏点分析和电学坏点修正四个步骤。第一步，收集预定义的电学参数约束和物理版图的信息，将每一个约束和版图中相应的器件建立关系；第二步，计算光刻和应力导致的工艺偏差对器件参数的影响，将调整后的器件参数更新至器件的 SPICE 网表，然后进行仿真确定与预定义电学约束存在偏差的器件，并标注为电学坏点；第三步，分析存在电学坏点的器件的参数，确定哪些参数受光刻工艺和应力变化的影响最大，然后生成电学坏点修复的提示信息；第四步，根据提示信息并考虑设计规则、版图尺寸和绕线路径等约束，确定最佳的图形修正量。修正后的版图能够满足初始的设计规范，并能够通过设计规则检查。

文献[20]介绍了一种考虑性能敏感度的 DFM 方法（sensitivity-aware DFM）。该方法中的敏感度定义为标准单元内部所有时序弧延迟的加权值。具体的流程如下。首先，利用特征化工具对单元库中的每一个单元进行敏感度分析，找出敏感度较高的标准单元，以及这些单元中的最敏感的晶体管。该流程中的特征化工具利用 SPICE 模型进行晶体管级别的 SPICE 仿真，进而对单元进行延迟敏感度分析。然后，分析器件性能参数对版图参数的敏感度。影响敏感度的版图参数包括栅极端点的延伸（poly line-end extension）、栅极与器件边缘的距离（poly to active corner spacing）等。最后，把每一个单元中最敏感的晶体管版图作为输入，按照 DFM 准则的分类在 DFM 工具进行优化，并使得 DFM 违例分数（DFM-violation score）最小化。

6.6.2 与铜互连相关的 DFR

随着技术节点的缩小，后道（BEOL）金属连线的尺寸就越小，导致电路密度增大，电流导致的材料迁移率（EM）也变得更严重。高温和通孔处的应力也会进一步加剧电迁移。最容易发生 EM 的是电源网络（power supply network），因为它们承载着较大的工作电流。因此，在版图设计时必须考虑到 EM 效应（EM awareness），提高导电金属线的可靠性。

在 EM 研究中，文献[21]提出一个经验方程来把金属互连线（interconnect）故障出现的时间（time-to-failure，TTF）与电流密度、温度、电流密度的梯度、温度的梯度、应力的梯度、原子浓度的梯度等联系起来，并建立了一个数学模型来描述金属线某处的原子浓度与以上各量的关系。基于这个公式可以计算出金属线某处的 TTF，通过对版图优化可以延长 TTF。

6.7 基于设计的测量与 DFM 结果的验证

6.7.1 基于设计的测量（DBM）

在晶圆上实现的图形质量最终需要依靠电镜（CD-SEM）来测量。电镜测量首先需要建立测量程序，传统的做法是首先找到所要测量的曝光区域，然后找到所要测量的图形，设置测量位置，做测量。整个过程需要做多次图形识别，最终找到所要测量的位置。对应每一个测量位置，都需要做这样的图形识别。电镜测量程序的建立需要占用大量的电镜时间以及工程师的工作时间。与传统的做法不同，基于设计的测量（design-based metrology，DBM）与设计数据库紧密关联，其核心内容是使用版图（physical design layout）来自动产生测量文件（metrology files）。测量文件的生成不需要占用电镜。DBM 系统使得大规模图形的测量变得可行，它能够在数小时内完成芯片上所有关键图形的测量。DBM 系统的研发保证了 DFM 对大量晶圆数据的需求。

DBM 的出发点是设计版图。首先，从版图中提取需要测量图形的位置、每个位置的标识图形、坐标、所要测量的信息等，形成一个表格（a metrology site-list，MSL）。MSL 可以在版图中通过直接选择点击（point-and-click）来生成，操作方便。然后，把 MSL 中的版图坐标转换成掩模上的坐标，再转换成晶圆上的坐标，（design-mask-wafer，DMW）。在辨识测量图形的过程（pattern recognition）中，传统的 CD-SEM 通过比对存储的照片来完成；而 DBM 则用设计版图来对照。最后，设置测量参数，它直接控制电镜的测量过程。

通常一个 Fab 中 CD-SEM 的测量参数（如 filter、threshold、sensitivity 等）已经经过优化，它们被称为“best known method，BKM”。DBM 可以把这些 BKM 参数导入到其测量文件中。在版图中产生测量列表（MSL）的过程可以用图 6-29 来形象地描述。在版图上产生测量位置列表如图 6-29（a）所示，把版图坐标转换成掩模坐标、晶圆坐标如图 6-29（b）所示，设置的测量参数驱动电镜在指定状态下测量如图 6-29（c）所示。

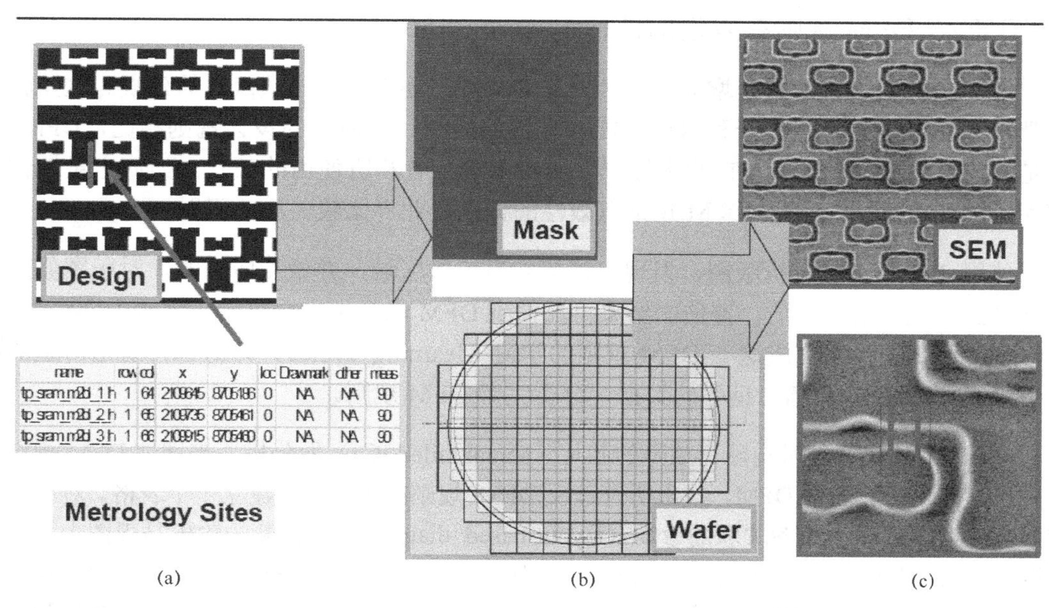

(a)　　(b)　　(c)

图 6-29　在版图中产生测量列表（MSL）的过程 [22]

除测量线宽外，DBM 还可以测量边缘位置误差（edge placement error，EPE），即 DBM 可以测量实际图形的边缘与设计图形边缘的差距，如图 6-30（a）所示。DBM 还支持使用晶圆中前层的设计信息来确定测量位置，如图 6-30（b）所示。图 6-30（b）中需要测量横跨长方形阱上光刻胶线条的宽度，而长方形阱是由前面的光刻层确定的。通过使用前层的版图信息，可以保证测量位置的正确性。

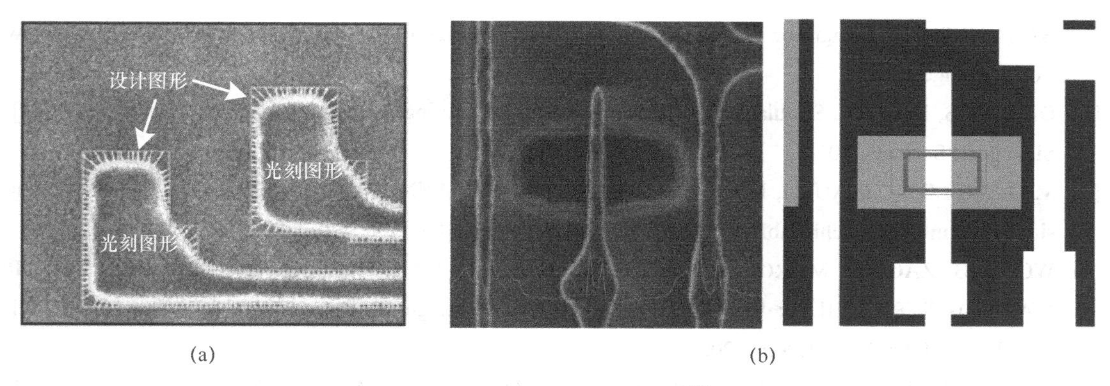

(a)　　(b)

图 6-30　DBM 的其他作用[23]

DBM 测量在 DFM 的流程中使用很广泛，最常见的是测量坏点。DBM 系统首先测量一个

FEM 晶圆，把测量结果与设计做对比，找到出现坏点的位置。这样就知道，在工艺窗口之内，版图上哪些位置会出现坏点。对关键图形的电镜照片做处理，可以提取其图形二维轮廓（2D contour）。将提取的二维轮廓与仿真结果对比，可以用来校正仿真模型。还可以使用 DBM 系统测量芯片上的关键指标，如晶体管的栅极长度，得到该关键尺寸在芯片上的分布。

6.7.2 DFM 规则有效性的评估

做 DFM 的代价通常是增大芯片的面积和功耗，还有可能导致流片的延误。这些花费所带来的回报是良率的提升和器件性能稳定性的提高。与通常的设计规则相比，DFM 规则是建议性的（optional），它的执行程度取决于设计者和所使用的工具。如何定量地评估 DFM 所带来的回报，即对 DFM 规则有效性的评估是业界比较关注的问题。

使用 DFM 工具分析版图，发现可能影响良率的区域，并做相应修改。对版图修改后的结果必须做定量的评估，评估的结果再反馈到 DFM 工具中去，进一步完善 DFM 规则。可以使用测试图形来完成这一 DFM 规则的学习（learning cycle），即对各种易出问题的图形做曝光，测量 Si 晶圆上良率的数据，分析完善 DFM 规则。

文献[24]建议通过对实际有故障的芯片（actual failed ICs）做分析，来评估 DFM 规则的有效性。首先对版图做 DFM，找出所有违反 DFM 规则的地方，并建立一个表格。对制造完成后的失败芯片做与版图关联的诊断（layout-based diagnosis），诊断的输出是版图上可能出问题的位置（the suspected layout locations），即诊断工具认为可能失败的位置。对比分析这两组结果，就可以发现这些实际发生的故障是否可以被对应的 DFM 规则覆盖。最终得到每一个 DFM 规则所对应的芯片上的故障，还包括版图中违反规则的频率和芯片上出故障的频率。这个方法的适用范围包括目前生产中的失败产品和测试芯片（test chip）。但是，它不太可能用于一款成熟产品，这是因为成熟产品的版图一定是已经通过 DFM 检查的。

本章参考文献

[1] BALASINSKI A. Design for Manufacturability: From 1D to 4D for 90–22 nm Technology Nodes[M]. New York: Springer, 2014.

[2] DIXIT U S, KANT R. Simulations for Design and Manufacturing: Select Papers from AIMTDR 2016[C]. Singapore: Springer, 2018.

[3] MANSFIELD S, GRAUR I, HAN G, MEIRRING J, LIEBMANN L, CHIDAMBARRAO D. Lithography simulation in DfM – achievable accuracy versus Requirements[C]. Proc SPIE, 2007, 6521, 652106.

[4] WONG B, ZACH F, MOROZ V, MITTAL A, STARR G, KAHNG A. NANO-CMOS DESIGN FOR MANUFACTURABILILTY: Robust Circuit and Physical Design for Sub-65 nm Technology Nodes[M]. New Jersey: John Wiley & Sons, 2009.

[5] CHIANG C, KAWA J. DESIGN FOR MANUFACTURABILITY AND YIELD FOR NANO-SCALE CMOS[M]. New York: Springer, 2007.

[6] LIEBMANN L, MAYNARD D, MCCULLEN K, SEONG N, BUTURLA E, LAVIN M, HIBBELER J.

Integrating DfM Components Into a Cohesive Design-To-Silicon Solution[C]. Proc SPIE , 2005, 5756.

[7] SALEM R, RAHMAN A, MOUSLY E, EISSA H, DESSOUKY M, ANIS M H. A DFM tool for analyzing lithography and stress effects on standard cells and critical path performance in 45nm digital design[C]. 2010 5th International Design and Test Workshop, IEEE, 2010:13.

[8] PATHAK P, MADHAVAN S, MALIK S, WANG L T, CAPODIECI L. Framework for Identifying Recommended Rules and DFM Scoring Model to Improve Manufacturability of sub-20nm Layout Design[C]. 2012, Proc SPIE 8327, 83270U.

[9] YU B, PAN D Z. Design for Manufacturability with Advanced Lithography[C]. Springer, 2016.

[10] TORRES J A, BERGLUND C N. Integrated Circuit DFM Framework for Deep Sub-Wavelength Processes[C]. Proc SPIE, 2005, 5756.

[11] HO J, WANG Y, HOU Y C, LIN B S, YU C C, et al. DFM: A Practical Layout Optimization Procedure for the Improved Process Window for an Existing 90-nm Product[C]. Proc SPIE, 2006, 6156, 61560C.

[12] CHANG C C, SHIH I C, LIN J F, YEN Y S, LAI C M, HUANG W C, LIU R G, KU YC. Layout Patterning Check for DFM[C]. Proc SPIE, 2008, 6925, 69251R.

[13] HOWARD W, AAPIROZ J T, XIONG Y, MACK C, VERMA G, VOLK W, LEHON H, DENG Y, SHI R, CULP J, MANSFIELD S. Inspection of Integrated Circuit Databases through Reticle and Wafer Simulation: An Integrated Approach to Design for Manufacturing (DFM)[C]. Proc SPIE, 2005, 5756.

[14] HA N, LEE J, PAEK S W, KIM K S, CHEN K H, GOWER-HALL A, GBONDO-TUGBAWA T, HURAT P. In-Design DFM CMP Flow for Block Level Simulation Using 32nm CMP Model[C]. Proc SPIE, 2001, 7974, 79740W.

[15] SHIN T H, KIM C, YANG H, BAHR M. Advanced DFM application for automated bit-line pattern dummy[C]. Proc SPIE, 2016, 9781, 978114.

[16] NEUREUTHER A, POPPE W, HOLWILL J, CHIN E, WANG L, YANG J, et al. Collaborative platform, tool-kit, and physical models for DfM[C]. Proc SPIE, 2007, 6521, 652104.

[17] TSUNO H, ANZAI K, MATSUMURA M, MINAMI S, HONJO A, KOIKE H, HIURA Y, TAKEO A, FU W, FUKUZAKI Y, KANNO M, ANSAI H, NAGASHIMA N. Advanced Analysis and Modeling of MOSFET Characteristic Fluctuation Caused by Layout Variation[C]. 2007 IEEE Symposium on VLSI Technology Digest of Technical Papers, 2007: 204.

[18] SM S, BRAHME A, RAMAKRISHNAN V, MANDAL A. DFM: Impact Analysis in a High Performance Design[C]. 2011 IEEE: 12th Int'l Symposium on Quality Electronic Design, 2011:110.

[19] EISSA H, SALEM R F, ARAFA A, HANY S, EL-MOUSLY A, DESSOUKY M, NAIRN D, ANIS M. Parametric DFM Solution for Analog Circuits: Electrical-Driven Hotspot Detection, Analysis, and Correction Flow[C]. IEEE TRANSACTIONS ON VERY LARGE SCALE INTEGRATION (VLSI) SYSTEMS, 2013,21(5): 807.

[20] SUNDARESWARAN S, MAZIASZ R, ROZENFELD V, SOTNIKOV M, KONSTANTIN M. A Sensitivity-aware Methodology to Improve Cell Layouts for DFM Guidelines[C]. 12th Int'l Symposium on Quality Electronic Design, IEEE, 2011:431.

[21] JING J P, LIANG L, MENG G. Electromigration Simulation for Metal Lines[J]. Journal of Electronic Packaging, 2010, 132(1).

[22] CAPODIECI L. Design-Driven Metrology: a new paradigm for DFM-enabled process characterization and control: extensibility and limitations[C]. Proc SPIE, 2006, 6152, 615201.

[23] LORUSSO G F, CAPODIECI L, STOLER D, SCHULZ B, ROLING S, SCHRAMM J, TABERY C. Advanced DFM applications using Design Based Metrology on CD SEM[C]. Proc SPIE, 2006, 6152, 61520B.

[24] BLANTON R D, WANG F, XUE C, NAG P K, XUE Y, LI X. DFM Evaluation Using IC Diagnosis Data[C]. IEEE TRANSACTIONS ON COMPUTER-AIDED DESIGN OF INTEGRATED CIRCUITS AND SYSTEMS, 2017,36 (3): 463-474.

第 7 章

设计与工艺协同优化

在目前设计与制造分离的集成电路产业模式中，设计者所有关于工艺的信息，都来自物理设计库（process design kit，PDK）和标准单元库（standard cell library）。设计者将完成物理验证的 GDSII 版图交付代工厂，之后与工艺制程相关的 DPT、SMO、OPC 等流程则由代工厂完成，对设计者完全不可见。不同的设计最终在制造时会面临何种的工艺窗口，是否会带来制造上的问题，设计者无从知晓。

从代工厂的角度，晶圆代工厂并不关心设计所需要实现的具体功能、时序、功耗、面积要求。设计者交付的版图，只要能通过设计规则和可制造性检查，满足工艺窗口的要求，即可交付制造。在这个过程中，存在如下两个问题。

（1）制造者发现版图上可能会出现问题的区域，很可能对于设计者正好是性能约束比较紧的关键区域，无法对其进行修改。

（2）即使设计者能够修改，因为对版图和设计的改动，需要对部分或全部设计做重新修正和验证，客观上延长了产品上市（time-to-market，TTM）时间。

在集成电路制造发展的初期，设计部门和制造部门之间几乎没有交流。后期随着特征尺寸的持续缩减，面向制造的设计（DFM）帮助人们建立了从代工厂到设计者的单向交流途径。随着技术节点继续演进，DFM 也不再能够满足集成电路制造的需要，需要引入新方法学对设计和制造进行支撑，于是 DTCO 应运而生，图 7-1 给出了 DTCO 原理示意图。DTCO 通过将工艺信息和设计信息结合起来，并将这种交互贯穿到从设计到制造的整个链条，形成相互反馈的同步优化模式，在设计端与工艺端的共同努力下，克服制造工艺（特别是光刻工艺）的瓶颈，最终达到改善良率、提高可靠性的目的。需要指出的是，DTCO 与 DFM 在概念上存在差别，DFM 强调在设计阶段考虑制造的因素，而 DTCO 将概念扩展到了更大的范畴，不仅在设计阶段需要考虑工艺的信息，在工艺设计时也需要充分考虑设计需求，更需要强调的是设计和工艺两者的信息交互和协同。

在 DFM 的工作流程中，从制造厂到设计者之间的交流是单向的，主要依赖于日渐收严的设计规则检查。DFM 是在流片之前做设计规则检查，此时的工艺流程和菜单已经完全固化。如果设计违反了制造厂已经冻结的工艺要求，则需要通过 DFM 找到这些有问题的位置，要求设计者修改。DTCO 在新工艺技术节点的研发阶段就已经开始启动，并贯穿研发的整个过程，包括涉及设计者和制造厂的多次信息交互和优化循环。DTCO 是 14nm 技术节点以后发展起来的技术，其内涵与外延还在进一步完善中，本章将从设计流程的角度对 DTCO 进行划分，包括工艺流程建立过程中的 DTCO、设计过程中的 DTCO，同时重点介绍基于版图的良率分析及坏点检测的 DTCO。

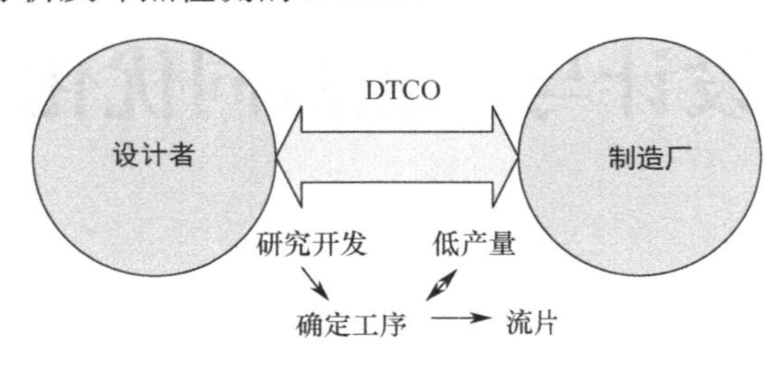

图 7-1　DTCO 原理示意图

7.1　工艺流程建立过程中的 DTCO

新工艺建立初期，制造厂需要摸索和确定基本器件结构和工艺菜单，并在此基础上建立物理设计库。器件结构、工艺菜单、物理设计库三者之间相互影响，通过不同版本测试反馈和迭代优化的方式，最终得以确定。在此过程中，器件结构和工艺菜单属于工艺端，物理设计库承载了将工艺信息固化为参数并传递器件电学参数的功能，设计者无须了解工艺细节。例如，通过 SPICE 模型，可以提取电学参数；通过设计规则，可以了解绘制版图的约束和规则。因此，在工艺流程建立阶段，物理设计库作为工艺与设计之间对接的主要桥梁，是 DTCO 优化的主要目标。此阶段侧重前期探索，将器件结构和电学参数，以及工艺尤其是光刻工艺紧密地绑在一起，以在建立物理设计库和优化工艺时，得到更大的探索空间和更精确的工艺参数反馈。

7.1.1　不同技术节点 DTCO 的演进[1]

开发全新工艺流程，最开始要面临的关键问题是确定如何通过进一步压缩特征尺寸，得到功耗、性能、面积、成本（power performance area cost，PPAC）的提升。从 DTCO 的角度需要综合考虑如下因素。

（1）合理优化和利用新工艺技术节点的工艺能力，平衡工艺复杂度与特征尺寸缩减。
（2）是否有合适的 EDA 工具来处理和优化新技术节点的物理设计。
（3）保证 PPAC 参数的提升要与新工艺技术节点带来的开销匹配。

新工艺技术节点，首先需要关注的是器件的几个关键尺寸：金属间距（metal pitch，MP）、接触多晶周期（contact poly pitch，CPP）、Fin 周期（Fin pitch，FP）。对于半导体工艺，表 7-1 为上述尺寸受物理、材料及工艺等因素限制所决定的极限值，从 14 nm 到 3 nm 先进技术节点，业界普遍认可表 7-1 中的几个尺寸参数极限值。对于 MP，80 nm 为单次 193i

曝光下的分辨率极限，40 nm 为双重曝光下的分辨率极限，24 nm 为铜互连的 RC 延迟对金属间距所要求的极限；对于 CPP，40 nm 为 FinFET 为保证器件栅控能力所容忍的极限；对于 FP，24 nm 为 Fin 的制造工艺所决定的极限。上述参数共同确定了新工艺技术节点开发时的特征尺寸极限。下面将以与或非（and-or-inverter，AOI）逻辑单元为例，来说明随着技术节点的演进，工艺和器件需要协同考虑的关键因素。

表 7-1　新工艺技术节点开发时的特征尺寸极限值

技术节点	N20①	N14	N12	N10	N7	N5	N3
MP / nm	80	64	56	48	40	32	24
CPP② / nm	100	80	70	60	50	40	30
FP③/ nm	—	48	42	36	30	24	—

注：① 按照业界惯例，将某个纳米技术节点称为 N*X* 技术节点，*X* 为具体的节点尺寸，如 20nm 技术节点，称之为 N20，其他以此类推。

② 1CPP=5/4 MP。

③ 1FP=3/4 MP。

1. N14 到 N10 技术节点

对于 N10 技术节点，M1 金属层（以下简称 M1 层）的间距是 48 nm，需要采用三次曝光技术。原则上 48 nm 的 MP 采用二次曝光就可以达到，但考虑要实现较小的端−线间距，所以需要三次曝光技术来实现。图 7-2（a）为 N14 技术节点的 9 track（track 是标准单元库尺寸的一个计量单位，通常定义为 M2 层的间距值，业界通常也将 track 简称 T，为表述清晰，后文 T 和 track 将交替使用）AOI 标准单元，图 7-2（b）为 N10 技术节点的 9T AOI 标准单元（其中 M1 层采用三重光刻），图 7-3（c）为 N10 技术节点的 7.5T AOI 标准单元。为了补偿 M1 层三次曝光所引入的附加工艺代价，同时利用端−线间距小的优势，通过设计规则及版图优化可以将标准单元高度从 9T 降低到 7.5T，Fin 的数量也同时相应压缩，AOI 的面积降低了 53%。

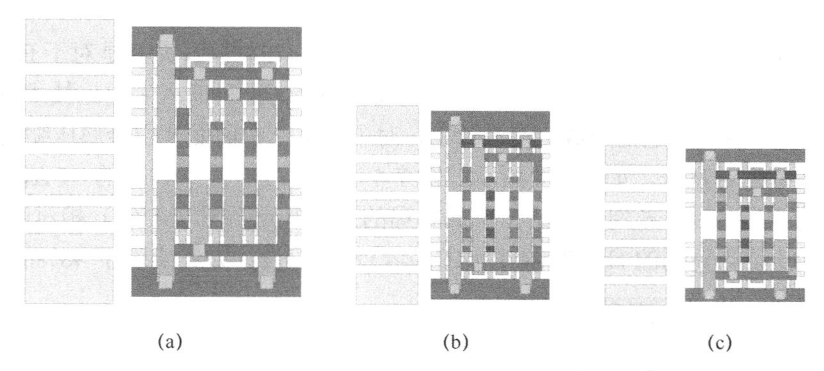

(a)　(b)　(c)

图 7-2　AOI 标准单元在不同工艺技术节点的版图

2. N10 到 N7 技术节点

7 nm 技术节点下，特征尺寸比 10 nm 技术节点进一步压缩，对于 DTCO 的需求更为迫切。AOI 标准单元在 10/7nm 技术节点的版图如图 7-3 所示，双向走线的 M1 层通过传统设计方式已经无法完成曝光。在图 7-3 中，图 7-3（a）为 N10 技术节点 M1 层采用单向布局的 7.5T AOI 单元，图 7-3（b）～图 7-3（e）为几种不同的设计方案：图 7-3（b）的 N7 技术节点单元中 M1 沿着 Poly 单向布线，图 7-3（c）的 M1 偏移以适应最小面积约束，图 7-3（d）采用交错的 Poly 接触点，图 7-3（e）采用等效 Fin 数的 6T 高度的标准单元。为了解决双向走线传统方式无法完成曝光的矛盾，设计人员将单元间的连线[图 7-3（a）中的单层 M1 双向走线]分成了水平方向的 M0 层和垂直方向的 M1 层[分别对应图 7-3（b）中的水平金属线和垂直金属线]，通过对引脚连接和晶体管走线的优化设计来保证设计规则。图 7-3（c）~图 7-3（e）在图 7-3（b）的基础上进一步进行了优化，以图 7-3（e）为例，采用了 6T 标准单元设计，相对图 7-3（d）的 6.5T 标准单元方案的面积缩减为 56%。特别说明，引脚连接作为标准单元优化重要部分，7.1.4 节中会专门讨论。

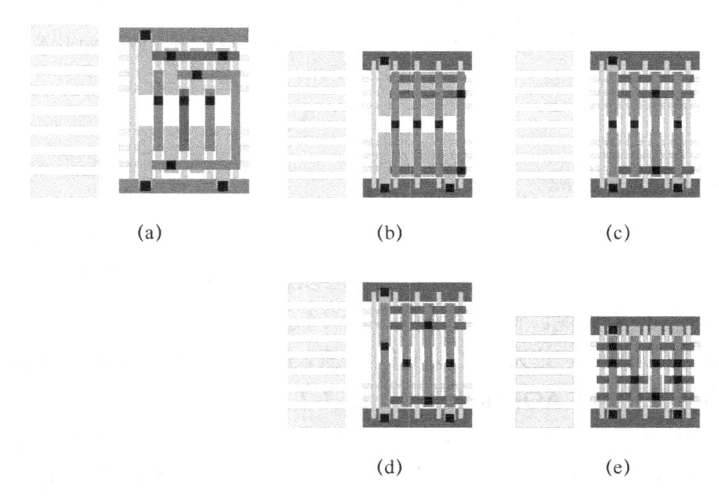

图 7-3　AOI 标准单元在 10/7nm 技术节点的版图

3. N7 到 N5 技术节点

相对于 7 nm 技术节点，5 nm 技术节点将面临更为复杂的挑战，尤其是对于 Fin 和 Poly 层。为了进一步缩减标准单元库高度，需要从工艺及设计两个方面同时入手提出技术解决方案：工艺上多晶硅栅接触在 Fin 之上形成；在设计上，对中段工艺中前面几层金属压缩尺寸，其他层尺寸压缩则保持相对宽松。如图 7-4 所示，图 7-4（a）为 N7 技术节点的 6T AOI 标准单元，图 7-4（b）为采用 EUV 光刻方案结合单向布局的 N5 单元；图 7-4（c）相对图 7-4（b）采用了更紧凑 M0 设计规则的 N5 单元，相比图 7-4（b），该设计方案实现了 48%的面积缩减[2]。

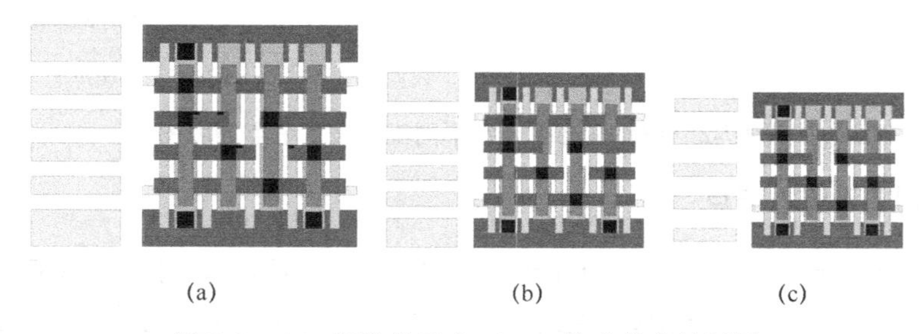

图 7-4　AOI 标准单元在 7/5nm 技术节点的版图

4. N5 到 N3 技术节点

3 nm 技术节点，整个器件结构都面临颠覆性的改变，如采用栅全环绕（gate-all-around，GAA）结构。在 GAA 结构中，栅环绕沟道区采用纳米线实现，纳米线沟道连接源极和漏极，四面则被栅极环绕。GAA 器件在器件结构上完全不同于以往的平面 MOSFET 和 FinFET 器件，因此对应的 DTCO 技术也将发生改变。在 3 nm 技术节点，DTCO 重点关注器件工程，不过并没有太多具体的商用实现方法面世。相对于其他技术节点，3 nm 技术节点的 DTCO 更需要具有开创性的思路和方案。

为此，在 3 nm 技术节点学研界提出一个新的概念，结构工艺联合优化（system and technology co-optimization，STCO），其思路是：在一定的芯片尺寸下，通过增加核心单元（如逻辑 CPU、GPU 和 SRAM 等）的有效面积或晶体管的数量，同时将多种新兴技术混合融入主流技术中，实现系统和技术的混合协同优化。这些技术包括 IO/analog 从芯片中分离、增加核心逻辑元件的有效面积、减少主芯片的尺寸及三维集成等。本质上，STCO 是 DTCO 的自然演进版本，随着技术节点演进带来的新工艺/设计方案进化而来，所以习惯上人们仍然将其归为 DTCO 范畴。

7.1.2　器件结构探索

7.1.1 节对不同技术节点的工艺演进和 DTCO 优化做了概要性描述，但是并未涉及器件电学性能。如前所述，DTCO 除了考虑制造性的要求，更重要的目标是尽可能早地将工艺信息与电学性能要求联系起来，并在尽可能小的工艺及面积代价下实现更好的电学性能。器件参数直接决定了电路的电学性能，因此需要结合工艺信息和要求，确定合适的器件结构。

以 FinFET 器件为例，栅长、栅侧墙（spacer）宽度及源漏接触区面积是三个决定器件性能的重要参数。栅长越长，器件的亚阈特性越好，但栅电容越大；栅侧墙越宽，可靠性和电容特性越好；源漏接触区越大则源漏接触电阻越小。上述三个参数之间存在设计冲突，因此需要通过优化找到一个满足电路电性要求的同时工艺制造层面能支撑的器件结构。

表 7-2 为 14/10/7 nm 技术节点的工艺参数和基本设计规则，可以看到，在 7 nm 技术节点，CPP 为 42 nm，在栅区，需要对栅长（gate length，简称 gate）、栅侧墙厚度（thickness of spacer，简称 spacer）、源漏（S/D）接触区长度（length of contact，简称 contact）三个参数做平衡以保证栅周期满足要求，三个参数组合如图 7-5 所示。表 7-2 中，T_{spacer} 为栅侧墙厚度，R_{beol} 和 C_{beol} 分别为前道金属的单位电阻和电容，V_{dd} 为电源电压。

表 7-2　14/10/7 nm 技术节点的工艺参数和基本设计规则[2]

技术节点	单位	14 nm	10 nm	7 nm
CPP	nm	90	64	42
MP	nm	64	48	32
FP	nm	48	36	24
gate length	nm	30	24	18

（续表）

技术节点	单位	14 nm	10 nm	7 nm
Fin width	nm	10	7	5
Fin height	nm	30	30	35
T_{spacer}	nm	14	8	6
R_{beol}	Ω/μm	25	60	135
C_{beol}	F/μm	0.195	0.175	0.16
V_{dd}	V	0.75	0.7	0.65

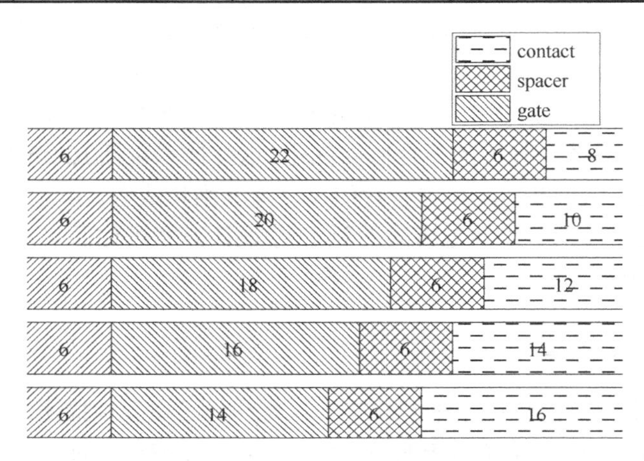

图 7-5　CPP=42nm 时，源漏接触区、栅侧墙及栅长的不同尺寸组合方案

（1）接触区：FinFET 接触电阻大小与接触区的结构参数和材料参数密切相关。接触区的结构参数和材料参数包括：接触孔大小、接触区面积及接触电阻率。不论是外延形成 S/D 接触区的器件结构还是 Fin 将 S/D 包围的结构，接触电阻都随着接触区的宽度降低而显著升高。以一个 3 个 Fin、采用外延形成 S/D 接触区器件结构的 FinFET 为例，为了将总串联电阻限制在 600 Ω左右的水平，电阻率需要控制在 $5\times10^{-9}\,\text{cm}^2$ 以下，从工艺上需要通过直接金属硅化物（silicided）接触或金属-绝缘层-半导体（metal insulator semiconductor，MIS）接触来实现。如果要进一步降低接触电阻率，则需要考虑更为复杂和先进的工艺手段。

（2）Fin 高度：Fin 高度与器件驱动电流为正相关关系，因此 Fin 高度在制造工艺允许的范围内越高越好，然而 Fin 高度提升可能会对其他电学参数（如接触电阻）造成不利影响。对于外延 S/D 接触的器件，随着 Fin 长度的增加，接触电阻的降低很快趋于饱和。相同电阻下流过更高的电流意味着更高的电压降（栅源电压 V_{gs} 和源漏电压 V_{ds}），导致器件之间的电压分布不均衡。不过对于接触区被 Fin 包围的器件结构，接触电阻随着 Fin 高度的增加一直呈显著降低趋势，因此器件驱动电流也随之得以提升。

除了接触电阻，Fin 高度增加带来的另一个影响是栅电容 C_{gate} 和栅漏电容 C_{gd} 的同步增加。对于外延 S/D 接触结构 FinFET 器件，当 Fin 高度达到 35 nm 时，频率曲线面临一个拐点，在此拐点之前，频率随着 Fin 高度的增加而增加，在此拐点之后，频率随着 Fin 高度的升高而降低。对于接触区被 Fin 包围结构 FinFET 器件，频率拐点为 40～45 nm。值得注意的是，对于两种器件结构，C_{gd} 和 C_{gate} 的增加都将导致动态功耗增加。

（3）栅侧墙：栅侧墙的材料选择直接影响器件的 AC 特性。图 7-6 给出了环形振荡器的 AC 特性。栅侧墙厚度越大，器件的接触电阻越大，器件饱和电流 I_{dsat} 越小；栅侧墙厚度越小，电容越大。因此在电阻和电容之间需要寻找一个均衡点。从图中可以看到栅侧墙厚度为 5～6 nm 是比较合适的值。另一个能够调节的参数是栅侧墙材料的 k 值。将栅侧墙的 k 值降低能够提升频率特性，这是因为栅电容得以减低。但是 k 值过低又会带来可靠性等问题，因此需要在功耗/性能和可靠性之间找到平衡。

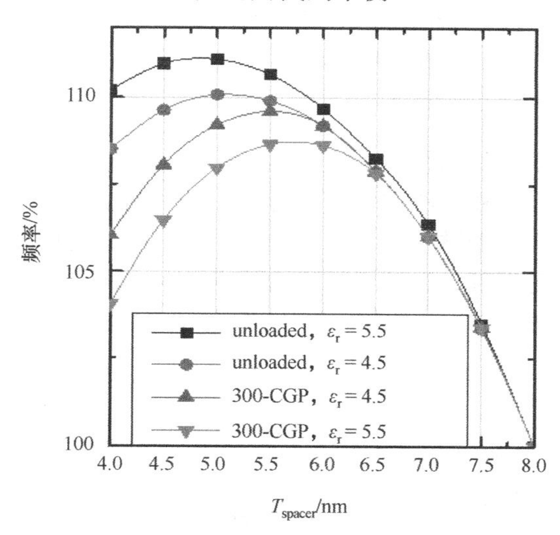

图 7-6 环形振荡器的 AC 特性

7.1.3 设计规则优化

设计规则定义了版图设计的规则，以使最终设计的版图满足可制造性的要求，从而保证制造良率。在 DTCO 的理念出现之前，主要通过设计规则的限定来进行从制造厂到设计者之间的单向交流。设计规则通常包括通用的版图信息、可靠性设计规则、针对闩锁效应和静电放电规则等。大技术节点情况下，新技术节点的设计规则可以直接从上一个技术节点等比例缩小得到。对于更小的技术节点，还需要结合新技术节点阶段的新工艺和新器件对缩减后的设计规则进行修正。但在修正的过程中，过于侧重工艺角度，设计者只能按照工艺限制下确立的设计规则进行版图设计，并不是统筹设计和工艺全局的最优设计规则。因此，基于 DTCO 的设计规则优化，引起了业界的重视。基于 DTCO 的设计规则优化研究，有助于设计者在进行设计之前，就将工序制造考虑进来。与此同时，晶圆厂也可以在技术节点研发的过程中直接采用与实际设计类似的版图用于工艺研发。

工艺建立过程中的 DTCO，着重强调设计规则和工艺的选择和优化。对于设计规则，重点需要考虑在该工艺技术节点下，尤其是引入了新工艺或新器件结构时，需要综合考虑这些新因素对设计规则的影响。在工艺的选择上，本节将以光刻工艺菜单方案为例来说明设计规则和工艺之间的相互影响。此外基于版图信息的工艺敏感点的建立，对于新工艺的调试和优化，以及对于设计规则的建立引导，都起到了很重要的作用，下面将用一定的篇幅对此部分内容进行讨论。

1. 设计规则的早期建立和评估

对于工艺而言，设计规则是与设计相关的最重要的参数指标之一，设计规则任何细微的变动都可能会对制造产生巨大的影响。设计规则直接与版图面积、工艺偏差、功耗及性能相关。因为设计规则由工艺制造方设定，所以对设计规则的系统评价和扩展一直是个技术难题。尤其在进入深亚微米技术节点之后，光刻等工艺因素对于芯片的各参数指标的影响越来越大，设计规则在建立过程中很难获得海量实际设计的验证，进一步加剧了此问题。在工艺建立和调试阶段，要找到既有一定准确度，同时又能够基于统计模型来对设计规则进行评估的方法。

一套开发的设计规则评估系统架构如图 7-7 所示[3]，该系统用于工艺建立之前的设计规则评估，在这个阶段，没有精确的评估模型可用，开发初期的设计规则的目的是在工艺和设计技术完备之前，供工艺调试使用。因此，对于工艺相关的信息，如可制造性和工艺偏差等都采取近似模型。考虑到设计规则涵盖的范围巨大，所以对于面积的评估，采用版图拓扑逻辑生成的方法来进行。

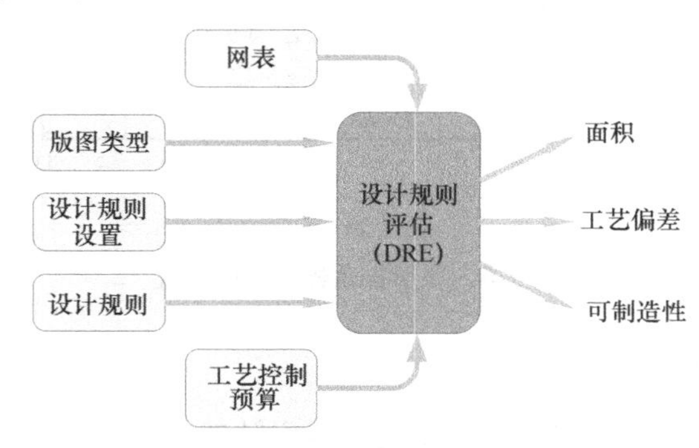

图 7-7　一套开发的设计规则评估系统架构图

评估系统的输入为单元的网表、版图类型、设计规则设置、设计规则及工艺控制预算。在该系统里，只对评估的设计规则进行修正，其他保持不变。修正后的设计规则用来对版图进行评估，同时决定面积、可制造性、工艺偏差等关键参数。下面对这些关键参数如何进行评估做简单介绍。

面积评估：面积评估主要与版图拓扑逻辑生成和金属走线拥挤程度相关。版图拓扑逻辑生成的技术包括：N/P 晶体管配对、晶体管折叠、晶体管链堆叠，以及对触发器链的分割和排序，其目的都是为了压缩面积同时保证正常的金属走线空间。图 7-8 所示为一个 4 输入的或与非（or-and-inverter，OAI）标准单元。

除了面积，可制造性也是评估设计规则必须考虑的因素。通常可制造性通过良率这一指标得以体现，通常将光刻工艺中对良率的影响因素归纳为以下三种。

overlay 误差：不同层之间的对准误差。

接触-通孔误差：接触和通孔之间由于对准问题导致的误差。

随机颗粒误差：工艺过程中产生的随机颗粒而导致的误差。

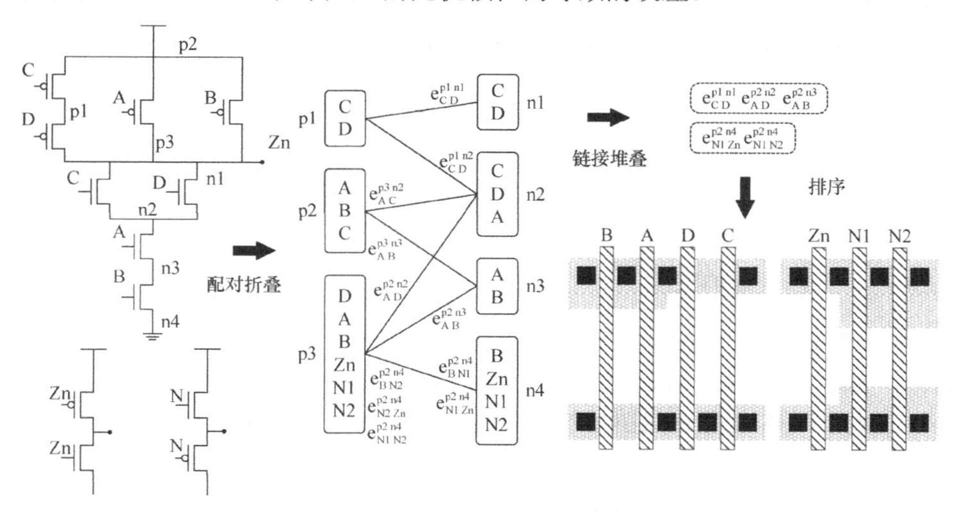

图 7-8　4 输入的 OAI 标准单元

最终总误差是综合考虑以上三者影响的集合，用公式表达为

$$Y = Y_{\text{overlay}} \cdot Y_{\text{contacts}} \cdot Y_{\text{particles}} \tag{7-1}$$

overlay 相关的良率可以近似为能避开 overlay 误差与光刻中线–端短路耦合的可靠概率（probability of survival，POS）。overlay 向量包括 x 方向和 y 方向，通常采用零误差的均匀分布和工艺参数相关的 3σ 估计。POS 的估算包括以下内容：接触孔与多晶/M1/扩散区的连接错误、栅到扩散区的 overlay 误差、多晶到扩散区的 overlay 误差。

考虑到接触孔误差的随机性，Y_{contacts} 采用泊松模型近似，接触缺陷的平均数值 λ 等于版图中的接触孔数量 N_c 乘以接触孔出现接触错误的概率 D_t。

$$Y_{\text{contacts}} = e^{-\lambda} = e^{D_t \times N_c} \tag{7-2}$$

对于随机颗粒导致的良率损失，业界普遍采用负二项分布：

$$Y_{\text{particles}} = \prod_{l=1}^{L} Y_{\text{particles},l}$$

$$Y_{\text{particles},l} = \prod_{j=1}^{k} \left(1 + \frac{A_{c,j} * D_0}{\alpha}\right)^{-\alpha} \tag{7-3}$$

式中，$Y_{\text{particles},l}$ 是 l 层的颗粒所导致的良率损失；k 为缺陷种类（如电路开路、电路短路）；$A_{c,j}$ 是缺陷 j 的平均关键面积；D_0 为缺陷平均密度；α 为缺陷聚类参数。

工艺偏差也是影响良率的关键因素。在短波长光刻区域，三种与光刻相关的工艺偏差来源影响最大：扩散区和多晶硅边界处边缘不平直、套刻偏差和端回缩影响下的线端光刻误差、不同光刻技术限制所导致的 CD 偏差。上述因素对于沟道宽度和长度的影响可以分别建模。最终反映在设计规则上的影响可以集总为

$$\Delta\left(\frac{W}{L}\right)=\frac{\sum_{\text{all gates}}\left|\Delta\left(\frac{W}{L}\right)_i\right|}{\left(\frac{W_{\text{tot}}}{L}\right)_{\text{ideal}}} \tag{7-4}$$

式中，i 表示了工艺误差的来源。

对于设计规则早期评价系统的验证，需要结合具体设计。例如，Nangate 公司的 45 nm PDK 设计，实际工艺在 65 nm 的商用工艺线的工艺。M1 和多晶硅层的线宽及关键的接触通孔大小，根据 ITRS 工艺路线图上的典型值设定。表 7-3 为 65/45 nm 工艺信息。

表 7-3　65/45 nm 工艺信息

参　　数	45 nm	65 nm
平均缺陷密度　/ faults/m^2	1 395	1 757
临界缺陷尺寸 / nm	34	45
最大缺陷尺寸 / nm	250	250
Fab 清洁度	3	3
聚类参数 (α)	2	2
接触孔比率 / ppm[①]	0.00004	0.00004
套刻误差 (3σ) / nm	13	15
Line-end pull-back (mean) / nm	10	14
栅极 CDU (3σ) / nm	2.6	3.3
M1 关键线宽/ nm	10	15
Poly 关键线宽/ nm	15	20
Contact 关键线宽/ nm	10	15

注：①百万分之一，即 10^{-6}。

以 Poly 图形为例，图 7-9 给出了 45 nm 工艺的面积，可制造性和工艺误差在不同多晶硅图形下的值，单元高度为 10 个 track。一共比较了五种图形构造方式，分别为：1D，即一维多晶布线方式，多晶只能用于连接同一个晶体管对的两个晶体管；1D-fixed pitch，在 1D 方式的基础上，加上了 Poly pitch 固定的限制；Ltd，有限多晶布线方式，多晶只能连接同一个 P 或 N 晶体管网络的相邻栅极；Ltd-fixed pitch，在 Ltd 方式的基础上，加上了 Poly pitch 固定的限制；2D，二维多晶布线方式下，在满足现有的布线约束下多晶可以任意连接任何晶体管。可以看到，和有限多晶布线模式相比，2D 多晶能够节省 15%的面积。但是，2D 多晶和 1D 多晶相比，会导致三倍的工艺偏差，从而使得 CDU 增加。有限多晶和 1D 多晶相比，仅仅节省了 3%的面积，却付出了较大的工艺偏差代价。因此，在多晶层允许使用 H、U 和 Z 等 RET 技术兼容的图形形状，从工艺和面积的角度均无益处。固定 pitch 的 1D 多晶实现方案，相对 pitch 不固定的 1D 多晶方案面积实现上几乎相同。这些评估结果对在

工艺流程探索过程中设计规则的建立具有重要的指导和参考价值。

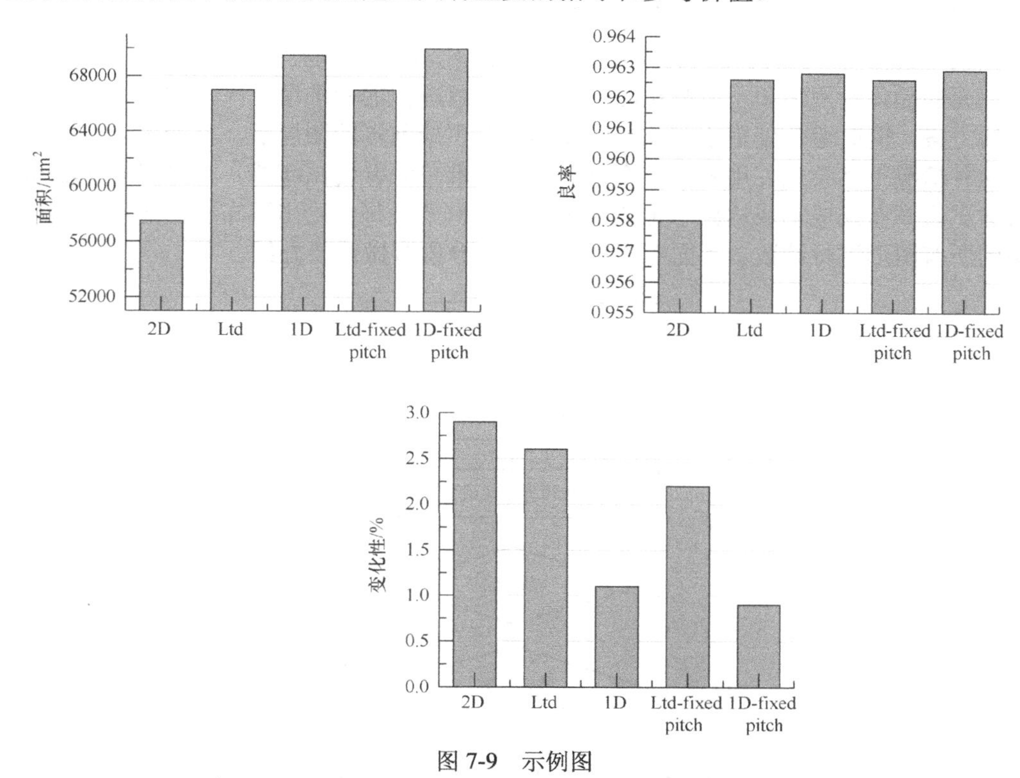

图 7-9　示例图

2. 基于图形的设计规则评价

前面讨论的快速评价体系侧重于从良率的角度对设计规则进行评价。从设计的角度，如果将布线对于版图图形的要求加以考虑，在新技术节点的研发阶段，代工厂将图形对标准单元可布线性的影响加以考虑，从可布线性角度评估和选择新技术，就不失为一种兼顾设计和工艺要求的 DTCO 解决方案。

对于问题图形有以下两个极端的候选解决方案。第一个解决方案是在设计阶段处理这个问题，通过设计规则禁止任何问题图形的出现。但禁止所有的图形对设计的限制太大，使标准单元的可布线性变得非常困难，进而导致标准单元面积的增加。另一个解决方案是在设计阶段对问题图形不加约束，在布线之后通过工艺优化消除那些问题图形。然而有些问题图形可能始终无法得到解决。

解决上述问题的解决思路是采用混合方法，即在设计阶段选取一部分为禁止图形，在布局布线之后其余的图形则尽量通过工艺优化的方法解决。选取图形作为禁止图形的原则为：对良率造成很大影响的图形；对标准单元可布线性造成的影响较小的图形。通过光刻仿真可以识别出那些对良率产生较大影响的图形。而对可布线性影响较小的图形是指那些即使在设计阶段被禁止也不会对标准单元的设计和布线造成很大影响的图形。另一种类似于问题图形的情况是限制性图形化技术的出现，如 LELE 和 SADP。与单次曝光不同，这些图形化技术都具有一些不可制造的图形，对于晶圆厂来说，在一个新的技术节点如何选择合适的图形化技术成为一个重要的问题。

如图 7-10 所示为面向布线的设计规则评估优化流程[4],该流程输入包含一组设计规则、标准单元的晶体管网络和一组禁止图形。通过生成虚拟的标准单元库，评估每个单元可能的布线方案，同时避免使用给定的禁止图形。在生成前端的图层后，标准单元可能无法布线。这种情况下将尝试使用其他方案重新生成标准单元并尝试布线，如果仍然无法布线将继续尝试直到布线成功或达到一定的尝试次数。框架最终会给出可布线性的度量并对生成版图的所有图形进行计数。下面对流程中的各部分内容做简要介绍。

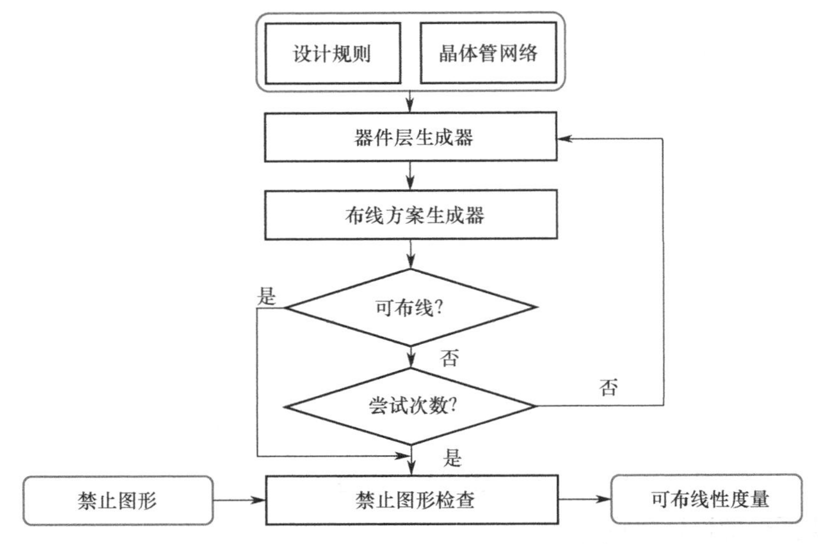

图 7-10　面向布线的设计规则评估优化流程

1）器件层生成器

流程首先为给定的标准单元生成必要的器件层。这个过程需要根据给定的设计规则和标准单元的晶体管网络建立所需的晶体管。首先使用器件层生成器生成标准单元的晶体管网络连同它们的连接位置，之后这些数据将输入下一个模块，即布线方案生成器。如果发现生成的标准单元不可布线，那么器件层生成器将会被再次调用，直到整个流程收敛。

2）布线方案生成器

布线方案生成器试图找出每个单元网络可能的布线方案。给定单元中的所有网络，布线方案生成器为每个单元生成候选的布线解决方案列表。该生成器枚举所有可能的布线方案，而非使用特定的拓扑进行布线。在每个网络内，边界框的范围由网络内连接点的位置决定。如果网络边界框的高度、宽度低于一定的阈值，那么边界框需要扩展几个轨道以方便网络绕线。每个网络可能的布线方案是先将主干放置在边界框内的每个轨道上，然后从主干构建垂直分支以到达每个连接点。对于每个网络的所有布线方案，需要为每个标准单元构建完整的布线。当然并不是所有的组合都会形成有效的布线方案，因为不同网络的布线可能会发生交叉而造成冲突。图 7-11 所示为不同的布线方案示例，左图显示了两个不同网络之间存在冲突而无效的布线方案，右图是一个有效布线方案的例子。

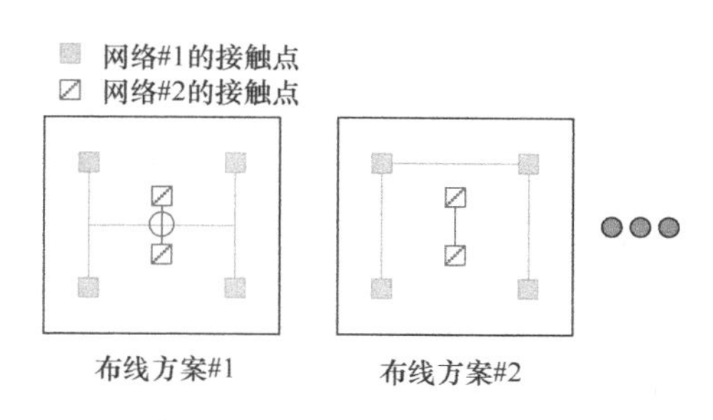

图 7-11　不同的布线方案示例

3）冲突检查（可布线）

网络冲突是指两个网络的接线出现了重叠或交叉。这些情况可以通过对每个图形的节点表示序列进行 AND 运算来检查。如果 AND 运算的结果存在非零项，那么很明显参与运算的网络间存在冲突。通过不同网络间的 AND 运算进行网络冲突检查如图 7-12 所示。

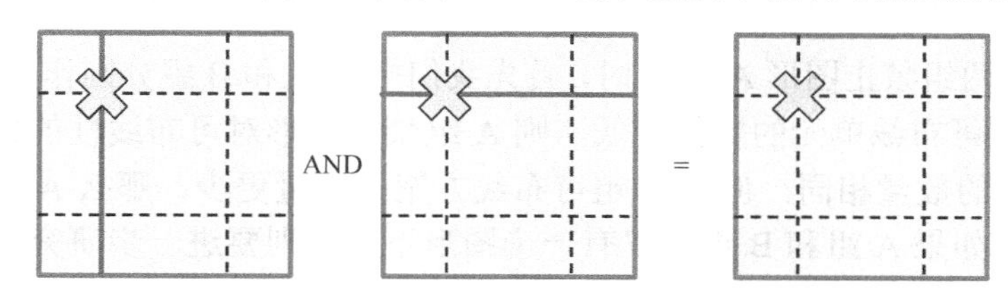

图 7-12　通过不同网络间的 AND 运算进行网络冲突检查

在某些情况下，布线方案生成器可能无法找到可以布线的方案。在这种情况下，它会选择不可布线网络最少的方案作为返回。这个问题可以被定义为一个整数线性规划问题（ILP）。

4）禁止图形检查

根据给定的禁止图形检查生成的布线方案。一个扫描窗口以轨道宽度为步长在版图上滑动，并且在每个行和列组合处开始形成所需大小的图形。图形中的轨道被序列化表示，如图 7-13 所示，以便与输入的禁止图形进行快速匹配。图 7-13 中左侧是器件层生成器生成的单元，十字标记表示需要连接的接触点。在这个单元中有四个网络：a1、a2、Net_000 和 Zn。中图和右图展示了两种可能的布线方案。如果布线方案中包含任何禁止图形，则将其放弃。图 7-14（a）所示是一个禁止图形，图 7-14（b）所示的布线方案将被放弃。

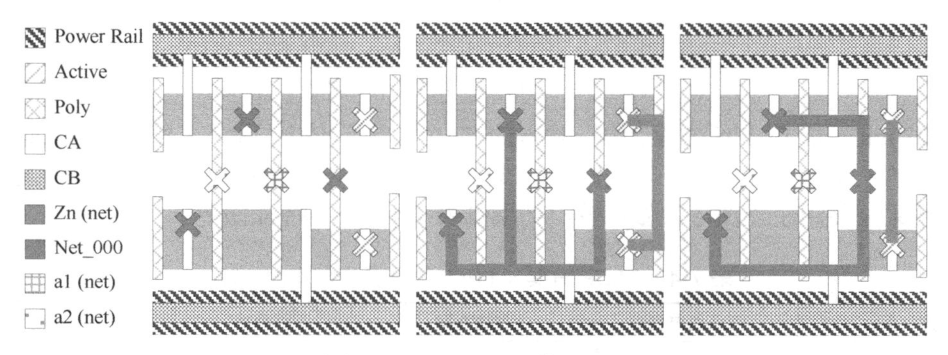

图 7-13　AND2_X1 单元示例

（a）一个禁止图形

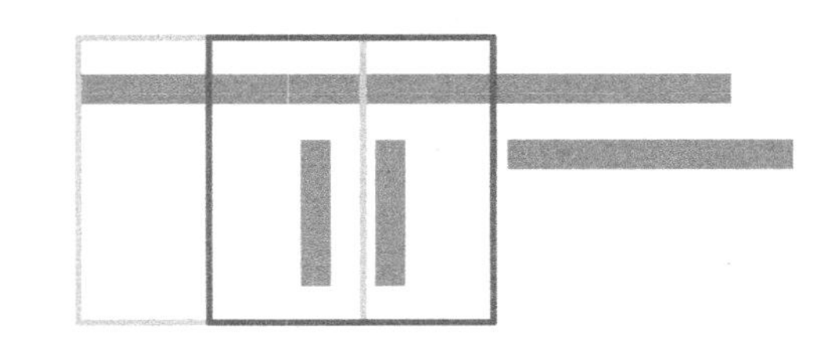

（b）扫描窗口在版图上滑动

图 7-14　禁止图形检查

5）可布线性度量

流程输出是可布线性度量。该框架将得出可布线单元的数量、布线方案的总数及“与可布线库的差距”，前两个度量表示不使用禁止图形时对单元布线的难易程度。如果一组禁止图形使得可布线方案的数量大大降低，那么这些图形就不应在设计阶段被禁止。

当需要比较两组禁止图形 A 和 B 时，首先我们把 A 组和 B 组分别作为输入进行评价。如果 A 组结果中可布线单元的数量较低，则 A 组禁止图形对可布线性的影响更大。如果两者可布线单元的数量相同，但是 A 组可布线方案的数量更少，那么 A 组禁止图形的影响比 B 组的大。如果 A 组和 B 组中仅有一个图形不同，则要进一步研究可布线性对特定图形的敏感度。

以 LELE 和 SADP 两种不同光刻方案应用于此流程得到的比较结果为例。SADP 方案对套刻误差的容忍度要比 LELE 好很多，为了更好地利用 SADP 的套刻优势，假定工艺中不允许使用剪切掩模（因为套刻误差的限制）。在 LELE 方案中，拆分中的奇数周期问题都可以通过拼接图形的方式解决，但在 SADP 方案中却无法采用这种方法。禁止图形的一组示例如图 7-15 所示，图中的这些图形都需要拼接图形技术，所以这些图形只和 LELE 方案兼容，而不兼容于 SADP 方案。

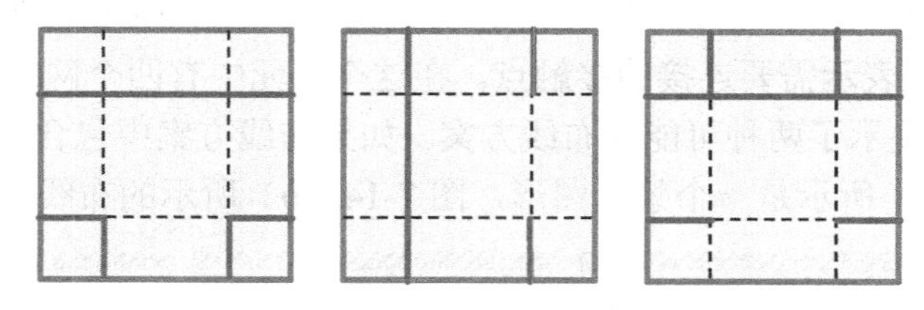

图 7-15　禁止图形的一组示例

以 22 nm 平面 CMOS 方案为例，输入的 92 个标准单元中只有 78 个在当前设计规则下是可布线的，基于这些单元，以 LELE 方案的结果（即没有禁止图形）作为基准与 SADP 方案的结果（使用禁止图形）做比较，结果见表 7-4，主要特征如下。

表 7-4　SADP 方案与 LELE 方案分析结果的比较

方　案	可布线单元	布线方案	百分比	布线方案差异
SADP	77	2766	17.1%	1
LELE	78	3338	0%	0

（1）可布线单元：具有一个或多个布线方案的标准单元的数量。
（2）布线方案：所有单元的布线方案的总数。
（3）布线方案差异：当前布线方案和基准方案中布线方案数目之间的差距。

在某些情况下，评估优化流程可能会尝试不同的器件层设计以便找到布线方案，但是这样也会改变单元面积。因此，为了根据可布线性进行公平的比较，需要对迭代次数进行限制，使得为 SADP 方案生成的单元面积与 LELE 方案生成的单元面积相同。

根据表 7-4 中的实验结果，为了利用 SADP 套刻误差的优势，牺牲了 1.3%的可布线单元和 17.1%的布线选择。为了做出正确选择，需要枚举所有兼容 LELE 方案而对 SADP 方案不兼容的那些图形作为禁止图形，同时也要枚举所有兼容 SADP 方案而不兼容 LELE 方案的图形，并比较这两种情况的结果。这些图形的选取是通过蒙特卡罗方法来产生大量的随机图形，并对这些图形进行 LELE 和 SADP 分解，然后，兼容 LELE 方案且不兼容 SADP 方案的图形将被用作 SADP 方案的禁止图形，反之亦然。

3．基于 DPT 的设计规则优化

双重曝光（DPT）是 22 nm 技术节点以后常用的光刻工艺方案，即将一张版图拆分为两张版图来分次曝光的技术，是缓解光刻机和工艺所面临的设备/工艺极限的解决方案。但是图形的拆分会带来图形拼接边界等问题，这些问题即使经过后面 OPC 等环节的调整，也可能依然存在，从而直接影响芯片良率。在设计规则建立的过程中引入对 DPT 的考虑，采用设计和工艺协同优化的思路，则可以降低上述问题带来的影响，提高设计规则的健壮性。下面将以 14/10 nm 技术节点下采用 DP 方案实现的 M1 层来说明在工艺建立过程中设计规则是如何建立和优化的。基于 DPT 的设计规则优化流程如图 7-16 所示，其步骤如下。

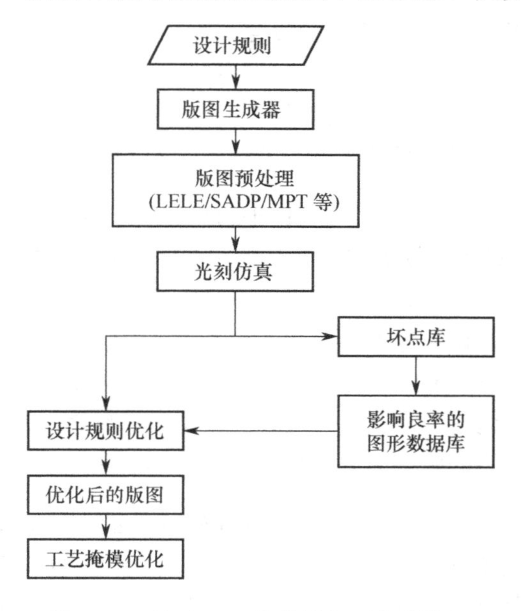

图 7-16　基于 DPT 的设计规则优化流程

（1）收集和编写设计规则：选择足够数量的初始设计规则，以此为基础生成出较大数量的随机版图。这些版图大部分为经典图形，如单独线条、密集线条等，还包括一些特殊图形，如U形、三叉形、拐角形等，图7-17所示为特殊图形示例，图7-17（a）为U形特殊图形，图7-17（b）为三叉形特殊图形，图7-17（c）为拐角形特殊图形。表7-5所示为设计规则及图形产生条件示例。

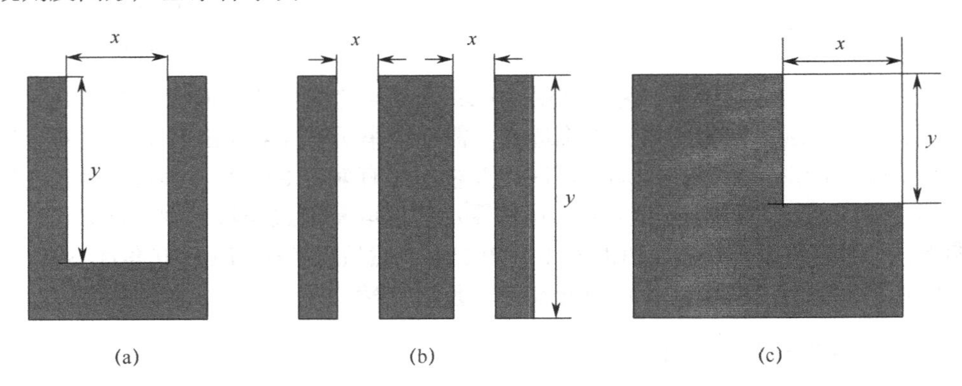

图7-17　特殊图形示例

表7-5　设计规则及图形产生条件示例

规则	条　件	结　果
a	If y < 0.154 μm	x ⩾ 0.056 μm
b	If y ⩾ 0.070 μm	x ⩾ 0.084 μm
c ·	If x ⩽ 0.056 μm	y ⩾ 0.056 μm

这些规则需要反映出每个图形的位置放置、不同图形之间的关系等。后续大量随机的图形都基于上述的基础图形产生。对于不同类型的图形，赋予不同的权重值：如对于本例中的M1层，垂直方向的图形比水平方向的图形多，所以对于垂直方向赋予更高的权重值。其关键的两个设计规则是：最小特征线宽（CD）为22 nm，最小pitch为44 nm。

（2）版图预处理：包括删除电源轨道线和实现关键图形拆分。

删除电源轨道线：在设置好规则文件及其他相关参数后，通过专门的版图随机生成软件，可得到规模随机版图。首先，对整个版图进行总体的大致分析，除去不合理的地方。例如，从实际设计考虑，电源轨道设计也不会如此多和紧密。因此，我们在生成的大规模版图上删除了电源轨道线，如图7-18中的方框所示。其次，由于无规则生成版图，在最终生成的版图中，存在一些异常图形，这些异常图形会造成工艺窗口的收紧，同时也不应该在实际的设计中出现，因此，我们在最终的版图中，将这些异常图形删除。

实现关键图形拆分：对于DPT，业界目前比较成熟的两个方案是LELE和SADP。该流程选择了LELE作为光刻解决方案。整个LELE图形拆分分为三个步骤：首先处理关键图形，接着处理非关键图形，最后对每个拆分的图形建立准确光学模型和光源，并完成基于模型的图形拼接和整个版图的OPC。

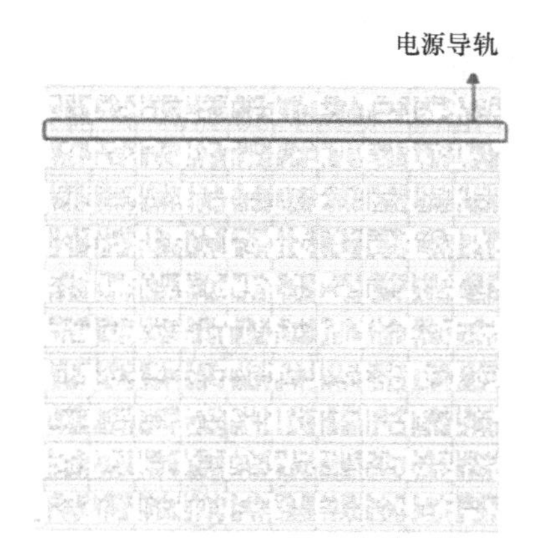

图 7-18　生成的大规模随机版图

（3）设计规则优化：基于获得的精确光学模型和光源分布，计算出对应的工艺窗口。如果工艺窗口能够满足工艺制造可接受的范围，那么当前的设计规则可以被接受，否则，需要调整设计规则来扩大 DOF。通过查找坏点及观察周围图形来优化设计规则。

步骤 1，选择恰当的单元大小。选择合适的图形及图形大小至关重要，所选图形要能反映出版图的关键 CD 和 pitch。此外，还需剔除一些异常图形，这些图形通常不会出现在实际设计中，同时会导致工艺窗口的缩小。根据上述原则，选定了两个单元窗口作为优化实例，如图 7-19 所示，在这两个实例图形中，剔除了诸如小尖角之类的异常图形。

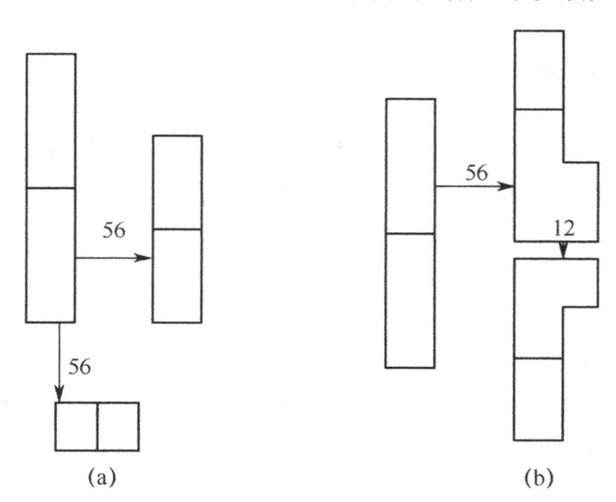

图 7-19　两个分割图形的单元窗口

步骤 2，设计规则优化。对上述图形拆分的 SMO 结果为如何优化设计规则提供了线索和优化方向。通过不断地进行 SMO 优化迭代，流程如图 7-20 所示，优化流程以没有任何工艺窗口的图形出发，不断调整图形的尺寸或位置并做 SMO 仿真，直到获得满意的工艺窗口为止，同时也确定了初步的设计规则。

步骤 3，通过图形拆分和 OPC 仿真来进一步调整设计规则。图形拆分之后的版图和光刻轮廓是本步骤的优化初始点。在本例中，对典型的 U 形和 L 形的图形分别进行了微调，通过局部调整图形尺寸大小和位置来进一步优化设计规则。图 7-21（a）是原始 L 形版图图形，图 7-21（b）为初始曝光轮廓和优化后曝光轮廓的比较。为了保证两个相邻 L 形之间保持足够的距离，将之前的 30 nm 扩展到了 50 nm。之前存在的桥连问题通过调整设计规则得到了解决。

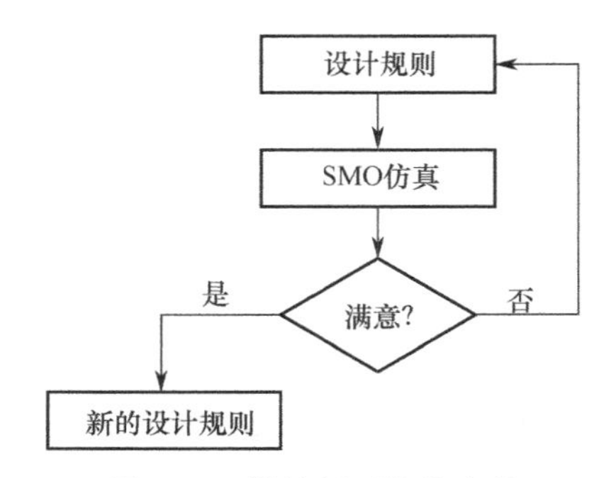

图 7-20　设计规则优化流程

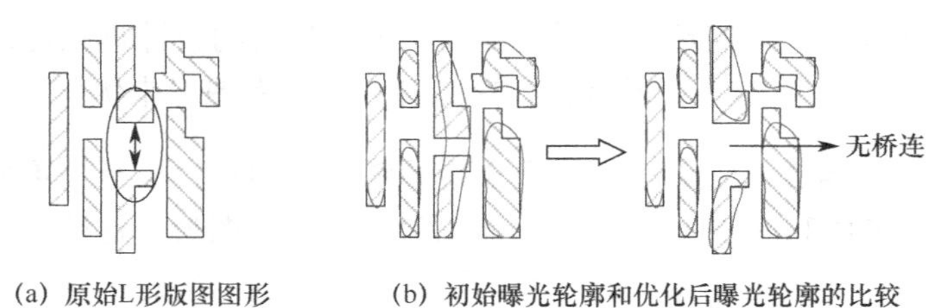

(a) 原始L形版图图形　　(b) 初始曝光轮廓和优化后曝光轮廓的比较

图 7-21　原始 L 形版图图形和 OPC 结果的比较

7.1.4　面向标准单元库的 DTCO

传统标准单元库的设计涉及大量的人工干预，因为工业界遵循完全定制的设计和优化。通常情况下，设计人员通过对数字模块布局布线的品质因数进行迭代评估的方式提高标准单元库的性能，这种人工方法大大延长了设计收敛的时间，设计者需要自动化的、能够快速反映版图设计性能的标准单元库优化评估工具，以减轻设计压力。

另外，不同的标准单元方案为设计和工艺提供了协同优化空间。标准单元库高度的优化与性能直接相关，标准单元库的引脚则直接影响后续布局布线，同时其结果跟光刻方案的选择密不可分。此外，从光刻的角度看，标准单元库的拼接也是在设计时需要考虑的问题。

1. 标准单元库高度的优化[5]

对于新工艺节点，评估要素之一为有源区面积，其直接决定了晶圆单位面积上的晶体管个数，从而决定了该工艺节点的流片代价。对于逻辑电路，有源区面积由标准单元的 track 高度决定。标准单元库的 track 高度通常用标准单元库的实际高度除以金属层 pitch 得到的整数值。对于 FinFET 结构，track 高度由标准单元有源区所能容纳的鳍数目所决定。图 7-22 所示为不同标准单元设计所对应的功耗和频率特性，可以看到，性能和功耗之间存在折中关系。N7_Pex_100CPP 为 7 nm 工艺标准单元库，N10_Pex_100CPP 为 10 nm 工艺标准单元库。

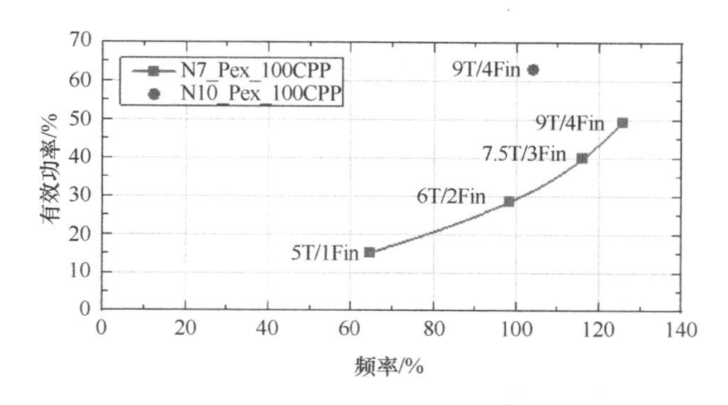

图 7-22 不同标准单元设计所对应的功耗和频率特征（不同数量的鳍）

标准单元库高度不同，需要相应采取不同的结构和实现工艺。下面以 7 nm 工艺为例，重点讨论 7.5 track、6.5 track 和 6 track 标准单元结构和实现工艺，以及在 DTCO 方面的考量。9 track 结构由于与 7.5 track 结构高度类似，这里不做详细介绍。

1）7.5 track 标准单元结构

在 7.5 track 结构中，M1 层和 FEOL 之间的中间层的 MINT 金属层为水平方向走线。通过加入 MINT 层，可以更灵活地将 FEOL 层连接，并且可以为 BEOL 的绕线层提供更大的空间。M2/MINT 的周期为 32 nm，整个标准单元高度为 240 nm，单个器件可以容纳 3 个 Fin。Fin 到 Poly cut 的间距是 23 nm。M0G 位于单元中央，M0A 和 M0G 的间距是 11 nm，这个距离可以保证足够的套刻偏差，如图 7-23（a）所示。在图 7-23（b）所示的 NAND（与非门）结构中，栅连接采用 M0G 反向连接，并利用一个 Dummy 栅做隔离。

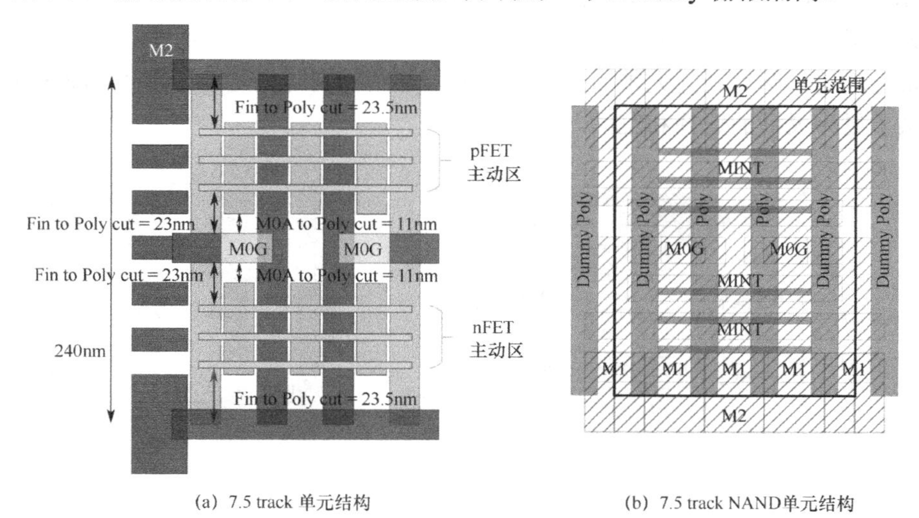

(a) 7.5 track 单元结构　　(b) 7.5 track NAND单元结构

图 7-23 7.5 track 的标准单元结构

2）6.5 track 标准单元结构

6.5 track 结构与 7.5 track 结构相比，两者的基本设计规则是相同的。6.5 track 结构只有 5 个 MINT 绕线 track，减少了两条信号绕线 track。VDD/VSS track 被移动到 MINT 处，M2 有更大的信号绕线空间，M0G 用于所有栅的连接。6.5 track 结构与 7.5 track 结构类似，每两个栅就需要一个假栅作为隔离。6.5 track 结构通过采用自对准栅接触技术（SAGC），该技术为栅接触的布局提供了更多的选择，需要更少的假栅插入，因此对应的布线需要更少的资源，高度得以压缩。6.5 track 的标准单元结构如图 7-24 所示。

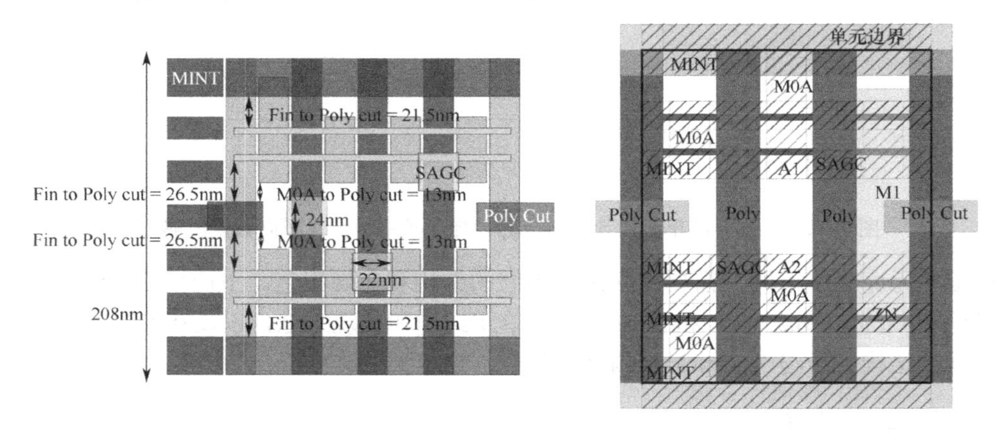

(a) 基础6.5 track单元结构 (b) 采用SAGC的6.5 track单元结构

图 7-24 6.5 track 的标准单元结构

3）6 track 标准单元结构

6 track 的标准单元结构如图 7-25 所示，6 track 结构与其他结构的不同之处在于采用了电源轨道埋层技术，电源轨道从 MINT 改为一个埋层轨道，该轨道比宽度为单个特征尺寸宽度的 MINT track 略大，该电源轨道的一个重要特征是，track 的深度一般都大于 70 nm，从而极大地降低了电压降。电源轨道埋层放置在标准单元的顶部和底部，M0A 直接连接到该电源轨道埋层，两者之间无须通孔连接。6 track 结构同时也延续采用了 SAGC 技术，为布线提供了更为灵活的选择和空间。

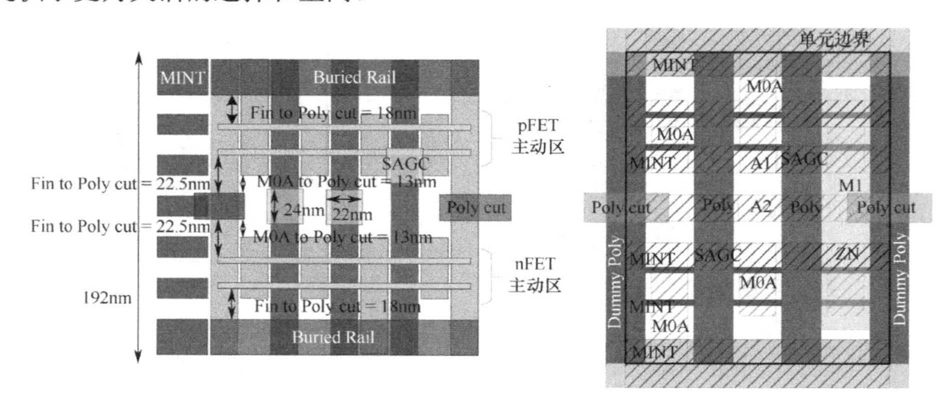

(a) 基础6 track 单元结构 (b) 采用SAGC的6 track单元结构

图 7-25 6 track 的标准单元结构

对于标准单元库，其评估标准有以下几个主要参数，即面积、延迟。接下来将对上述的 7.5 track、6.5 track 和 6 track 标准单元结构就面积和延迟分别做评估和比较。7.5 track 结构将作为比较基准线，评估的标准单元库中的单元包括与非门、或非门等基础单元结构。

(1)面积评估和比较。不同标准单元结构相对 7.5 track 结构所节省的面积增益如图 7-26 所示。

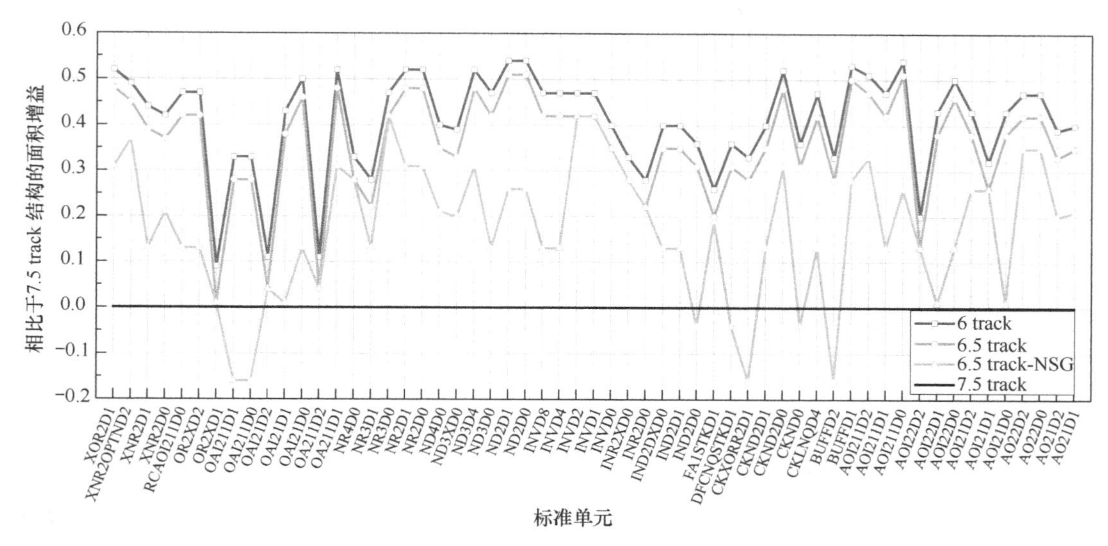

图 7-26　不同标准单元结构相对 7.5 track 结构所节省的面积增益

图中，6.5 track -NSG 对应未采用 SAGC 技术的基础结构 6.5 track 标准单元库。总体来说，对于大部分单元，其面积相对 7.5 track 结构都有不同程度的面积减小，不过也有部分异常情况存在，如 OAI22 单元，6.5 track -NSG 相对 7.5 track 结构反而面积更大，因为其每个单元包含了四个输入和一个输出，因此在 MINT 资源减少的情况下，布线变得比较困难，设计者需要更多的假栅结构来完成内部布线。在所有的标准单元库高度压缩过的结构中，6.5 track -NSG 在面积压缩上呈现的优势最小，并且对于某些单元，实现面积不减反增。6.5 track 和 6 track 结构的标准单元，则面积普遍有所降低，降低趋势也比较平滑，基本集中在 0.3～0.6 面积增益区间。

(2) 延迟评估和比较。标准单元的延迟采用 Cadence 的 Liberate 来计算，GDS 格式的版图文件、SPICE 模型作为输入，通过对输入时钟偏斜和输出负载电容的仿真，得到标准单元的电学性能。不同标准单元结构相对 7.5 track 结构所降低的延迟比例如图 7-27 所示。6.5 track 和 6 track 结构有 53%的单元延迟性能相对 7.5 track 结构得以提升，延迟性能提升的主要原因是更紧凑的单元结构其寄生电容更小。大约 34.6%的单元比 7.5 track 结构的延迟增加 1%~10%，另外有 12%的单元延迟增加超过 10%。整体平均下来，6.5 track 和 6 track 结构比 7.5 track 结构慢了 4.5%~5%。究其原因，是单元结构的设计并未在输出级增加 Fin 的数目或晶体管的数目，单栅的驱动能力有限。因此在低电压区域，这些结构性能表现不佳。这种性能上的不足可以通过增加 Fin 或晶体管的数目来改善，虽然这样肯定会引入一些面积开销，但是最终面积依然会优于 7.5 track 单元库。

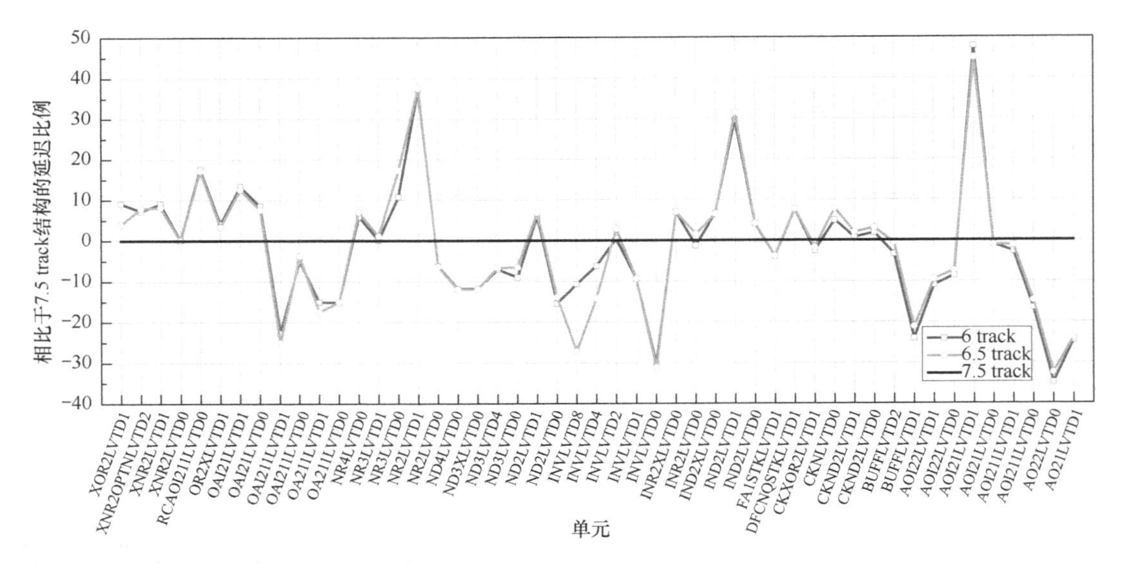

图 7-27　不同标准单元结构相对 7.5 track 结构所降低的延迟比例

总体来说，7 nm 技术节点要最大化工艺更新收益，需要在保证性能满足要求的基础上，尽可能地压缩标准单元库高度。然而，标准单元库的压缩，除了受到前面所述的器件参数的影响，还需要综合标准单元之间相互连接时的引脚连接及布线等因素，从而平衡优化上述各参数，得到更符合设计需求的标准单元库。因此，在后续的内容中，将讨论引脚接入对标准单元库设计的影响。

2．标准单元库引脚连接数量优化[7]

标准单元库中的引脚可连接性可以直观地用节点的接入数作为表征指标之一，引脚的连接数量和摆放直接决定了标准单元后续与周围电路的互连和布线难易程度，也对电路的性能有影响。因此，对引脚连接数量的研究很有必要。

一个引脚连接点可以视为引脚 Mx 与引脚 M(x+1) track 之间的交叉点。例如，如果 x 是 1，则我们称之为引脚 M1 与 M2 track 的一个连接点。通常，标准单元的输入引脚数目远多于输出引脚数目。例如，4 输入与非门 NAND4X1 引脚连接示意图及版图如图 7-28 所示，有 A、B、C 3 个输入，1 个 Z 输出。其标准单元高度为 12 个 M2 track。GIL 为本地连接层，GIL 通过 V0 层来连接多晶栅和 M2 层。M1 层为二维图形层，采用 DP 方案实现。多晶层为单向图形层，也采用 DP 方案。NanGate 15 nm 中标准单元引脚大部分分布在 M1 层，也有部分分布在 M2 层。

通常来说，输入的引脚为通过接触孔（如 V0）将 M1 连接到多晶栅层。例如，图 7-28 中 M1 上的 A 引脚，一共有 5 个接入点。需要注意的是，A 引脚的接入点统计不包括两个端点，因此 A 引脚的接入点数目不是 7 而是 5。输出引脚通常是在 M1 层将不同晶体管的源漏连接在一起，输出引脚一般由数个线段组成，因此与输入引脚相比，可提供更多的接入点。

连接点数目是引脚可连接性的一个直观指标。然而，在实际版图中，引脚分布密度较高，同时还受到金属面积的限制，通过某个看似毫无问题的可连接点连接某个引脚，很可能会导致周围其他引脚无法连接。显然，某个点是否可与它周围的环境连接，尤其是临近是否存在其他引脚连接点直接相关。如果引脚距离相隔较远，则可以缓解或完全消除上述问题。

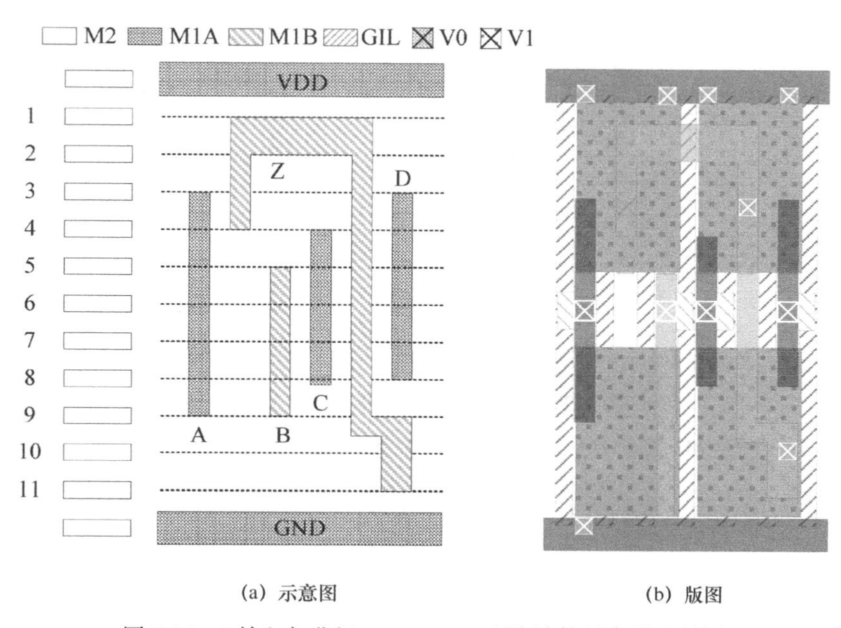

图 7-28　4 输入与非门 NAND4X1 引脚连接示意图及版图

对于标准单元，如果引脚的可接入点越充分，引脚的分布越分散，则标准单元的引脚可连接性越好，也越有利于布线。然而，引脚可接入点数目越多，则意味着更长的连线、更大的寄生电容，后续可能会对标准单元的时序性能造成影响。

一个优化上述问题的直观思路是，对于给定的标准单元库，逐步压缩各个单元的引脚数目形成新单元库，同时评估新单元库在芯片级的走线受影响程度。这个优化的过程同时也要考虑实际版图和工艺实现的可行性。以图 7-29 为例，图 7-29（b）是在图 7-29（a）的基础上通过压缩单元的引脚数得到的新单元。在实际工艺中，图 7-29（b）所示的梯状可连接点分布在实际设计中很少存在，这是因为单元中的大部分位置都是源漏的扩散区。

这些问题在图 7-30（a）中得到更好的体现，图 7-30（a）中的 4 个输入引脚都被 GIL 锚定。因为将 M1 和 GIL 相连的 V0 不能位于扩散区之上，因此该单元的 GIL 的位置很难移动，自然也就无法采用图 7-30（b）所示的梯状引脚分布了。图 7-30（b）所示的引脚分布方案，虽然连线距离最小，但是从布线角度依然可能存在问题，而图 7-31 拉开了引脚之间的距离分布，是比较合适的折中方案。

从上面的例子可以看出，标准单元的可布线性与其每个引脚所对应的可用、可连接点的数目是相关的。引脚接入设置与后序布线步骤密切相关。

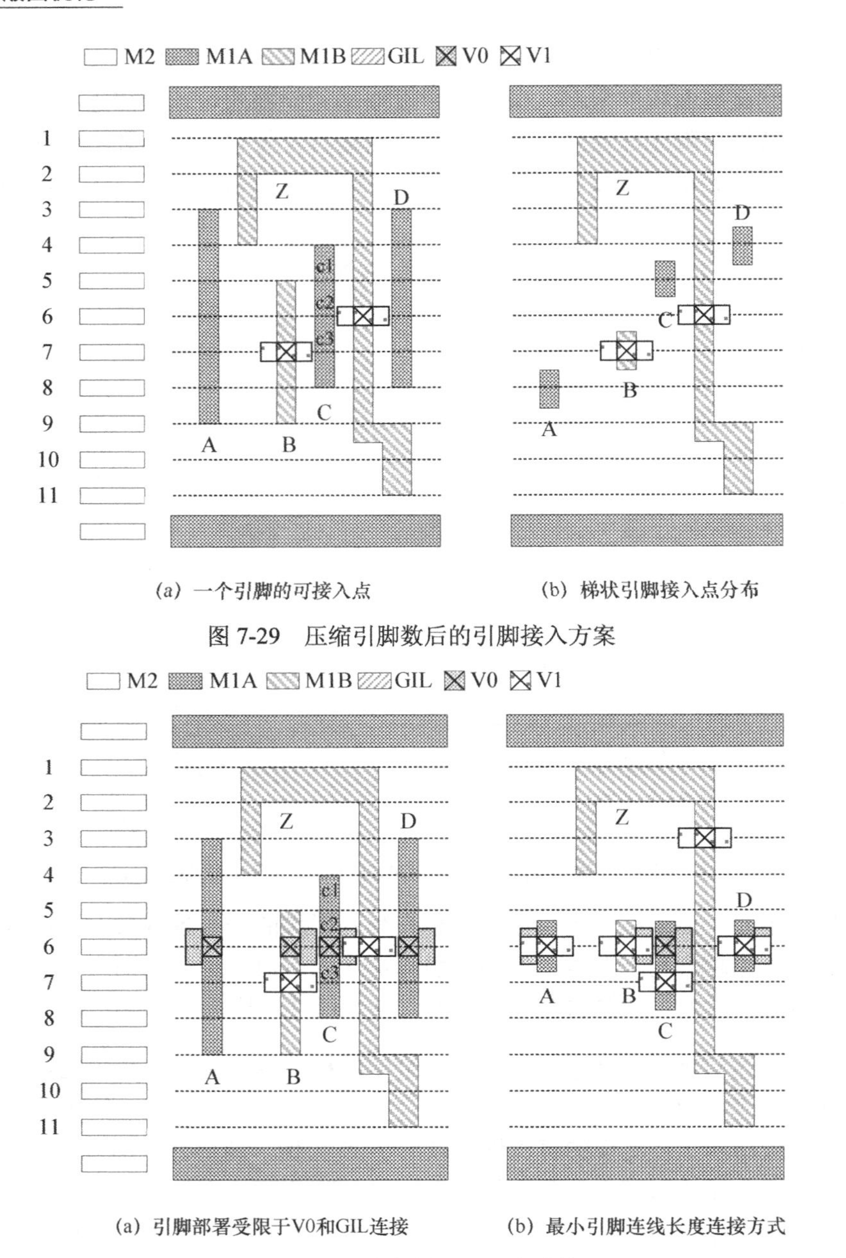

(a) 一个引脚的可接入点　　(b) 梯状引脚接入点分布

图 7-29　压缩引脚数后的引脚接入方案

(a) 引脚部署受限于V0和GIL连接　　(b) 最小引脚连线长度连接方式

图 7-30　引脚部署受限引脚连接

（1）对于相同的电路，可用于布线的金属层资源越多，引脚接入问题越可能得到缓解。可用于布线的金属层资源越少，引脚接入问题越严重。

（2）如果引脚接入问题较多，则需要引入的通孔数越多。

（3）单元的引脚可接入数如果少于某个设定值，则布线变得困难，很多情况下甚至无法成功布线。

上述结论对于先进节点的标准单元库均具有较好的普适性和借鉴意义，因此在设计标准单元库时，要充分考虑引脚接入点的数目设置。除此之外，引脚接入点的位置设计也关系到标准单元库后续是否能成功接入和布线。

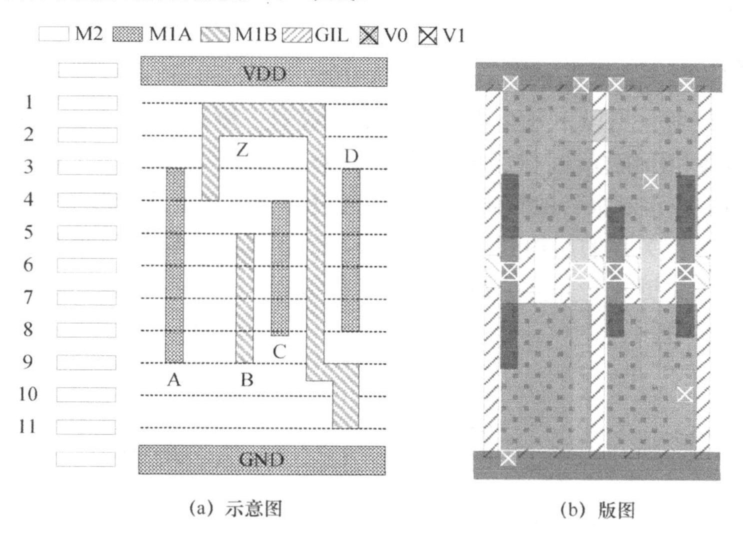

(a) 示意图　　(b) 版图

图 7-31　引脚位置受限于内部信号布线（未标注的线为布线障碍）

7.2　设计过程中的 DTCO

新工艺的流程确定之后，相应的 PDK 和标准单元库就得以确立了。设计者从代工厂拿到上述信息，从系统架构开始，逐步完成前端设计、前端验证、后端实现、后端验证几个过程，具体流程见第 2 章。在物理设计阶段，虽然后端实现和验证需要调用单元库，但是标准单元库由代工厂提供，所有参数已经固定，无法修改，所以本节讨论的 DTCO，偏重于在物理设计流程如何引入工艺相关信息。具体着眼点主要在于利用工艺信息，优化设计流程中各个环节提高性能和良率。

7.2.1　考虑设计和工艺相关性的物理设计方法

随着 VLSI 设计的复杂性不断增长，物理布局阶段和制造工艺流程中的几何结构之间的相互作用越加紧密。在理想情况下，物理设计验证步骤应该能够捕捉物理设计中的所有在后续工艺过程中可能会造成良率下降的几何结构，然而传统物理设计中的设计规则检查并不能检查到这些由于工艺过程中的形变可能会影响器件良率的图形。

虽然物理设计在层内和层间尺寸数据上非常丰富，但是在进行 DRC 验证时，这些层内和层间尺寸数据只有极小部分真正被挖掘和分析。理想的物理布局分析/验证工具不会对设计中预期发现的配置或尺寸做任何先验假设。现有 EDA 工具的做法是将已知的几何图形分类为合格/不合格，同时发现那些缺乏对应工艺数据的新几何形状及其尺寸信息。因此，除了能够像传统 DRC 工具所做到的生成监督数据外，如何产生用于自主学习的输入数据，通过数据累积来建立新的设计和工艺间的相关性，是物理设计中 DTCO 需要考虑的核心内容。后文将基于此理念，介绍在物理设计流程中，从物理尺寸设定、物理尺寸测量、数据处理及分析等部分，组成物理设计分析器，以此说明 DTCO 概念如何贯穿在物理设计中[7]。

1. 物理设计分析器

物理设计分析器包括以下几个模块：规则生成器、测量物理尺寸的模块、用于过滤相关数据的数据转换和压缩模块、对数据进行统计分析的计算模块、用于存储来自不同设计的数据的数据库和生成定制报告的报告引擎。物理设计分析器工具流程及架构图如图 7-32 所示。除能够报告所有关键的层内和层间尺寸外，该工具还能够跨设计进行比较，并报告观察到的它们之间的关键尺寸差异。通过增加工艺数据，可以扩展该工具来构建设计评分模型，以预测晶圆良率。

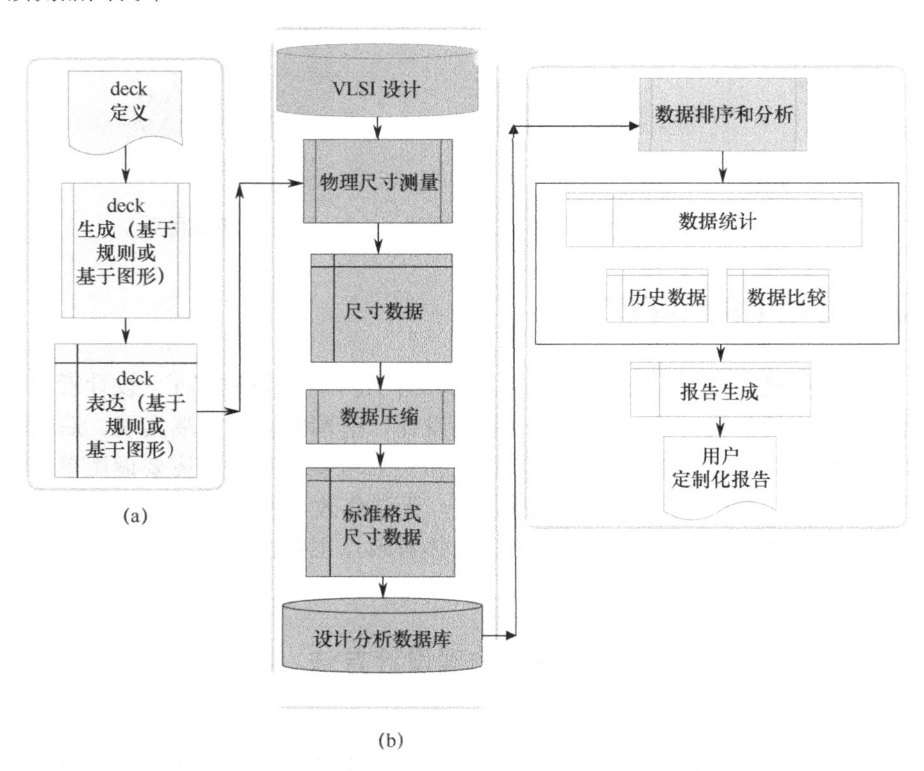

图 7-32　物理设计分析器工具流程及架构图

deck（图形框架，用于定义和描述几何规则）在 VLSI 设计上输出尺寸测量结果，是图 7-32 所示流程中的第一个模块。图 7-33 所示为如何构建和全面衡量设计中所有相关尺寸的 deck，这些 *deck 共同定义了所*在技术节点的工艺假设。

多边形的每条边都有两面，一面朝向多边形的内部，另一面朝向多边形的外部，如图 7-33（a）所示。图 7-33（b）所示为设计中两个不同层内和之间的边缘取向的全部 5 种不同组合。尺寸名称由以下两部分组成。第一部分是参与测量的层数。当测量是层内测量时，等于 1L，当测量是层间测量时，等于 2L。第二部分是内部的“IN”、外部的“EX”和外壳的“EN”。通过使用这个命名约定，5 个组合可以表示为 1LEX、2LEX、1LIN、2LIN 和 2LEN，如图 7-33（c）所示。该图还展示了这些尺寸的等效模式，其中层 1 被表示为“1”，层 2 被表示为“2”，两层表示为“3”，没有任何层表示为“0”。

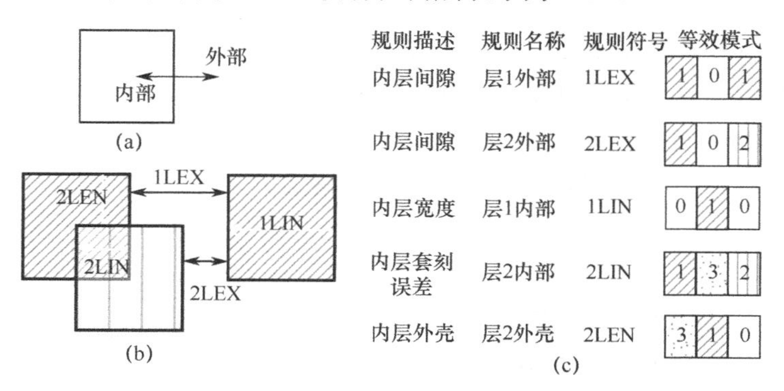

图 7-33　deck 构建图

为了系统地列举设计中的所有相关尺寸，使用了基于矩阵的方法，如图 7-34 所示。尺寸有三种，图 7-34（a）为内部（间隙）尺寸，图 7-34（b）为外部（宽度）尺寸，图 7-34（c）为包围尺寸。通过沿着行和列方向并按流程顺序列出设计图层来构建矩阵。矩阵按照水平和垂直方向，包含了每个内部、外部和外壳尺寸信息。如果某个尺寸是该工艺的关键尺寸，则矩阵中的每个单元将填入相应的规则名称。在图 7-34（a）顶部的列举垂直空间测量（外部）的矩阵中，左上角的单元用 1LEX 填充，表示垂直空间测量。第 3 行第 1 列中的单元为空，因为层 L1 和 L3 之间的垂直空间尺寸从工艺角度来看并不重要。deck 生成模块将一个矩阵阵列作为输入，并生成相应的规则或一维图案 deck。任何复杂的基于图案/规则的 deck 同样可以在流程中方便地使用，而不改变任何其他组件。

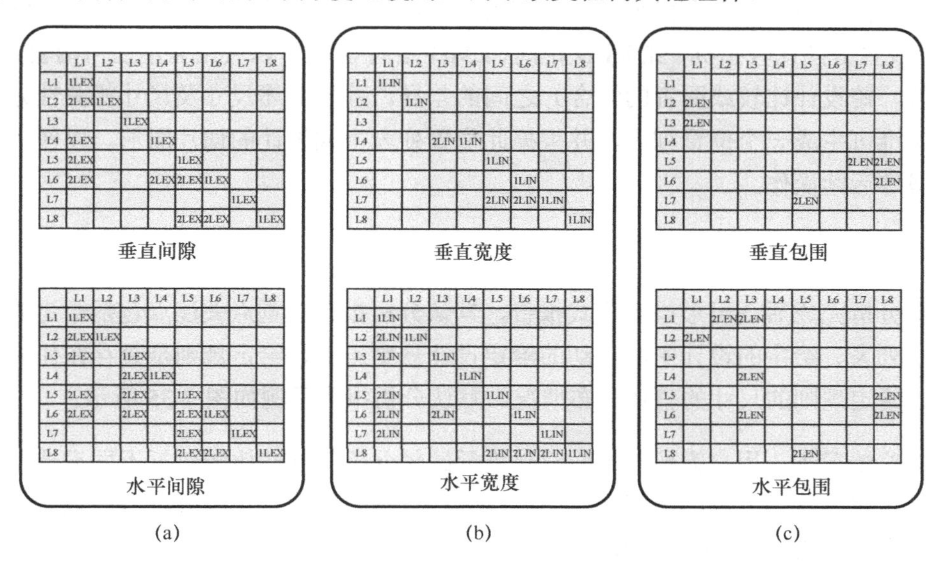

图 7-34　关键尺寸枚举矩阵，用于物理设计层中的一个子集

2. 数据提取和存储

数据提取模块从输出中提取相关信息完成如下功能。

（1）所有层的设计数据被存储在合理大小的数据库中。
（2）保证统计信息完整，可以进行良率预测。
（3）生成具有代表性的切片图形用于后续分析（模拟和模型测试）。
（4）数据可转换为 UCF（通用格式）的标准格式。

3. 数据分析

首先，将数据转化为标准化格式用于后续数据分析。在此用到的尺寸数值被标准化并报告为“坏点索引”，索引值在 DRC 时为 0，在 DFM（半导体晶片可制造性设计）时为 1。其次，实现数据的图形可视化，使用各种不同类型的图来突出显示数据的不同统计方面，如箱线图用于显示数据的方差，棒图用于显示每个尺寸值的频率，密度图表用于显示标准化的分布等。图形可视化有助于清楚地看到设计中的尺寸趋势。此外，统计指标的计算也体现在此部分，如均值、中位数、标称、最小值、最大值、分位数、标准偏差和方差等。例如，尺寸的“最小值”表示设计与 DRC 值相对于该尺寸有多接近，“标称值”描绘了最常见的尺寸，“总数”表示给定尺寸的使用频率等。

数据分析的另一个作用是查找规则内和规则间不同尺寸之间的相关性。例如，栅的长度和宽度的组合，这种组合或相关性有助于分析比常规设计规则复杂得多的图形。根据不同设计尺寸分布，可检测关键设计图形的差异，基于不同设计不同良率的比较，得出哪种设计结构在提高良率上更有优势。通过使用统计量度的标准偏差，如平均值、中位数、标称等，以及直方图比较指标（如 KLD 距离、EMD 距离等），可以突出显示任何两套分布（跨规则比较、跨设计比较或两者的结合）之间的差异。基于上述尺寸及尺寸相关性分析，基于特定标准可生成一个位置列表，并根据此位置列表生成设计的切片图形，以便进行仿真或库生成等后续操作。

4. 报告

数据分析完成后，可形成多格式报告，默认分析报告中重点关注点包括给定的设计中推荐规则列表、给定的设计中所推动的给定设计规则难度、给定规则是否存在任何设计规则违规、给定规则的尺寸的整体分布情况。默认分析报告示例如图 7-35 所示。

在有些情况下，用户需要对不同设计进行比较分析，这些比较包括不同设计中给定规则的设计风格的区别、使用该规则的设计结构的正确阈值、在关键规则方面最相似的设计有哪些、在所有设计规则中哪些设计有更小的裕量、设计风格的整体差异。用于不同设计之间比较的默认报告示例如图 7-36 所示。

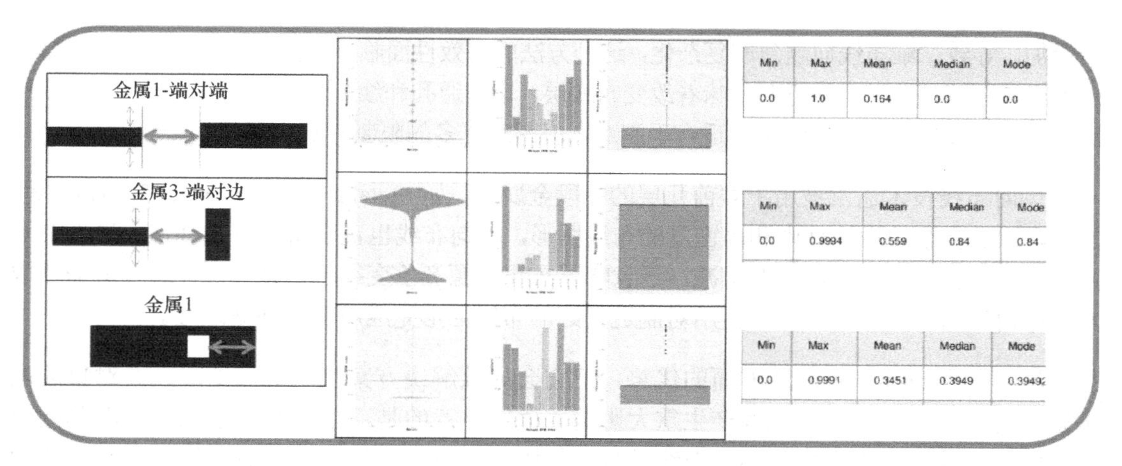

图 7-35　默认分析报告示例

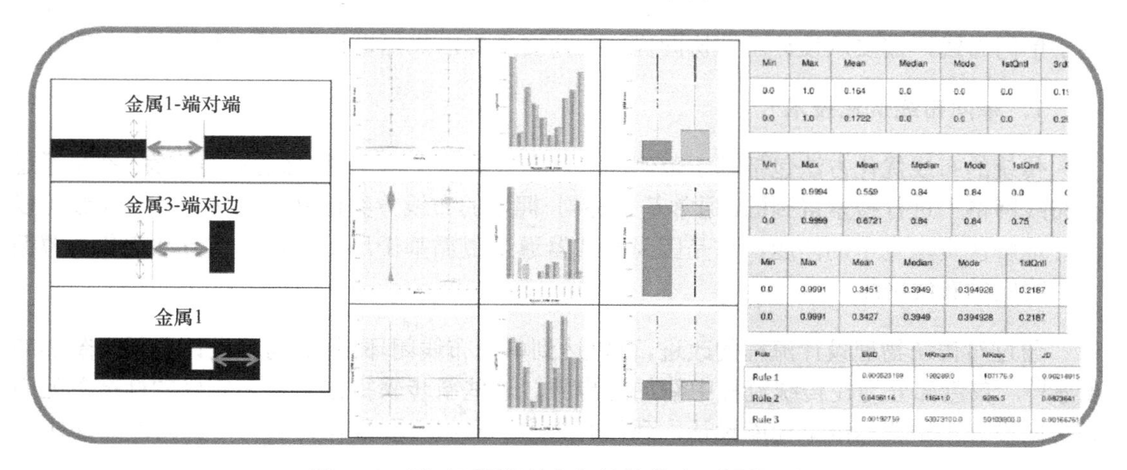

图 7-36　用于不同设计之间比较的默认报告示例

在物理设计后端，数据在数据库中随着时间不断累积。可以期待，随着人工智能算法的不断完善，后续在物理设计流程中插入机器学习模块，可以更为全面地发现与工艺良率密切相关的尺寸的统计特征，从而更好地提升物理设计中性能和良率分析的准确性。

7.2.2　考虑布线的 DTCO

在物理设计流程中，布局布线是重要的环节，它决定了版图中模块的放置和金属走线，对最终芯片的面积和性能有很大影响。当工艺技术节点缩小到 10 nm 及以下时，单向布线设计可以显著降低制造的复杂性，提高良率，因此单向布线设计得到越来越多的应用。下面将重点讨论基于单向布线的 DTCO 技术。

单向布线意为某一层中仅包含水平方向的金属连线，相邻的另一层中则仅包含竖直方向的金属连线。二维布线意为同一层中既包含水平方向的金属连线又包含竖直方向的金属连线。二维布线意味着允许二维金属图形，布线器基于线长最小化来连接 I/O 引脚，但由于图形密度不断增加，导致二维布线问题急剧复杂化，这种方法的有效性面临极大挑战。单向布线严格禁止二维金属图形，改变布线方向意味着改变布线层，增加通孔和线长。一般而言，与二维布线相比，单向布线生成的金属图形更适合于制造，但具有更多的限制性解空间。

单向布线技术通常被用于对前几层的中段金属层，如 Metal2（M2）和 Metal3（M3）等。然而，由于复杂的设计规则和高密度的布线图形，单向布线也正变得极具挑战性。进入 7nm 技术节点会因为布线限制工艺缩减，这意味着布线资源竞争变得越来越激烈，这样就需要放宽设计窗口以获得布线闭环，使用对制造友好的布线图形完成所有的网络连接。

尽管单向布线具有制造方面的优势，但它会导致解决方案空间更加受限，并对集成电路设计的布线闭合自动化流程产生重大影响。值得注意的是，单向布线限制了标准单元引脚的可访问性，这进一步加剧了布线过程中的资源竞争。此外，对于后布线优化，传统的冗余通孔插入方法在单向布线方式下已经过时，这使得良率提高任务极具挑战性。因此，对于单向布线，需要从设计工艺协同优化的角度来提出优化设计方案，以应对这一挑战。

1. 单向布线优化技术

传统的布线优化方法包括基于范例的顺序布线和基于协同-拥堵的布线方案，都是通过在布线网格上进行搜索得到的。通常基于协同-拥堵的布线方案比基于范例的顺序布线可以更好地解决资源竞争的问题，这是因为布线器通过遵循基于历史的启发式方法避免了遵循一个特定的布线网络。

通过对传统物理设计流程的改进，可以达到单向布线闭环。新的物理设计流程如图 7-37 所示[9]，灰色部分为在传统流程中新加的步骤。这些新步骤提出了工艺友好的标准单元引脚访问设计，结合标准单元库设计，利用有效击中点组合参数作为引脚可访问性的评估。

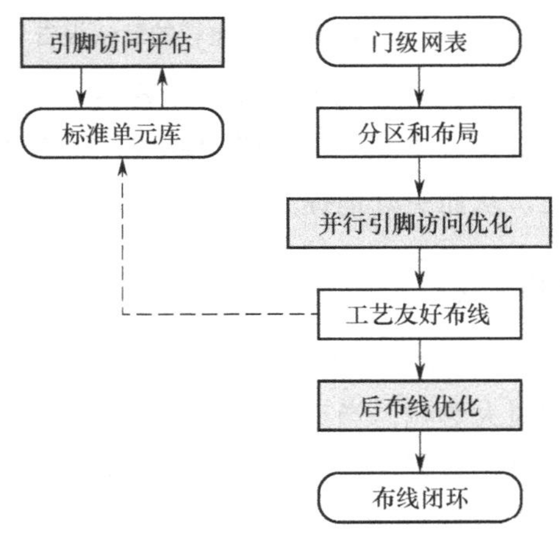

图 7-37　新的物理设计流程

定义 1　击中点（hit point）：布线轨道（由标准单元架构预先确定）和 I/O 引脚形状的重叠被定义为该特定 I/O 引脚的 hit point。

定义 2　击中点组合（hit point combination）：一组击中点（定义访问方向为左或右）

其中每一个I/O引脚都只被访问一次。

击中点的数量量化了一个单独的I/O引脚的可访问性，而击中点组合的数量则在先进制造约束条件下，通过引脚到引脚的冲突来评估整个单元的引脚可访问性。因此，击中点组合为设计人员优化I/O引脚形状提供了一个更直接的度量，以获得更好的标准单元引脚可访问性。基于此思路，标准单元布局协同优化的概念被进一步提出：可以将引脚可访问性快速反馈给标准单元设计者，并基于混合整数线性规划方法，通过同时进行图形中线-端扩展和设计规则检查来确定击中点组合是否有效。图7-38是一个I/O接入点连接设计的一组击中点组合示例。图7-38（a）为标准单元I/O接点和M2布线轨道，图7-38（b）为击中点和M2单元内互连，图7-38（c）为M2接点连接的一组击中点组合，图7-38（d）为通过M2线端延长。图7-38（b）中M2轨道和M1接点的重合区域表示可以进行连接的有效via范围，即击中点。绝大多数击中点的长度都比较短，这是由垂直M1接点的宽度决定的。但是，当接入点图形在水平方向时，可以得到较长的击中点，给via的位置提供更大的灵活性。虚线框内的一组击中点就是一组击中点组合，黑色箭头表示这个击中点的连接方向。图7-38（c）展示了使用这一组击中点组合进行单元连接的一种方法。先为每个I/O接点选择一个击中点及其方向，然后确定该击中点合法的via位置，使得最终的via图形对LELE是友好的。根据via的拆分方案可设计M2的线条以连接接点。虚线框表示在修剪掩模中引起坏点的所有线端对。图7-38（d）表明可以使用线端延长技术修复图7-38（c）中的坏点，这是一种有效的方案。

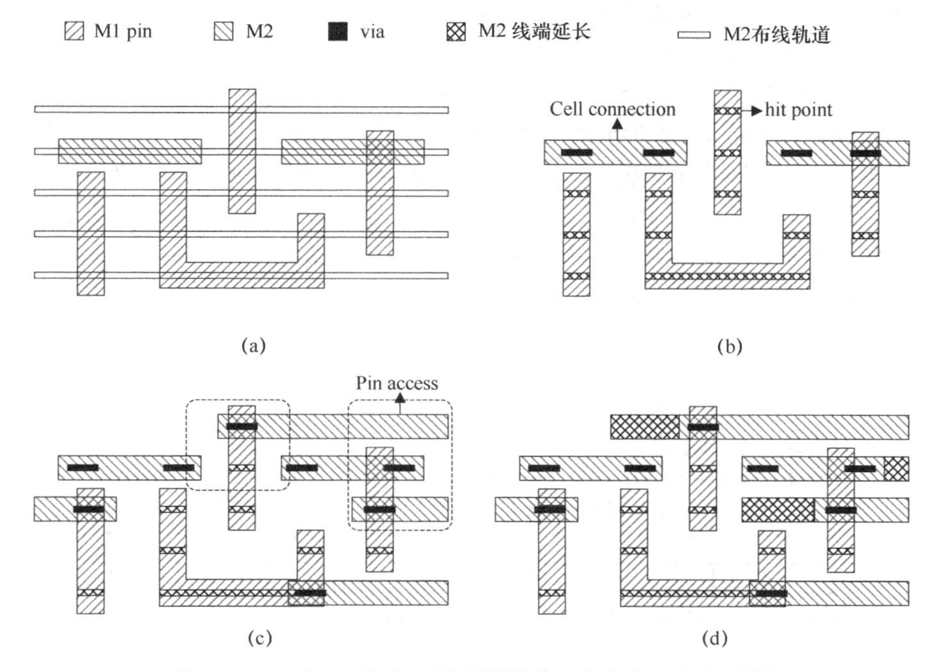

图7-38 一个I/O接入点连接设计的一组击中点组合示例

利用单向布线的优势，区别于传统的基于网格方法，基于轨道布线间距生成器的方法可以提升效率。基于轨道的引脚访问间隔生成后，引脚访问间隔可能会相互重叠/冲突。冲突检测的目标是在不存在冗余的情况下，将一个轨道上的所有冲突区进行采集。冲突区的采集可以通过生成一个区间向量并从左向右扫描版图检测重叠部分来实现。

拉格朗日松弛（LR）将冲突约束松弛为惩罚目标，可解决上述问题。通过引入一组拉格朗日乘子（LMs）来放宽冲突约束，同时保留选择约束。由于整数线性规划问题是有解的，所以我们可以在迭代求解过程中得到 LR 问题的有界解。例如，可用贪心算法求解 LR 的每次迭代，在获得初始解决方案后，检测到带有冲突约束违反的引脚访问间隔分配。对于任何违规行为，使用梯度下降法通过调整相应的 LMs 来逐步增加处罚目标。

2．单向布线中的冗余局部环路插入

随着半导体制造技术的缩减，制造工艺对工艺变化和随机缺陷的敏感度越来越高。尤其是在后道工艺（back end of line，BEOL）中，通孔和互连线的缺陷会影响集成电路的良率。所以，为了减少后布线阶段潜在的通孔和互连线缺陷，冗余通孔（redundant via，RV）和冗余线条（redundant wire）插入技术被用来提升制造良率[10]。传统的冗余通孔插入（redundant via insertion，RVI）可以结合适当放松线宽要求和线条弯曲等方法来实现。这种技术在实际生产中得到了广泛的应用且提升了金属互连层的制造良率。

但在先进技术节点中，尤其是 10 nm 及以下技术节点的底层金属层，图形缩减造成了极高的图形密度，导致极为复杂的可制造性设计约束，如多重光刻和单向设计，都限制了图形的布局。传统的 RVI 实现方式（采用双 via 的方式）在这些层中被淘汰，这是因为单向设计中的图形禁止偏离布线轨道。冗余局部环路插入（redundant local-loop insertion，RLLI）作为一种新型替代技术被引入到底层金属层布线中，它可以同时插入冗余通孔和冗余线条，通过这些通孔和线条形成跨越多个图层的立体连接结构，以提升单向布线的制造良率。图 7-39 所示为不同布线方案下的冗余插入方案，图 7-39（a）为二维布线中的的 RVI，图 7-39（b）为单向布线中的 RLLI。冗余局部环路（redundant local-loop，RLL）引入的通孔和线条都符合单向设计的约束，并且有能力兼容一些先进的制造工艺，如自对准通孔（self-aligned via，SAV）等。同时，除了一些特殊的环路结构外，它对时序造成的影响很小，甚至可以忽略不计。

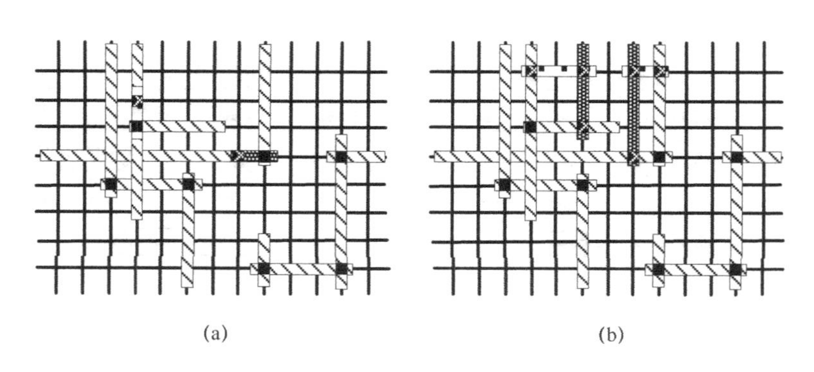

图 7-39　不同布线方案下的冗余插入方案

冗余局部环路的插入，既需要考虑工艺实现对于插入的限制，同时也要考虑所引入的通孔和线条对于布线的影响，这是物理设计流程中的典型 DTCO 问题。

如图 7-40 所示，RLL 由 M3、M2 和通孔层组成，RLL 为斜线示意部分。RLL1、RLL2 和 RLL3 的结构分别为 3×3×1、5×3×2 和 rm3×rm2×3，其中 RLL1 由 3 个冗余的 M3 格点、3 个冗余的 M2 格点及 1 个冗余通孔格点组成，RLL2 由 5 个冗余的 M3 格点、3 个冗余的 M2 格点及 2 个冗余通孔格点组成。由于 M3 已有的布线图形的存在，限制了 RLLI 的位置，因此 RLL1 只有 3 个 M3 冗余格点，RLL2 没有此限制，故有 5 个。RLL 的插入能够降低环路中单个通孔的失效率。从图 7-40 中可以看出，每个 RLL 占用的布线资源是不同的，布线资源一般可体现在布线长度上，需要对每个 RLL 消耗的布线资源进行定量分析。一方面，不同的通孔数量对时序造成的影响不同，通孔数量越少越好；另一方面，基于不同结构的 RLL 对良率的影响也不一样，这主要取决于具体的制造工艺。

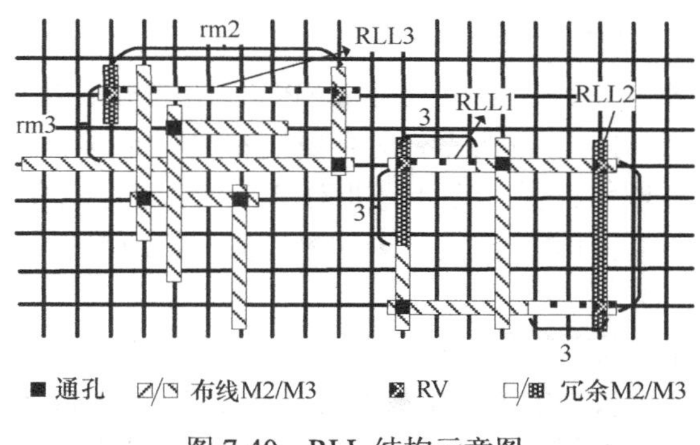

图 7-40　RLL 结构示意图

在 10 nm 及以下技术节点中，底层通孔间的最小中心间距已经小于光刻分辨率，SAV 成为亚分辨率通孔图形化的备选技术方案。图 7-41 为 SAV 的通孔剪切图形和冗余通孔生成方案设计约束，图 7-41（a）为通孔剪切示意图，图中水平方向上相邻的通孔可以组合为一个通孔剪切图形，利用选择性刻蚀在一个剪切图形区域内生成多个单个通孔（single via，SV）。图 7-41（b）为设计约束下通孔生成图，是对一个布线网络中的单个通孔，在 SAV 约束下，沿上层布线方向的格点不允许生成 RV，而下层沿布线方向的格点只允许生成该网络内的冗余通孔。

在化学机械抛光（CMP）等工艺中，制造良率受到布局图形密度的影响，所以局部区域的通孔密度需要保持在一定范围内。通孔密度由密度窗口进行定义，通孔层将被分割为一系列的正方形区域，正方形内所有的通孔（包括真实通孔和冗余通孔）都参与通孔密度的计算。在实际应用中，一个 RLL 可能会跨越多个通孔密度窗口，RLLI 优化时需要同时考虑所有的通孔密度窗口，从而实现全局通孔密度的平衡。

1）对 RLLI 的结果分析

（1）时序分析。如图 7-40 所示，RLL 在布线网络中产生了新的环路结构，这使得时序分析比以往的树状布线更加复杂。基于简单的 RC 网络，我们可以建立一个近似模型分析 RLL 环路结构对单个通孔的延时造成的影响。RLLI 结构的近似延时主要取决于环路的电阻和电容参数。在一些特定的 RLL 结构中，如果旁路电阻和电容很高，那么其延时也会很大，这种结构不能插入布局中。

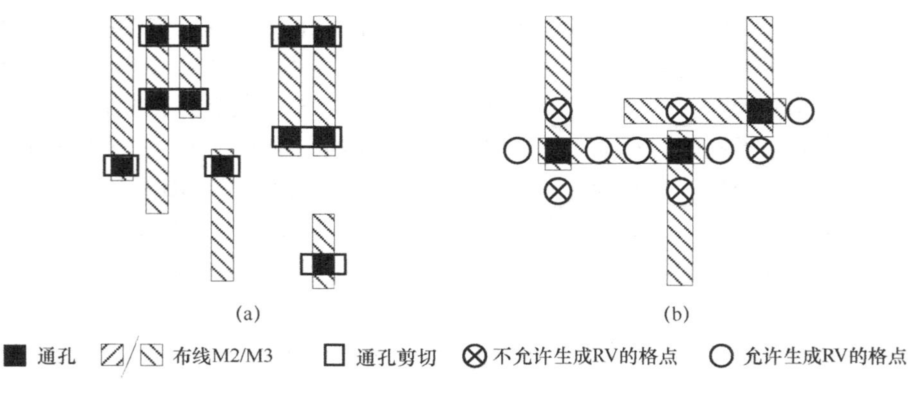

图 7-41　SAV 的通孔剪切图形和冗余通孔生成方案设计约束

对于精确的时序分析来说，Elmore 延时与 SPICE 模型相比相对保守。所以如果要分析 RLL 对时序造成的精确影响，一方面需要对金属线和通孔的电阻、电容分别建立精确的模型，进而生成复杂的 RC 网络；另一方面需要对 RC 网络进行综合的 SPICE 模拟。完成对 RLL 结构的延时分析后，我们可以定义一个时序边界，把边界外的结构组成一个查找表作为禁止的 RLLC 结构。

（2）RLLC 生成。综合以上部分内容，我们将介绍如何给 SV 生成 RLLC。对于 SV，我们将在一个有限空间内通过枚举的方法生成所有的 RLLC。一个 SV 有限空间由 rm$x$+1 和 rm$x$ 层的正方形区域进行定义。如图 7-42 所示，SV1 的生成区域由虚线框标出。在 RLLC 的生成过程中，我们遍历区域中的所有格点，而约束禁止的格点需要跳过。例如，因为 SAV 约束禁止的通孔格点已经在图中标出，所以包含这些格点的 RLLC 是无效的。SV1 的一个有效 RLLC 已经标注在图中，同时这个 RLLC 还覆盖了 SV2。因为采用顺序生成的方法，同一布线网络中的不同通孔会生成同一个 RLLC，如对 SV2 生成 RLLC 时也会产生图示的环路，这两个 RLLC 是等价的，所以只需要保留其中的一个即可。

（3）RLLI 问题的优化。生成 RLLC 后，具体的优化问题可以定义如下：给定单向布线设计和密度窗口，RLLI 问题就是同时实现通孔覆盖率的最大化和插入 RLL 代价的最小化，生成的 RLL 还要符合先进制造工艺的约束和时序影响。RLLI 的优化比传统 RVI 的优化更加复杂，传统 RVI 的优化已经进行了广泛的研究，它的冲突约束是纯局部的，只需要考虑相邻通孔的冗余通孔间可能产生的冲突即可，而 RLLI 包含更多的层，同时还要考虑通孔密度的要求。RLLI 可以转化为整数线性规划问题来进行优化。

2）RLLI 与 DVI 的比较

我们选取传统的双通孔插入（double-via insertion，DVI）方法与 RLLI 进行比较，主要分析它们对时序造成的影响、随机失效率和对布线资源的占用。假设 DVI 中线条弯曲的宽度和长度分别为 1 个和 2 个金属层格点，我们对图 7-43 中的 5 种情况进行分析。

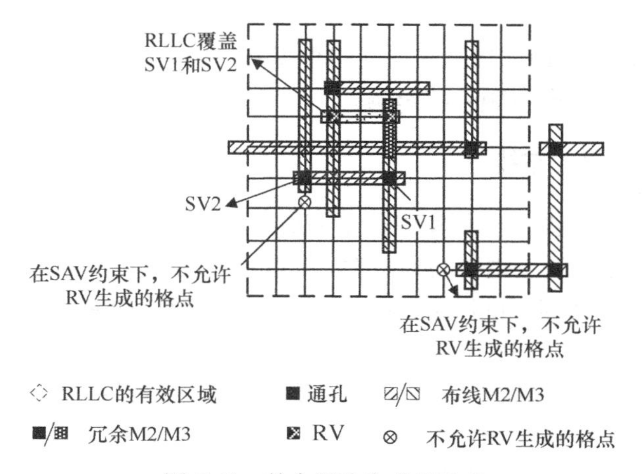

图 7-42　单个通孔生成 RLLC

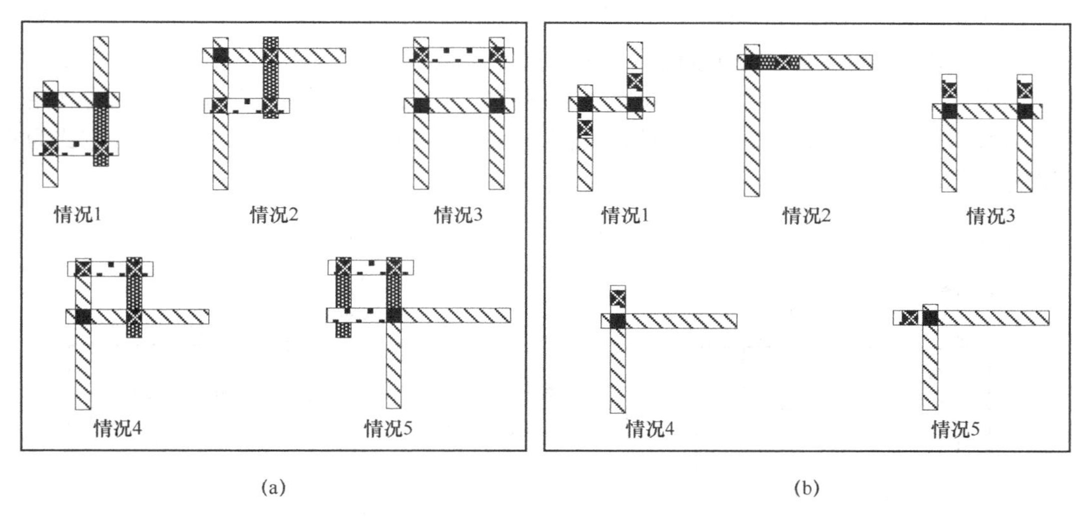

图 7-43　RLLI 和 DVI 插入方案

（1）时序影响。在相同的工艺条件下，比较 RLLI 和 DVI 的 4 扇出延时：对于单个通孔，DVI 比 RLLI 的扇出延时提升了 0.3%。通常，RLLI 生成的环路结构产生了更多的冗余电阻和电容，所以除了第一种情况外，RLLI 对时序产生的影响都比 DVI 的大。在 RLLI 的过程中需要注意时序的退化问题。

（2）随机失效。为简化分析，只考虑通孔的失效率。假设单个通孔的失效概率为 p，并且通孔失效是相互独立的。根据概率计算可以得到每个双通孔和冗余局部环路的失效概率。一般情况下，冗余环路结构的失效率比双通孔结构大 1～2 倍，也就是说，RLL 并不如 DVI 稳健，但是和单通孔相比，RLL 对失效率的提升已经非常显著了，可以把失效率降低 8～9 个数量级。

（3）布线资源。对布线资源占用主要考虑冗余金属层（rm2 和 rm3）和冗余通孔格点的数量。但是，一个 RLLC 通常会覆盖多个独立通孔，所以 RLLI 占用的平均布线资源会得到提升。而且 RLLI 和 DVI 都是在后布线阶段进行的，布线后剩余的布线资源作为 RLLI

和 DVI 的输入，其目的是最大化独立通孔的覆盖率。因此，即使 RLLI 对布线资源的消耗大一些也不会对整体布线产生额外的影响。

3．基于悬浮金属层的布线

目前对于单向设计，图层主要集中在多晶层和金属层。虽然单向设计的单元在可制造性上极具优势，但是在布线上也有其局限性。标准单元的设计和布局通常以多晶的 pitch 为基准来完成。而在金属布线时，则以金属的 pitch 为距离基准。金属 pitch 通常小于多晶 pitch，这个 pitch 上的差异导致了在标准单元内部，金属层的线段并不在轨道上，这极大地降低了金属的可布线性。在传统的布线中，标准单元内部金属层的位置是固定的，不允许设计人员移动。为了进一步拓展布线优化空间，研究者从工艺角度提出了采用悬浮金属层，从而使得可允许改变标准单元内部金属层的位置[10]。图 7-44 为 M2 层的不同布线方案，其中图 7-44（a）为基于多间距的 M2 布线，图 7-44（b）为在轨 M2 布线，图 7-44（c）为基于悬浮 M2 的布线。在单向设计中，浮动金属可以有效地提高 M2 的可布线性。如图 7-44（c）所示，一旦放置完成，并且所有的 M2 轨道都被识别，每个 M2 段就会被拉到最近的 M2 轨道上。因为使用了悬浮 M2，所以不需要增加 M2 布线轨道间距，而布线间距仍然是金属间距。这种方式为布线提供了更大的灵活性。

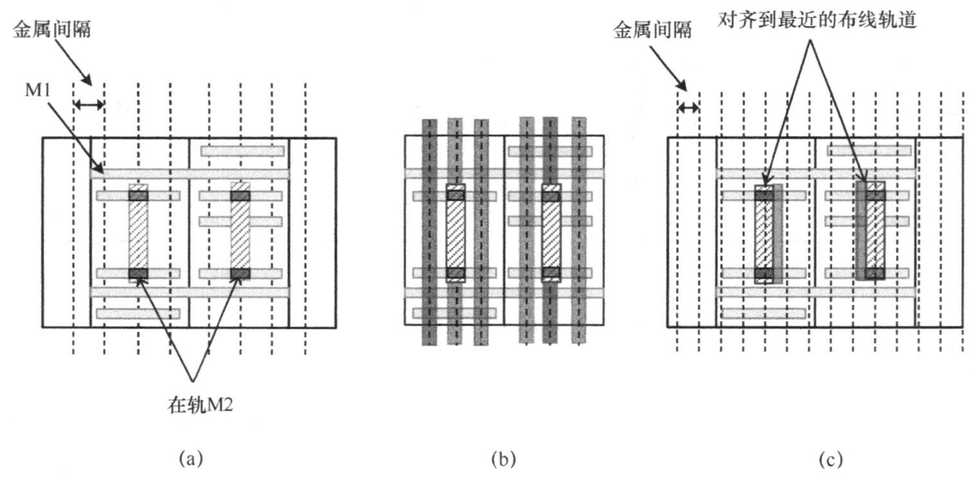

图 7-44　M2 层的不同布线方案

采用悬浮金属层技术的标准单元布局应该重新设计，额外考虑更多的因素。例如，水平的 M1 应该尽可能地扩展，以使得 M2 具有更高的灵活性。如图 7-45（a）所示，M1 为水平方向的图形，M2 为垂直方向的图形，为灵活移动 M2 应该扩展 M1。当 M1 没有得到充分的扩展时，漂浮的 M2 金属无法移动。如果图中 M2 左右移动，则会出现 M1 和 V1 重叠现象，违反设计规则，导致设计失败。因此，如图 7-45（b）所示，应该适当扩展 M1，W_{half} 为轨道宽度的一半值，S_{half} 为轨道距离的一半值，D_{max} 为浮动 M2 所能移动的最大距离。通过金属层悬浮的方法结合重设计，使得之前失败的设计能够满足设计规则约束。

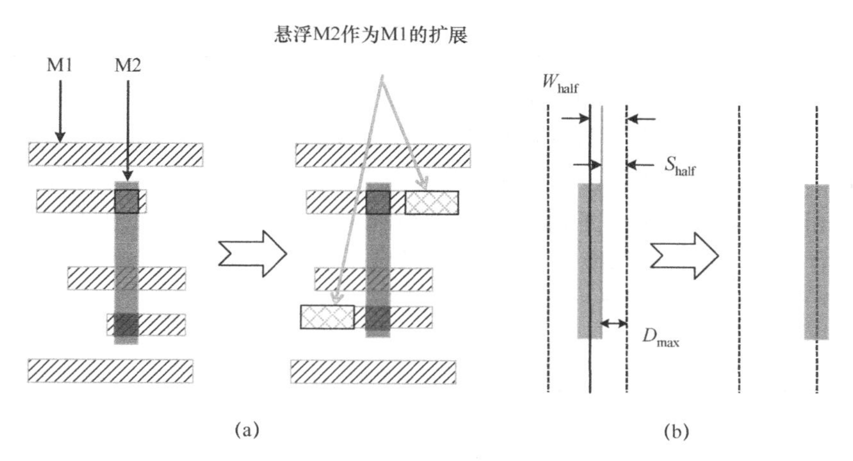

图 7-45　悬浮 M2 作为 M1 的扩展

7.2.3　流片之前的 DTCO

设计公司在完成芯片设计的签核之后（物理设计的签核过程在第 2 章有详细介绍），即将设计以版图文件的形式传递给晶圆制造商，晶圆制造商根据版图文件来完成芯片制备。然后随着复杂度的不断提升，从设计公司完成传统签核任务，到晶圆厂开始制备，通常需要完成 OPC 修正和验证，以确保修正后的图形在晶圆曝光之后还能达到期望的分辨率和尺寸限制。基于这一想法，光刻友好设计（lithography friendly design，LFD）概念开始出现。OPC 部分在第 4 章中有详细介绍，此处不再赘述。随着技术节点的不断压缩，OPC 所面临的压力越来越大，迭代时间和不收敛的风险也随之增加。图 7-46 给出了不同的 Defocus 下得到的图形曝光结果[12]。从图 7-46（a）中可以看到，在 200 nm 的 Defocus 下，明显发生了开路情况。这说明在工艺偏差情况下，制造出来的电路可能存在风险，需要提前预知识别。因此，业界针对这一情况，开始开发流程将工艺信息尽量前移反馈到设计端，包括工艺信息、OPC 后的图形轮廓等，力图从设计端保证其良率控制。

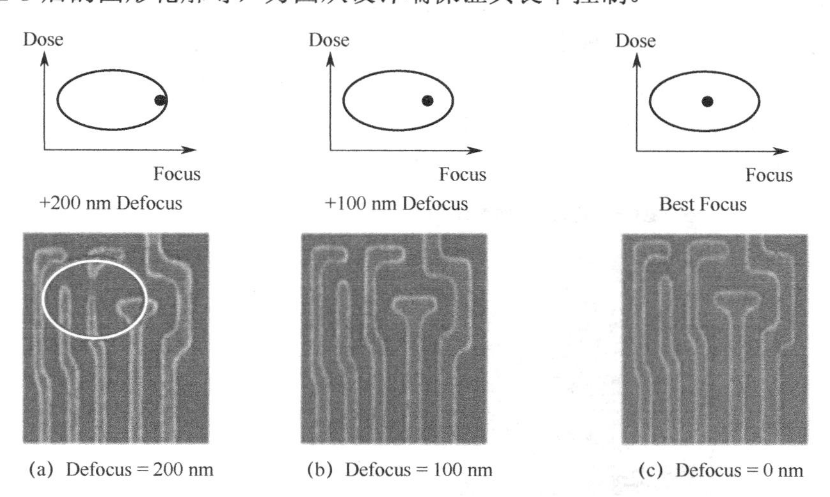

图 7-46　不同的 Defocus 条件下得到的图形曝光结果

本小节将基于 Mentor 的 Calibre LFD 工具来对设计过程中的光刻友好设计进行简要介绍[12]。LFD 的流程图如图 7-47 所示。其主要功能是根据晶圆制造商提供的光刻模型（不同焦深和剂量）和 OPC 菜单对设计进行 OPC 后图形轮廓的计算，从而计算出工艺波动带，即从光刻轮廓来看工艺变动的边界情况。同时会根据晶圆厂设置的仿真缺陷定义对标称工艺条件（nominal condition）的光刻轮廓进行潜在缺陷风险判断，也会根据工艺波动带的情况对缺陷进行判断。这些信息能够对设计中该处缺陷发生风险的程度进行判断和提示。

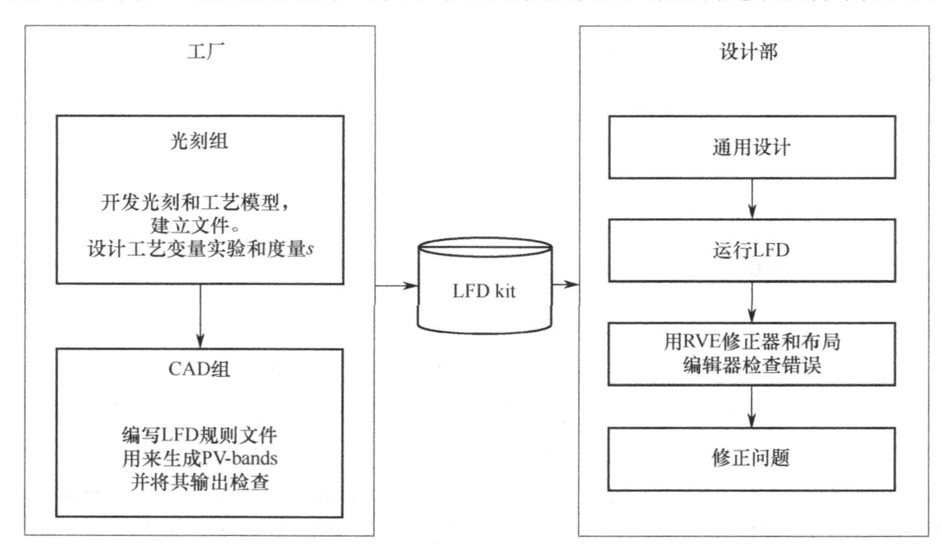

图 7-47 LFD 流程图

LFD 可以根据用户提供的光刻工艺模型精确输出多种光刻窗口条件下畸变后版图图形。如图 7-48 所示，畸变图形轮廓与原始版图间的区域称为绝对工艺波动带（absolute PV-band），其面积大小反映了光刻前后版图图形的畸变程度。在此基础上，LFD 为用户提供了类似 DRC 检查的坏点检测方式。设计者通过在 LFD 约束文件中设定需要检查的项目，以及各项中判定违例的 DRC 规则和 LFD 规则，即可对仿真后的版图进行约束检查，最终输出违例坏点的位置信息和反应畸变程度的具体参数。通常来讲，对于畸变后的图形检查，LFD 规则要比当前工艺技术节点下的 DRC 规则相对宽松。例如，对于 45 nm 技术节点来说，M3 层金属的 DRC 最小线宽为 64 nm，而 LFD 最小线宽为 45 nm。

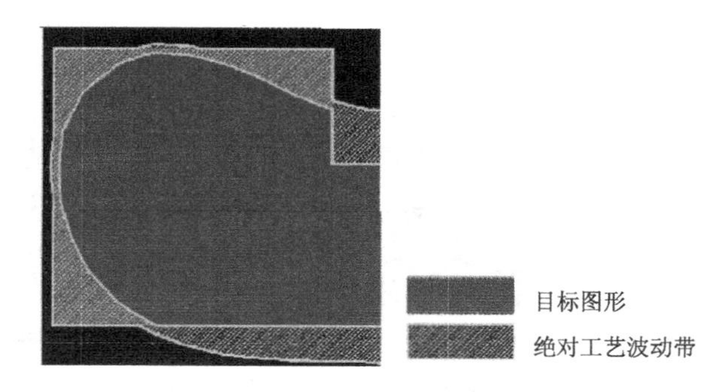

图 7-48 绝对工艺波动带示意图[12]

常见的LFD检查项主要包括最小宽度检查（MWC）、最小间距检查（MSC）和线端检查（LEC）等。MWC衡量了版图断线发生开路错误的可能性，MSC衡量了版图桥连发生短路错误的可能性，LEC则衡量了线端缩进发生通孔覆盖问题的可能性。主要的结果指标包括：SPACE(MSC)、PVI(MSC)、minCD(MWC)和MAX(LEC)[12]。

SPACE(MSC)是最小间距检查中的互连间距信息，单位为nm。在LFD规则文件中，最小间距作为阈值控制该处是否为光刻坏点被输出。例如，LFD的最小间距设为52 nm，因此所有间距小于52 nm的区域都会被认为是可能出现桥连错误的坏点。在MSC检查中，对于相同的原始版图，坏点的SPACE越小，发生短路的可能性越大。当SPACE为0时，两个互连图形完全短路，正是由于这一属性，SPACE信息可以作为光刻后图形是否有效分开的依据。

PVI指数等于畸变面积占工艺窗口面积比例的总和。PVI(MSC)是最小间距检查中的工艺波动指数（process variation index，PVI）。PV-band代表了图形畸变的面积，对于相同的原始版图，PVI大小与畸变程度成正比。当互连线因为严重畸变发生短路时，SPACE始终为0，此时的PVI可以更直观地反映连接的严重程度，它是非常重要的指标。

minCD(MWC)是最小宽度检查中的宽度信息，单位为nm。在LFD规则文件中，最小宽度作为阈值控制该点是否为光刻坏点被输出。在MWC检查中，对于相同的原始版图，坏点的minCD越小，发生开路的可能性越大。当minCD为0时，互连线完全开路。

MAX(LEC)是线端检查中的最大缩进量，缩进时值为负，单位为nm。在LFD规则文件中，最大缩进作为阈值控制该点是否为光刻坏点被输出。缩进量的负数越小（绝对值越大），线端的缩进情况越严重，发生通孔覆盖问题的可能性越大。

由于LFD需要调用大量的工艺信息，仿真过程耗时且消耗计算资源，所以在有限时间和资源内进行LFD需要一定的策略。通常建议采用分模块、分层次的分而治之策略，可以在保证覆盖度的前提下尽可能地降低运算时间。按照功能，可以将芯片分割为数字部分、模拟部分和第三方IP（intelligent property）。按照层次，可以分为标准单元层次、模块层次、全芯片层次。基本原则如下。

（1）从分层次的角度。

标准单元：需要全部覆盖。

模块：面积较为紧凑的模块、设计者重点关注的模块需要全部覆盖。

全芯片：根据项目周期和时间紧迫程度灵活确定哪些区域做LFD验证。

（2）从分功能的角度。

第三方IP：之前未经过LFD验证的IP，需要做LFD验证。

自有IP：如果已经经过LFD验证，则可以跳过。

对于发现的坏点，经过根本原因分析，将其进行图形匹配等扫描，对全芯片扫描影响范围，确定了解决方案后统一进行批量修复。在LFD中，如何快速查找定位关键敏感图形是实现高效仿真的关键因素之一。关键图形查找可通过特征描述的参数设置和图形匹配两类方法来实现。

一般关键图形的特征描述都基于参数设置，有了这些具体参数设置，就能去查找这些图形了。这种方法的问题在于，在芯片完成之前，无法通过参数设置来精确表示图形特征。对于某些图形，可以通过较为简单的参数设置进行查找，如端对端图形，只需给定线宽范围和线端间距范围。有些则需要更为复杂的设置，如两个宽线中夹一个细长走线的图形，中间线的宽度、与两边图形的最小间距、两边图形的位置关系都需要参数描述，至于多层图形不仅要描述其中某一层的图形形状，还要给出相应边到其他层图形的间距。

图形匹配也是查找关键图形的有效途径之一。但相对于参数设置的方法，基于精确匹配的图形匹配法不具有灵活性，如果只是有相似的图形出现，如只是某一线端稍有变化，那么图形就无法得到匹配，这样就使关键图形的查找有所遗漏。左右两边的图形大部分匹配了，而只有中间的线端长度与下边的线间距不同，它在图形匹配中无法实现完全匹配，但用参数设置，只要给定线端长度和线间距的变化范围，就能灵活实现对图形匹配的掌控。为了提升图形匹配的适应范围，后续从精确匹配中发展出模糊匹配，如用图形特征向量来得到图形特征，并设定合适的阈值来判断两个并非完全一致的图形的相似程度。

Pattern Match 是一种较为快速的已知坏点查找工具（属于西门子明导公司），且适用于芯片级扫描。而前述的 LFD 速度慢，且不适用于全芯片计算。Pattern Match 技术和 LFD 技术相结合，可以从速度和精度上尽量平衡物理设计在流片前紧迫的光刻风险图形识别要求。

Pattern Match 一共有三种匹配方法：精确匹配、匹配可变边、匹配时合并或剔除某些图形[13]。Pattern Match 还有更多功能可以尝试应用，如辅助修正 DRC 等实现更广泛的匹配控制等。

Pattern Match 在进行光刻风险图形识别时的主要使用方法：首先，晶圆制造厂将已知的、从硅片验证中得到的先验坏点图形做成图形匹配包，然后，设计端将自身已知坏点图形也做成图形匹配包，两者合成为一个坏点库，工具据此进行全芯片扫描。这也可以理解为，Pattern Match 是一种对问题图形在全芯片影响范围评估的重要工具，并且也是帮助后续批量处理的重要手段。

7.3 基于版图的良率分析及坏点检测的 DTCO

良率是集成电路设计/制造中的一个至关重要的评估指标，良率的高低直接影响芯片的可靠性和价格。因此，对良率的关注贯穿从芯片设计到制造的每个环节。从 DTCO 的角度看，良率优化贯穿从设计到制造的始终，并且是多环节、多步骤协同和迭代的过程。例如，在芯片测试之后取得关于影响芯片良率的信息，由这些信息逐层向上追溯，并且在这个过程中将设计和制造的信息加以互通和整合，以对后续的设计/制造过程进行优化，提升良率。从版图的角度看，如何识别影响良率的坏点图形，建立完整坏点图形库，并且据此完成对基于同一工艺的其余芯片设计高精度、高效的坏点识别，是避免良率损失的重要途径之一。

7.3.1 影响良率的关键图形的检测

从 45 nm 技术节点开始，系统缺陷对每个新技术节点的器件良率损失有显著影响。在目前商业制造环境中，已经有成熟的在线晶圆检测方法来识别晶圆上器件的系统缺陷，例如，用于表征工艺稳健性的工艺窗口验证（process window qualification，PWQ）方法。PWQ 方法已经被业界广泛证明是行之有效的表征方法，但仍然无法解决实际集成电路生产中经常遇到的一个问题：如何证明所测量的工艺窗口大到足以避免影响器件良率的设计缺陷产生？从器件测试角度看，系统的良率评估者可以通过在电气晶圆分类（electrical wafer sorting，EWS）之后执行的测试图形自动生成器（automatic test pattern generator，ATPG）测试诊断结果来识别，测试诊断可以识别造成良率损失的网络或单元。然而设计图形缺陷的识别更为复杂，需要花费大量的时间和资源进行许多电气故障分析调查。如何在器件测试和器件制造之间建立信息共享，以帮助快速诊断，提高器件良率是 DTCO 在改善良率上需要解决的主要问题。

将制造环境中检测到的关键设计图形与观察到的器件良率损失相关联，是良率诊断在流程改进上的新途径，诸多 EDA 厂商基于此概念研发了良率分析及提升工具，下面以新思科技的良率拓展工具 Yield Explorer 为例展开说明，其他 EDA 供应商如西门子明导等也有类似工具。其基本思路如下。

将全版图的 OPC 仿真结果和在线晶圆检测工具发现的系统缺陷结合，建立制造设计图形库，并通过诊断和统计分析，将该制造设计图形库与产品良率损失相关联。电气故障分析可确认每种缺陷类型的根源，以及对于每种缺陷类型估计的良率损失。这种跨领域分析方法旨在通过将电气故障分析重点放在制造设计图形上而非故障网络上，从而缩短产品生产迭代时间，通过对制造设计图形的数据挖掘工作，提高产品良率[14]。

典型的设备测试诊断可提供故障排列图（pareto 图，又称排列图，是一种按事件发生的频率排序而成的，显示由于各种原因引起的缺陷数量或不一致的排列顺序，是找出影响产品质量主要因素的方法）。对于某个具有高故障率且导致不同电路网络故障的特定设计图形，用传统的缺陷分析方法检测到这个特定图形导致的故障所需的时间耗时冗长，需要不断重复，直到识别系统缺陷为止。即便如此，仍然无法判定所发现的系统缺陷是导致良率下降的主要因素。因此，如何将图形和良率用某种方式关联，是解决上述问题的根本方法。

该流程的关键思想是将由器件良率分析提供的电气缺陷排列图从基于网络和单元改变为基于设计图形的排列图。用户可以从所有电气缺陷中快速选择导致器件良率损失的关键设计图形。一旦确定了关键设计图形，就可以估计关键设计图形的良率损失。

从电气故障分析（electrical failure analysis，EFA）的角度看，设计图形缺陷的识别花费了大量的时间和资源。通过基于设计图形的新电气故障排列图表示，用户可以筛选出需要检查的关键设计图形，而无须分析整个网络单元，从而大幅缩短 EFA 时间。

1. 设计图形与产品关联流程

在 EWS 测试之后，用户能够运行 ATPG 诊断，以由网络或单元识别的故障生成电气故障排列图。对于生产中的器件，良率分析在几个生产晶圆上进行，以便将系统性故障与包括随机缺陷在内的全局性故障分开。

新的流程所需的附加信息是一个制造设计图形库，描述与制造工艺相关的所有已知的潜在关键设计图形。几个不同的故障的网络或单元可以由一个共同的设计图形组合在一起，用户可对关注的某些设计图形的网络或单元进行电气故障分析。这种表示可以提取设计图形中涉及的良率损失，并估计各种设计图形对良率损失的影响。

1）制造设计图形库建立

制造设计图形库包含所有已知设计图形列表，这些图形嵌入了对制造工艺至关重要的信息。对于晶圆厂，制造设计图形库由光刻工程师、刻蚀工程师、测试团队和 RET 团队协同完成，通过减少设计图形的关键点来提高器件良率。

晶圆厂目前普遍采用 PWQ 方法来识别器件系统缺陷，通过曝光剂量表征设计图形的健壮性，并且使用两个重要的光刻工艺参数来找出掩模工艺窗口，以从晶圆上随机缺陷中筛选出系统缺陷。关键设计图形的第一个来源是用来提供制造设计图形库，这些设计图形随后用于全芯片 OPC 仿真的输入。

2）制造设计图形库的良率诊断流程

制造设计图形库与产品良率的相关性基于在EWS测试期间检测到的大规模ATPG故障诊断结果，通过统计分析来确定与关键设计图形相关的系统故障。大规模诊断流程包括逻辑网表、物理设计、ATPG 测试图形和测试仪故障日志。流程分两步进行。

（1）通过使用逻辑网表和物理设计及故障模拟来诊断测试故障，以识别故障候选图形，如图 7-49 所示。

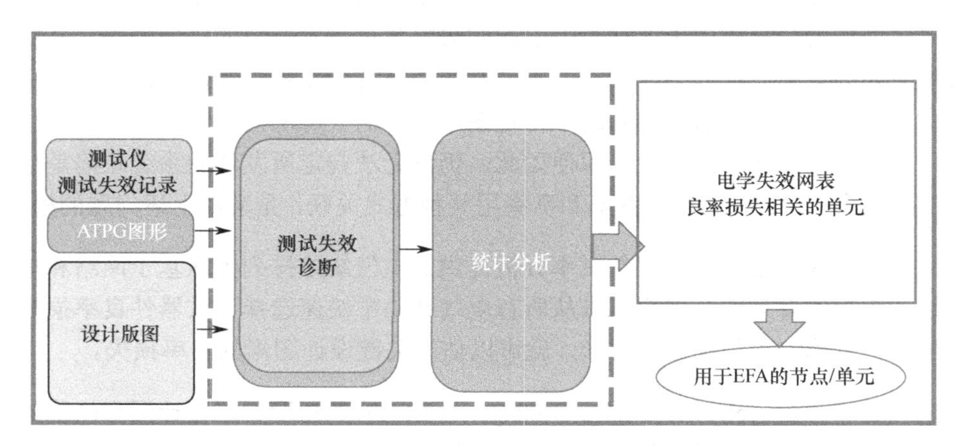

图 7-49　典型的 EWS 的诊断和统计分析

（2）对整个设计中与关键设计图形相关的故障候选图形进行统计分析，如图 7-50 所示。这种方法可减少 EFA 分析时间，提供与给定图形相关的良率损失量，并找到解决问题的最佳方案，如掩模顺序、工艺变更方案甚至 DFM 库更新等。

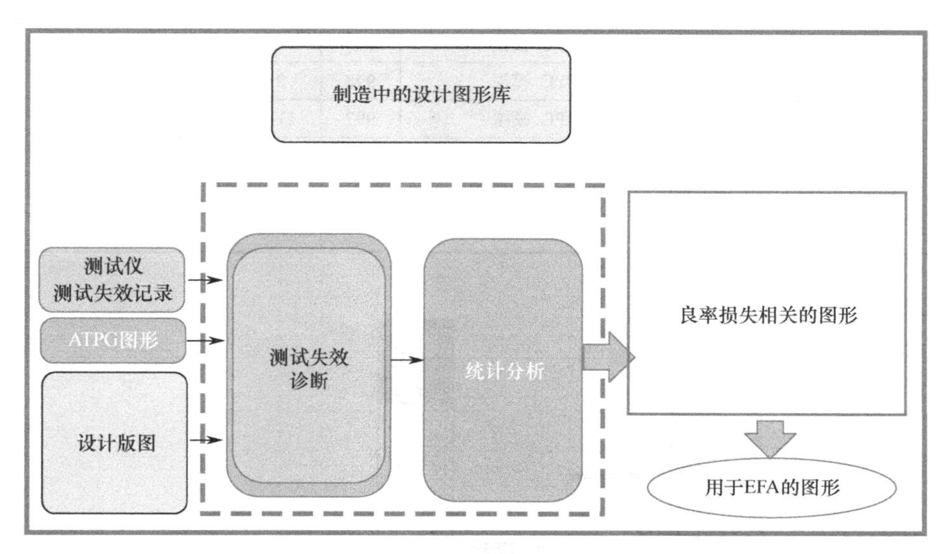

图 7-50　使用制造设计图形库增强 EWS 量的诊断和统计分析

要将设计图形与产品良率相关联，首先要运行设计图形匹配引擎进行图形匹配。完成对所有设计图形的匹配识别后，也就完成了从诊断结果到候选图形的关联过程。

2. 制造设计图形库与器件良率相关结果

下面以 28FDSOI 工艺为例说明如何将设计图形与产品良率流程进行关联。EWS 测试之后，选择 3 个批次的 9 个晶圆，其良率与当前的良率趋势一致，以避免晶圆出现工艺偏差。所使用的 EWS 测试包括覆盖故障库 98.5%的 ATPG 测试，然后进行良率分析。制造设计图形库设置包括 OPC 仿真后得到的后端金属层坏点图形，以及当前设计对应的晶圆做检查时有问题的图形。

本书选择金属层（M2～M6）作为对象讨论，OPC 坏点图形从对这些层的 OPC 仿真中获得，缺陷检测指标包括金属线开路、金属线短路、金属线/通孔间覆盖、金属线间距离过窄等。用于晶圆检测的设计图形选择 M2 层，晶圆检测采用 KLA-Tencor 2915 晶圆光学检测工具和 eDR-7000 电子束检测工具。系统性缺陷通过基于设计的缺陷过滤方法来选择，之后将缺陷图形与设计全版图进行图形匹配。例如，通过晶圆检测发现的 11 个可能缺陷与 M2 的图形进行图形匹配。匹配结果为 421 个图形，部分匹配结果如表 7-6（仅针对 M2 层）所示。

一旦制造设计图形库建立，并且在 9 个晶圆上完成 EWS ATPG 诊断分析，就可以在设计图形到电气故障网络和诊断实例之间建立空间相关性。其结果是识别与关键设计图形物理匹配的所有候选图形，并给出良率损失成因。图层和缺陷类型显示为排列图，如图 7-51 所示。

表 7-6　制造设计图形库及每层和每种缺陷类型的缺陷数量

缺陷类型	图形来源	M2	M3	M4	M5	M6
金属线—Neck	OPC 模拟	395	1093	919	291	135
金属线—Bridge	OPC 模拟	998	2118	2072	1252	687
金属线—via Coverage	OPC 模拟	997	11 020	6901	4685	2979
金属线—via Distance	OPC 模拟	490	904	876	286	530
金属线 MinArea	OPC 模拟	99	38	8	2	0
缺陷检查	晶圆检测	421	0	0	0	0

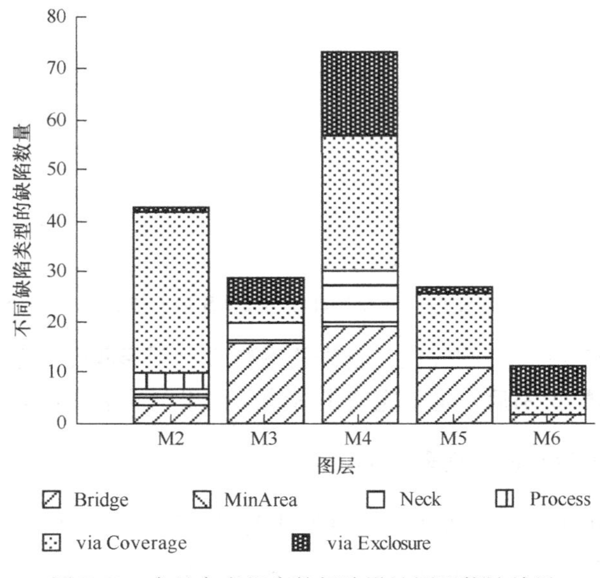

图 7-51　产品良率损失的候选设计图形统计结果

1）OPC 仿真的设计图形结果

对于由 OPC 结果提示设计图形，OPC 结果所显示的与故障网络的关联不一定是电气网络故障的根本原因。因此需要在几个存在故障的设计图形中进行电气故障分析，通过对金属开路设计图形和金属线–通孔覆盖设计图形的电气故障分析可以确定横截面上的真实缺陷，从而证明电气故障与制造设计图形缺陷有关。

以金属线–通孔覆盖故障为例，可以选择 5 个具有相关设计图形的故障候选者进行 EFA，所有 5 个故障的根本原因与网络上的设计图形缺陷有关，还可以提取晶圆到晶圆和批次间的相关性分布。金属线–通孔覆盖设计图形的良率损失估计为 0.9 %，金属线–通孔覆盖与产品良率结果的相关性如图 7-52 所示。

需要特别说明的是，晶圆检测后标定的金属线–通孔覆盖相关故障可能与所选晶圆上通过 EWS 给出的良率损失有关，而这种类型的缺陷很难用传统的在线晶圆检测方法来检测。

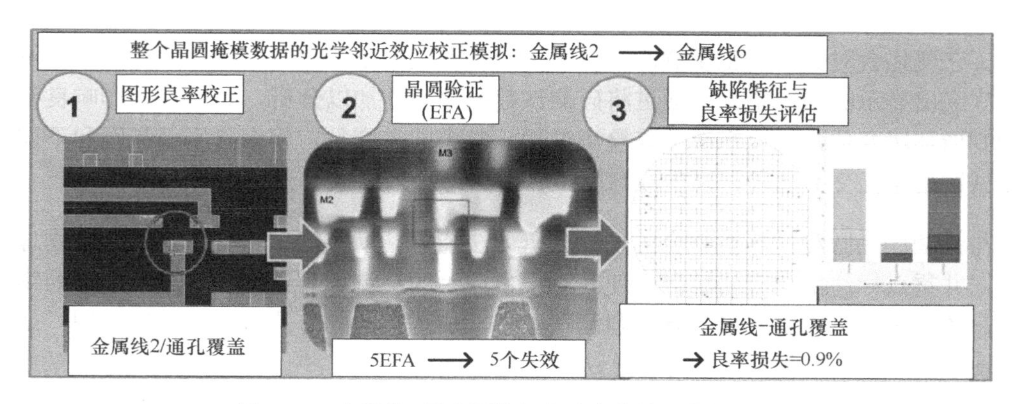

图 7-52　金属线-通孔覆盖与产品良率结果的相关性

2）晶圆的设计图形结果

晶圆检测结果说明在晶圆上已经发现了其对应的设计图形缺陷。如果制造设计图形库中属于晶圆检测类别的设计图形与电气故障网络相关联，则在该设计图形与电气故障之间存在联系的可能性就会很高，因此没有必要再按照电气故障分析进行调查。

例如，对于制造设计图形库中的 U 形缺陷，其中一些可能与电气故障网络相关联。然后，我们可以从良率分析工具中提取晶圆签名信息，以及晶圆到晶圆和批到批的缺陷分布。在这种情况下，良率损失可以估计为 0.4%，硅的设计图形（检测缺陷）与产品良率结果的相关性如图 7-53 所示。

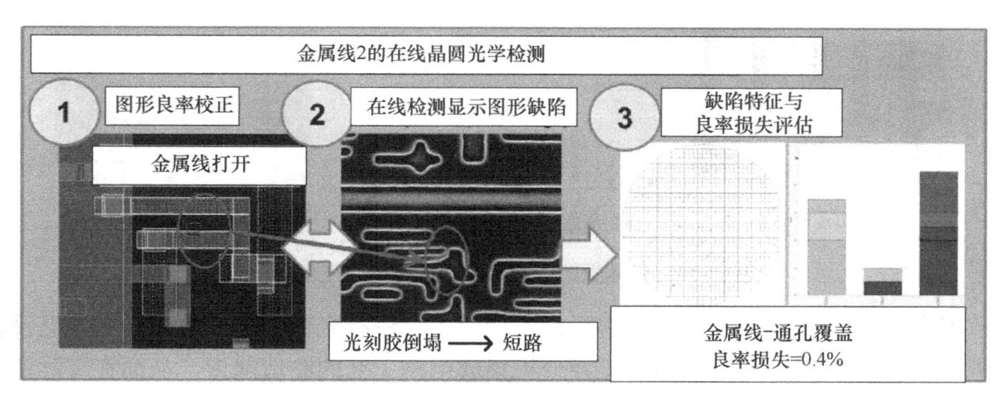

图 7-53　硅的设计图形（检测缺陷）与产品良率结果的相关性

除了上述方法，还有研究者试图将测试与物理设计流程联合起来进行良率诊断。硅测试通过对晶圆的测试并收集硅测试结果，以从测试诊断结果中研究良率损失。大多数的时候，检测到的系统性缺陷是主要问题，或者是造成整体良率损失的原因之一。硅测试从测试数据中提取的信息为电气故障网络和单元，有时当故障区域隐藏在复杂的信号网络中时，多个网络和单元将显示信号故障。可以设想，如果能结合故障诊断方法和设计分析技术，将硅测试信息系统自动化地转换为物理布局信息，将极大提升良率诊断和优化效率。

该流程的基本思路如下。从同一产品的新一批晶圆组中接收一系列新的测试结果，然后关联不同时间段的所有诊断结果，检查哪些电路模块在故障报告中突出显示，以便监视哪些工艺变化会对良率产生影响。同时定位电气测试中出现故障的模块的连接，以及那些被多次突出显示的常用单元。通过将硅测试数据累积并加以分析，可以监控影响良率的工艺和制造环境变化，加速系统缺陷检测过程。对于同一产品，将来自不同晶圆和不同晶圆的测试数据相互交叉比较，以生成诊断报告中的每个网络或单元的统计数据。

与晶圆厂晶圆测试环境整合的设计分析方法能够帮助将测试验证信息映射回物理设计信息，并重点标注出相应的信号，使其对根本原因的检测更具识别性。另外，借助物理设计信息的知识，可以更好地了解晶圆测试数据，加速整个硅芯片故障的调试过程，从而真正实现了物理设计过程中的设计工艺协同优化。

7.3.2 基于版图的坏点检测

随着技术节点逐渐缩小，光刻过程中的版图成像对于工艺变化越来越敏感，存在成像结果未达预期的情况，从而会导致制造缺陷。如图 7-54 所示，图 7-54（a）中为目标版图图形，也就是我们希望最终得到的图形，图 7-54（b）是掩模版上的图形和仿真轮廓图，图 7-54（c）是最后在光刻胶上得到的电镜照片。图 7-54（c）中方框的位置显示两个图形之间有桥连问题存在，此类坏点的存在会导致工艺缺陷，从而使得器件失效。为了保证良率，在实际量产之前，对坏点的检测很有必要。

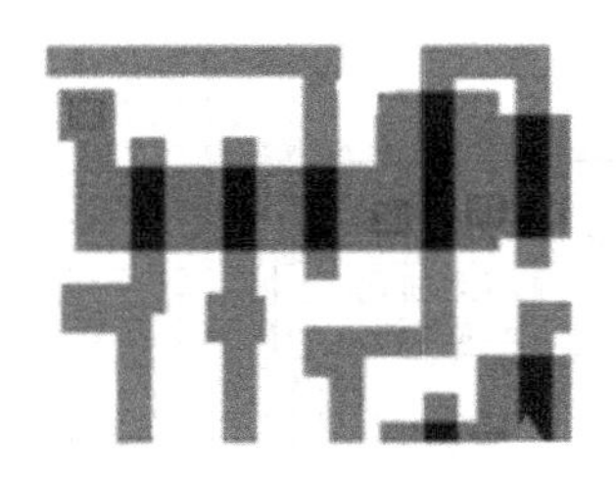

（a）目标版图图形

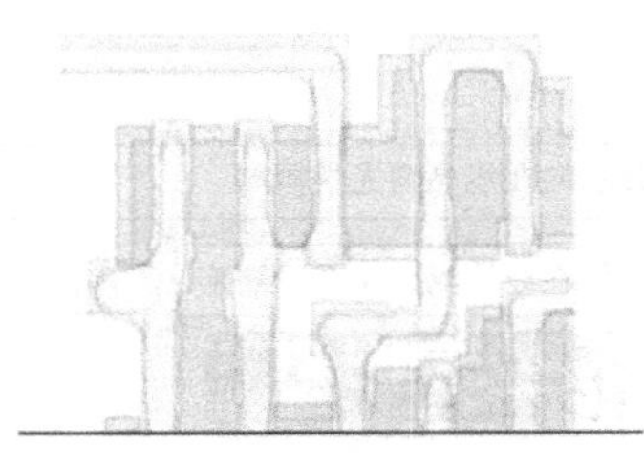

（b）掩模版上的图形和仿真轮廓图

（c）光刻胶上的电镜照片

图 7-54 目标版图图形、仿真轮廓图及电镜照片

在传统的设计流程中，业界通常要在设计版图上进行光刻仿真，根据一定工艺涨落范围内得到的晶圆图形与实际图形的差异分析集成电路工艺的制造能力，从而在实际制造前识别出光刻坏点[16]。如图 7-55 所示，通过工艺变化带宽很容易发现左图中出现的桥连缺陷，并通过适当增大拐角与线端间的距离进行修复。仿真模型中整合的光学、化学模型能够较为准确地模拟光刻工艺中的光化学过程，因此这种检测方式的结果十分准确，但是在全芯片尺寸下的计算成本很高。特别是坏点检测是一个迭代优化的过程，每次坏点修正都会改变一定区域内的版图布局，可能导致新的坏点产生，因此需要对修正区域再次进行仿真。迭代优化的流程进一步增加了光刻仿真的计算压力，从而限制了它的应用。

与此同时，为了解决设计版图中出现的坏点图形，业界首先提出了基于设计规则的处理方法[15]，其流程如图 7-56 所示。该方法通过分析已经发现的坏点图形，定义一些附加的设计规则，从而提醒设计工程师，使其在物理设计阶段避免生成这些图形。在设计空间较为宽松的节点中，这种方法得到了广泛的应用。但随着技术节点的推进，设计图形中的关键尺寸越来越小，图形间的邻近效应的作用越来越紧密，需要考虑的图形结构越来越复杂，坏点图形结构已经不能使用简单的设计规则进行描述，需要在设计规则库中插入更多复杂的规则以屏蔽坏点图形，最终使得单位面积内需要考虑的规则数量急剧增长，每条设计规则对应的运算量也越来越大。此外，附加的设计规则仍然需要经验丰富的工程师通过人工定义的方式进行添加，这种方式增加了整个流程的人工成本，不合适的附加设计规则还可能对设计造成过多的限制，对集成电路的总体性能产生潜在的负面影响。

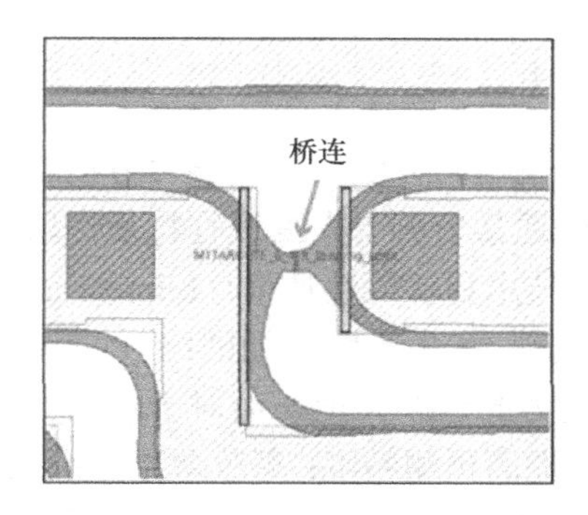

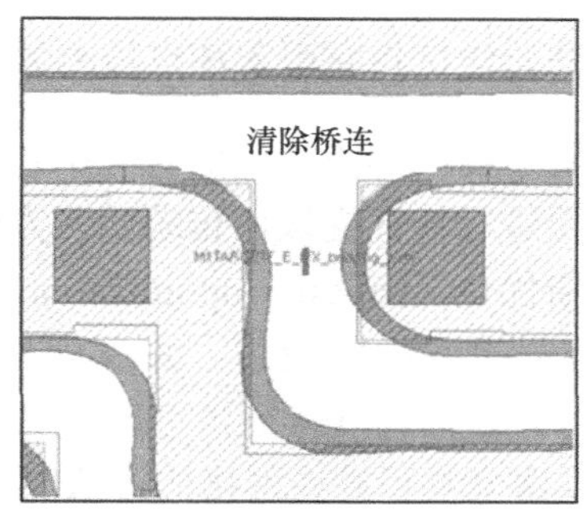

图 7-55　由光刻仿真发现的桥连坏点

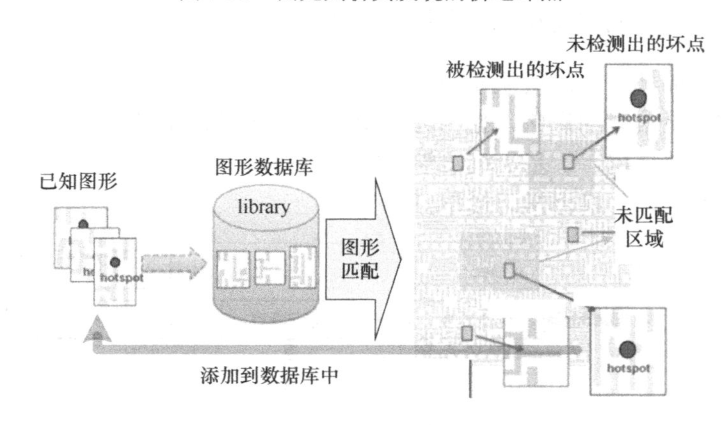

图 7-56　设计规则的处理方法的流程

考虑到坏点图形向设计规则转换中的潜在风险，业界开始直接使用几何图形的形式表征版图上的坏点区域，并基于图形匹配技术建立了相应的坏点检测流程[17]。该方法的关键是建立图形数据库，其中包含已知的各种图形模板，利用图形匹配技术对设计版图进行扫描，如果检测到与数据库中相同的图形，那么该区域是否为坏点由匹配图形的属性决定。如果出现未检测到的图形，那么还需要光刻仿真进行验证并将结果添加到图形数据库中。在工艺研发的初期阶段，为了保证匹配结果的准确性，数据库中不仅要包含坏点图形，也需要引入所有的非坏点图形。随着图形匹配检测的设计版图越来越多，图形数据库越加完善，版图匹配区域的比率也越来越高，其检测速度是一个逐步提升的过程。

基于模式匹配的方法又分为精确匹配与模糊匹配两种[18]。其中精确匹配要求图形模板与匹配图形完全相同，因此检测结果非常准确，但是图形数据库也相对庞大，影响了检测速度。另外，基于精确匹配的方法泛化能力太差，无法检测出数据库中未包含的图形。在基于模糊匹配的方法中，图形模板中的图形尺寸是一个范围，符合其要求的设计图形都可以算作匹配，因此它可以简化数据库规模，具有一定的泛化能力，但是图形尺寸的范围阈值仍需要仔细斟酌。

尽管基于模糊匹配的方法对未知图形具备了一定的检测能力，但是通常情况下其图形模板仍需要人为定义，这在一定程度上削弱了其应用的便利性。随着机器学习领域的飞速发展，业界也开始尝试将它引入坏点检测领域中。

在基于机器学习的坏点检测的研究中，传统学习方法和深度学习方法均有被探索。应用机器学习需要进行特征提取，传统学习方法通常依赖于人工进行特征提取，此外也开始探索诸如贝叶斯优化（bayesian optimization）技术和双线性插值（bilinear interpolation）技术[20, 21]等在特征提取中的应用。深度学习方法通过卷积神经网络（conventional neural networks，CNN）自动提取特征，可以避免人力的过度开销。而对于坏点数据库中的数据不平衡问题[22]，深度卷积神经网络的方法能够提高预测精度：离散余弦转换（discrete-cosine transformation，DCT）可用于提取特征，偏移学习技术则可用于处理坏点库内数据不平衡的问题，最终可组合形成深度较浅的卷积神经网络结构优化坏点的预测精度。

基于机器学习的坏点检测的基本思路是：利用机器学习自动处理分析数据的特性，降低版图图形中的冗余信息的影响，把与坏点形成最相关的图形特征提取出来，作为一个区域是否是坏点的判断依据[23]。基于机器学习的坏点检测流程如图 7-57 所示。其步骤主要包含特征提取、切片提取、机器学习模型三部分。

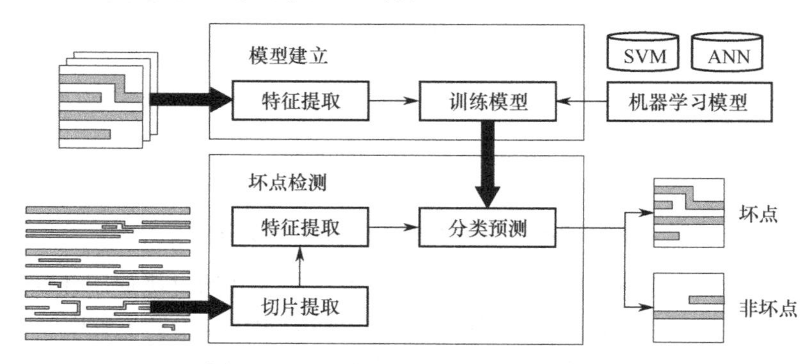

图 7-57　基于机器学习的坏点检测流程

目前，用于版图图形特征提取方法可以划分为三类：基于密度采样、基于几何分析和基于光学变换的方法，图 7-58 给出了几种经典的版图图形特征提取方法。

基于密度采样的方法根据预先设定的采样点从版图图形中提取图形密度或像素值，从而表征不同位置处的图形分布。不同的采样点设置将导致完全不同的特征表达。在基于密度图[24]的方法中，采样点被设定为固定间距的网格，每个网格覆盖图形的密度被编码为有序的特征向量。考虑到在成像过程中，图形中心区域比外围造成的影响更大， Lin 等人[25]

设置了网格权重，为中心区域计算出的密度值加权。同轴方框采样[26]采用了另一种方法增强对图形中心区域的采样，其采样点分布在几个同轴矩形框上，从图形中心区域到外围矩形框的间隔逐渐增大。同心圆采样[27]方法把同轴方框替换为同心圆。因为在光刻曝光时衍射光是以同心圆的方式向外传播的，所以圆形分布的采样点可以表征这一过程中邻近区域间的相互关系，进而获得更好的泛化能力。

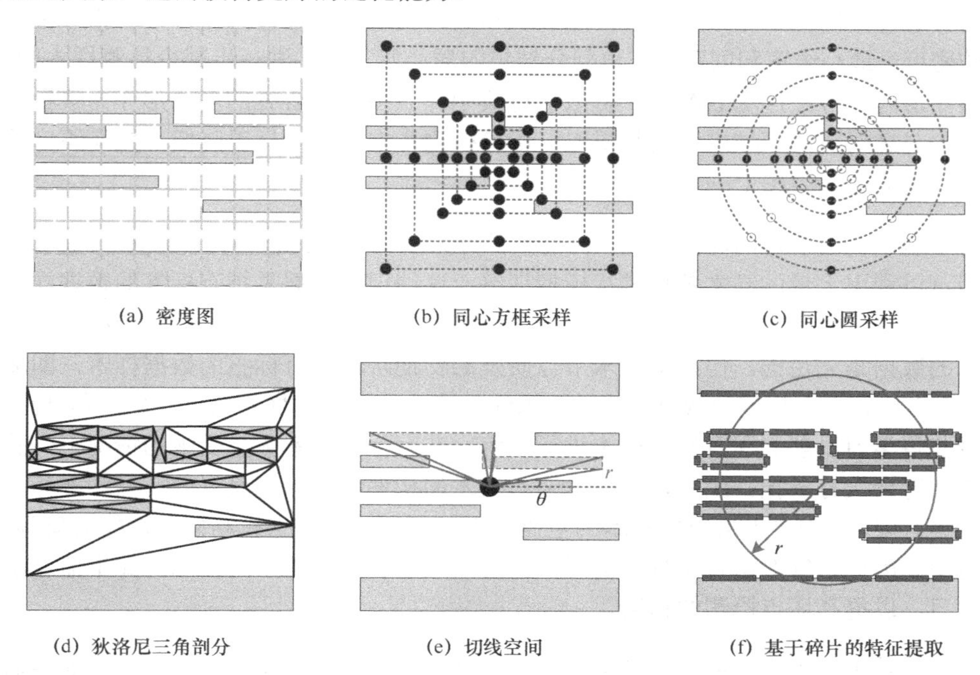

图 7-58　经典的版图图形特征提取方法

考虑到坏点的产生是由版图图形的衍射和相互间的干涉造成的，许多坏点图形通常具有相似的几何分布，一些特定图形的组合会导致坏点，所以版图图形几何结构的分析采样也是特征提取的有效方法。狄洛尼三角剖分方法[28]以版图图形中多边形的顶点作为输入生成狄洛尼三角，并将其作为无向图提取特征。切线空间方法则以角度与半径为参数描述版图图形内多边形的几何信息。基于碎片的特征提取方法[29]把多边形的边缘转换为矩形碎片，其尺寸可以表征原始多边形的形状、边长、拐角等信息。对每个碎片统计其有效范围内其他碎片的尺寸与间距，从而表征周围图形对中心碎片造成的影响。

基于光学变换的方法从光学角度分析提取版图图形的特征。其中基于频谱的特征提取方法对版图图形进行频谱变换，如离散傅里叶变换（discrete fourier transformation，DFT）、离散余弦变换等，基于频谱的特征反映了图形在频域上的分布，与投影成像过程高度相关，因此可以获得高精度的预测模型。此外频谱特征对于版图图形的偏移也有较好的健壮性[30]。

尽管机器学习领域已经存在许多学习模型用于处理各种不同类型的分类问题，但现有研究又继续针对坏点检测问题中的特点进行了相应的改进。Yu 等人[31]在支持向量机的基础上引入了多核学习与反馈核，将数据集分解为多个子集，分别训练模型，因为每个内核可以专注于其对应集群的关键特征，所以比单内核的模型高灵活、准确。深度神经网络中卷积核大小、激活函数、池化方法、学习率等超参数对模型预测性能会产生影响[32]，通过寻找较为合理的超参数组合方案，能够建立专门面向坏点检测问题的通用深度神经网络模型。

切片图形的提取通常建立在领域知识的基础上，通过对待测版图中几何图形的统计分析过滤掉版图中的简单图形，只对可能出现坏点的复杂区域进行检测，分析指标包括几何图形的密度、最小线宽和间距、三角剖分结果的质心等。为了进一步减少待测样本的数目，可利用图形匹配方法过滤版图[25]，提取训练集中坏点图形中心处的多边形作为模板，在待测版图中与之对应的区域进行切片提取。尽管待测样本的数量显著降低，然而不完善的模板选择可能会遗漏版图上的一部分坏点。

对于基于机器学习的坏点检测，目前大部分方法集中在监督学习（supervised learning）上，即可以利用大量的样本数据进行模型训练。这些训练数据是指有标签的数据样本，标签是指这些样本版图中是否含有坏点图形的信息。在节点制造发展成熟的情况下，用于模型训练的数据是充足的。但在新技术节点研发的初期阶段，有标签的数据样本，即坏点样本，数量有限，而无标签的数据样本，即未知是否含有坏点的样本数据，是很容易获得的。鉴于全监督学习只能利用有标签样本进行训练，在有标签样本数量受限的情况下，其训练模型的性能会大打折扣。因此，在技术节点研发的初期阶段，可获得的坏点和非坏点样本的数量是有限的，需要大量数据样本的全监督学习所训练的坏点检测模型性能会受到影响，并不适用。因此，针对这种小样本情况，需要找到适合的机器学习技术，如半监督学习及迁移学习，以提高坏点检测的精度。

在先进技术节点中，制造工艺良率与坏点高度相关，可以预见，学界和工业界后续都会投入更多的精力在如何提升坏点检测的精度和效率上，机器学习凭借在图形识别和大数据处理上的天然优势，可以期待它将会在此领域发挥更重要的作用。

本章参考文献

[1] Liebmann L, Zeng J, Zhu X L, et al. Overcoming Scaling Barriers through Design Technology Co-Optimization[C]. IEEE Symposium on VLSI Technology (VLSIT), 2016: 1-2.

[2] Raghavan P, Garcia Bardon M, Jang D, Schuddinck P. Holistic Device Exploration for 7nm Node[C]. 2015 IEEE Custom Integrated Circuits Conference, 2015.

[3] Rani S Ghaida, Puneet Gupta. DRE: A Framework for Early Co-Evaluation of Design Rules, Technology Choices, and Layout Methodologies[J]. IEEE Transactions on Computer-Aided Design of Integrated Circuits and Systems , 2012, 31(9): 1379 -1392.

[4] Xiaoqing Xu. Standard Cell Optimization and Physical Design in Advanced Technology Nodes[D]. 2017.

[5] Yingli Duan，Xiaojing Su，Ying Chen, Yajuan Su, Feng Shao, Recco Zhang, Junjiang Lei, Yayi Wei.Design Technology Co-optimization for 14/10nm Metal1 Double Patterning Layer[C]. Proc SPIE Advanced Lithography, 2016.

[6] Sherazi S M Y， Jha C， Rodopoulos D. Low Track Height Standard cell Design in iN7 using Scaling

Boosters[C]. Proc SPIE, (10148) 101480Y-1.

[7] Shang-Rong Fang, Cheng-Wei Tai, Rung-Bin Lin. On Benchmarking Pin Access for Nanotechnology Standard Cells[C]. IEEE Computer Society Annual Symposium on VLSI, 2017,237-242.

[8] Somani, Shikha, Verma, Piyush, Madhavan. VLSI physical design analyzer A profiling and data mining tool[J]. Design-Process-Technology Co-optimization for Manufacturability IX, 2015.

[9] Xiaoqing Xu. Toward Unidirectional Routing Closure in Advanced Technology Nodes [J]. IPSJ Transactions on System LSI Design Methodology, 2017, 10:2-12.

[10] Jaewoo Seoa, Youngsoo Shin. Routability Enhancement through Unidirectional Standard Cells with Floating Metal-2[J]. Proc SPIE, 10148, 101480K.

[11] Liebmann L, Gerousis V, Paul Gutwin, Xuelian Zhu, Jan Petykiewicz. Exploiting regularity: breakthroughs in sub-7nm place-and-route[J]. Proc SPIE, 10148, 101480F.

[12] Calibre® Litho-Friendly Design User's Software Version 2018.

[13] ManualCalibre® Pattern Matching User's Manual Software Version 2018.

[14] Fast detection of manufacturing systematic design pattern failures causing device yield loss.

[15] KARIYA M, YAMANAKA E, YOSHIDA K, et al. Hotspot management in which mask fabrication errors are considered [C]. proceedings of the Photomask and NGL Mask Technology XV, 2008.

[16] MATSUNAWA T, YU B, PAN D Z. Laplacian eigenmaps-and Bayesian clustering-based layout pattern sampling and its applications to hotspot detection and optical proximity correction [J]. Journal of Micro/Nanolithography, MEMS, and MOEMS, 2016, 15(4): 043504.

[17] YAO H, SINHA S, XU J, et al. Efficient range pattern matching algorithm for process-hotspot detection [J]. IET Circuits, Devices & Systems, 2008, 2(1): 2-15.

[18] LIN Y, XU X, OU J, et al. Machine learning for mask/wafer hotspot detection and mask synthesis [C]. proceedings of the Photomask Technology, Monterey, California, United States, 2017: 104510A.

[19] Yibo Lin, Xiaoqing Xu, Jiaojiao Ou, David Z Pan, et al. Machine learning for mask/wafer hotspot detection and mask synthesis [C]. Proceedings Volume 10451, Photomask Technology 2017; 104510A.

[20] MATSUNAWA T, YU B, PAN D Z. Optical proximity correction with hierarchical bayes model[C]. Optical Microlithography XXVIII: volume 9426, International Society for Optics and Photonics, 2015: 94260X.

[21] ZHANG H, ZHU F, LI H, et al. Bilinear lithography hotspot detection[C]//Proceedings of the 2017 ACM on International Symposium on Physical Design. ACM, 2017: 7-14.

[22] YANG H, LUO L, SU J, et al. Imbalance aware lithography hotspot detection: a deep learning approach[J]. Journal of Micro/Nanolithography, MEMS, and MOEMS, 2017, 16 (3): 033504.

[23] Tianyang Gai, Ying Chen, Pengzheng Gao, Xiaojing Su, Lisong Dong, Yajuan Su, Yayi Wei. Sample patterns extraction from layout automatically based on hierarchical cluster algorithm for lithography process optimization[C]. Proc SPIE, 10962, Design-Process-Technology Co-optimization for Manufacturability XIII, 2019.

[24] WEN W-Y, LI J-C, LIN S-Y, et al. A fuzzy-matching model with grid reduction for lithography hotspot detection [J]. IEEE Transactions on Computer-Aided Design of Integrated Circuits Systems, 2014, 33(11): 1671-1680.

[25] LIN S-Y, CHEN J-Y, LI J-C, et al. A novel fuzzy matching model for lithography hotspot detection [C]. proceedings of the 2013 50th ACM/EDAC/IEEE Design Automation Conference (DAC), Austin, TX, USA,

2013: 1-6.

[26] GU A, ZAKHOR A. Optical proximity correction with linear regression [J]. IEEE Transactions on Semiconductor Manufacturing, 2008, 21(2): 263-271.

[27] MATSUNAWA T, YU B, PAN D Z. Optical proximity correction with hierarchical Bayes model [J]. Journal of Micro/Nanolithography, MEMS, and MOEMS, 2016, 15(2): 021009.

[28] NITTA I, KANAZAWA Y, ISHIDA T, et al. A fuzzy pattern matching method based on graph kernel for lithography hotspot detection [C]. proceedings of the Design-Process-Technology Co-optimization for Manufacturability XI, San Jose, California, United States, 2017: 101480U.

[29] YU B, GAO J-R, DING D, et al. Accurate lithography hotspot detection based on principal component analysis-support vector machine classifier with hierarchical data clustering [J]. Journal of Micro/Nanolithography, MEMS, and MOEMS, 2014, 14(1): 011003.

[30] SHIM S, SHIN Y. Topology-oriented pattern extraction and classification for synthesizing lithography test patterns [J]. Journal of Micro/Nanolithography, MEMS, and MOEMS, 2015, 14(1): 013503.

[31] YU Y-T, LIN G-H, JIANG I H-R, et al. Machine-learning-based hotspot detection using topological classification and critical feature extraction [J]. IEEE Transactions on Computer-Aided Design of Integrated Circuits Systems, 2015, 34(3): 460-470.

[32] YANG H, LUO L, SU J, et al. Imbalance aware lithography hotspot detection: a deep learning approach [J]. Journal of Micro/Nanolithography, MEMS, and MOEMS, 2017, 16(3): 033504.

附　录　A

专业词语检索

英 文 全 称	缩　略　语	中 文 含 义	索 引 章 节
aerial image model		空间像模型	6.3.1
alternative phase shift mask	Alt.PSM	交替型相移掩模	4.1.2
always-on cell		常开单元	2.2.4
and-or-inverter	AOI	与或非门	7.1.1
antenna effect		天线效应	2.5.3
aperture effect		孔径效应	5
application specific IC	ASIC	专用集成电路	1
artificial neural network	ANN	人工神经网络	5.6.1
aspect ratio dependent		深宽比依赖	5.3.1
attenuated phase shift mask	Att.PSM	衰减型相移掩模	4.1.2
automatic test pattern generation	ATPG	测试图形自动生成器	7.3.1
back end of line	BEOL	后道工艺	1.2，6.2.1，7.2.2
barrier removal		移除阻挡层	6.4.1
Bayesian optimization		贝叶斯优化	7.3.2
bias temperature instability	BTI	偏压温度不稳定性	6.1.2，6.6
bilinear interpolation		双线性插值	7.3.2
bipolar junction transistor	BJT	双极型晶体管	1
body-biasing		衬底偏置技术	2.2.4
building block layout	BBL	积木块法布线	1.1.3
bulk removal		体移除	6.4.1
bump		凸块	2.2.3
catastrophic functional failure		灾难性的功能失效	6.2.1
charged device model	CDM	器件充电模型	2.6.3.3
chemical mechanical polishing	CMP	化学机械研磨	6.6.4，6.4.1
circuit timing		电路时序	6.2.1
clock gating		时钟开关技术	2.2.4

（续表）

英 文 全 称	缩 略 语	中 文 含 义	索 引 章 节
clock tree synthesis	CTS	时钟树综合	2.4
coarse grid designs		网格化设计	6.3.4
common process window	common PW	共同工艺窗口	6.3
common DOF		共同的聚焦深度：多个图形结构各自的DOF 的交集	6.3.2
common power format	CPF	通用功耗格式文件	2.2.4
complementary MOS	CMOS	互补型金属氧化物半导体	1
computational lithography		计算光刻	1.2
congestion		拥塞	2.3.2
contact		接触（孔）	6.2.1
contact poly pitch	CPP	栅极周期	7.1.1
continuous transmission mask	CTM	连续透过率掩模	4.4
corner rounding		角落圆化	5.4
correct after detection		检测后修正	6.2
correct by construction		物理设计过程中的修正	6.2
cost function		评价函数	6.4.2
critical area analysis	CAA	关键区域分析	6.2.1
critical area sensitivity		关键区域的敏感度	6.5.2
critical area	CA	关键区域	6.2.1
critical dimension	CD	特征尺寸	3.4.1，5
critical failure	CF	关键故障	6.2.1
crosstalk		串扰	2.6.1.3
deck		图形框架	7.2.1
density dependent		密度依赖	5.3.1
depth of focus	DOF	焦深	3.4.4，6.3.2
design and technology co-optimization	DTCO	设计与制造协同优化	1.3.2， 5.5.2， 7
design based metrology	DBM	基于设计的测量	6.7.1
design for cost and value		面向成本控制的设计	6.1.2
design for manufacturability	DFM	可制造性设计	1.3，2.6.3.1
design for reliability	DFR	可靠性设计	6.1.2，6.6
design for variability		面向工艺容差的设计	6.1.2
design for yield	DFY	面向良率的设计	6.1.2
design rule check	DRC	设计规则检查	1.3.1，2.6.3.1，6，7.2.1
design rule library		设计规则数据库	1.3.1
design rule manual		设计规则手册	6.1.1
DFM scoring model		DFM 计分模型	6.1.1
DFM-violation score		DFM 违例分数	6.6.1
die		晶圆最小切割单元，裸片	1
diffusion		扩散	1

（续表）

英 文 全 称	缩 略 语	中 文 含 义	索 引 章 节
discrete Fourier transformation	DFT	离散傅里叶变换	7.3.2
discrete-cosine transformation	DCT	离散余弦转换	7.3.2
don't touch cell		不可修改单元	2.3
don't use cell		不可使用单元	2.3
dose		光照剂量	6.3.1
double via insertion	DVI	双通孔插入	7.2.2
drive current		驱动电流	6.6.1
dual-damascene		双大马士革	1.2
dummy fill		填充冗余图形	6.4.3
dummy pattern		冗余图形：不是电路需要的，是辅助工艺实现的	6.1.1
dynamic voltage frequency scaling		动态电压调频技术	2.2.4
early path		最快路径	2.6.1.2
edge placement error	EPE	边缘放置误差	6.7.1，4.3.4，5.6.2
edge segment		边缘片段	5.6.1
electrical failure analysis	EFA	电气故障分析	7.3.1
electrical wafer sorting	EWS	电气晶圆分类	7.3.1
electrical-DFM	e-DFM	考虑电性的 DFM	6.6
electricity rule check	ERC	电学规则检查	2.6.3.3
electro-migration effect		电迁移效应	2.6.2.3
electromigration	EM	电迁移	6.1.2，6.2.1，6.6
electronic design automation	EDA	电子设计自动化	1.1.2，2，7.2.1
electroplating	ECP	电镀工艺	1，6.4.3
electro-static discharge	ESD	静电释放检查	2.6.3.3
engineering change order	ECO	工程变更指令	2.6，6.1.1
epitaxy		外延	1
etch		刻蚀	1，6
etch bias		刻蚀偏差	5
etch depth		刻蚀深度	5
etch profile		刻蚀轮廓	5.2.2
etch proximity correction	EPC	刻蚀邻近效应修正	5.1
etch proximity effect		刻蚀邻近效应	5
etch rate		刻蚀速率	5
fence		模块栅栏约束	2.3.1
field induced model	FIM	电场感应模型	2.6.3.3
field-effect transistor	FET	场效应晶体管	1
film deposition		薄膜沉积	1
fin pitch	FP	鳍周期	7.1.1
finFET		鳍形场效应晶体管	1.2

（续表）

英文全称	缩略语	中文含义	索引章节
finite decomposition of time domain	FDTD	时域有限差分法	3.2.1
finite element method	FEM	有限元法	3.2.1
floating gate		浮栅	1.1.3
floorplan		布图	2.2
focus		成像焦距，聚集值	6.3.1
forbidden pitches		禁止周期	6.3.4
front end of line	FEOL	前道工艺	1.2， 6.2.1
full-custom design approach		全定制方法	1.1.3
functional defects		功能缺陷	6.5.1
gate array		门阵列	1.1.3
gate channel		沟道	6.6.1
gate-all-around	GAA	栅环绕	7.1.1
global skew		全局时钟偏差	2.4
glyph-based DFM		基于符号的 DFM	6.3.4
graph based analysis	GBA	基于图形的时序分析	2.6.1.4
graphic design system	GDS	图形设计系统	2.1.1
ground bounce		地弹	2.6.2.2
ground rule	GR	基本设计规则	6.1.1
guide		模块指导约束	2.3.1
guide buffer		引导缓冲器	2.3.2.2
high voltage transistor	HVT	高阈值电压晶体管	2.1.4
high-level synthesis		高层次综合	1.1.1
hold time		保持时间	2.6.1.1
hot carrier injection	HCI	热载流子注入	6.6
hotspot		坏点，热点：指光刻图形中不符合要求的区域	1.3.1，6.1.1
hotspots fixing guideline		解决坏点的建议	6.3.3
hotspots severity classification		坏点图形严重性分级	6.3.3
human body model	HBM	人体放电模型	2.6.3.3
image log slope	ILS	图像对数斜率	3.4.2
integrated designer and manufacturer	IDM	设计-制造一体化的公司	6.1.2
intellectual property	IP	知识产权（集成电路中特指具有知识产权的模块化电路）	2.1.4，7.2.3
interconnect		金属互连线	6.6.2
inverse lithography technology	ILT	逆向光刻技术，反演光刻技术	4.3.3
IR drop		电压降	2.6.2.2
iso-dense etch bias		稀疏区相对密集区的刻蚀偏差	5.2.2
isolation cell		隔离单元	2.2.4
kernel function		核函数	5.3.2

（续表）

英 文 全 称	缩 略 语	中 文 含 义	索 引 章 节
Kullback-Leibler divergence	KLD	Kullback-Leibler 距离	7.2.1
Lagrange multiplier	LM	拉格朗日乘子	7.2.2
Lagrange relaxation	LR	拉格朗日松弛	7.2.2
latch		锁存器	2.3.5
late path		最慢路径	2.6.1.2
latency		延迟	2.3.6
layout density rules		版图设计规则	6.4.3
layout schema generator	LSG	图形生成器	1.3.2
layout synthesis		版图综合	1.1.1
layout versus schematic	LVS	版图电路一致性检查	2.6.3.2，6.5.2
level shifter cell		电平转换单元	2.2.4
libraries of yield-impacting patterns		影响良率的版图单元库	6.1.1
library		单元库	6.2.1
library exchange format	LEF	库交换格式	2.1.1，2.3.4
litho-etch-litho-etch	LELE/LE2	双重光刻技术	4.2.1
litho-friendly design	LFD	光刻友好的设计，便于光刻的设计	1.3.1，6.3.4
lithography		光刻	1，6
local skew		局部时钟偏差	2.4
LOCOS		硅局部氧化工艺	1.2
logic synthesis		逻辑综合	1.1.1
lookup table		查找表	5.1
low voltage transistor	LVT	低阈值电压晶体管	2.1.4
machine learning	ML	机器学习	5.6.1
machine model	MM	机器放电模型	2.6.3.3
mandrel		主版图、主图形	4.2.2.1
manufacturing analysis and scoring	MAS	可制造程度分析	1.3.1
manufacturing for design	MFD	面向设计的制造	6.1.2
mask error enhancement factor	MEEF	掩模误差增强因子	3.4.3， 6.3.3
mask nonlinearity		掩模成像的非线性特征	6.1.1
mechanical stress		机械应力	6.6.1
metal insulator semiconductor	MIS	金属-绝缘层-半导体	7.1.2
metal oxide semiconductor	MOS	金属-氧化物-半导体	1
metal pitch	MP	金属周期	7.1.1
metal-oxide-semiconductor field effect transistor	MOSFET	金属氧化物半导体场效应晶体管	2.1.2
micro loading effect		微负载效应	5
middle of line	MOL	中道工序	1.2, 6.2.1
minimum line-to-tip space		最小线条-端点间距	6.3.2
minimum space		最小间距	6.3.2

（续表）

英文全称	缩略语	中文含义	索引章节
mobility		迁移率	6.2.1
mobility enhancement techniques		迁移率增强技术	6.6.1
model based EPC	MB-EPC	基于模型的刻蚀邻近效应修正	5.3.2
model based OPC	MB-OPC	基于模型的光学邻近效应修正	4.3.1
model based verification	MBV	基于模型的验证	6.3.5
model-based DRC		基于模型的设计规则检查	6
model-based layout patterning check	model-based LPC	基于模型的可制造性检查方法	6.3.3
model-based retargeting flow	MBRT	基于模型的重新定标流程	5.5.1
modulated Transfer Function	MTF	调制传递函数	3.2.1
Monte Carlo		蒙特卡洛	6.2.1
Moore’s law		摩尔定律	1
multi-stage model		多级模型	5.4
multi-Voltage		多供电电压技术	2.2.4
multi-Vt		多阈值电压技术	2.2.4
negative-bias temperature instability	NBTI	负偏压温度不稳定性	6.6
net list		电路网表	1.1.1
NMOS		N 沟道 MOS 管	1，2.1.2
non-default design rule	NDR	非常规的设计规则	2.5.1
non-linear visibility model		非线性可视化模型	5.3.1
normalized DFM Score	NDS	归一化的 DFM 分数	6.5.2
normalized image log slope	NILS	归一化图像对数斜率	3.4.2， 6.3.3
numerical aperture	NA	数值孔径	3.2.1，5.3.1
off axis illumination	OAI	离轴照明	4.1
on-chip variation	OCV	片上波动性	5.3.2
opaque MoSi on glass	OMOG	玻璃上不透明钼化硅层	4.1.2
OPC Friendly Layout		OPC 的兼容性	6.5.2
optical contrast		光学对比度	6.3.2
optical diameter	OD	光学直径	5.3.1
organic planarizing layer	OPL	有机平整层	1.2
optical proximity correction	OPC	光学邻近效应修正	1.2，1.3，4.3，5.1，6
or-and-inverter	OAI	或与非门	7.1.3
parametric defects		参数化缺陷	6.5.1
parametric yield issues		影响良率的参数化问题	6.6
parasitic capacitance		寄生电容	6.2.1
pareto		排列图	7.3.1
path based analysis	PBA	基于路径的时序分析	2.6.1.4
pattern matching		图形匹配	1.3.1，7.2.3
pattern recognition		图形辨识	6.7.1
phase shift mask	PSM	相移掩模	4.1.2，5.4

（续表）

英 文 全 称	缩 略 语	中 文 含 义	索 引 章 节
photo active compound	PAC	光敏化合物	3.3
photo-acid generator	PAG	光致酸生成剂	3.3
physical-based model		基于物理的模型	6.3.5
pixel based OPC	PB-OPC	基于像素的光学邻近效应修正	4.3.3
placement		布局	1.1.1
PMOS		P沟道MOS管	1，2.1.2
poly line-end extension		栅极线端的扩展	6.6.1
poly to active corner spacing		栅极到源区的间距	6.6.1
positive BTI	PBTI	正偏压温度不稳定性	6.6
post exposure bake	PEB	曝光后烘烤	3.3.2
power gating cell		电源关断单元	2.2.4
power shutoff		区域电源关断技术	2.2.4
power supply network		电源网络	6.6.2
power-performance-area-cost	PPAC	功耗、性能、面积、成本	7.1.1
probability of survival	POS	可靠概率	7.1.3
process design kits	PDK	工艺设计套件	2.1.1
process variation band	PV-band	工艺变化带宽	1.3.1， 3.4.5， 6.3.1
process variation index	PVI	工艺波动指数	7.2.3
process voltage temperature	PVT	工艺电压温度	2.6.1.4
process window qualification	PWQ	工艺窗口验证	6.3.5，7.3.1
process window OPC	PWOPC	非标称条件光学邻近效应修正	6.5.2
process window	PW	工艺窗口	3.4.4，6.1.1，6.3
programmable logic device	PLD	可编程逻辑器件	1.1.3
proximity error		邻近偏差	5.2.2
radius of influence		影响半径	6.5.2
ramping yield		良率提升	6.5.1
random defects		随机缺陷	6.2.1
random telegraph noise	RTN	随机电噪声	6.6
recommended rule	RR	建议规则	6
redundant contact or via		冗余接触孔或通孔	6.2.1
redundant local-loop insertion	RLLI	冗余局部环路插入	7.2.2
redundant via insertion	RVI	冗余通孔插入	7.2.2
redundant local-loop	RLL	冗余局部环路	7.2.2
region		模块区域约束	2.3.1
register transfer level	RTL	寄存器传输级	1.1.1，2.1.3
resolution enhancement techniques	RET	分辨率增强技术	4.1，5.4
restrictive design rule	RDR	严格限制设计规则	6.1.1
reticle inspection system		掩模检测设备	6.3.5
reticle SEM		掩模检查的扫描电子显微镜	6.3.5

（续表）

英文全称	缩略语	中文含义	索引章节
rigorous coupled wave analysis	RCWA	严格耦合波分析法	3.2.1
robustness		健壮性（鲁棒性）	6.2
route		布线	1.1.1，2.5
rule based EPC	RB-EPC	基于规则（经验）的刻蚀邻近效应修正	5.3.2
rule based OPC	RB-OPC	基于规则（经验）的光学邻近效应修正	4.3.1，5.3.2
rule-based DRC		基于规则（经验）的设计规则检查	6
scattering bar	S-Bar	散射条	4.3.2
self-aligned double patterning	SADP	自对准双重图形成像技术、侧墙转移技术	4.2.2.1
self-aligned multiple patterning	SAMP	自对准多重图形成像技术	4.2.2.3
self-aligned octave patterning	SAOP	自对准八重图形成像技术	4.2.2.3
self-aligned quadruple patterning	SAQP	自对准四重图形成像技术	4.2.2.3
self-aligned triple patterning	SATP	自对准三重图形成像技术	4.2.2.3
self-aligned via	SAV	自对准通孔	7.2.2
semi-custom design approach		半定制方法	1.1.3
sensitivity-aware DFM		考虑性能敏感度的 DFM	6.6.1
sequential and staged way		顺序和分级的方式	5.4
setup time		建立时间	2.6.1.1
shallow trench isolation	STI	浅沟槽隔离	1.2， 6.6.1
shape expansion method		形状展开方法	6.2.1
shielding		屏蔽	2.5.2
silicon-containing antireflective coating	SiARC	含硅的抗反射层	1.2
signal Integrity	SI	信号完整性	2.6.1.5
silicided		金属硅化物	7.1.2
simulation program with integrated circuit emphasis	SPICE	集成电路仿真程序	2.1.1
single via	SV	单个通孔	7.2.2
skew		时钟偏差	2.6.1.5
slack		时序余量	2.6.1.2
source drain cutoff leakage current		源漏截止漏电流	6.2.1
source drain saturation current		源漏饱和电流	6.2.1
source mask optimization	SMO	光源掩模联合优化	4.4
spacer		侧墙	7.1.2
spin-on-carbon	SOC	旋涂的碳	1.2
SRAF placement scheme		辅助图形放置方法	6.3.4
staged correction flow		分级修正流程	5.4
standard cell library		标准单元库	1.1.1
standard cell	SC	标准单元	1.1.3，6.2.1
standard design constraints	SDC	标准设计约束	2.1.3

（续表）

英文全称	缩略语	中文含义	索引章节
standard voltage transistor	SVT	标准阈值电压晶体管	2.1.4
state-retention power-gated register		可记忆的寄存器	2.2.4
static random-access memory	SRAM	静态随机存取存储器	2
static timing analysis	STA	静态时序分析	1.1.1，6.5.1
stitching		缝合	4.2.1.3
sub-resolution assist features，	SRAF	亚分辨率辅助图形	4.3.2，5.4
supervised learning		监督学习	7.3.2
surface topology		表面的平整度	6.3.5
system and technology co-optimization	STCO	结构工艺联合优化	7.1.1
systematic mechanism-limited yield loss		系统性机制受限的良率损失	6.5.1
tapeout		流片	6
statistical static timing analysis	SSTA	统计静态时序分析	6.5.1
technology File		工艺文件	2.1.1
technology platform		制造平台	6.1.2
testing		测试	5.6.1
three-tier system		三级体系	6.1.1
threshold voltage		阈值电压	6.6
threshold voltage shift		阈值电压漂移	6.2.1
time dependent dielectric breakdown	TDDB	经时击穿	6.6
time-to-failure	TTF	失效时间	6.6.2
timing library		时序库	2.1.1
timing path		时序路径	2.6.1
touch down		触底	6.4.1
track		轨道，标准单元库尺寸的一个计量单位	7.1.1
training		训练	5.6.1
transistor-transistor-logic	TTL	晶体管-晶体管逻辑电路	1
transmission cross coefficients	TCC	透过率交叉系数	3.2.2
transverse electric	TE	横电的	3.2.1
transverse magnetic	TM	横磁的	3.2.1
trial-and-error		试错法	5.6.2
two-tier system		二级体系	6.1.1
ultra-high voltage transistor	UHVT	超高阈值电压晶体管	2.1.4
ultra-low voltage transistor	ULVT	超低阈值电压晶体管	2.1.4
unified power format	UPF	统一功耗格式文件	2.2.4
universal communication format	UCF	通用交流格式	7.2.1
useful skew		有用时钟偏差	2.3.6
variable etch bias	VEB	可变刻蚀偏差	5.3.2
variation		波动性	5.2.2
via		通孔层	6.2.1

（续表）

英 文 全 称	缩 略 语	中 文 含 义	索 引 章 节
wave guide	WG	波导法	3.2.1
weight function		权函数	6.2.1
weighted DFM metric	WDM	权重化 DFM 分析矩阵	6.5.2
yield enhancement suite		提高工艺良率工具	1.3.1